石油石化职业技能培训教程

油气田水处理工

（下册）

中国石油天然气集团有限公司人事部　编

U0332554

石油工业出版社

内 容 提 要

本书是由中国石油天然气集团有限公司人事部统一组织编写的《石油石化职业技能培训教程》中的一本。本书包括油气田水处理工应掌握的高级工操作技能及相关知识、技师操作技能及相关知识，并配套了相应等级的理论知识练习题，以便于员工对知识点的理解和掌握。

本书既可用于职业技能鉴定前培训，也可用于员工岗位技术培训和自学提高。

图书在版编目（CIP）数据

油气田水处理工 . 下册 / 中国石油天然气集团有限
公司人事部编 . —北京：石油工业出版社，2019.11
石油石化职业技能培训教程
ISBN 978-7-5183-3415-5

Ⅰ . ①油… Ⅱ . ①中… Ⅲ . ①油气油 – 水处理 – 技术
培训 – 教材Ⅳ . ① TE357.6

中国版本图书馆 CIP 数据核字（2019）第 099258 号

出版发行：石油工业出版社
　　　　　（北京市朝阳区安华里 2 区 1 号楼　100011）
网　　　址：www.petropub.com
编 辑 部：（010）64251613　图书营销中心：（010）64523633
经　　　销：全国新华书店
印　　　刷：北京晨旭印刷厂

2019 年 11 月第 1 版　2022 年 5 月第 3 次印刷
787×1092 毫米　开本：1/16　印张：24.5
字数：542 千字

定价：70.00 元
（如发现印装质量问题，我社图书营销中心负责调换）

《石油石化职业技能培训教程》

编 委 会

《油气田水处理工》编审组

主　　编：罗贤银

编写人员（按姓氏笔画排列）：

　　　　林　梅　曲彦丽　杨军营　张玲丽

参审人员（按姓氏笔画排列）：

　　　　富卫东　王洪松　毛庆刚　董耀蔚　王振东

PREFACE 前言

随着企业产业升级、装备技术更新改造步伐不断加快，对从业人员的素质和技能提出了新的更高要求。为适应经济发展方式转变和"四新"技术变化要求，提高石油石化企业员工队伍素质，满足职工鉴定、培训、学习需要，中国石油天然气集团有限公司人事部根据《中华人民共和国职业分类大典（2015年版）》对工种目录的调整情况，修订了石油石化职业技能等级标准。在新标准的指导下，组织对"十五""十一五""十二五"期间编写的职业技能鉴定试题库和职业技能培训教程进行了全面修订，并新开发了炼油、化工专业部分工种的试题库和教程。

教程的开发修订坚持以职业活动为导向，以职业技能提升为核心，以统一规范、充实完善为原则，注重内容的先进性与通用性。教程编写紧扣职业技能等级标准和鉴定要素细目表，采取理实一体化编写模式，基础知识统一编写，操作技能及相关知识按等级编写，内容范围与鉴定试题库基本保持一致。特别需要说明的是，本套教程在相应内容处标注了理论知识鉴定点的代码和名称，同时配套了相应等级的理论知识练习题，以便于员工对知识点的理解和掌握，加强了学习的针对性。此外，为了提高学习效率，检验学习成果，本套教程为员工免费提供学习增值服务，员工通过手机登录注册后即可进行移动练习。本套教程既可用于职业技能鉴定前培训，也可用于员工岗位技术培训和自学提高。

油气田水处理工教程分上、下两册，上册为基础知识、初级工操作技能及相关知识、中级工操作技能及相关知识，下册为高级工操作技能及相关知识、技师操作技能及相关知识。

本工种教程由大庆油田有限责任公司任主编单位，参与审核的单位有塔里木油田分公司、新疆油田分公司、吉林油田分公司、华北油田分公司等。在此表示衷心感谢。

由于编者水平有限，书中不妥之处请广大读者提出宝贵意见。

编　者

2019年9月

CONTENTS 目录

第一部分 高级工操作技能及相关知识

第二部分　技师操作技能及相关知识

理论知识练习题

附 录

第一部分

高级工操作技能及相关知识

模块一　操作水处理系统设备

项目一　安装使用百分表测量离心泵机组的同心度

一、相关知识

（一）百分表

1. 百分表的种类

分度值为 0.01mm 的指示表，称为百分表。百分表按量程不同可分为小量程的：0～3mm、0～5mm、0～10mm；大量程的：0～30mm、0～50mm、0～100mm。按结构不同可分为普通百分表、内径百分表、数显百分表等。常用的百分表的测量范围有 0～3mm、0～5mm、0～10mm 三种。电子数显百分表的测量范围有 0～3mm、0～5mm、0～10mm、0～25mm、0～30mm，用于测量工件的各种几何形状误差、相互位置的正确性及位移量，也可借助量块对零件的尺寸进行比较法测量。

GBA002百分表的结构原理

2. 百分表的结构原理

百分表是借助于杠杆、齿轮、齿条等传动放大机构，将测杆的微小直线位移变为指针的角位移的测量仪表。它是利用机械结构将被测工件的尺寸数值放大后，通过读数装置标识出来的一种测量工具。

百分表的测杆上铣有齿条，它与轴齿轮啮合，与轴齿轮同轴的片齿轮及中心齿轮啮合，中心齿轮轴上装有指针。当测杆上下移动时，齿条的移动使齿轮转动，齿轮转动传给中间齿轮，其轴上的指针也随之转动。为了消除齿轮啮合间隙对回程误差的影响，由片齿轮在游丝产生的扭力矩的作用下与中心齿轮啮合，使整个传动机构中齿轮在正、反转时均为单面啮合。在片齿轮的轴上装有小指针，用以指示指针回转的圈数，其测力由弹簧产生。

百分表的工作原理是将被测尺寸（或误差）引起的测杆微小直线移动，经过齿轮传动和放大，变为指针在刻度盘上的移动，从而读出被测尺寸（或误差）的大小，其测量精度为 0.01mm。百分表的测量范围是指测量头的最大移动量。

百分表是由表体、表圈、刻度盘（100 格）、指针、转数指示盘、导向夹、测量杆、测量头等组成，其结构如图 1-1-1 所示。

百分表刻度盘上刻有 100 个分度，分度值为 0.01mm，每 10 格用数值 10、20、30……100 等标记。使用百分表时可将其装在专用表座上或磁性表座上。

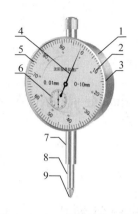

图1-1-1　百分表结构示意图

1—表体；2—量程；3—表圈；4—指针；5—刻度盘；6—转数指示盘；7—导向夹；8—测量杆；9—测量头

3. 百分表的读数方法和注意事项

GBA004百分表的读数方法

（1）测量时 1/100mm 指针（大指针）和转数指针（小指针）的位置都在变化。测量杆移动 0.01mm 时，大针转动一小格，所以被测尺寸数值毫米的小数部分可以从大指示盘读出。

（2）测量杆移动 1mm，大针将转动一圈，小针移动一个格，所以被测尺寸数值毫米的整数部分可以从转数盘上读出。

把整数和小数两部分的读数相加，即得到测量值。

注意事项：

（1）读数时不管是小针还是大针，都必须从离开起始位置的格数来读得。若指针在两个小格之间，则用估读的方法得出最后一位数值，如图 1-1-2 所示，指针的起始位置是"0"时，则毫米的小数部分是 0.56mm。

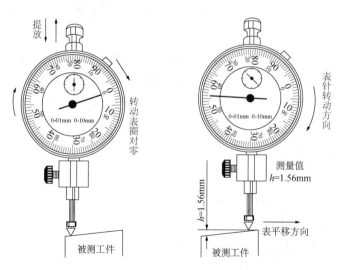

图1-1-2　百分表结构示意图

（2）大针的转动方向与测量杆的移动方向是有固定关系的，当测量头向下时，测量杆向上移动，指针按顺时针方向转动，反之，指针按逆时针方向转动。在比较测量或误差检验时，要注意测得的数值正负关系不能搞错。

（3）读数时，要在指针停止摆动后开始读数，眼睛的视线要垂直于表盘，即正对着指针来读数，否则会由于偏视造成一定的读数误差。

4. 百分表的使用方法和注意事项

1）测量前的检查

（1）检查百分表的指针是否转动灵活和在规定的位置范围之内，在测量杆处于自由状态时，指针应位于从"0"位逆时针方向 30°～90° 内，如果在其他位置，则不符合要求，应送量具检修部门进行检定修理。

（2）检查百分表的稳定性，用两个手指捏住测量杆上端的挡帽，轻轻提拉 1～2mm 几次，看每次表针是否都能回到原位（即测量杆处于自由状态时，指针所在的位置）。如未回到原位，说明该百分表的稳定性不合格，不能使用。

（3）检查百分表大指针与转速指针的关系，对具有转速指针的百分表，当转速指针指示在整转数时，大指针偏离"0"位应不大于 15 个刻度。

（4）检查百分表测量杆的行程，该行程应符合下述要求：测量范围为 0～3mm 的百分表，测量杆的行程至少应超过工作行程终点 0.3mm；测量范围为 0～5mm、0～10mm 的百分表，则至少应超过工作行程终点 0.5mm。

GBA001百分表的使用方法

2）使用方法

（1）检查完百分表并符合要求后，将其固定在支架上。若采用夹持套筒的方法来固定百分表时，则夹紧力要适当，不宜过大，以免使装夹套筒变形，卡住测杆。应检查测杆移动是否灵活，夹紧后，不可再转动百分表，如需要转动表的方向，则须先松开夹紧装置。

（2）调整测量头的位置，使其与被测量面接触，要求有适当的预压力，即测量力。所谓的测量力，一般是指在测量头压到被测量面上之后，表针顺时针转动半圈至一圈左右（相当于测量杆有 0.3～1mm 的压缩量）即所谓的"压半圈"或"压一圈"。

（3）使用百分表进行比较测量时，如果存在负向偏差，压缩量还要增大一些，使指针有一定的指示余量，这样，在测量过程中既能指示出正偏差，也能指示负偏差，而且仍可保持一定的测量力，否则负的偏差可能测不出来，还需要浪费时间调整。测量内径尺寸及偏差时，内径百分表需要与内径千分尺配合才可测量。

（4）固定好后，按照检查百分表稳定性的方法再检查一次，若符合要求则可进行测量。

GBA003百分表使用的注意事项

3）注意事项

（1）在使用百分表进行测量之前，擦拭干净测量杆、测头和表盘等。

（2）百分表测杆与被测工件表面垂直，否则将产生较大的测量误差。

（3）当用百分表测量轴的有关精度（如圆度、圆柱度、两轴同心度、轴弯曲度等误差）时，百分表测量杆要垂直工件轴线，其中心通过轴心。

（4）为了在测量时能够读出负值，应预留足够的压缩量（有时也将小针调到量程的中间位置），为了方便读数，在测量前一般都转动活动表圈，让大表针指到刻度盘的"0"位。

（5）在测量时，应轻轻提起测杆，把工件移至测头下面，缓慢下降测头，使之与工件接触，不准把工件强迫推入至测头，也不准急骤下降测头，以免产生瞬时冲击测力，给测量带来误差。对工件进行调整时，应按上述方法操作。

（6）测量杆上不要加油，以免油污进入表内，影响表的传动机构和测杆移动的灵活性。

（7）百分表应与光滑表面接触，被测表面的表面粗糙度不应大于1.6μm。

（8）百分表测量时，不要使测量杆的行程超过它的测量范围。

（9）百分表使用完毕后，应解除所有负荷，用软布把表面擦净，并在容易生锈的表面涂一层凡士林，然后装入匣内。

（二）其他测量工具

GBA005水平
仪的测量原理

1. 水平仪

水平仪用来检测被测表面的平直度，也可用于检验普通机床上各平面间的平行度与垂直度。水平仪分条形水平仪（ST）和框式水平仪（SK）。

1）条形水平仪

条形水平仪的主水准器用来测量纵向水平度，小水准器用来确定水平仪本身横向水平位置。水平仪的底平面为工作面，中间制成V形槽（120°或140°），以便安装在圆柱面上测量（其结构如图1-1-3所示）。当水准器内的气泡处于中间位置时，水平仪便处于水平状态；当气泡偏向一端时，表示气泡靠近的一端位置较高。水平仪的示值应在垂直水准器的位置上读数。被测工件两点的高度差可按式（1-1-1）计算：

$$H=ALa \qquad\qquad (1-1-1)$$

式中　H——两支点间在垂直面内的高度差，mm；

　　　A——气泡偏移格数；

　　　L——被测工件的长度，mm；

　　　a——水平仪精度。

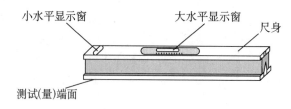

图1-1-3　条式水平仪结构示意图

2）框式水平仪

框式水平仪由框架和水准器（封闭的玻璃管）组成（其结构如图1-1-4所示）。每个侧面都可作为工作面，各侧面都保持精确的直角关系。框架的测量面上刻有V形槽（120°或140°），便于测量圆柱形零件。水平仪的度数用气泡偏移一格，表面所倾斜的角度来表示；或者用气泡偏移一格，表面在1000mm内倾斜的高度差 Δh 来表示。

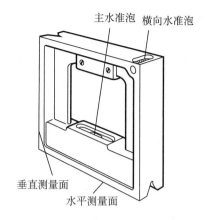

图1-1-4 框式水平仪结构示意图

3）水平仪使用注意事项

（1）测量前应先检查水平仪的零位是否正确。

（2）保证水平仪与被测面充分接触，被测面不能有锈蚀、脏物，被测物测量面擦干净。

（3）必须在水准器内的气泡完全稳定时才可读数，水平仪精度越高，稳定气泡所需要时间越长。

（4）若要移动水平仪时，只能拿起再放下，不能拖动，以免磨伤水平仪底面。

2. 塞尺

GBA006塞尺的使用方法

塞尺又称间隙片、厚薄规、测微片。塞尺用于检验两个平面间的间隙，由厚度为 0.02 ～ 1.0mm，长度为 75 ～ 300mm 的塞尺片（组）组成，其结构如图 1-1-5 所示。塞尺也是一种界限量具。测量时若用一片 0.04mm 的测试片可插入两零件间隙，但用一片 0.05mm 的测试片却不能插入，则该间隙的尺寸为 0.04 ～ 0.05mm。

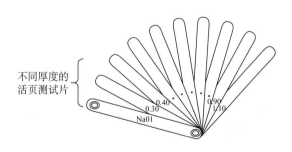

不同厚度的活页测试片

图1-1-5 塞尺结构示意图

塞尺分为 A 型和 B 型两种。A 型端头为半圆形；B 型端头为弧形、尺片前端为梯形。塞尺片按厚度偏差及弯曲度分为特级和普通级。常用塞尺尺片长度为 75mm、100mm、150mm、200mm、300mm。

塞尺的使用方法及注意事项如下：

（1）使用塞尺时，应根据间隙的大小选择塞尺的片数，可用一片或数片重叠在一起插入间隙内。

（2）塞满间隙后，取出测量片，将各测量片的数值相加，即为所测间隙的数值。

（3）厚度小的塞尺片很薄，容易弯曲和折断，插入时不宜用力太大。

（4）用后应用干净的棉布等顺着尺片长度方向将塞尺擦拭干净，并及时合到夹板中。

GBA007铜棒
的使用方法
（5）因为塞尺很薄，精度较高，所以使用条件受限制。

3. 铜棒

铜棒按材质不同可分为纯铜棒、黄铜棒、紫铜棒和青铜棒等。生产维修使用的铜棒宜为紫铜棒，因其硬度较低，不可以当作手锤使用，常作为间接的敲击工具，以保护被敲击件。

铜棒规格 $\phi 30 \times 500$ 中的数字分别表示直径和长度，单位为 mm。

铜棒一般用于设备的拆卸和装配。在使用铜棒时，要用力握住棒体，以防滑脱。

二、技能要求

（一）准备工作

1. 设备

IS80-65-160 离心泵机组 1 套。

2. 材料、工具

150mm 钢板尺 1 把、0 ～ 10mm 百分表 2 块、磁力表座 / 架 1 套、塞尺 1 把、1mm / 2mm/3mm 标准测量块各 1 块、计算器、A4 记录纸 1 张、碳素笔 1 支、石笔 1 根、擦布 1 块。

3. 人员

穿戴好劳动保护用品。

（二）操作规程

序号	工序	图片	操作步骤
1	检查零部件		检查百分表，保证百分表动作灵活，无卡滞现象，测量触头无松动
			表架、连接杆灵活好用，各紧固件完好无损
2	画标记		检查并擦拭联轴器
			将电动机联轴器按 0°、90°、180°、270° 分成四等份，用石笔画上记号
			在电动机上端盖上找一个参照点并做记号
3	组装百分表架		把百分表架的磁性底座固定在泵联轴器脖颈处
			组装表架，将表杆按径向和轴向调好
4	安装百分表头		将一块百分表测头与电动机联轴器外圆垂直接触，用于测量径向偏差
			另一块百分表测头与电动机联轴器后端面垂直接触，用于测量轴向偏差（张口差）

续表

序号	工序	图片	操作步骤
5	调整百分表		调整两块百分表测量杆的下压量为 2 ~ 3mm，同时转数指示盘的小指针对准某一整数，然后紧固百分表架的各个紧固螺栓
			旋转百分表的表圈，将大表针调到零位
			转动联轴器一整圈，观察大表针是否归零，否则需要重新调整归零
6	测量记录		按泵的旋转方向，分别测量出联轴器 0°、90°、180°、270° 位置的径向和轴向偏差
			记录四个点轴、径向测量值
7	拆卸百分表架		平稳拆卸百分表及表架，装入盒内
8	结论		根据测量结果，判断机泵同心度是否合格

（三）注意事项

（1）百分表不能放在有震动的环境中，以免震坏或损坏。

（2）百分表不能放在磁场附近，以免磁化；也不能直接测量高温工件，以防止表内零件变形。

（3）百分表使用完毕，应擦净放入盒内。

（4）百分表要定期校检，必须在校验期内使用。

项目二 测量绘制零件图

一、相关知识

（一）零件图

1. 零件图的内容

GBA008零件图的内容

零件图是用来表示零件在加工完毕后的形状、大小和应达到技术要求的图样，它是加工零件和检验零件的依据，它一般主要包括如下几方面内容：

（1）用来完整、正确地表达零件内外各组成部分形状及其连接关系的一组视图。

（2）用以确定各部分结构、形状大小及其相对位置的尺寸。

（3）用文字或符号表明对加工和检验等方面的技术要求，如尺寸公差、表面粗糙度、形位公差、热处理等要求。一般标注在图纸的右半部或下半部的空白处。

（4）放在图框右下角的标题栏可以标明零件的名称、材料、数量、比例等。

2. 零件图尺寸标注

GBA009零件图尺寸标注的基本要求

1）零件图中标注尺寸的基本要求

零件图中的图形，只能把零件各部分的结构表达清楚，而零件各部分的大小及其相互位置要由标注尺寸来确定。

零件图中的尺寸是零件加工、检验的依据。零件图的尺寸是通过测量后的实际尺寸。遗漏一个尺寸，零件加工就无法进行；标注错一个尺寸，整个零件就可能报废。因此，在绘制零件图时，应高度重视尺寸标注这一环节，必须树立对产品质量高度负责的工作态度，一丝不苟地注写尺寸，以免对生产造成不应有的损失。

对零件图的尺寸标注，应达到以下基本要求：

（1）正确。要严格遵照国家标准规定的尺寸注法，正确标注尺寸。

（2）完整。标注尺寸的完整就是要注出零件全部的定形尺寸和定位尺寸。尺寸必须标注齐全，能完全确定零件的形状和大小，不能遗漏尺寸，一般也不能有重复尺寸。

（3）清晰。尺寸的布置要整齐清晰，便于看图。零件图的尺寸标注时，相同结构形状的尺寸应尽可能地标注在同一视图上。

（4）合理。所注尺寸既能保证设计要求，又要符合加工、装配、检测等工艺要求。在零件图上标注平行尺寸时，应从小到大标注、小尺寸标注在里面、大尺寸标注在外面。

GBA010零件
图尺寸标注的
基准

2）尺寸基准

量度尺寸的起点，称为尺寸基准。在零件图上标注尺寸，应当从基准出发，使加工过程中尺寸的测量和检验能够顺利进行。

根据基准的作用不同，可把基准分为两类：

（1）设计基准。根据零件在机器中的作用和结构特点，为保证零件的设计要求而选定的基准。主要是标注零件设计尺寸的起点。

（2）工艺基准。工艺基准是确定零件在机床上加工时的装夹位置，以及测量零件尺寸时所利用的点、线、面。

合理地选择基准，是进行尺寸标注时应首先考虑的重要问题。从设计基准出发标注尺寸，能保证设计要求；从工艺基准出发标注尺寸，则便于加工和测量，因此，最好使工艺基准和设计基准重合。当设计基准和工艺基准不重合时，所注尺寸应在保证设计要求的前提下，满足工艺要求。

3）标注尺寸的形式

零件图标注尺寸的形式有以下三种。

（1）链状法。链状法是把尺寸依次注写成链状。

（2）坐标法。坐标法是把各个尺寸从一个基准注起。用于标注需要从一个基准定出一组精确尺寸的零件。

（3）综合法。综合法标注尺寸是链状法与坐标法的综合。在零件图标注尺寸的实际工作中，综合法用的最多。

GBA011零件
图尺寸标注的
注意事项

4）零件图尺寸标注的注意事项

（1）尺寸标注应符合加工顺序、加工方法的要求，要便于测量。

（2）标注零件图时，要求封闭尺寸链首尾相接，绕成一整圈的一组尺寸。

（3）标注零件图尺寸时，一组同心圆弧，可用共同的尺寸线箭头依次表示。

（4）标注零件图时，究竟哪个尺寸不标注，应视设计和加工的要求决定。

（5）不同工序的尺寸、内外形尺寸分开标注，便于看图及查对尺寸。

（6）从同一基准出发的尺寸可按简化形式标注。

根据图1-1-6所示零件的轴，完成测量并标注尺寸。

图1-1-6　阶梯轴图

步骤一：分析零件与图纸，如图 1-1-7 所示。确定尺寸基准和表达方法。

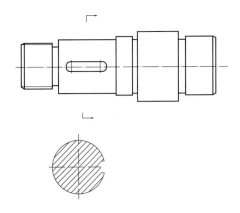

图1-1-7　主视图、移出断面图

步骤二：确定各个视图上需要标注的尺寸，画出尺寸界线、尺寸线和箭头，如图 1-1-8 所示。

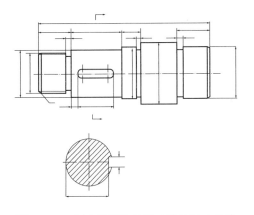

图1-1-8　画出需标注的尺寸线及尺寸界线

步骤三：测量轴上的各个尺寸并逐个填写尺寸数字；标注各表面的表面粗糙度代号。测量时要合理选用测量工具并注意正确使用各种测量工具，如图 1-1-9 所示。

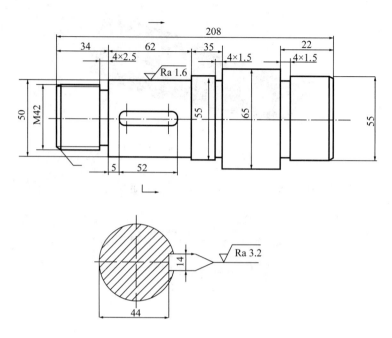

图1-1-9　标注尺寸及粗糙度

步骤四：在图上正确标注尺寸公差、形位公差，如图 1-1-10 所示。

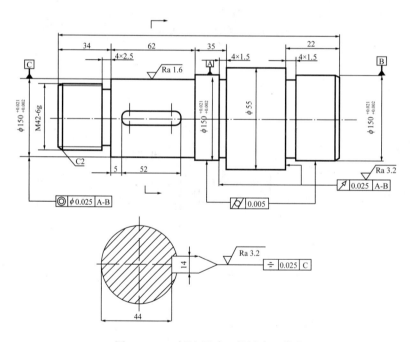

图1-1-10　标注尺寸、粗糙度、公差

步骤五：在图框右下角画出标题栏，标题栏内的文字方向即为看图方向。在标题栏上方或者左侧空白处填写零件图的技术要求，如图 1-1-11 所示。

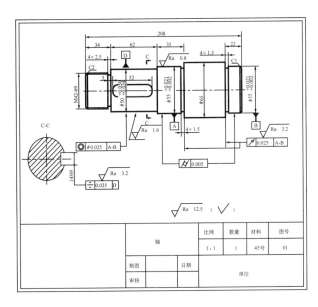

图1-1-11　轴零件图

3. 机械零件图的绘制步骤

（1）分析形体。先看清楚机械零件的形状和结构特点以及表面之间的相互关系。

（2）选择视图。摆放好形体，确定主视方向，选择主视图。通常要求主视图能够较多地表达形体的形状特征，也就是尽量将形体的形状和结构特点在主视图上反映出来，并使主要平面平行于投影面，以便投影表达实形。主视图确定后，再确定俯视图和左视图。

（3）选比例、定图幅。视图确定后，根据零件大小、视图数量，确定作图比例和图幅大小，并且符合标准规定。

（4）布置视图。根据各个视图每个方向的最大尺寸和视图间预留空档，确定每个视图的位置，定出作图基准线和中心线，进行视图定位。

（5）画底稿线。目测详细画出零件的内外结构和形状草图。画图顺序：先画主视图后画其他视图；先画主要部分后画次要部分；先画看得见的部分后画看不见的部分；先画主要圆或圆弧后画直线段。

（6）检查描深。草图绘制完成，经检查审核和计算。再按与绘制草图同样的方法，用绘图仪画出完整的零件工作图。

（7）尺寸标注。按照尺寸标注要求，先将尺寸界线和尺寸线全部画出，然后再集中测量各个尺寸，并逐个填写相应的尺寸数字。

4. 绘制机械零件图的技术要求

机械零件图应把机械零件的结构特征、尺寸大小和技术要求表达清楚，便于加工制造。因此，一张机械零件图应具备以下内容：

（1）所绘制的一组视图，应能完整、清晰地表达出零件的结构形状。绘制零件图之前，应看清零件的结构和形状特点并进行认真分析。选择的视图应既能正确、完整、清晰地反映零件的结构和形状特点，又能读图方便、绘图简便。选择的比例和图幅必须符合标准规定，图幅的大小要留有一定的余地，以便标注尺寸、画标题栏和填写技术要求。定位布局时，视图间的空档应保证在标注尺寸后尚有适当的宽裕，并且视图布置要均匀、不宜偏向一方。绘制零件草图时，应根据形体将几个视图配合着画，而不是画完一个视图后再画另一个视图。形体间的位置关系应满足"主视图与左视图高平齐、主视图与俯视图长对正、左视图与俯视图宽相等"的原则。

（2）零件尺寸标注，应能正确、完整、清晰地标注出零件尺寸及其尺寸偏差。先找出尺寸基准线，然后再从相应的尺寸基准开始一部分一部分地注出定形尺寸和定位尺寸。

（3）注写的技术要求，应能说明零件加工制造、检验、装配过程中所达到的要求，如表面粗糙度、表面形状和位置公差、热处理等。

（4）标题栏中，应正确填写零件的名称、材料、数量、作图比例和图号。

5. 绘制零件图的注意事项

（1）绘制零件图时必须要先画出零件草图，零件草图是画零件图和装配图的依据。零件草图徒手绘制，凭目测估计各部分的相对大小，以控制各视图之间的比例关系。合格的草图应当表达完整，线型分明，投影关系、标注尺寸正确。

（2）零件的主要结构形状，要选用基本视图或在基本视图上取剖视图来表达；在基本视图上没有表达或表达不清楚的部位，可以采用局部视图、局部放大图、断面图等方法表达。每个图形都应有明确的表达目的。

（3）对于零件制造过程中产生的缺陷和使用过程中造成的磨损、变形等，画草图时应予以纠正。

（4）零件上的工艺结构，如倒角、圆角、水纹线等，虽然小但也应完整清晰表达，不可忽略。

（5）严格检查尺寸是否遗漏或重复，相关零件尺寸是否正确。

（6）对于零件上的标准结构要素，如螺纹、键槽等尺寸，以及标准件配合或相关联结构，如螺栓孔、轴承孔等尺寸，应将实际测量结果与标准核对，圆整成标准数值。

GBA012测量
零件的常用工具
（二）测量零件的常用工具

1. 卡钳

卡钳是一种间接测量的简单量具，必须与钢直尺或其他带有刻度值的量具配合使用，测量工件的外形尺寸和内形尺寸。卡钳分内卡钳和外卡钳两种，内卡测量工件的孔和槽；外卡钳测量工件的外径、厚度、宽度。卡钳又分为普通式和弹簧式，弹簧卡钳便于调节且稳定，尤其适用于在连续生产过程中使用，内、外卡钳结构如图1—1—12所示。

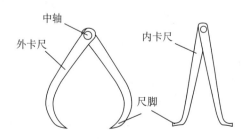

图1—1—12　内、外卡钳结构示意图

卡钳的规格是指卡钳的全长。有100mm、125mm、200mm、250mm、300mm、350mm、

400mm、450mm、500mm 和 600mm。

2. 卡钳的使用及注意事项

（1）工件清理干净，调整卡钳的开度，要轻敲卡钳脚，不要敲击或扭歪尺口。

（2）用外卡钳测量工件外径时，工件与卡钳应成直角，中指、食指捏住卡钳股，卡钳的松紧程度适中（以不加外力，靠卡钳的自重通过被测量物为宜）。度量尺寸时，将卡钳一脚靠在钢尺刻度线整数位上，另一脚顺钢尺边缘对在齿面应对的刻度线上，眼睛正对尺口，该脚所指的刻度尺寸为度量尺寸（图 1-1-13）。

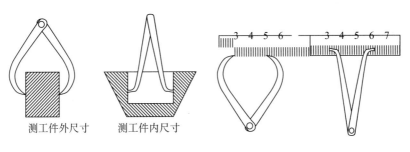

(a) 内、外卡钳测量示意图　　　　　(b) 内、外卡钳读数示意图

测工件外尺寸　　测工件内尺寸

图1-1-13　内、外卡钳使用示意图

（3）用内卡钳测量工件内孔时，应先把卡钳的一脚靠在孔壁上作为支撑点，将另一卡脚前后左右摆动探试，以测得接近孔径的最大尺寸，度量尺寸同外卡钳。

（4）测量要准确，误差不得超过 ±0.5mm，每次操作重复三遍。

（5）卡钳的中轴不能自行松动。

（6）使用后，将测量面擦干净，保养存放。

二、技能要求

（一）准备工作

1. 设备

教室一间。

2. 材料、工具

0 ~ 150mm 游标卡尺 1 把、300mm 三角尺 1 套、300mm 直尺 1 把、铅笔 1 支、橡皮 1 块、工件 1 个、A4 纸 1 张。

3. 人员

穿戴好劳动保护用品。

（二）操作规程

序号	工序	操作步骤
1	分析零件	对照零件和图纸进行分析：分析零件的用途、材料以及在使用中的位置和作用，然后对零件进行结构分析和制造方法的大致分析
2	确定尺寸基准	确定零件图的尺寸基准，依次绘制出欲标注部位的尺寸界线及尺寸线
3	测量工件	测量零件上的各个尺寸

续表

序号	工序	操作步骤
4	标注尺寸	在零件图上标注完整尺寸
		标注零件图上的必要尺寸公差
		标注零件图上重要部位的形位公差
		在零件图重要表面上标注出给定加工的粗糙度
5	填写技术要求	在标题栏上方或者左侧空白处填写零件图的技术要求
6	填写标题栏	按要求填写

（三）技术要求及注意事项

（1）测量时工件要拿牢，防止脱落伤人。

（2）主要尺寸应直接标注。主要尺寸是指影响产品工作性能、精度及互换性的重要尺寸。直接标注出主要尺寸，能够直接提出尺寸公差、形状和位置公差的要求，以保证设计要求。

（3）相关尺寸的基准和注法应一致。

（4）避免标注成封闭尺寸链。

（5）按加工顺序标注尺寸；按不同加工方法尽量集中标注尺寸。

（6）同一方向的加工面与非加工面之间，只能有一个联系尺寸。

（7）标注尺寸要考虑测量方便。

（8）对于零件上的螺纹、键槽等尺寸，应将实际测量的结果与标准核对，圆整成标准数值。

项目三　使用管子铰板套扣

一、相关知识

GBA013管子
铰板的结构
（一）管子铰板

管子铰板是一种在圆管（棒）上切削出外螺纹的专用工具，又称套丝。管螺纹铰板分普通型和轻便型两种。常用的有圆板牙和圆柱管板牙两种。铰板主要是由板牙和铰手组成，其结构如图1-1-14所示。

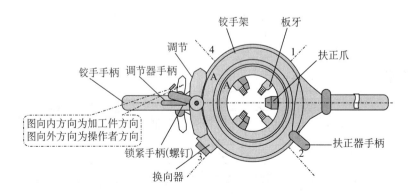

图1-1-14　管子铰板结构示意图

每种规格的管子铰板都分别附有几套相应的板牙，每套板牙可以套两种尺寸的螺纹。其规格见表1-1-1，常用为普通式114型。

表1-1-1 管子铰板技术规范

型式	型号	螺纹种类	螺纹直径，mm	每套板牙规格，mm
轻便式	Q7A-1	圆锥	DN6～DN25	DN6、DN10、DN15、DN20、DN25
	SH-76	圆柱	DN15～DN40	DN15、DN20、DN25、DN32、DN40
普通式	114	圆锥	DN15～DN50	DN15～DN20、DN25～DN32、DN40～DN50
	117		DN50～DN100	DN50～DN80、DN80～DN100

管螺纹铰板的使用方法及注意事项：

（1）套丝前应将板牙用油清洗，保证螺纹的光洁度。

（2）套丝前，圆杆端头应倒角，这样板牙容易对准和起削，可避免螺纹端头处出现锋口。

（3）板牙套丝时，装牙的操作方法是：将板机以顺时针方向转到极限位置，松开调节器手柄转动前盘盖，使两条A刻线对正，然后将选择好的板牙块按1，2，3，4序号对应地装入牙架的四个牙槽内，将板机逆时针方向转到极限位置。装卸牙块时不允许用铁器敲击。

（4）套丝时，应使板牙端面与圆杆轴线垂直，以免套出不合规格的螺纹。

（5）在套制有焊缝钢管时，要对凸起部分铲平后再套；套制中要浇注润滑油，加力要均匀、平稳，不能用手锤等物件敲击板牙手柄。

（6）管扣套进中，禁止将三爪松开来减轻负荷，这样容易打坏牙齿。只有套完扣后，才能松开扶正器的三爪。

（7）直径小于49mm的管子所套扣数为9～11扣，直径大于49mm的管子所套扣数为13扣以上，螺纹光滑，无损伤。锥度合理，用标准件测试。

（8）套扣过程中每板至少加机油两次，套扣控制板机时，板机方向每次要在同一位置，直径25mm以上管子必须3板套成，直径25mm以下管子可以2板套成。

（9）管子铰板用后，要除去板体里的铁屑、尘泥和油污物，然后将板体（铰板架）及牙块擦上洁净油脂，放好。

GBA014管子铰板套扣的操作方法

GBA015管子铰板的维护方法

（二）管子割刀

管子割刀用于切割各种金属管、软金属管及硬塑料管。管子割刀是以刀型来确定其规格的，其结构如图1-1-15所示。

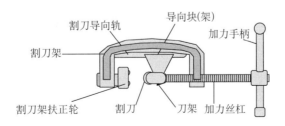

图1-1-15 管子割刀结构示意图

管子割刀规格见表1-1-2。

表1-1-2　管子割刀的规格

规格	全长，mm	割管范围，mm	割管最大壁厚，mm	质量，kg
1	130	5～25	1.2～2（钢管）	0.3
	310		5	0.75，1
2	380～420	12～50	5	2.5
3	520～570	25～75		5
4	630	50～100	5	4
	1000			8.5，10

GBA016管子割刀的使用方法及注意事项

管子割刀的使用方法及注意事项：

（1）根据被割管子的尺寸选择适当规格的管子割刀，以免刀片与滚轮之间的最小距离小于该规格管子割刀的最小割管尺寸，导致滑块脱离主体导轨。

（2）切割管子时，割刀片和滚子与管子应成垂直角度，以防止刀片刀刃崩裂。

（3）割刀初割时，进刀量可稍大些，以便割出较深的刀槽，防止刀刃崩裂，以后各次进刀量应逐渐减小，每转动1～2周，进刀一次，进刀量不宜过大，并应对切口处加油。

（4）使用时，管子割刀各活动部分和被割管子表面均需加少量的润滑油，以减小摩擦。

（5）当管子快要切断时，应松开割刀，取下割管器，然后折断管子，严禁一割到底。

（6）割刀使用完后，应除净油污，妥善保管，长期不用应涂油。

（7）割刀转一周加力一次，并酌情加机油一次，进刀量不可过多，以免顶弯刀轴和损坏刀片。

（三）电动套丝机

电动套丝机的板牙头、倒角器、割刀器都装在滑架上，滑架可作纵向移动，电动机、变速箱及冷却泵都装在机身内。电动套丝机的结构如图1-1-16所示。

图1-1-16　电动套丝机结构示意图

1—后卡盘；2—机体；3—前卡盘；4—切割器；5—板牙头；6—倒角器；

7—变距装置；8—滑架；9—进刀手轮；10—开关

使用套丝机的安全知识如下：

（1）钢管在压力钳中不能转动或松动，夹管时不允许将管子夹扁。

（2）调节扶正三爪时不能过紧，只要起扶正作用即可。

（3）装卸牙块时不允许用铁器敲击。

（4）套扣和割管过程中，禁止用手触摸螺纹或割口，以免烫伤和划伤。

二、技能要求

（一）操作套丝机套扣

1. 准备工作

1）正确穿戴劳动保护用品

工服、工鞋、工帽穿戴合格。

2）设备、工用具、材料准备

1/2～3/4in 铁管 1000mm，1/2～3/4in 套丝机专用板牙 1 套，润滑油 4.0kg，400mL 机油壶 1 个，300mm 钢板尺 1 把，2m 钢卷尺 1 把，25mm 毛刷 1 把，石笔 1 支，擦布 0.02kg。

2. 操作程序

1）装牙

（1）顺时针扳动夹紧手柄至极限位置，将选好的板牙按编号装入相应的板牙头槽内，如图 1-1-17（a）、（b）所示。

（a）一套板牙

（b）板牙插入相应的板牙槽中

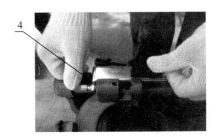
（c）旋转变距手轮

（d）曲线盘上横线与相应规格刻度线对齐

图1-1-17　电动套丝机装牙示意图

1—板牙；2—板牙头；3—夹紧手柄；4—变距手轮；5—曲线盘

（2）当板牙插入板牙槽中正确深度时，板牙定位眼就会与弹子啮合，然后扳动夹紧手柄，使板牙正确装入刀盘内。

（3）将变距手轮旋转到所需的规格位置，如图1-1-17（c）所示。

（4）根据管子规格，扳动夹紧手柄，带动曲线盘，使曲线盘上的横线与刻度尺上的所需规格刻度线对齐，然后锁紧夹紧手柄，如图1-1-17（d）所示。

2）夹管

（1）松开前后卡盘，从后卡盘一侧将管子穿入。

（2）用右手抓住管子，先旋紧后卡盘，再将锤击盘（前卡盘）按逆时针方向适当锤紧，管子装夹完成，如图1-1-18所示。

（3）在装夹短管时够不着后卡盘时，将前卡盘松开，放入短管，并使其与板牙斜口接触，然后锤紧前卡盘，保证管子正确定中心。

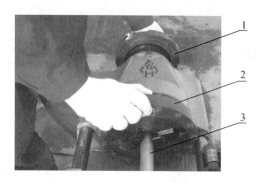

图1-1-18　电动套丝机夹管示意图

1—后卡盘；2—前卡盘（锤击盘）；3—铁管

3）套丝

（1）掀起割刀架和倒角架，让开位置，放下板牙头，使板牙头上的滚轮与仿形块接触，并将后盘推入槽内锁紧（有自动锁紧装置）。

（2）检查确认机头按逆时针方向旋转，冷却润滑油畅通，然后转动滑架手轮，使板牙靠近管子。在滑架手轮上施力，直至板牙在管子上套出3～4扣螺纹方可放手，如图1-1-19所示。

图1-1-19　电动套丝机套丝示意图

1—后卡盘；2—割刀器；3—前卡盘；4—板牙头；5—进刀手轮（滑架手轮）

（3）放开滑架手轮（松手），机器开始自动套丝，当板牙头滚轮越过仿形块落下时，板牙自动张开，套丝结束。

4）停机

退回滑架，直至整个板牙头从管子端退出，拉出板牙头锁紧捏手，同时掀起板牙头。

5）卸牙

卸松夹紧手柄，顺时针扳动夹紧手柄至极限位置，按装牙顺序卸下牙块，擦净板牙和板牙头。

6）倒角

（1）扳起板牙头和割架刀，放下倒角器。

（2）开动机器，转动滑架手轮，将倒角器推向管子孔内，如图1-1-20所示。

图1-1-20　电动套丝机完成倒角示意图

1—后卡盘；2—前卡盘；3—板牙头；4—倒角器

（3）完成工作后停机，退回倒角器，并扳至闲置位置。

7）割管

（1）掀起倒角架和板牙头，放下割刀架，转动割刀手柄，增加割刀架与与滚子架的距离，前后拉动割刀手柄使割刀与滚子能跨于管子上。

（2）转动滑架手轮，使割刀移到需割断的位置，旋转割刀手柄，使割刀轮压紧管子，如图1-1-21所示。

图1-1-21　电动套丝机割管示意图

1—割刀器；2—板牙头；3—倒角器

（3）开动机器，然后用手慢慢地旋转割刀手柄，割刀轮切入管子内。管子每转 1 ～ 2 周割刀手柄转 1/4 周。

（4）完成切割工作后，将割刀进给螺杆退回，并扳起割刀架至上方。

警告：假如割刀手柄转得太猛，在割刀轮切入管子时，会造成管子变形及割刀轮碎裂。

3. 注意事项

（1）必须保证油箱内有充足的油，且所有管路畅通。

（2）如果油已变色和脏污，须清洗油箱，换上新油。

（3）在套丝作业中，会有细小铁屑混入油箱中，为使套丝机正常运转，需要对滤油盘进行经常清洗。每使用 8 ～ 12h 后必须清洗滤油盘及吸油过滤器。

（4）若割刀轮发钝或损坏，必须更换。

（5）对进给螺杆和割刀器滚子及时进行清洗上油。

（6）清洗和润滑割刀轮和割刀销轴的方法是在切割时用刷子向割刀轮刷油。

（7）在板牙与管子接触时转动滑架手轮的力应先逐渐增大后逐渐减小，直至板牙与管子咬入 3 ～ 4 牙为止。如此后能在进刀手轮上稍用力以保持与板牙同步，便能获得最佳套丝质量。2in 管套丝一定要分两次进刀，以免损坏电动机。

（8）必须保证板牙与卡盘体在起套时有足够的走刀距离，不然会造成板牙头与前卡盘相撞，损坏机器。

（9）螺纹规格调整刻度位置已在出厂前标定，如有必要可按下述方法重标。螺纹长度可调整变距装置中的手轮来获得。例如，套制 2in 管螺纹时，应将变距盖板上印有 2in 规格的刻线旋至相对应的仿型座罩上的刻线；根据螺纹牙数的多少，可在变距调节螺杆中再做微调；松开板牙头刻度尺两端螺钉，移动刻度尺，使刻度线与刻度对准再重新拧紧螺钉。

（二）使用管子铰板套扣

1. 准备工作

1）设备

压力钳 1 套。

2）材料、工具

1/2 ～ 3/4in 铁管 1 根、润滑油 0.05kg、ϕ114mm 管子铰板 1 个、1/2 ～ 3/4in 牙块 1 副、300mm 钢板尺 1 把、2 号管子割刀 1 把、2m 钢卷尺 1 把、钢丝刷 1 把、毛刷 1 把、石笔 1 支、油壶 1 个。

3）人员

穿戴好劳动保护用品。

2. 操作规程

序号	工序	操作步骤
1	安装牙块	用毛刷清理铰板及牙块
		顺时针转动扳机至极限位置，松开锁紧手柄，转动铰手架，使两条"A"线对齐

续表

序号	工序	操作步骤
1	安装牙块	按 1、2、3、4 序号装入牙块
2	调整刻度	逆时针转动扳机到极限位置，调整铰手架，使管径刻度线与内盘的"0"刻度线对应，拧紧锁紧手柄
3	固定铁管	将管子装入压力钳内固定，伸出长度为 150～200mm
4	在管子上安装铰板	顺时针转动扳机至极限位置
		转动扶正器手柄，调节扶正器三爪，使三爪内径大于管径
		将铰板套入待套扣的管子上，牙块的 3～4 牙压在待套的管子上
		调整扶正器手柄，使三爪均匀搭在管子上，松紧度合适
		牙块和扶正器三爪加润滑机油，逆时合扳机
5	首扳套扣	站在铰板侧前方，面向压力钳，两脚分开，左手压住铰板向前推进，左手拇指逆时针顶住扳机，右手压紧手柄沿顺时针方向平稳而缓慢地转动铰板
		待套进 2～3 扣，进扣费力时，在工作面上滴入机油，右手继续转动铰板，慢慢松动扳机继续操作
6	退扣	管子套到所需扣数后，逐渐向回退扣，边退边松板机
7	二板套扣	重复套二板，方法同一板，达到规定扣数时退牙
8	检验螺纹	手带工件三扣，拧紧后有余扣，螺纹长应为 9～11 扣
9	割管	用钢板尺和划笔标记管子割口位置，用管子割刀切割管子
10	卸牙块	按顺时针方向将板机和大盖转到极限位置，使两条"A"线对齐后，卸下牙块，擦净板牙和铰板架，涂上润滑脂

3. 注意事项

（1）正确使用工具，工件固定要牢固，防止工具使用不当或工件固定不稳造成伤害。

（2）使用前检查工具完好性、管口是否达到质量要求，防止管口毛刺造成刮伤。

（3）套扣和割管过程中，禁止用手触摸螺纹或割口，以免烫伤和划伤。

（4）钢管在压力钳中不能转动或松动，夹管时不允许将管子夹扁。

（5）调节扶正三爪时，不能过紧，只要起扶正作用即可。

（6）装卸牙块时不允许用铁器敲击，夹管时不允许将管子夹扁。

项目四　投运气浮选除油装置

一、相关知识

气浮法是利用高度分散的微小气泡作为载体来黏附污水中的污染物（油或悬浮物），使其视密度小于水而上浮到水面，从而实现固液或液液分离的过程。当油水密度差较小时，一般采用气浮工艺。气浮法除油特别适合稠油采出水和含乳化油高的含油污水处理。

GBB001气浮选除油的基本原理

（一）气浮选除油的基本原理

浮选除油器是向污水中通入空气（或天然气、氮气）或设法使水中产生气体，有时还需要加入浮选剂或混凝剂，产生微小气泡作为载体，使污水中的乳化油、微小悬浮物等污染物质黏附在气泡上，形成浮选物（带气絮粒），利用气泡的浮升作用，上升到水面，通过收集水面上的泡沫或浮渣达到分离杂质、净化污水的目的。浮渣含水率比沉降装置污泥含水低，一般为90%～95%，浮渣含水率的高低，取决于原水中的杂质含量和排泥周期。

气浮法主要是用来处理污水中靠自然沉降或上浮法难以去除的乳化油或相对密度近于1的微小悬浮颗粒。

为使水中有些亲水性的悬浮物用气浮法分离，应在水中加入一定量的浮选剂，使悬浮颗粒表面变为疏水性，使其易于黏附在气泡上除去。

气浮法除油主要是去除污水中的分散油和乳化油。污水中浮化油含量较高时，气浮之前还需要加混凝剂进行破乳，使水中油呈分散状态以便于气泡黏附易于用气浮法分离。

实现气浮分离的必要条件有两个：第一，必须向水中提供足够数量的微小气泡，气泡的理想尺寸为15～30μm；第二，必须使目的物呈悬浮状态或具有疏水性质，以附着于气泡上浮升。

（二）气浮选的装置结构

气浮除油装置按气体被引入水中的方式分为两类，一类是溶解气气浮选装置，另一类是分散气气浮选装置；根据气泡产生方式的不同一般可分为：电解气气浮法、溶气气浮法、布气气浮法。

GBB002溶气
气浮的种类

1. 溶气气浮

溶气气浮是先将气体在压力下送入水中，然后减压使水中的过饱和气体以微细的气泡形式释放出来，从而使水中的杂质颗粒被黏附形成气浮体，上浮到水面分离。根据气泡析出所处的压力不同，溶气气浮可分为加压溶气气浮和溶气真空气浮两种类型。为了提高气浮的处理效果，需要向污水中加入混凝剂和絮凝剂，投加量因水质不同而异，一般由试验确定。

1）溶气气浮选的种类

根据工艺流程的不同加压溶气气浮法可分为全流加压、部分原水加压和回流水加压三种方式。

（1）全流加压式溶气气浮法流程。

全流加压式溶气气浮法是将全部原水加压溶气，在原水加压的离心泵吸水管中将气体压入采出水中，水气混合后进入溶气罐，气体通过泵时，剪切使其破碎为微细气泡，便于在溶气罐中溶解于水。溶气的原水从溶气罐经减压后进入气浮选罐（池）。污水中形成许多小气泡黏附污水中的乳化油或悬浮物而浮出水面，在水面上形成浮渣。用刮板将浮渣连续排入浮渣槽，经浮渣槽排出池外。全流加压法具有溶气量大、除油效率高的特点，但不适用于需混凝絮凝后的原水，流程如图1-1-22所示。

（2）部分原水加压溶气气浮流程。

部分溶气的采出水与未溶气的采出水混合后一起进入气浮选罐进行油、水、渣分离。流程如图1-1-23所示。

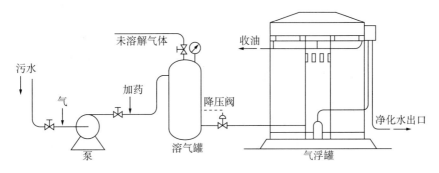

图1-1-22　全流加压式溶气流程

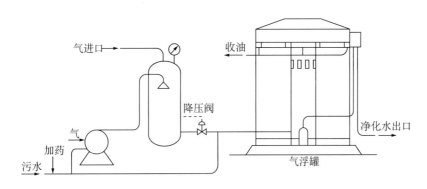

图1-1-23　部分原水加压式溶气流程

　　部分溶气气浮法的特点是：较全流程溶气气浮所需的加压泵小，故动力消耗低；压力泵所造成的乳化油量较全流程溶气气浮法低；气浮池的大小与全部溶气法相同，但比回流式溶气气浮法要小。

　　（3）回流加压式溶气气浮选法流程。

　　回流式溶气气浮选系统是部分净化的水回流到溶气罐加压溶气，然后与原水混合进入气浮罐，这种溶气法适用于原水需要预先混凝和原水含油量较高的采出水。流程如图 1-1-24 所示。

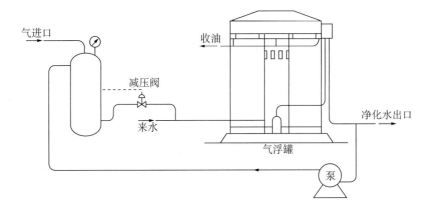

图1-1-24　回流式溶气浮选流程

回流溶气法在较低的气水比下即可运行，这是因为回流净化水中含有溶解气，一般气水比为（0.045～0.062）：1，气水比的高低与处理采出水的含油量有关，含油量增高，气水比也要相应提高。回流法的回流量占总水量的20%～50%，若回流量超过50%，称为工作水式溶气法。工作水量以满足必需的溶气量来确定，常用在乳化油含量很高，处理难度较大的情况下。回流法加压泵小，操作费用低，应用较为广泛。

GBB003溶气气浮选机的结构特点

2）溶气气浮选的主要设备

溶气气浮选主要包括压力溶气装置、溶解气释放装置和气浮选分离装置。

（1）压力溶气装置。

压力溶气装置由加压泵、供气设备和溶气罐组成。

①加压泵。加压泵用于提升污水，并对水、气混合物加压，使受压气体溶于水中。根据计算溶气流量和设计采用压力选择加压泵，当需要加压泵溶气时，一般选用多级离心泵。在满足溶气的前提下，控制气体注入量以便把因气体的吸入而造成对泵的伤害降低到最小限度。一般情况下，气体量不超过泵供水量的2%～3%，不会影响泵的正常工作。

②供气设备。供气设备是指可产生一定压力和一定气量的设备，如水泵吸气、空气压缩机、喷射器、压力气源供气等。水泵吸水易出现气蚀和吸气量较难控制，水泵效率低。一般常采用空气压缩机供气，溶气效率可达60%左右。

③溶气罐。溶气罐的作用是在一定压力下，保证气体能充分溶于水中，并使水、气良好混合，混合时间一般为1～3min，混合时间与进气方式有关，即泵前进气混合时间可短些，泵后进气混合时间要长些。水温对溶气效率影响很大，降低水温可以提高溶气效率，不同水温、压力下的空气理论溶气量如图1-1-25所示。

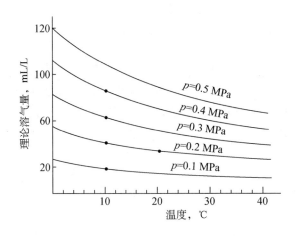

图1-1-25　不同水温、压力下的理论溶气量

为了促进溶气罐内水、气充分接触，加快气体扩散，常在罐内设隔套、挡板或填料。填料式的溶气罐的溶气效率比不加填料的溶气效率高30%左右。在填料的选择上，以阶梯环填料最佳。压力溶气罐有多种，一般常使用压力供气的喷淋式填料罐，如图1-1-26所示。

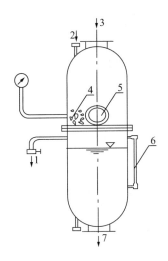

图1-1-26 喷淋式填料溶气罐

1—放气；2—进气；3—进水；4—填料；5—观察窗；6—水位计；7—出水

（2）溶气释放装置。增大溶气量可提高除油效率，但没有良好的释放条件仍达不到除油效果。好的释放条件是指：溶入的气体要彻底析出，析出的气泡要均匀、微细、稳定、密集，并要有与颗粒附着的良好条件。气泡析出可以说是溶气的逆反过程。因此，溶气的释放是气浮选净水工艺的关键环节。理想的释放应达到产生的气泡直径小、浓度高、释放均匀、稳定性好。

（3）气浮选分离装置。该装置的主要作用是完成浮渣（附着气泡的油珠和固体颗粒）与水的分离，分离出的浮渣由浮选器所设置的机械设施回收，处理后的水从浮选出口均匀流出。

3）斜板式溶气浮选机

（1）工作原理。污水通过加药混合反应器后，进入溶气浮选机，絮状物在小气泡带动下，上浮到浮选机的表面，被自动刮渣机刮走，浮选机底部还有自动排污（泥）阀，以排走任何可能生成的沉淀物。浮选机出水的一部分，通过一个多级加压泵进行再循环，对溶入的气体进行快速混合并加压，使受压气体溶于水中。其原理示意如图1-1-27所示。

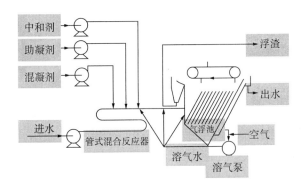

图1-1-27 斜板溶气浮选机原理示意图

（2）结构特点。在浮选机的底部装有先进的防堵释放器，溶气的压力水通过释放器，均匀地释放气泡，气泡的直径为 30～50μm。为了提高浮选分离的有效面积，在浮选机的壳体内，安装了独特的斜板结构，确保将 30μm 以下的极小絮状物从水中去除。将高效管道混合反应器与斜板浮选机配套使用，能保证对非溶解油及悬浮物的分离效率达 95% 以上。

2. 分散气浮选

分散气浮选装置主要分为旋转型浮选装置和喷射型浮选装置。

1）旋转型浮选装置

该装置主要由机械转子旋转在气液界面上产生液体旋涡，气液界面随转数升高可扩展至分离室底部。在旋涡中心的气腔中，压力低于大气压，从而引起分离室上部气相空间的蒸气下移，通过转子与水相混合形成气水混合体。然后在转子的旋转推动下向周边扩散，形成与油（或悬浮物）混合、碰撞、吸附、聚集，上浮被去除的循环过程，图 1-1-28 为该装置的横截面结构示意图。

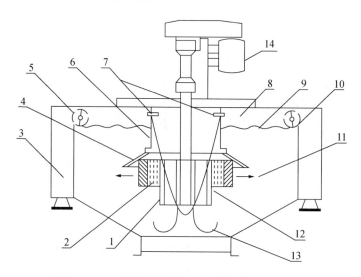

图1-1-28　旋转型分散气浮选装置横截面示意图

1—转子；2—分散器；3—废渣箱；4—支撑罩；5—刮渣器；6—立管；7—气入口；

8—气穴负压区；9—液面；10—浮渣堰口；11—两相混流；12—液体涡流；13—液体再循环路径；14—电动机

GBB004射流气浮选机的结构特点

2）喷射型浮选装置

（1）工作原理。喷嘴式气浮法是根据喷射泵的原理，利用浮选后的采出水或净化水为喷射流体。当喷嘴高速喷出时，在喷嘴的吸入室形成负压，气体被吸入到吸入室。喷嘴式气浮要求有 0.2MPa 以上的工作压力水流，水高速通过混合段时，携带其中的气体被剪切成微细气泡。在气浮室，工作水压力降低，气泡从水中分离上浮，并把附着在气泡上的油珠和固体颗粒带至水面。喷射水一般采用净化水循环使用，要合理设计水量及压力，保证水喷射器能准确吸入进气量。

（2）气浮射流器的工作原理及特性。射流气浮是利用射流器将水从射流器喷嘴以高速喷出时，将其周围空气一起带走，在喷嘴出口处形成真空后，空气被源源不断地吸入混合室，随水进入喉管。在这里，水和空气进行充分混合并进行能量交换。在湍流状态下，空气被剪切成微小气泡，混合后的流体在扩散管内降低速度，因而压力升高，产生气液混合物的压缩过程，最后由排出口排出，进入溶气罐。小气泡在气浮池内上升的过程中，黏附水中悬浮物，并将其带到水面，形成浮渣。射流器可接溶气罐，按加压气浮操作，省去空气压缩机，并可提高溶气效果。射流器结构如图 1-1-29 所示。

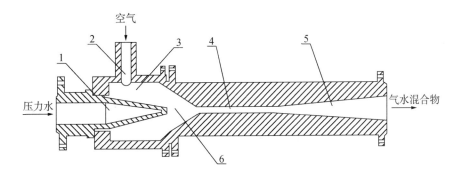

图1-1-29　射流器的结构及作用原理图

1—喷嘴；2—吸气管；3—吸入室；4—喉管；5—扩散段；6—收缩段

（3）喷射型浮选装置的组成结构。该装置在每个浮选单元均设置一个喷射器，利用泵将净化水打入浮选单元的喷射器，在喷射器内的喷嘴局部产生低气压，引起气浮单元上部气相空间的气体流向喷射器喷嘴，从而使气、水在喷嘴出口后的扩散段充分混合，然后射向浮选单元中下部与被处理的污水混合，形成油、悬浮物与气泡吸附、聚集，上浮被去除。装置原理如图 1-1-30 所示。

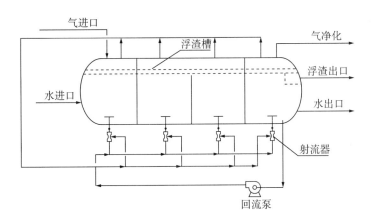

图1-1-30　喷嘴式气浮装置原理图

根据喷嘴式气浮法的特点，适于处理水量小、对水质要求不高的采出水。

（三）气浮选工艺参数的一般规定

（1）根据含油污水分离物质的性质，一般需要设置混凝反应器。

（2）气浮池应设水位控制室，并有调节阀或水位控制器调节水位，防止出水带油或泥渣层太厚。

（3）排渣周期视浮渣量而定，周期不宜过短，一般为 0.5～2h，浮渣含水率控制在 95%～97%。

（4）浮渣一般用机械方法刮除，刮渣机的行车速度宜控制在 5m/min 以内。刮渣方向应与水流方向相反。

（5）选用气浮机处理采出水时，应使用适合于所处理采出水性质的有效药剂，不用药剂或药剂使用不当，气浮除油率很低。（根据大庆油田经验，不加药剂，除油率只有 20%～30%；而使用高效适用药剂，可使气浮的除油效率达到 90% 以上。）

（四）高效管式加药反应器

高效管式加药反应器主要与斜板式浮选机配套使用，应用在进气浮机之前，能大大提高浮选机的分离效率。管道反应器由三个特殊设计的混合管道组成，其结构示意如图 1-1-31 所示。管道上分别加入混凝剂、絮凝剂和溶气气泡，通过控制各管段的混合能量和混合时间，以达到最优化的混凝效果。特别适合于入口油和悬浮物含量偏高的含油污水。

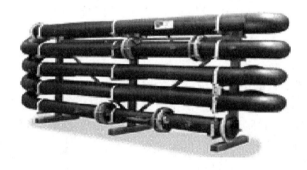

图1-1-31　管式反应器结构示意图

气水混合液进入管式反应器内释放头，在混凝反应期间，微气泡与混凝絮粒的产生和形成同时发生，协同作用，气泡结合进絮体的内部，形成一种新型絮粒。加药原理如图 1-1-32 所示。

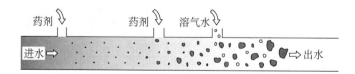

图1-1-32　管式反应器加药混合原理图

高效管式加药反应器具有以下优点：

（1）能确保混合均匀，生成均匀的絮状物。

（2）不会反向混合（短路）。

（3）不需要额外的混合搅拌器，节能。

（4）由于加药点是在管段的中间，故所需的化学药剂耗量最少。

（5）与传统罐式加药混凝器相比，没有表面积油的风险。

（6）由于在管段上加入了溶气气泡，气泡能进入絮状物的内部。

二、技能要求

（一）准备工作

1. 设备

溶气式气浮选机 1 台。

2. 材料、工具

500mm F 形扳手 1 把、250mm 活动扳手 1 把、放空桶 1 个、擦布适量。

3. 人员

穿戴好劳动保护用品，与相关岗位做好联系，互相配合。

GBB005溶气气浮选机投产操作的方法

（二）操作规程

序号	工序	操作步骤
1	准备工作	检查阀门是否灵活好用，处于关闭状态，法兰连接部位是否牢固，有无泄漏点
		检查电源、电路及电气设备是否符合安全管理规定，运行设备安全防护是否完备
		检查溶气泵、空压机等设备的完好程度，检查机泵的润滑油是否合格、机械密封是否完好、空压机机油是否合格
		检查溶气罐水位处于正常液位
		导通工艺流程并与有关岗位联系，准备投产
2	投运加药设备及流程	按要求配置好合适浓度的混凝剂及絮凝剂，投加药罐内，检查并试运加药泵
3	启动空压机及溶气泵	启动空压机，将压缩空气输入溶气罐内
		待溶气罐压力为 0.2～0.3MPa 时，启动溶气水泵，打开阀门将水压入溶气罐内，控制溶气水量为设计水量的 30%
		待溶气罐水位到液位计的 1/3 时，打开释放阀门，将溶气水输入气浮池反应室
		调节溶气水泵出口阀门，使溶气罐内液位保持在 1/3～2/3
4	启动导通来水投运加药泵	启动污水泵将含油污水送入气浮反应室进行处理
		打开加药泵出口阀门，启动加药泵，根据来水含油情况确定药剂投加量
5	合理调节气浮水位，启动刮渣机	调节气浮池的出水堰板（或出水阀门），使气浮池的水位保持在排渣口，当浮渣厚度积聚约 10～15cm 时，启动刮渣机刮出泥渣
6	取样化验做好记录	气浮设备投运正常后，定期取水样进行化验，观察气浮机处理效果；做好记录，填写报表
7	清理场地	清理场地，回收工用具

GBB006溶气气浮选机投产的技术要求

（三）技术要求

（1）投运前，首先检查电气设备及转动部位是否正常。

（2）密切注意溶气罐内的工作压力、溶气水流量、来水流量。

（3）严格控制药剂的投加量，保持释放器的清洁，如果出现处理效果不好，应立即检查释放器是否堵塞并检查药剂的投加情况等。

（4）运行过程中，溶气罐水位控制平稳，不能淹没填料层，不能过低，防止出现大量气泡。

（5）经常观察池面情况，如发现渣面不平，局部出现大量气泡，要及时清理释放器。

（四）注意事项

（1）注意检查运行中的水泵，防止水泵因缺水造成抽空，损坏水泵。

（2）使用投加化学药剂时，应穿戴好工作服、鞋帽、防护罩、手套、防护眼镜等防护用品，严禁用手直接接触。

（3）检查电气设备时，谨防触电，必须先断电再检查设备。

（4）空压机的压力必须大于溶气罐的压力，防止压力水倒灌入空气压缩机。

（5）刮渣时，需要抬高池内水位，按最佳的浮渣堆积厚度及浮渣含水率进行定期刮渣，否则刮渣操作会影响出水水质。

（6）浮选机长期停用时，应放掉设备内的水。

项目五 启、停空气压缩机组

一、相关知识

（一）污水处理站常用的风机

风机是气体压缩与输送机械的总称，是一种提高气体压势能的专用机械，被广泛应用于气体输送、产生高压气体与设备抽真空等目的。

风机按照其所能达到的排气压力分为通风机、鼓风机和压缩机三类。

1. 通风机

通风机主要用于污水处理构筑物的通风等，压力小于 30kPa。

2. 空气压缩机

在油田采出水处理站中，空气压缩机主要用于压力溶气气浮、过滤反冲洗、仪表风等，压力大于 300kPa。

3. 鼓风机

鼓风机主要用于好氧生化处理鼓风曝气、混合搅拌等，压力为 30 ～ 300kPa。

GBB007空气压缩机的原理

（二）空气压缩机

空气压缩机是气源装置中的主体，为污水处理自动控制中的气动阀门、压滤机辅助压榨、压力过滤罐的气水反冲洗、溶气气浮机等提供气源。它是将电动机的机械能转换成气体压力能的装置。

空气压缩机按工作原理可分为容积式压缩机和速度式压缩机。

1. 容积式压缩机

容积式压缩机是依靠在气缸内做往复或回转运动的活塞，使气缸内的气体体积减小，压力升高，然后把气体压出。容积式压缩机的工作原理是压缩气体的体积，使单位体积内气体分子的密度增加以提高压缩空气的压力。

容积式压缩机可分为回转式和往复式压缩机。

（1）回转式压缩机是靠各种超活塞作用的转子，在气缸内做回转运动而使气体体积发生变化来压缩和输送气体。

（2）往复式压缩机是靠活塞或隔膜在气缸内做往复运动，使气体体积发生变化来压缩气体和输送气体。

2. 速度式压缩机

速度式压缩机的工作原理是气体在高速旋转叶轮的作用下，提高气体分子的运行速度，使气体分子具有的动能转化为气体的势能，从而提高气体的压力。

压缩机的分类如图 1-1-33 所示。

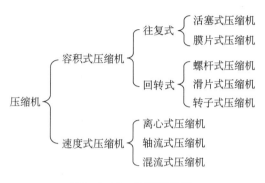

图1-1-33　压缩机分类

污水处理站较为常用的是容积式压缩机，其中活塞式空气压缩机和螺杆式空气压缩机较为常用。活塞式压缩机适用于中、小输气量，排气压力可以满足低压至超高压；离心式压缩机和轴流式压缩机适用于大输气量、中低压情况；回转式压缩机适用于中小输气量、中低压情况。

（三）活塞式空气压缩机

1. 分类

1）按气缸的布置分类

立式压缩机：气缸均为竖立布置。

卧式压缩机：气缸均为横卧布置。

2）按排气压力分类

低压压缩机（排气压力为 0.3 ~ 1MPa）；中压压缩机（排气压力为 1 ~ 10MPa）；高压压缩机（排气压力为 10 ~ 100MPa）；超高压压缩机（排气压力大于 100MPa）。

3）按排气量分类

微型压缩机（排气量小于 1m³/min）；小型压缩机（排气量为 1 ~ 10m³/min）；中型压缩机（排气量为 10 ~ 60m³/min）；大型压缩机（排气量大于 60m³/min）。

4）按气体经压缩的级数分类

单级压缩机：气体经一次压缩达到终压。

双级压缩机：气体经两级压缩达到终压。

多级压缩机：气体经三级以上压缩达到终压。

5）按活塞在气缸中的作用分类

单作用压缩机：气缸内仅一端进行压缩循环。

双作用压缩机：气缸内两端都进行同一级次的压缩循环。

级差式压缩机：气缸内一端或两端进行两个或两个以上不同级次的压缩循环。

6）按列数不同分类

单列压缩机：气缸配置在机身一侧的一条中心线上。

双列压缩机：气缸配置在机身一侧或两侧的两条中心线上。

多列压缩机：气缸配置在机身一侧或两侧的两条以上的中心线上。

2. 工作原理

活塞式压缩机是用改变气体容积的方法来提高气体压力的设备。活塞式压缩机的曲轴旋转时，通过连杆传动，活塞便做往复运动，由气缸内壁、气缸盖和活塞顶面所构成的工作容积则会发生周期性的变化。

（1）膨胀—吸气过程：活塞从气缸盖处开始运动时，气缸内的容积开始逐渐增大，缸内压力下降到略低于吸气管压力时，吸气阀被顶开，这时，气体会从进气阀进入到气缸，直到工作容积变到最大为止；完成一次膨胀降压—吸气过程。

（2）压缩—排气过程：当活塞反向运行时，缸内压力高于进气管压力，进气阀关闭，气缸内容积缩小，气体压力升高，缸内气体被压缩。当气缸内压力达到或高于排气压力时，排气阀打开，气体排出气缸，直到活塞运动到极限位置为止，即完成了一次压缩—排气过程。

当活塞再次反向运行时，排气阀关闭，进气阀打开，重复上述过程。在整个过程中，吸气阀只能吸气，排气阀只能排气，不能同时动作，气阀的启闭依靠缸内外压力差来实现。缸内活塞的往复运动，产生的容积变化，造成了缸内外的压力差，该压力差使气阀时闭、时开。由于在吸气和压气过程中的主要工作部件是活塞，因此称为活塞式压缩机。

归纳起来，活塞式压缩机的工作原理就是：由于活塞在气缸内的往复运动与气阀相应的开、闭动作相配合，使缸内气体依次实现膨胀、吸气、压缩、排气四个过程，不断循环，将低压气体升压而源源输出。活塞式压缩机的曲轴旋转一周，活塞往复一次，气缸内相继实现膨胀、吸气、压缩、排气过程，即完成一个工作循环。其工作原理如图1-1-34所示。

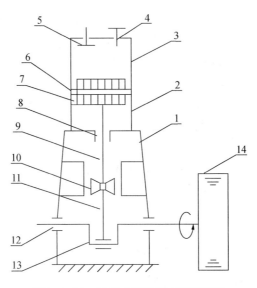

图1-1-34　活塞式压缩机工作原理图

1—机体；2—平衡缸；3—气缸；4—排气阀；5—进气阀；6—活塞环；

7—活塞；8—填料函；9—活塞杆；10—十字头；11—连杆；12—轴承；13—曲轴；14—皮带轮

3. 结构

活塞式压缩机主要由三大部分组成，如图 1-1-35 所示。

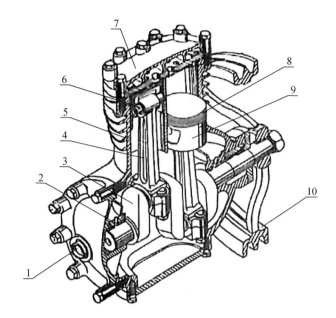

图1-1-35 活塞式压缩机结构图

1—机油看窗；2—后轴承；3—曲轴；4—连杆；

5—气缸体；6—活塞销；7—气缸盖；8—活塞环；9—活塞；10—皮带轮

（1）运动机构：是一种曲柄连杆机构，它把曲轴的旋转运动转换为十字头的往复直线运动，主要由曲轴、连杆、十字头、联轴器或皮带轮等组成。

（2）工作机构：是实现压缩机工作原理的主要部件，主要由气缸、活塞、气阀、机身等组成。

（3）辅助机构：主要包括润滑系统、冷却系统、调节系统。

4. 主要零部件

1）曲轴

曲轴是往复式压缩机的重要运动部件，外界输入的转矩要通过曲轴传给连杆、十字头，从而推动活塞做往复运动。它同时承受从连杆传来的周期性变化的气体力与惯性力等。

曲轴主要由主轴颈、曲柄、曲柄销、平衡铁组成，曲轴放置在机体轴承座上的部分，称为主轴颈；与连杆大头相连的部分称为曲柄销；把主轴颈与曲柄销连接起来的部分称为曲柄。曲柄与曲柄销组合在一起称为曲拐。为平衡曲轴上的惯性力和力矩，有时在曲柄销的对面设置平衡铁。曲轴结构如图 1-1-36 所示。

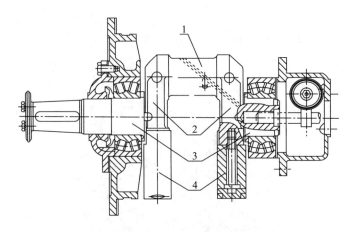

图1-1-36 曲轴基本结构示意图

1—曲柄销；2—曲柄；3—主轴颈；4—平衡铁

曲轴在运转中，主轴颈与轴瓦、曲柄销与连杆大头瓦间由于相对运动而产生磨损，故应有良好的润滑。图1-1-36中虚线部分就是在曲轴内钻成的压力润滑油的通道。

2）连杆

连杆是连接曲轴与十字头（或活塞）的部件，它将曲轴的旋转运动转换为活塞的往复运动，并将外界输入的功率传给活塞组件。连杆组件包括大头、小头、杆体三部分，如图1-1-37所示。大头一端装有大头瓦与曲柄销相连。小头一端装有小头瓦与十字头销（或活塞销）相连。

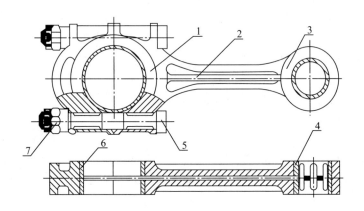

图1-1-37 连杆组件示意图

1—大头；2—杆身；3—小头；4—小头瓦；5—螺栓；6—大头瓦；7—螺母

3）十字头

十字头是连接活塞与连杆的零件，它具有导向作用。压缩机中大量采用连杆小头放在十字头体内的闭式十字头，结构如图1-1-38所示。少数压缩机采用与叉形连杆相配的开式十字头。十字头与活塞杆的连接形式分为螺纹连接、联接器连接、法兰连接等。

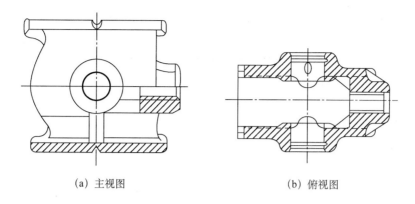

（a）主视图　　　　　　　　　　（b）俯视图

图1-1-38　十字头结构示意图

4）气缸

气缸是活塞式压缩机工作部件中的主要部分。对气缸的材质及结构要求如下：

（1）为了能够承受气体压力，应具有足够的强度。

（2）活塞在其内运动，内壁承受摩擦，应有良好的润滑及耐磨性。

（3）为了把气缸中进行功热转换时产生的热量散掉，应有良好的冷却措施。

（4）为了减少气流阻力，提高效率，吸气和排气阀要合理布置。

5）气阀

气阀是往复活塞式压缩机中的重要部件，也是易损坏的部件之一。它的好坏直接影响压缩机的排气量及功率消耗运转的可靠性。

活塞式压缩机一般都采用"自动阀"，气阀的开启与关闭是依靠阀片两边的压力差实现的，没有其他的驱动机构。压缩机的气阀种类很多，常用的如图1-1-39所示，它由阀座、阀片、弹簧及升程限制器等零件组成，阀片是圆环形片，阀座由几个同心的环形通道组成，由筋条连成一体，气体可经环形通道流过。升程限制器上有导向块，对阀片的启闭运动起导向作用。

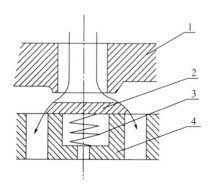

图1-1-39　进气阀工作示意图

1—阀座；2—阀片；3—弹簧；4—升程限制器

从气阀工作原理来看，气阀工作性能直接影响压缩机气缸的工作。因此，对气阀有如下要求：

（1）阻力损失小。气阀阻力损失大小与气流的阀隙速度及弹簧力大小有关。

（2）气阀关闭及时、迅速。关闭时不漏气，以提高机器的效率，延长使用期。

（3）寿命长，工作可靠。限制气阀寿命的主要因素是阀片及弹簧质量，一般对长期连续运行的压缩机，寿命达 8000h 以上。

（4）形成的余隙容积小。

（5）噪声小。

6）活塞

活塞在气缸中做往复运动，起压缩气体的作用，与气缸构成压缩工作容积，是压缩机中重要的工作部件。通常要求活塞的结构与材料在保证刚度、强度、连接可靠性的条件下，尽量减轻质量，减少摩擦，并要有良好的密封性。

活塞可分为筒形活塞和盘形活塞两大类，如图 1-1-40 所示。

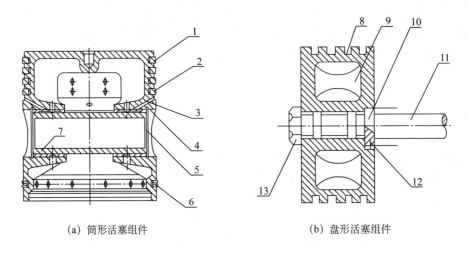

（a）筒形活塞组件　　　　　　　（b）盘形活塞组件

图1-1-40　活塞结构示意图

1—活塞环；2，6—刮油环；3—活塞；4—衬套；5—挡圈；

7—活塞销；8—环槽；9—筋板；10—台肩；11—活塞杆；12—防转销；13—螺母

（1）筒形活塞。用于无十字头的单作用低压压缩机，这种活塞通过活塞销与活塞杆小头连接。

（2）盘形活塞。用于中、低压双作用气缸，材料为灰铸铁或铸铝，盘形活塞通过活塞杆与十字头相连。

5. 活塞式压缩机的缺点

（1）转速受到限制，不宜过高。

（2）结构复杂，易损件多，维修工作量大。

（3）运转时，震动大。

（4）输气时不连续，气体压力有脉动。

6. 压缩机型号表达方法

压缩机型号由大写汉语拼音字母和阿拉伯数字组成。

（1）结构代号见表 1-1-3。

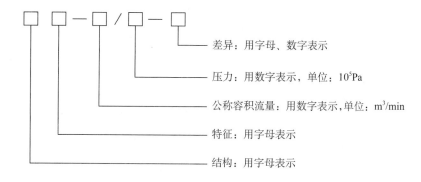

差异：用字母、数字表示

压力：用数字表示，单位：$10^5 Pa$

公称容积流量：用数字表示，单位：m^3/min

特征：用字母表示

结构：用字母表示

表1-1-3 结构代号

结构代号	结构代号的涵义	结构代号	结构代号的涵义
V	V型	M	M型
W	W型	H	H型
L	L型	D	两列对称平衡型
S	扇型	DZ	对置型
X	星型	ZH	自由活塞型
Z	立式（气缸中心线均与水平面垂直）	ZT	整体型摩托压缩机
P	卧式（气缸中心线均与水平面平行，且气缸位于曲轴同侧）		

（2）具有特殊使用性能的压缩机，其特征代号见表1-1-4。

表1-1-4 特征代号

特征代号	W	WJ	D	B
代号涵义	无润滑	无基础	低噪声罩式	直连便携式

（四）螺杆式压缩机

螺杆式压缩机是回转式压缩机的一种，构造简单，由于没有往复运动部件，不受往复惯性力影响，因此无需惯性力平衡装置，工作时震动、噪声小于往复式压缩机，寿命及可靠性较高。在污水处理中用于仪表供气、压滤机气压榨等。但需要气—冷却液分离、过滤、冷却、温控等辅助设施。

1. 结构

螺杆式压缩机的结构如图1-1-41所示，在"∞"字形的气缸中，平行地配置一对相互啮合，并按一定的传动比相互反向旋转的螺旋形转子，称为螺杆。通常，将节圆外具有凸齿的螺杆，称为主螺杆或主转子，一般主螺杆与发动机连接，并由此输入动力；在节圆内具有凹齿的螺杆，称为副螺杆或副转子。

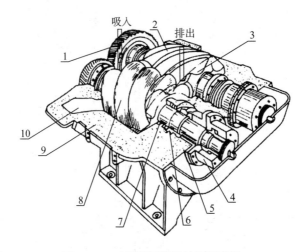

图1-1-41　螺杆压缩机结构示意图

1—同步齿轮；2—副螺杆；3—排出口；4—推力轴承；

5—轴承；6—挡油环；7—轴封；8—主螺杆；9—气缸；10—吸入口

2. 工作原理

螺杆式压缩机是靠机壳内互相平行啮合的主副转子的齿槽的容积变化而达到压缩空气的目的。主螺杆（主转子）由发动机带动旋转时，副螺杆（副转子）在同步齿轮带动下或相互啮合做反向同步旋转。主、副转子共轭齿形的相互填塞，使封闭在壳体与两端盖间的齿间容积大小发生周期性变化，并借助于壳体上呈对角线布置的吸气口和排气口，完成对气体的吸入、压缩与排出。

螺杆式压缩机属于容积式压缩机械，其运转过程从吸气过程开始，然后气体在密封的齿间容积中进行压缩，最后进入排气过程。工作过程如图1-1-42所示。

  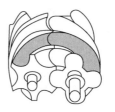 

（a）吸气过程　　　（b）吸气结束，压缩开始　　（c）压缩结束，排气开始　　（d）排气过程

图1-1-42　螺杆压缩机的工作过程

1）吸气过程

气体经吸气孔口分别进入主、副螺杆的齿间容积，随着螺杆的回转，两个齿间容积各自不断扩大。当这两个容积达到最大值时，齿间容积与吸气孔口断开，吸气过程结束。此过程中主、副螺杆的齿间容积彼此并没有连通。

2）压缩过程

螺杆继续回转，在主、副螺杆齿间容积彼此连通之前，主螺杆齿间容积中的气体受副螺杆的进入先行压缩。经某一转角后，齿间容积随因齿的互相挤入，其容积值逐渐减小，实现气体的压缩过程，直到该齿间容积与排气孔口相连通时为止。

3）排气过程

在齿间容积与排气孔口连通后，排气过程开始。由于螺杆回转时容积不断缩小，将压缩后具有一定压力的气体送至排气管。此过程一直延续到该容积达到最小值时为止。

随着螺杆的继续回转，上述过程重复循环进行。

3. 螺杆压缩机的特点

1）优点

（1）可靠性高：零部件少，没有易损件，运转可靠，寿命长，大修间隔期可达40000～80000h。

（2）操作方便：自动化程度高，可实现无人值守。

（3）动力平衡好：没有不平衡惯性力，可平稳调整工作。

（4）适应性强：具有强制输气的特点，容积流量不受排气压力影响，效率较高，适用于多种介质。

（5）多相混输，耐液体冲击，可输送含液气体、含尘气体、易聚合气体等。

2）缺点

（1）不适合高压场合，只适合中低压范围。

（2）易产生很强的中、高频噪声，必须采取消声、减噪措施。

（3）造价高，加工精度高，加工工艺难度大。

4. 螺杆压缩机的排气量调节

螺杆压缩机的排量调节方法有：变转速调节、停转调节、控制吸入调节、进气与排气管连通的调节、空转调节等。

二、技能要求

（一）准备

1. 设备

空气压缩机组。

2. 工、用具及材料

250mm 活动扳手1把、200mm 一字形螺丝刀1把、测温枪1把。

3. 人员

穿戴好劳动保护用品

GBB008活塞式空气压缩机的操作要求

（二）操作规程

序号	工序	操作步骤
1	启动前的检查	检查曲轴箱中的油质和油量应符合要求
		检查各部位螺栓松动情况，检查管路各阀门灵活情况，并处于开机前的位置
		检查电压为360～400V、检查仪表、接地线完好
		盘车数转，检查有无卡阻或刮磨
		调节卸荷器，使空压机处于无负荷状态

续表

序号	工序	操作步骤
2	启动操作	合上配电盘上的电源闸刀，按下启动按钮，启动电动机，使空压机投入运行
		空负荷运转 2～3min 后，如果无异常情况，打开减荷阀门，使空压机带负荷运行，注意压力在正常范围内
3	压缩机组运行检查	检查自动调压系统工作的灵敏度，判明空压机有无异常响声及漏气现象
		检查电动机及机械部分应无异常响声、震动、过热、松动现象
		油面保持在油标的 1/2～2/3，油温不高于 70℃，气缸盖排气口部位温度不得高于 200℃，系统应无漏气现象
4	停运操作	逐渐关闭减荷阀门，使空压机空载运行
		按停止按钮，待储气罐内压力稍降，将筒底部的排污阀打开，排放油水、污物
		拉下配电盘上的电源闸刀
		恢复管路各阀门，处于停机状态
5	清理场地	清理场地，回收工具

（三）技术要求

（1）对长时间连续运行的空压机，需要每隔 8h 排放一次，保证压缩空气的纯洁。

（2）空气压缩机的空气滤清器须经常清洗，保持畅通以减少不必要的动力损失。

（3）空压机操作时，应经常注意各种仪表读数，并随时予以调整。

（4）空压机启动前，应检查防护装置及安全附件是否齐全完好。

（5）长期停用后首次启动前，必须盘车检查。

（6）空压机必须在无负荷下启动，运转正常后，再逐步调整负荷运转。

（四）注意事项

（1）禁止用汽油或煤油清洗空压机的滤清器、气缸和其他压缩空气管路的零件，以防火灾和爆炸。

（2）禁止用燃烧的方法清除管道油污。

（3）停机检修时，必须断开电源刀闸并挂牌、打接地。

（4）对各运转部件进行的清洗、紧固等保养工作必须在停机后进行。

（5）污水处理站应用空气压缩机时，存在许多易燃气体与空气混合，所以必须注意可燃气体的爆炸极限，防止发生事故。

（6）自动调压系统和安全阀工作失灵，造成储气罐内压力超过额定压力时，必须紧急停机。

项目六　操作保养净化水罐

一、相关知识

GBB010净化水储罐的设计要求

（一）净化水储罐的运行管理

1.净化水储罐的设计要求

过滤后的合格水进入净化水罐内储存缓冲，使外输水泵能正常平稳工作，同时还利用停留期间再次清除水中少量杂质和原油。

储存外输过程的控制要素：一是储罐水质必须合格，不合格必须返回重新处理；二是外输水量要平稳，满足注水要求；三是及时回收罐顶污油。

（1）污水处理站的储水罐（池）的有效容积宜按 0.5 ～ 1.0h 的设计计算水量确定。如果兼作反冲洗储水罐（池）时，应考虑反冲洗储水量所需容积。

（2）储水罐（池）可不做保温，如兼作反冲洗储水罐（池）时，水在罐中的停留时间较长，在北方高寒地区，冬季环境气温较低为保证反冲洗效果可酌情考虑做保温。

（3）储水罐（池）运行一段时间，其上部有一定厚度的原油，设计时应考虑收油设施，视罐（池）内水温、油品性质情况，可设置简易收油设施，如溢流管收油等，不定期收油。

（4）储水罐（池）宜设 2 座，如果当检修和清洗时不致造成全站停产，可根据实际情况，设置 1 座。

（5）为避免检尺时产生火花，污水储水罐的检尺孔内壁宜用有色金属制作。

> GBB009储水罐的维护保养要求

2. 净化水储罐的维护保养

（1）经常检查储水罐的腐蚀情况，根据腐蚀情况采取防腐蚀措施，对大罐要进行牺牲阳极保护的阴极保护，要对阳极每年检查一次，发现损失过大时要及时更换。

（2）根据污水储罐的沉砂和积结杂物淤泥的情况，对储水罐进行定期清洗，一般情况每年至少清洗一次。

（3）根据储水罐内存油情况，要定期组织进行收油工作，一般每月至少要全面彻底地回收大罐内的污油一次。

（4）对污水罐的梯子、罐顶的强度和腐蚀情况进行经常检查，以防止梯子腐蚀伤人或由于罐顶腐蚀严重，强度减弱，使操作人员掉进罐内。

（5）对污水罐的排污阀、收油阀以及罐的出、入口阀门等要定期检查保养。

（6）长期停用时，要进行系统清理，并进行防腐保养。

（7）定期检测大罐对地绝缘电阻，保持有良好接地性能，对地电阻不应大于 10Ω，一般要求每季度测试一次，在雨季应每月至少测试一次。

> GBB011测定大罐溢流高度的方法JDJS

3. 储水罐产生溢流的原因及处理方法

1）储水罐液位的检测

液位是污水处理站中的一个重要参数，测量方法很多，其中使用较为广泛的有静压式液位计，它是利用液位产生的压力随容器内液位的变化而改变。一定高度的液体会产生一定的压力，根据流体静力学的原理，产生的压力计算见式（1-1-2）。

$$p = \rho g H \tag{1-1-2}$$

式中　ρ——液体的密度，kg/m^3；

　　　g——重力加速度，m/s^2；

　　　H——液位的高度，m。

同理，储水罐溢流高度的测量计算见式（1-1-3）。

$$H = p/\rho g + H_1 \tag{1-1-3}$$

式中　H——大罐溢流高度，m；

　　　p——大罐取压表压力指示值，MPa；

H_1——压力表与罐底平面垂直高度，m；

ρ——罐内介质密度，kg/m³。

2）产生溢流的原因

（1）来水突然增大。

（2）外输水泵出现故障或控制排量过小。

（3）下游注水站用水量减少，使进水量大于出水量，造成溢流。

（4）净化水储罐出口阀闸板脱落或外输水管压高，造成外输水量小，发生溢流。

3）发生溢流的处理方法

（1）通知脱水站或上游控制来水量，减小污水处理量。

（2）维修外输水泵，立即调整外输水泵的排量，使进出水平衡。

（3）控制污水处理量或协调注水站增加注水量。

（4）处理阀门故障，查找外输水管压升高的原因，加大外输水泵的排量。

GBB009储水罐的维护保养要求

（二）上罐检查及检尺的安全要求

（1）上罐收油或检查时，应执行相关的安全管理规定，穿戴好劳保用品，系上安全带，不准穿带钉子的鞋，应使用防爆手电及工用具；手电筒的开关必须在罐下进行。

（2）遇有雷、雨雪及五级以上大风天气，禁止上罐检查或进行收油操作。

（3）上罐前应手摸静电导出装置。

（4）一次同时上罐顶的人员不得超过五人，不得在罐顶跑跳，上、下油罐应手扶栏杆。

（5）每次检尺至少重复一遍，两次测量结果相差不得过大。

（6）量尺校验周期为 12 个月。

（7）测量储水罐液位时，应根据液位显示仪，估算液位范围，将感水膏均匀地涂在刻度尺上。

二、技能要求

（一）准备

1. 设备

清水罐 1 座，大罐底部有一取压口并装有阀门。

2. 工用具及材料

200mm 活动扳手 1 把、17～19mm 固定扳手 1 把、350mm 管钳 1 把、500mm F 形扳手 1 把、2m 钢卷尺 1 个、0～0.16MPa 压力表 1 块、DN15mm 螺纹弯头 1 个、DN15mm 对丝 1 个、压力表接头 1 个、密封胶带 1 卷、压力表密封垫 1 个。

3. 人员

GBB011测定大罐溢流高度的方法

劳动保护用品穿戴齐全规范。

（二）操作规程

序号	工序	操作步骤
1	准备工作	准备好工用具及材料
2	安装对丝	打开取压阀，放尽阀内死水，关闭取压阀，将对丝接到取压阀上

序号	工序	操作步骤
3	安装弯头及表接头	将螺纹弯头与对丝连接并上紧，把压力表接头与螺纹弯头连接并上紧
4	安装压力表	在表接头内安放表密封垫片，把压力表与表接头相连接并上紧，打开取压阀
5	控制液位	控制大罐出口阀门，使罐内液面缓慢上升
6	录取溢流时压力值	记录大罐刚好溢流时的压力表指示值，并做好记录
7	量取压力表安装高度	用钢卷尺量取压力表距罐底高度，并做好记录
8	卸压力表	关闭取压阀，卸掉压力表、压力表接头和对丝
9	计算溢流高度	计算公式：$H = p/\rho g + H_1$
10	清理场地	清理场地，回收工具

（三）技术要求及注意事项

（1）缠绕密封带时，应以顺时针方向缠绕且缠绕层数要适当。

（2）取压阀内的死水必须放净，取压阀控制要达到开关灵活，不渗漏，关闭严密。

（3）各连接部位应达到不渗不漏。

（4）压力表必须校验合格并应有校验合格证书。

（5）读取压力表压力指示值时，眼睛、指针与刻度三点成一线才能读取。

（6）判断溢流管有无溢流水时，以听有无水流声音或看有无水溢出来为依据进行判断。

①如溢流管无溢流时，则应提高大罐水位，记录溢流管刚刚溢流时的压力表指示值。

②如溢流管有溢流时，则应降低大罐水位，记录溢流管刚好不溢流时的压力表指示值。

（7）测量大罐溢流高度时，液位要缓慢上升，防止造成回收池溢池。

（8）用钢卷尺量取压力表与罐底高度时，应量取压力表与大罐底平面的垂直距离，以底平面为零点。

模块二　维护水处理系统设备

项目一　使用化学药剂防结垢和除垢

一、相关知识

GBC003水垢
形成的机理

（一）水垢形成的机理

1. 结晶作用

微溶盐类的结晶过程表明，在没有杂质的单一盐类和碳酸钙或硫酸钙的过饱和溶液中，可以达到很高的过饱和程度而没有结晶析出。一旦结晶析出，形成晶体的晶格规则，排列整齐，晶体间的内聚力以及晶体与金属表面的黏着力都很强，所以形成的垢层比较结实而且是连续增长。例如，碳酸钙是具有离子晶格的盐，Ca^{2+} 上带有部分正电荷，CO_3^{2-} 上带有部分负电荷，只有当碳酸钙晶体带有部分正电荷的 Ca^{2+} 和另一个碳酸钙晶体带有部分负电荷的 CO_3^{2-} 碰撞，才能彼此结合。因此，碳酸钙垢是按一定的方向，具有严格的次序排列的硬垢。然而，在油田水中，水垢的形成过程往往是一个混合结晶过程，水中的悬浮粒子可以成为晶种，粗糙的表面或其他杂质离子都能够强烈地催化结晶过程，使溶液在较低的过饱和度下就会析出结晶。悬浮粒子和析出的晶体共同沉淀使晶格中含有一定数量的杂质。此外，油田水中往往有几种盐类同时结晶，形成的晶体排列将是无规则和不整齐的，在晶格中间会出现很多空隙，悬浮物质会在空隙内沉积，这些因素都将导致垢层内聚力下降，混合晶体形成的垢层比较疏松，对水的流速变化和阻垢处理都比较敏感，垢层达到一定厚度就不再继续增长。

2. 沉积作用

水中悬浮的粒子如砂土、铁锈、黏土、泥渣等将同时受沉降力和切力的作用。沉降力包括粒子本身的重力、表面对粒子的吸引力和范德华力以及因表面粗糙等引起的物理作用力等，促使粒子下沉。切力也称剪应力，是水流使粒子脱离表面的力。如果沉降力大，则粒子容易沉积；如果切力大于水垢和污泥本身的结合强度，则粒子被分散在水中。杂质的黏结作用或水垢析出时的共同沉淀作用都增加粒子的沉降力而使粒子加速沉积，因此，在水的流动部位被沉积的污泥和析出的结晶叠加在一起而形成的垢层一般不会连续增长。但在水的滞流区，由于切力很小，甚至接近于零，水垢和污泥则主要在这些区域积聚，在滞流区积聚的水垢和污泥仅依靠化学药剂是很难去除的。

此外，水中微生物的生长和繁殖会加速结晶和沉降作用。腐蚀会使金属表面变得粗糙，粗糙的表面将起到催化结晶和沉降作用。较高的温度则往往会使某些已经沉积的污垢形态变得难于清除，例如，一些碳氢化合物将变形成为硬壳状沉积；铁的氢氧化物也可脱水变硬和发生相转变。当水中含有油污或烃类有机物时，有机物的分解、氧化或聚合作用形成的产物往往具有黏结作用。

（二）水垢成分的鉴别

（1）把样品研磨成粉末，用磁铁检查水垢样品的磁性，若磁性强，说明含有大量的Fe_3O_4；若磁性弱，表明垢中Fe_3O_4的含量很少。

（2）把样品放入15%的盐酸溶液中，如果反应剧烈并有大量气泡产生，证明是$CaCO_3$水垢；若样品不反应，也不产生气泡，则证明是硫酸盐或硅酸盐水垢；如反应强烈，并有硫化氢恶臭味，证明有硫化铁存在。

（3）把样品放入淡水中，如果溶解，说明有氯化钠垢存在。

（4）把样品放入有机溶剂中，如果溶剂颜色变深，就说明垢中有烃类物质存在。

（5）把样品放在放大镜下，如有晶体颗粒存在，则证明有硫酸盐和硅酸盐存在。

（6）把样品放在水中，搅拌均匀，如溶液变黑，说明有硫化铁存在，如溶液变红证明有氯化铁存在。

（三）结垢的预测

影响油田水结垢的因素很多，因此要预测油田水在使用过程中是否会产生结垢现象是比较困难的。罗兹那提出了稳定指数的概念，稳定指数的公式是根据试验资料和给水系数的实际情况统计出来的，并不具有充分的理论依据，在具体应用时还需要根据一定的水质条件进行修正，它们的应用与使用者的经验和判断能力关系极大。

目前，对于大多数物质结垢倾向都是由溶解度或溶度积来做出判断。下面重点介绍如何预测碳酸钙的结垢。

碳酸钙垢是大多数油田水中存在的严重问题，碳酸钙的溶解如前所述可以用反应式表示：

$$Ca^{2+} + CO_3^{2-} \longrightarrow CaCO_3$$

当反应达到平衡时，水中溶解的$CaCO_3$、Ca^{2+}、CO_3^{2-}物质的量不同，因为水中的CO_3^{2-}离子浓度既要符合碳酸钙的溶解平衡式，又要符合水中碳酸平衡式：

$$CO_2 + H_2O \longrightarrow H_2CO_3$$
$$H_2CO_3 \longrightarrow H^+ + HCO_3^-$$
$$HCO_3^- \longrightarrow H^+ + CO_3^{2-}$$

从碳酸平衡式可以看出，水中CO_3^{2-}浓度与水中H^+浓度有直接关系，即与水的pH值有密切关系。对油气田含油污水来讲，当污水pH值为7时，二氧化碳与铁反应时最易生成碳酸铁垢。污水中水垢的生成主要取决于盐类是否过饱和和结晶的生长过程。因此将水中的碳酸钙达到溶解平衡，即达到饱和状态时的pH值称为饱和pH值，用pHs表示。显然用饱和pH值来表示水中的溶解的碳酸钙达到饱和状态的指标，是一种非常简便有效的方法，pHs计算公式如下：

$$pHs = [pK_2 - pK_s] + p[Ca^{2+}] + p[T] \qquad (1-2-1)$$

式中　$p[Ca^{2+}]$——水中钙离子含量，mol/L；

$p[T]$——水的总碱度，mol/L；

$\left[pK_2-pK_s\right]$——反映了含盐量和温度对 pHs 值的影响。

因此 pHs 值的计算只需知道 Ca^{2+} 含量、总碱度、水温和含盐量四项数据，这些数据在一般的水质资料中是能够查到的，并且测得的数据也比较可靠。

尽管 pHs 是一个在水中可能并不实际存在的数值，也就是说水的实际 pH 值可能等于 pHs，也可能大于或小于 pHs 值，但是 pHs 值确实反映了水中碳酸钙的溶解和沉积问题，可以作为判断水质结垢倾向的依据。目前，在水处理技术上，所有判断不同类型结垢倾向的指数是以不同内容的 pHs 作为基础的。

（四）结垢预防的措施

GBC005结垢
预防的措施

控制油田水结垢的方法主要是控制油田水的成垢离子或溶解气体，也可以投加化学药剂以控制垢的形成过程。控制水的结垢方法很多，有些方法只适用于工业冷却水、锅炉用水或生活用水，对油田不一定适用，因为油田水数量大而质量较差，所以在选阻垢方法时必须综合考虑使用方法、投资和经济效益。

1. 控制 pH 值

降低水的 pH 值会增加铁化合物和碳酸盐垢的溶解度，pH 值对硫酸盐垢的溶解度的影响很小。然而，过低的 pH 值会使水的腐蚀性增加而出现腐蚀问题，控制 pH 值来防止油田水结垢的方法，必须做到精确控制 pH 值，否则会引起油田水结垢和对金属的严重腐蚀。在油田生产中要做到严格控制 pH 值往往是很困难的。因此，控制 pH 值的方法只有在改变很小的 pH 值，就可以防止结垢的油田水中才有实用意义。

2. 去除溶解气体

油田水中的溶解气体如氧、二氧化碳、硫化氢等可以生成不溶性的铁化合物、氧化物和硫化物，这些溶解气体不仅是影响结垢的因素，又是影响金属腐蚀的因素。采用物理或化学方法可以去除水中溶解气体，见表 1-2-1。

表1-2-1 溶解气体去除方法

溶解气体	物理方法	化学方法
二氧化碳	充气法、真空脱气法	—
氧	加热、气提、真空脱氧	亚硫酸钠法、二氧化硫法、联氨法
硫化氢	充气、气提法	与氯反应

3. 防止不相溶的水混合

所谓不相溶的水，是指混合后会产生沉淀的水。不相溶的压力大是混合后的水具有成垢的离子的成垢的条件。例如，一种水含 SO_4^{2-}，而另一种水含 Ba^{2+}，二者相混合后若 SO_4^{2-} 和 Ba^{2+} 的浓度积大于 $BaSO_4$ 的浓度积，则 $BaSO_4$ 就沉淀出来。当考虑要将几种水混合时，一定要经过组分检测和成垢趋势在预测后方能实施。采出水处理后回注地层出存在与地层水能否相溶的问题，必须引起重视。

如果有两种不相溶的水需要注入地层，那么消除不相溶问题有两种方法。

第一种方法：分注系统。所注入的两种不相溶的水通过各自的注水系统进入不同的井组。

第二种方法：连续注入。两种水分别储存在两套储水罐内，交替连续注入，在注水管线中的混合区是很小的，产生的沉积体积不足以使注水井堵塞。

4. 阻垢剂

在通常能结垢的水中加入某些化学剂，就能阻止垢的生成，这类药统称为阻垢剂。一般情况下几毫克／升的阻垢剂能阻止几百毫克／升的 $CaCO_3$ 沉淀析出。

（五）结垢的处理

GBC006结垢的处理

1. 鉴别垢的具体方法

能否成功地去除积垢在很大程度上将取决于对垢组成的了解。判断正确，解决问题的可能性就大。

已经有了在某些条件下、某些特定的水可能结某种垢的预测方法，但是，解决问题的唯一可靠方法是取得垢样或堵塞固体物，并对其进行分析。

鉴别样品组成的方法，无论是在实验室中还是在现场进行快速分析，一般步骤大致都是一样的，主要不同之处是：实验室分析通常可得出每种组分的数量，而现场分析则仅是定性分析。

在油田现场垢质分析中，可根据下列方法鉴别垢质的组成：

（1）把样品浸泡于溶液中，溶去所有烃类，注意观察溶剂颜色是否变深。

（2）检查样品是否有磁性，如磁性强，说明样品中含有大量的 Fe_3O_4；如果磁性很弱，则表明只含有少量的 Fe_3O_4，也可能是硫化铁。

（3）把样品放在15%（质量分数）盐酸溶液中，观察是否发生强烈反应，注意样品的气味，若有 H_2S 气体，说明样品中含有 FeS，同时注意酸的颜色，如果变成黄色，则表明有铁化合物，还应观察。当硫化铁与空气接触，它将被氧化并覆盖一层氧化铁，样品离开系统几天或几周后的分析结果常常是以氧化铁为主，而硫化铁很少或没有。

（4）检验样品在水中的溶解性。对所有组分的定性鉴定要注意，硫酸盐、沙子、淤泥或黏土不与盐酸反应，用放大镜可以帮助辨认沙子颗粒或发现硫酸盐晶体，详见表1-2-2。但如果在现场分析没有得出结果，那么就要把一个新鲜的样品送往工业实验室进行分析。

表1-2-2 垢的定性分析

组分	在溶剂中的可溶性	磁性	溶解在酸中			水中可溶性
			反应	酸的颜色	气味	
烃类	可溶					
$CaCO_3$			剧烈			
$CaSO_4$						
$BaSO_4$						
$SrSO_4$						
FeS		弱	强	黄色		
Fe_2O_3			弱	黄色	恶臭	
Fe_3O_4		强	弱	黄色		
NaCl						可溶
$FeCO_3$			很强	黄色		
沙子、淤泥、黏土						

样品鉴定后，就可以制定溶解或清除积垢或淤积物的方案了。化学方法的去除原理与垢的分析原理是一样的，根本问题是要找到一种能溶解沉积物中各种组分的物质。如果沉积物主要是由一种组分构成，那么仅用一种溶剂就足够了，如果沉积物含一种以上的组分，可规定将用来处理的化学药剂，以顺序地处理或联合处理沉积物，另外也可有机械方法除垢，或单独用机械方法或与化学药剂结合使用。

2. 烃类

虽然烃类并不结垢，但垢中常常会有烃类存在，对酸或其他化学除垢剂的作用影响很大，酸与被覆盖的垢不能发生反应，需要用烃类溶剂来去除覆盖在垢上的所有的油、蜡和沥青质，这样，选用的化学药品才能与垢发生反应。

3. 碳酸钙

推荐使用盐酸来溶解碳酸钙垢，通常所用的盐酸质量分数为 5%、10%、15%，其反应式为：

$$CaCO_3 + 2HCl = H_2O + CO_2 + CaCl_2$$

为了防止酸腐蚀管线，酸中需要加缓蚀剂。为了帮助除去垢表面的膜往往要投加表面活性剂，但最好是用溶剂或是专门合成的溶剂进行预洗，除非油量非常小，否则酸与带油的垢是不能反应的，或反应相当缓慢。

4. 硫酸钙

盐酸对硫酸钙并不是很好的溶剂，在 25℃ 和 1 个大气压下，硫酸钙在盐酸中的溶解度仅为 1.8%（质量分数）。通常是使用碳酸盐或氢氧化物，使其与硫酸钙发生反应，把硫酸钙转化成可溶解于酸的碳酸钙或氢氧化钙，转化处理之后，再用盐酸处理，使碳酸钙或氢氧化钙溶解。

5. 铁化合物

通常使用盐酸来溶解铁化合物。使用时必须投加缓蚀剂以防管道腐蚀，同时还要加铁的稳定剂，一旦酸耗尽防止铁的化合物沉淀。

6. 氯化钠

对于氯化钠垢用淡水清洗是最好的方法。

7. 沙子、黏土、淤泥

它们通常以颗粒的形式存在于垢中，当垢的本体被溶解之后，沙子、黏土、淤泥也就可以用淡水洗去。

8. 地面管线除垢

地面管线除垢一般采用化学药剂和刮管器两种方法。

泡沫清管器一般用于不定期的清除管线内的垢。刷子清管器或刮管器中有许多小孔起旁通的作用，流体穿过清管器中的小孔，将刮擦下的固体分散在清管器前边，这将防止清管器前面固体物堆积和引起管线内清管器卡壳。

从管线中除去混有油的碳酸钙垢的标准方法分下列几步。

第一步：先用溶剂处理，接着用清管器。

第二步：先用盐酸处理，接着用清管器。

第三步：用溶液或完全用水冲洗管线清除盐酸。缓蚀剂随着时间的推移逐渐失效，而所有的酸，不管是否耗尽必须从管线中清洗干净，否则将发生严重的点腐蚀。

GBC001影响
碳酸钙垢生成
的因素

（六）影响碳酸钙垢生成的因素

1. 水垢的生成

（1）一般来说，水中都含有能生成水垢的各种化学物质（如钙、镁等），这些化学物质通常是以离子形式溶解于水中，如超过水中的溶解度，这些离子就易生成难溶的化合物，以固体形式沉淀下来，形成水垢。

（2）由于物理条件发生变化（如压力、温度等）或者水中的成分发生变化，使溶解度降低，水中的化学物质就会形成过饱和状态，因此使一些溶解度很小的物质在设备和管壁上，形成水垢。

以上两种情况都是有害的，堵塞的类型不同，除垢的难易程度也不一样。

2. 水垢的危害

（1）水垢物质进入地层可堵塞地层，降低地层的吸水能力，严重影响注水。

（2）堵塞注水管网，使压力增大，管路中液体流量减少，管路损失增大，严重时可损坏注水泵。

（3）水垢还会使加热设备的加热部位局部过热，造成炉体烧坏。

（4）水垢还会使水处理设施能力下降。

3. 常见的水垢

1）碳酸盐类水垢

碳酸盐类水垢主要是碳酸钙，它在水中的溶解度很低，碳酸钙垢是由钙离子和碳酸根或碳酸氢根离子反应而生成的，其反应方程式如下：

$$Ca^{2+} + CO_3^{2-} \rightarrow CaCO_3 \downarrow$$
$$Ca^{2+} + 2HCO_3^+ \rightarrow CaCO_3 \downarrow + CO_2 \uparrow + H_2O$$

影响碳酸钙垢生成的因素有：

（1）二氧化碳的影响。当水中有二氧化碳存在时，可生成碳酸，使碳酸钙在水中溶解度增大；反之，溶解度减小，使碳酸钙沉淀而结垢。

（2）pH值影响。当水中的pH值降低时，碳酸钙沉淀减少；反之升高时，就会产生更多的碳酸钙沉淀而结垢。

（3）温度的影响。碳酸钙的溶解度与大多数物质相反，当温度升高时，碳酸钙的溶解度降低，也就是水温度越高结垢越严重。

（4）水中所溶盐类的影响。水中含盐量增加时，碳酸钙的溶解度也增加。

（5）总压力的影响。系统中，碳酸钙的溶解度随压力的增加而增大，在单相系统中，碳酸钙的溶解度随压力增大完全是从热力学观点考虑的。

总的来说生成碳酸钙垢的趋势有：随温度的升高而增大；随二氧化碳分压力减少而增大；随pH值的增加而增大；随溶解的总盐量减少而增大；随总压力的减少而增大。

2）铁化合物

铁化合物种类较多，如硫化亚铁、碳酸亚铁、氢氧化铁、氧化铁、氢氧化亚铁等。

（1）水中铁的来源。水中铁离子可以是天然存在的，也可以是腐蚀而来的，地层水中天然铁含量通常很少，很少达到100mg/L以上，高含铁量往往是由于腐蚀的结果，沉淀的铁化合物通常能引起地层的堵塞，并且是造成腐蚀的标志。

（2）溶解气和铁反应。大多数含铁的垢都是腐蚀的产物，腐蚀通常是由 CO_2、H_2S

引起的，但是即使腐蚀较轻，这些溶解气体与地层水中的天然的铁反应也可能生成铁化合物。

（3）二氧化碳与铁反应。铁与二氧化碳反应生成碳酸铁垢，实际上能否生成垢主要取决于系统中的 pH 值，pH 值在 7 以上时最易生成垢。

（4）硫化氢与铁反应。硫化氢与铁反应生成硫化铁，其溶解度极低，通常形成薄薄一层附着紧密的垢。

（5）氧和铁反应。氧与铁能形成许多化合物，如氢氧化亚铁、氢氧化铁、氧化铁等，都是由于铁和空气接触而产生的常见的垢。

（七）除垢酸液的配制及选择

化学清洗时可使用各种药剂。这些药剂有各自的特点，作为化学清洗剂使用时，需选定适合清洗对象的药剂和清洗方法。作为主剂使用的主要药剂见表 1-2-3。

表1-2-3　用于清洗的主要药剂

	有机酸	柠檬酸、乙酸、甲酸、苹果酸、草酸、葡萄糖酸
主剂	无机酸	盐酸、氨基磺酸、氢氯酸、硝酸、硫酸
	碱	氢氧化钠、氨、碳酸钠、联氨、磷酸钠
	螯合剂	EDTA
助剂		缓蚀剂、还原剂、铜溶解屏蔽剂、铜溶解促进剂、湿润剂

1. 无机酸除垢的特点

GBC007无机酸除垢的特点

1）盐酸

盐酸是化学清洗最常用的药剂，对垢的溶解能力强，可以用于较低的温度范围，并且具有与垢物反应生成的盐类易溶，酸洗质量良好等特点。

但是，对于奥氏体不锈钢，往往因氯化物离子而产生应力腐蚀开裂，清洗有这类材质的对象时，需要认真研究。此外，该酸具有挥发性，产生对各种钢材有强腐蚀性的氯化氢气体，这是用盐酸酸洗的缺点。

2）硫酸

浓硫酸具有反应性强的特点，且伴有大量热量产生，是非常危险的药剂，因此，操作时要注意。

硫酸具有很强的稳定性，不挥发，可用于较宽的温度范围，此外与垢物反应生成盐类的溶解度比盐酸小。但是可有效利用其特点，使洗涤液再生分离与垢物反应生成的盐类，补充已消耗掉的酸。

然而，由于其钙盐的溶解度小，很少用于去除含钙多的垢物，因此，作为装置类的化学清洗药剂使用范围略受限制。

3）氨基磺酸

氨基磺酸呈粉状，与碳酸盐和氢氧化物等垢物反应性强，但是，对铁氧化物的溶解能力差。作为清洗用药剂，氨基磺酸的最大特点是对钙盐的溶解度非常大，适合于钙盐和氧化铁水合物为垢物主体的冷热系统的清洗。可是，若在 60℃ 以上时，氨基磺酸分解生成硫酸，所以对以钙为主要成分的垢物，及清洗不锈钢设备时需加以注意。此外，氨基磺酸盐对于稻科植物有剧毒。

4）磷酸

磷酸是强酸，但是腐蚀性小，其优点是在钢铁表面能形成有防锈能力的磷酸类薄膜，防止生锈，因此大多用于设备零件清洗、涂敷的埋地处理等。但是，其价格比较贵，又因与垢物反应生成的盐类溶解度小，所以一般不用于大型设备的清洗。

5）硝酸

硝酸化学反应性强，盐类的溶解度也大。此外，因为具有氧化性，可钝化不锈钢和铝。相反，对碳钢等的腐蚀性强，没有有效的缓蚀剂，因此不能用于清洗有碳钢材料的系统，可用于不锈钢的钝化处理。

6）氢氟酸

氢氟酸反应性强，对垢物的溶解能力大，能溶解二氧化硅和玻璃，其缺点是具有挥发性，腐蚀性极强，并且因毒性强，难处理。

综上所述，用于清洗的无机酸各有长短，但是从对垢物的溶解能力和处理时的难易以及费用等方面来看，现在最常用的无机酸是盐酸。

2. 有机酸和螯合剂除垢的特点

GBC008有机酸除垢的特点

当设备构造复杂，清洗液难以彻底排放或者在构造材料中，由于含有某些因残留氯化物离子可能引起应力腐蚀开裂的材质时，常常使用有机酸。但有时也常常使用螯合剂。

1）柠檬酸

柠檬酸在有机酸中，与垢物反应的生成物溶解度较大，其优点是即使在碱性范围内，因对铁离子的络合力大，也难于生成氢氧化物沉淀。因此，在大型锅炉的清洗上，可以发挥其特长。

柠檬酸的铁盐往往在较低浓度下也可以析出，为避免析出可以用氨来中和。作为柠檬酸铵盐来使用，或采用与其他有机酸合用等方法，柠檬酸与盐酸等无机酸比较，对垢物溶解能力弱，因此为强化对垢物的溶解能力，在使用时常加热到 $80 \sim 100 ℃$ 使用。

因为柠檬酸是固体，容易处理、危险性小，因此，常常作为简易清洗剂的主剂使用，但是对钙盐的溶解度小，所以使用范围受限制。

2）乙酸和甲酸

乙酸和甲酸对氧化铁的溶解能力与柠檬酸一样或略强，因为分解温度低，即使残留在容器中，也会很快分解而无害，对垢物的溶解能力与柠檬酸一样，但比无机酸弱，所以，清洗时需要加热到较高温度。其缺点是在碱性范围内不能与铁形成络合物，因此，几乎没有单独使用这些药剂的，常与其他有机酸混合使用。

3）苹果酸

苹果酸对氧化铁的溶解能力比柠檬酸稍弱，但是，不逊色于其他有机酸。此外，与垢物反应的产物溶解度较大，在碱性范围下对铁形成络盐的能力强。

4）草酸

在有机酸中，草酸对氧化铁的溶解能力极强且可在低温下使用，但是，因为可析出草酸铁、草酸钙等溶解度小的盐，所以清洗时要注意。

5）葡萄糖酸

葡萄糖酸呈弱酸性，无毒，有封闭铁、铜、钙、镁等性质。该酸最大特点是在碱性范围内，有溶解锈的能力，常用作电镀和涂敷前的处理剂。

6）EDTA（乙二胺四乙酸）

EDTA 比有机酸费用高，但是，在较宽的 pH 范围内可与金属形成稳定的络合物，可以根据要求安排单液清洗，其优点是排液量少。EDTA 因为分解温度较高，可在高温下进行处理。

GBC009除垢碱剂清洗助剂的特点

3. 除垢碱剂的特点

与铜形成络合离子，对铜垢的溶解能力强，因此可用于含铜多的垢物的清洗。因为有挥发性，产生刺激性的臭气，因此难以在高温下使用。

1）氢氧化钠

氢氧化钠有溶解二氧化硅的能力，同时有皂化油脂的作用。

2）碳酸钠

碳酸钠可把难溶于酸的硫酸钙垢物变为可溶于酸的碳酸钙。此外，由于有封闭硬度成分而具有防止在清洗液中生成不溶性的金属皂的作用。与氢氧化钠等合用，用来碱煮锅炉，由于有缓冲能力可以抑制清洗液 pH 值的变化，起到稳定清洗液的作用。

4. 清洗助剂的特点

用于化学清洗的主剂，既有优点也有缺点，因清洗对象即垢物的种类不同，某些垢物也有时不完全溶解。为弥补这些主剂的缺点，或进一步强化主剂的优点，以提高清洗效果，在清洗时往往使用一些清洗助剂。在化学清洗中选择主剂的同时，选定助剂也是很重要的。其强化作用是清洗技术的核心部分。

1）酸缓蚀剂

缓蚀剂的作用机理：有机类缓蚀剂是有较高相对分子质量的有机化合物，缓蚀机理属于吸附型。有机类缓蚀剂分子由 2 种活性基组成，即对金属有吸附作用的极性基和有疏水性的有机基，在金属表面上由于极性基的吸附而形成保护膜，抑制了酸对金属的腐蚀。

缓蚀剂并不存在在任何条件下使用时均能显示缓蚀效果的万能作用，因此需要根据各自的使用条件选择最佳缓蚀剂。

有关缓蚀剂的选定必须注意以下几种因素：

（1）缓蚀剂的投加量。通常若增加缓蚀剂的投加量，缓蚀效果提高，但增加到一定量时，就看不到效果的提高，因此缓蚀效果与投加量的关系必须预先掌握。

（2）酸浓度的影响。

（3）温度的影响。

（4）时间的影响。

（5）氧化性离子的影响。

（6）流速的影响。

（7）随着水垢溶解而产生气体的影响。

2）还原剂

在酸清洗液中溶有构成水垢的种种金属离子，其中有的含有 3 价铁离子和 2 价铜离子等氧化性离子，氧化性离子存在于清洗液中，将使母材的腐蚀加快，因此从减少对母材的腐蚀目的出发，可使用还原剂。

3）铜溶解促进剂

在锅炉的冷凝器和给水加热器中，往往使用铜合金，铜合金被腐蚀，在钢材表面再析出金属铜而结垢，这种金属铜用通常的酸清洗，几乎不能去除。应用铜溶解促进剂，可以取得较好效果。

4）二氧化硅溶解促进剂

二氧化硅不溶于除氢氟酸以外的任何酸，在酸清洗时，常常使用二氧化硅溶解促进剂。

5）脱脂和湿润剂

油脂成分在酸液和碱液中几乎不溶解，从加快乳化，强化同碱溶液的接触目的出发，可使用表面活性剂作为湿润剂。此外，为加快清洗液在硬质水垢那样的致密水垢中浸透，也可使用表面活性剂。

二、技能要求

（一）准备工作

1. 设备

分光光度计（可见紫外波段）1台。

2. 材料、工具

蒸馏水 2000mL、对二甲胺基苯胺硫酸盐 200g、1:1 硫酸溶液 50mL、三氯化铁 200g、醋酸锌 200g、磷酸氢二铵 200g、25～50mL 具塞比色管 2 个、125mL 细口瓶 2 个、50mL 量筒 2 个、100mL 取样瓶 2 个、5mL 刻度移液管 1 个、吸耳球 1 个、笔、计算器。

3. 人员

穿戴好劳动保护用品。

（二）操作规程

序号	工序		操作步骤
1	准备工作	配制对二甲氨基苯胺硫酸盐储备溶液	称取 27.2g 对二甲胺基苯胺硫酸盐，溶于 80mL 硫酸溶液（5:3）中，然后转入 100mL 容量瓶内
			用蒸馏水稀释至刻度，摇匀
		配制对二甲氨基苯胺硫酸盐使用液	吸取对二甲氨基苯胺硫酸盐储备溶液 10mL 置于 100mL 容量瓶中
			用硫酸溶液（1:1）稀释至刻度，摇匀
		配制三氯化铁溶液	称取 100g 三氯化铁，溶解于 100mL 蒸馏水中
		配制磷酸氢二铵溶液	称取 40g 磷酸氢二铵溶解于 100mL 蒸馏水中
		配制醋酸锌溶液	称取 22g 醋酸锌，溶解于 100mL 蒸馏水中
2	测定操作		取 100mL 水样置于已加入了 2～5mL 醋酸锌溶液的细口瓶中，盖好瓶塞
			小心地吸去取样瓶上部清液
			将沉淀转入 50mL 比色管中，用蒸馏水稀释至刻度
			如液面已超过刻度，应静置沉淀后再吸去多于清液
			向样品管及装有 50mL 蒸馏水的空白管中加入对二甲胺基苯胺硫酸盐使用液 1.5mL、三氯化铁溶液 0.3mL 摇匀

续表

序号	工序	操作步骤
2	测定操作	静置 5min 后，再加入磷酸氢二胺溶液 5.0mL 摇匀
		将所得溶液置于比色皿中
		用空白管的溶液作参比在分光光度计波长 670nm 处测其光密度
		在标准曲线上查出硫含量
3	计算结果	$G_L = 10_3 \dfrac{m_z}{V_w}$ 式中，G_L 表示水中硫化物含量，mg/L；m_z 表示在标准曲线上查出的硫含量，mg；V_w 表示取样体积，mL
4	清理现场	回收器具，洗刷器具，物品归位，清理现场

（三）注意事项

试验过程中，所使用玻璃器皿必须是清洁干燥的。

项目二　使用浊度计测污水悬浮物

一、相关知识

（一）悬浮物的含义及来源

1. 油田注水中悬浮固体的含义

水中的固体含量包括悬浮固体和溶解性固体。悬浮固体通常是指在水中不溶解而又存在于水中且不能通过过滤器的物质。通常指直径大于 0.45μm 的颗粒杂质。但不包括水中的油及偶然进入水体的草根之类的物质。通俗来讲，悬浮物固体是指在污水中呈悬浮状态的泥沙、细菌、有机物、各种腐蚀产物及垢等固体物质，其含量是预测水的结垢堵塞趋势的重要依据。

2. 油田水中悬浮固体的来源

水通常被称为万能溶剂，它能溶解大部分无机物，油田的大部分水处理问题都是由这一特性引起的。含油污水中的悬浮固体主要是来自于水从地下带出的地层砂、系统中形成的垢的颗粒、腐蚀产物、细菌等。地面水中的悬浮固体主要来自地面的泥沙、工业及生活用水中的各种污染物。

注入水中的悬浮固体会沉积在注水井井底，一方面，造成细菌大量繁殖，腐蚀注水井油套管，缩短注水井使用寿命；另一方面，造成注水地层堵塞，使注水压力上升，注水量下降，甚至注不进水。因此，悬浮物固体是污水处理的主要去除对象。

在检测污水中悬浮固体含量时，通常采用的仪器是激光浊度仪。

（二）激光浊度计测悬浮物

GBC010激光浊度计测定悬浮物的基本原理

1. 激光浊度计测定悬浮物的基本原理

浊度，即水的混浊程度，表现水中悬浮物对光线透过时所发生的阻碍程度。水中含有悬浮物和胶体物可使水中呈现浊度，而浊度计就是根据这个原理来测量水的浊度。

一束平行光在透明液体中传播，如果液体中无任何悬浮颗粒存在，那么光束在直线传播时不会改变方向，若有悬浮颗粒，光束在遇到颗粒时就会改变方向（不管颗粒透明与否）。颗粒越多（浊度越高）光的散射就越严重。

光线照射到物体上时产生反射，照射到颗粒状物体时，产生光的散射。水中悬浮物颗粒的多少和对光产生散射的强度成正比关系。通过光电传感器将不同强度的光转换成电信号，经过信号处理运算、数字显示，得出水中悬浮物含量测量结果。

2. 试剂配制

1）悬浮物标准储备溶液

悬浮物标准储备溶液浓度为 4000mg/L。

2）400mg/L 悬浮物标准溶液

用移液管吸取 5mL 浓度为 4000mg/L 的悬浮物标准储备溶液置于 50mL 容量瓶中，用蒸馏水稀释至刻度，盖好瓶塞并摇匀，此标准悬浮物溶液的浓度为 400mg/L。贴好标签，注明溶液名称、浓度、配制人、配制时间、保质期限。

3）40mg/L 悬浮物标准使用溶液

用移液管吸取 5mL 浓度为 400mg/L 的悬浮物标准溶液置于 50mL 的容量瓶中，用蒸馏水稀释至刻度，盖好瓶塞并摇匀，此标准悬浮物固体的浓度为 40mg/L。贴好标签，注明溶液名称、浓度、配制人、配制时间、保质期限。

3. 取样前的准备和采集水样的要求

（1）采集水系统的水样应具有代表性。

（2）取样前应准备好接头和胶皮管线，以便于取样端与水系统的连接。

（3）取样前将取样阀打开，以 5～6L/min 流量畅流 3～5min。

（4）将洗净的细口玻璃瓶用水样洗涤三次后取样，取样量为样瓶容积的 2/3～4/5，盖好瓶塞。

（5）取样后随即贴上标签，并注明取样日期、时间、地点、取样条件及取样人。

（6）样品采集后应立即分析，从取样至检测时间不超过 30min，否则重新取样分析。

4. 分析步骤

1）预热

将激光浊度计通电预热 20min。

2）蒸馏水校正仪器

用蒸馏水润洗测量瓶 2～3 次，将蒸馏水缓慢倒入测量瓶中（约 4/5 体积），待气泡消失后，擦净瓶壁的余水，打开仪器上方的顶盖，把装有蒸馏水的测量瓶放入测量槽中并使测量瓶上的红线与测量槽上的红线对准。

盖上仪器顶盖，将激光浊度计的校准粗调旋钮和细调旋钮的刻度线朝上，缓慢调节调零旋钮，使仪器数字显示为零，取出测量瓶。

3）40mg/L 悬浮物标准溶液校正仪器

将 40mg/L 悬浮物标准溶液摇匀，润洗测量瓶 2～3 次，摇匀后缓慢倒入测量瓶中（约 4/5 体积），待气泡消失后，擦净测量瓶的外壁，将测量瓶放入测量槽中，盖上顶盖，调零旋钮保持位置不动，调节校正旋钮，使仪器数字显示为 40.0，取出测量瓶。

GBC011激光浊度计测定水中悬浮物含量的技术要求
GBC012激光浊度计测定水中悬浮物含量的操作方法

校正后调零旋钮和校准旋钮都不能旋动。

4）水样测定

将待测水样充分摇匀，用水样润洗测量瓶2～3次，再将水样摇匀，将水样用专用移液管移入测量瓶中（约4/5体积），待气泡消失后，擦净测量瓶外壁，放入测量槽中，盖好顶盖，待仪器显示数字稳定后读数，即水中悬浮物含量。

5）水样稀释

当水中悬浮物含量超过100mg/L或水样乳化油含量高浑浊时，先用蒸馏水稀释后测定。

6）测量结束

测量完毕后，取出测量瓶，盖好顶盖。

5. 结果表示

（1）取其重复测定的二次结果的算术平均值作为测定结果。

（2）若水样稀释后，结果按式（1-2-2）计算。

$$C=nC_0 \qquad\qquad （1-2-2）$$

式中　　C——水样中悬浮物含量，mg/L；

　　　　n——稀释倍数；

　　　　C_0——仪器测得的悬浮物固体含量，mg/L。

6. 质量要求

同一样品在进行平行测定时，样品悬浮物含量允许误差要求见表1-2-4。如超出规定范围，应重新取样复测。

表1-2-4　仪器显示结果允许误差

悬浮物含量 C，mg/L	$0 < C \leqslant 10$	$C > 10$
允许误差，mg/L	2	5

二、技能要求

（一）准备工作

1. 设备

激光浊度仪1台。

2. 材料、工具

蒸馏水、母液及标准液，瓶上有标签、ϕ15cm或ϕ18cm定性滤纸5张、50mL具塞比色管1支、100mL烧杯2支、250 mL烧杯2支、100mL量筒1个、250mL量筒1个、取样瓶1个、2mL刻度移液管1支、5mL刻度移液管1支、吸耳球、绸布、记录单1张、笔、计算器。

3. 人员

穿戴好劳动保护用品。

（二）操作规程

序号	工序	操作步骤
1	准备工作	检查标准液是否在有效期内，仪器、器皿完好
2	仪器预热	打开仪器电源预热仪器
3	现场取水样	打开取样阀，以 5～6L/min 的流速畅流 3min
		取样前对取样瓶用水样清洗 3 遍
		取样后在样瓶上贴取样标签，填写好取样数据
4	选择标准液	选择配置好的在有效期内的标准液
5	调试仪器	使用蒸馏水将仪器调"零"
		使用 40 单位的标准液将仪器调"40"
6	测量水样	使用专用移液管将水样吸入测量瓶中
		擦净测量瓶外壁，放入测量槽中并盖好顶盖
7	记录结果	待仪器显示数字稳定后读数
		记录水中悬浮物含量
8	清理现场	回收器具，洗刷器具，物品归位，清理现场

（三）注意事项

（1）标准悬浮物溶液必须在有效期内使用。

（2）注意测量槽内的清洁，防止水、油等污染。

（3）取样应一次取完。

（4）使用玻璃器皿应轻拿轻放，避免玻璃器皿损坏伤人。

（5）浊度仪校正后，做样过程中调零旋钮和校准旋钮不能旋动。

（6）激光浊度计的存放应远离振动源，并采取减震措施，否则影响仪器的稳定性。

项目三　使用分光光度计测定污水含油量

一、相关知识

（一）含油量的含义及来源

1. 含油量的含义

水中含油量有两类：矿物油和动植物油。我们常说的含油量是指矿物油，即石油类。油田水中含油量是指在酸性条件下，水中可以被汽油或石油醚萃取出的石油类物质。

水中含油将会降低注水效率，它能在油层中产生"乳状块"，可以作为一些固体（如硫化铁）的极好黏合剂，增加他们的堵塞效果。

因此，我们要检测处理后污水中的含油量，使其达到回注水水质的相关要求。

含聚污水站滤后水：含油≤ 20mg/L。

一般污水站滤后水：含油≤ 10mg/L。

深度污水站滤后水：含油≤ 5mg/L。

2.油田水中含油的来源

油田水中含油主要来自油田含油污水。在检测污水含油量时，采用的仪器是分光光度计（430nm波长）。

GBC013分光光度计测含油量的基本原理 **（二）分光光度法测定水中含油量**

1.分光光度计测含油量的基本原理

基于物质在光的激发下，其原子和分子所含能量会以多种方式与光相互作用，产生对光的吸收效应。而物质对光的吸收具有选择性，各种不同的物质有各自的吸收光谱，因此当某单色光通过溶液时，其能量就会被吸收而减弱，光能量减弱的程度和物质的浓度有一定的比例关系，也符合比色原理——比耳定律。

水中的石油类可以被石油醚、汽油、四氯化碳等有机溶剂提取，提取液的颜色深浅程度与含油量浓度呈线性关系，将萃取液在分光光度计上进行比色，测得吸光度（或浓度），通过计算得到污水中的含油量。

2.取样前的准备

（1）取样前，应准备250mL或500mL取样瓶，要求干燥、洁净、无破损。

（2）对确定的取样点进行检查，重点检查取样阀门是否灵活好用。

3.采集水样的要求

（1）取样前将取样阀打开，以5～6L/min流量畅流3～5min后取水样，总量控制在200～300mL，取样要一次完成。

（2）注入水水质中含油量分析取样时，应直接取样，不得用被检水冲洗取样瓶。

（3）注入水水质中悬浮固体含量分析取样时，需用被检水冲洗取样瓶2～3次。

（4）取样后盖好瓶塞，做好标识。

（5）注入水样品采集后应在30min内进行化验分析，否则需重新取样。

4.标准油的制备

取适量的含油水样置于分液漏斗中，加入一定量的汽油，再加入一定量的1:1盐酸溶液（pH=2左右），充分振荡并不断放气，静止分层，取出萃取液放入磨口三角烧瓶中，加入无水硫酸钠（或无水碳酸钠）脱水2h以上，经快速定性滤纸过滤后，滤液放入蒸馏瓶中，蒸馏近干后，放入称量瓶中，移入80℃±1℃烘箱中烘至恒重，即得标准油。

5.标准溶液的配制

称取标准油0.5000g，放入500mL容量瓶中，用汽油稀释至刻度并摇匀，此溶液浓度为1000mg/L。

6.标准曲线的绘制

用移液管分别吸取1.00mL、2.00mL、3.00mL、4.00mL……10.00mL标准溶液置于10支50mL比色管中，用汽油稀释至刻度并摇匀，此标准系列的浓度是0、20mg/L、40mg/L、60mg/L、80mg/L……200mg/L，以汽油为空白在仪器上比色（波长410～430nm）。根据测得吸光度和对应的含油量，以浓度为横坐标，吸光度为纵坐标，绘制标准曲线。

7.求K值的方法

绘制标准曲线，有7个点在曲线上时，该曲线可用公式（1-2-3）计算K值。

$$K=E_i/C_i$$

（1-2-3）

式中　K——吸光系数，L/（mg·cm）；

GBC014分光
光度法测定水
中含油量的方法
GBC015测定
污水中含油量
的技术要求

　　　　E_i——吸光度的平均值；

　　　　C_i——浓度的平均值，mg/L。

8. 分析步骤

（1）将水样倒入量筒中量取体积，然后移入 500mL 分液漏斗中，加入 1∶1 盐酸（pH=2 左右），量取一定量的汽油（或 20mL 石油醚）清洗取样瓶，再移入分液漏斗中充分振荡（2～3min），视水样中的油质全部溶解，静止分层。将萃取液移入比色管中。

（2）再次将水样移入分液漏斗中，进行萃取直至萃取后的水样无色为止，并计算汽油使用总量。若萃取液颜色较深，应稀释后再比色。若萃取液混浊，应加入无水硫酸钠（或无水氯化钠）脱水后，再进行比色。

（3）将萃取液移入比色皿中，用萃取剂（汽油）作空白，在分光光度计上测其吸光度。

（4）含油量按公式（1-2-4）计算。

$$C_O = \left(\frac{EV_O}{KV_1} \right) \times N \qquad (1-2-4)$$

式中　C_O——含油量，mg/L；

　　　　E——吸光度；

　　　　V_O——汽油体积，mL；

　　　　V_1——水样体积，mL；

　　　　N——稀释倍数。

9. 相对偏差

平行样的相对偏差不超过 15%。使用分光光度计测量污水含油量时，吸光度最好在 0.05～0.07 范围内。

二、技能要求

（一）准备工作

1. 设备

721 型或同类型分光光度计 1 台。

2. 材料、工具

120 号汽油 500mL、1∶1 盐酸 100mL、150×150 含油测定标准工作曲线 1 份、水样 100mL、蒸馏水 100mL、润滑脂 20g、ϕ15cm 或 ϕ18cm 定性滤纸 5 张、绸布 1 块、记录纸 1 张、50mL 具塞比色管 1 支、500mL 分液漏斗 1 个、100mL 烧杯 2 个、250mL 烧杯 2 个、100mL 量筒 1 个、250mL 量筒 1 个、2mL 刻度移液管 1 支、5mL 刻度移液管 1 支、洗耳球 1 个、笔、计算器。

3. 人员

穿戴好劳动保护用品。

（二）操作规程

序号	工序	操作步骤
1	准备工作	检查器皿及试剂齐全完好、是否在有效期内
2	检查仪器	检查分光光度计，打开电源开关，预热仪器
3	萃取	对分液漏斗进行试漏，涂凡士林
		将水样倒入量筒量取水样体积后，再倒入 500mL 分液漏斗中
		加 1:1 盐酸溶液 3 ~ 5mL
		取 30mL 汽油分 3 次清洗量筒和取样瓶
		在移入分液漏斗中，充分振荡放气至无气，使水样中的油质全部溶解，静止分层，分层后将下部的水放入到取样瓶中留待再次萃取，将上层萃取液移入比色管中
		将萃取过的水样移入分液漏斗中进行二次萃取，直至萃取后的水样无色，将所有萃取液收集于 50mL 具塞比色管中
4	稀释	用汽油稀释至刻度，若萃取液颜色较深，应稀释后再比色，若萃取液浑浊，应加入无水硫酸钠（或无水氯化钠）脱水后，再进行比色
5	测定	调整分光光度计，波长 430nm
		用汽油做空白，挡位在"T"挡下调"0""100%"，开关机盖三次，合格后，将挡位拨至"A"挡，调整消光零
		将萃取液摇匀后移入比色皿中放入分光光度计进行比色，数值稳定后读取分光光度计吸光值
6	计算	根据含油量计算公式计算：$C_0=EV_0/(KV_1)N$
7	清理现场	清理场地，清洗化验器皿

（三）注意事项

GBC016 使用分光光度计的注意事项

（1）所用 120 号汽油应无色透明，有颜色应蒸馏后再用。

（2）仪器避免强光照射；远离震动源、强磁场，以免产生误差。

（3）主机运行期间，周围绝不允许开、关风扇、打印机及调试电动机，以免引起干扰。

（4）水样及空白测定所使用的溶剂应为同一批号，否则会由于空白值不同而产生误差。

（5）分光光度法进行含油量分析所使用的器皿应避免有机物的污染。

（6）比色皿是光度分析最常用的器件，拿取时手指应捏住毛玻璃。

项目四　酸洗压力过滤罐

一、相关知识

GBD001过滤罐的日常管理内容

（一）压力过滤罐的日常运行与管理

1. 日常运行管理的注意事项

（1）压力过滤罐滤料每年开罐检查一次，滤料流失严重时要立即进行填充。在日常进行水质测试，发现过滤效果差时，也需要对滤料进行检查，并进行有目的的处理工作。

（2）在正常生产过程中，要经常检查滤罐的反冲洗阀是否关严。每隔 4h 应对滤前水样进行分析，每隔 2h 要对滤后水样进行分析。对水质资料进行分析发现不正常时，应立即处理。

（3）由于压力过滤罐进水含油量高于出水含油量，因此，时刻有污油在压力过滤罐内积累，虽然反冲洗操作能带走大量污油，但由于反冲洗时的出水口不全部在过滤罐顶部，所以对压力过滤罐的收油工作也不能放松，一般每月进行一次收油工作。

（4）根据水质情况每天对运行过滤器进行 2～3 次反冲洗。反冲洗时要逐个滤罐进行。过滤罐如果是短时间停产，过滤器内的水不必排放，但在使用前要进行一次人工强制反冲洗。

（5）压力过滤罐反冲洗时，要保持一定的反冲洗强度，反冲洗强度应通过试验确定，一般设计的反冲洗强度为 10～15L/（s·m²）。在操作时，一定要保持一定的反冲洗流量，而且控制一定反冲洗时间，最好的反冲洗操作是分两次以上完成，即在规定时间、强度下分两次以上进行。

反冲洗强度可由公式（1-2-5）计算：

$$q = \frac{Q}{St} \tag{1-2-5}$$

式中　q——反冲洗强度，L/（s·m²）；

　　　Q——反冲洗水量，L；

　　　S——过滤罐的截面积；m²；

　　　t——反冲洗时间，s。

（6）改性纤维球过滤器在开始过滤时，必须压紧。

（7）在压力过滤罐运行过程中，如果确认滤层结垢或被油污染，应当进行酸洗滤料。

2. 过滤罐操作的技术参数

（1）经过预处理后的油田采出水进入过滤器时要求：悬浮物固体含量≤ 50mg/L；含油量≤ 100mg/L。

[GBD002压力过滤罐操作的技术要求]

（2）过滤罐出口水质见表 1-2-5。

表1-2-5　滤罐出口水质要求

含油量，mg/L	悬浮物含量，mg/L	悬浮物颗粒直径中值，μm
≤ 8.0	≤ 3.0	≤ 2.0
≤ 15.0	≤ 5.0	≤ 3.0
≤ 30	≤ 10.0	≤ 4.0

（3）过滤罐的设计流速是按一台过滤罐反冲洗操作或检修时，其余过滤罐承担全部水量的情况确定。

①单一颗粒滤料的过滤器滤速为 4～20m/h。

②多层滤料过滤器的滤速为 10～15m/h。

③纤维球过滤器的滤速为 15～20m/h。

（4）对含聚合物的采出水处理滤料采用正常水冲洗的方式难以洗净，用定期投加滤料助洗剂的方式，可以改善滤料清洗效果。

（5）滤料的反冲洗介质宜采用水、空气或活性剂进行清洗，使滤料恢复正常过滤性能。

（6）在三元复合驱、碱－表面活性剂驱、高浓度聚合物驱等处理污水中压力过滤罐宜采用气水反冲洗技术。

（7）对处理含有聚合物或胶质、沥青质含量较多的采出水时，压力过滤罐宜采用大阻力配水系统。

3. 过滤罐的自动反冲洗

粒状滤料过滤器宜采用自动控制变强度反冲洗。采用变频器反洗过滤罐的操作步骤如下：

（1）首先将调整优化的反冲洗参数输入控制程序中。

（2）将反冲洗变频器控制各按钮调整到指定位置。

（3）关闭过滤罐进出口阀，打开过滤罐反冲洗出、进口阀，打开反冲洗泵进出口阀。

（4）按启动反冲洗变频器按钮，启动反冲洗泵。

（5）反冲洗曲线与要求曲线重合。

（6）当采用自动反冲洗时，可直接按变频器启动按钮，上述步骤则自动执行。

4. 过滤罐的型号表达含义

1）WXGL—2200/0.6A

W——污水用；X——纤维球；GL——过滤器；2200——罐体直径，mm；0.6——设计压力，MPa；A——自动。

2）SL—200/0.6Z

SL——双滤料过滤器；200——额定流量，m³/h；0.6——设计压力，MPa；Z——自动。

3）GLWA150/0.6-2-1

GL——过滤器；W——污水用；A——自动；150——额定处理量，m³/h；0.6——设计压力，MPa；2——两级过滤；1——第二次设计的过滤器。

（二）压力过滤罐的酸洗

1. 过滤罐酸洗的条件

（1）正常情况下，需要每年酸洗一次。

（2）过滤罐进出口压差超过 0.1MPa 时，发生憋压，经分析属于滤料污染。

（3）来水水质严重超标，造成滤料污染，经多次反冲洗、投加助洗剂后水质仍达不到标准。

（4）过滤罐开罐检查，发现滤料污染、严重板结。

（5）滤料颜色发生改变。

GBD003酸液
的配制方法

2. 酸液的配制方法

发现滤层污染结块，应进行酸洗或更换，酸洗的配方如下：

（1）盐酸和硝酸是经常使用的酸剂，用工业盐酸配成酸洗溶液，酸洗液的浓度可根据滤料结块或污染的情况而定，但一般不低于 2%，不高于 5%。

（2）酸液的体积量要足够使滤罐的滤料部分全部浸没其中。

（3）为了减缓酸液对罐体的腐蚀，需要投加缓蚀剂，在酸液中还要加入 1% 浓度的甲醛溶液。

（4）滤料在酸液中浸泡 24h。待酸液表面不冒泡时，排空酸液。

3. 清洗或酸洗滤罐后应达到的标准

（1）清洗或酸洗后对滤料进行取样，滤料晾干后应恢复本色。

（2）过滤罐进出口压差应小于 0.1MPa。

（3）滤后水质得到了明显的改善。

二、技能要求

（一）准备工作

1. 设备

压力过滤罐 1 组、酸洗稀释池 1 个、耐酸机泵 1 台。

2. 材料、工具

500mm F 形扳手 1 把、250mm 活动扳手 1 把、克丝钳 1 把、200mm 螺钉旋具 1 把、耐酸耐压软管 10m 及配套卡子 1 副、耐酸手套 1 副、防护眼镜 1 副、盐酸和 1% 浓度的甲醛根据现场确定、放空桶 1 个、擦布适量。

3. 人员

穿戴好劳动保护用品，与相关岗位做好联系，互相配合。

> GBD004酸洗压力过滤罐的方法

（二）操作规程

序号	工序	操作步骤
1	准备工作	连接好酸泵的进水、出水管线及电源，连接部位检查无渗漏
2	配置酸液	根据设计方案要求，测算出所需的酸液和清水用量
		充分混合测算出的酸液和清水
3	停运滤罐	按操作规程停运过滤罐
4	反冲洗过滤罐	按反冲洗操作规程对停运滤罐进行冲洗
		反冲洗结束后，关闭反冲洗进出口阀门，打开排污阀，排空滤罐内的水
5	酸洗操作	关闭排污阀门
		打开过滤罐出水取样阀门并连接在耐酸泵出口管线上
		启动耐酸泵进行酸洗，要求所有滤料被酸洗液浸泡
		停止耐酸泵，关闭出水取样阀，按设计要求进行浸泡
		浸泡结束后，打开排污阀门，放净废酸液
6	反冲洗操作	关闭排污阀门
		用 40℃以上的热水进行反冲洗，直至酸液冲洗完毕为止
7	投运过滤罐	按操作规程投运过滤罐
8	清理场地	清理现场，回收工用具

> GBBD005酸洗压力过滤罐的技术要求

（三）技术要求

（1）清洗或酸洗时应在过滤罐反冲洗后进行，每个过滤罐的清洗剂或酸液用量视污染情况确定或严格按照设计方案执行。

（2）清洗或酸洗时需对滤料静止浸泡或进行循环清洗，浸泡时间根据清洗效果现场情况确定，一般超过24h。

（3）酸洗完毕要用热水连续反冲洗2～3次，直至水质合格。

（4）酸洗时，要排净罐内的污水。

（四）安全注意事项

（1）酸洗滤罐时，要认真穿戴劳动保护用品；酸液配制时，要佩戴防护眼镜和耐酸手套。

（2）阀门关闭要严，达到不渗、不漏。

（3）严格执行启、停过滤罐操作规程及反冲洗操作规程。

（4）在酸洗过程中要做到绝对安全，酸液喷溅到人体任何部位都要及时进行冲洗处理。

项目五　更换安装法兰截止阀门

一、相关知识

GBD006阀门
的使用要求

（一）阀门使用的技术要求

1. 阀门使用前的检查

（1）阀门在安装使用前，应做强度和密封性试验，按出厂的工作压力进行严密性试验，持续时间一般为2～3min，试压后无渗漏为合格。

（2）仔细检查阀门的规格、型号是否与图纸相符。

（3）检查阀门各零件是否完好。

（4）启闭阀门是否转动灵活自如。

（5）密封面有无损伤。

2. 阀门的安装位置及高度要求

（1）阀门的安装应按照阀门使用说明书和有关规定进行。

（2）阀门安装使用的位置，必须便于操作，阀门的安装高度以其操作机构与地面的距离（1.2m左右）为宜，手轮与人胸口平齐，当手轮离操作地面为1.8m时，应设置操作平台。

（3）法兰连接、螺纹连接的阀门应在关闭状态下安装。

（4）阀门的间距。相邻管道上的阀门应留有一定的间距，阀门手轮间的净距离通常不得小于100mm。

（5）通径大于80mm的阀门应设置支座，不能利用油罐或油泵来支撑阀门。

（6）阀门法兰螺栓孔中心偏差不应超过孔径的5%，以保证螺栓自由穿入，防止损伤螺纹。

3. 阀门投运时的冲洗

新投运的管道和设备因内部脏物污物较多，可采用微开阀门的方法，让高速介质冲走这些异物，再轻轻关闭阀门。

4. 阀门的开关要求

（1）对于闸阀，一般关闭或开启到头时，要回转1/4～1/2圈，使螺纹更好的密合，消除应力，以免拧得过紧损坏阀门。

（2）在全开或全闭截止阀时，应记住全开或全闭的位置，这样可以避免全开时顶撞死点。

（3）开启口径较大的蝶阀时，应先开启旁通阀平衡两侧压差，减少开启力矩。

5. 阀门的搬运

阀门起吊时，吊索不允许系在手轮上，而应系在阀体上。

（二）阀门使用的注意事项

GBD007阀门使用的注意事项

1. 闸阀的使用注意事项

（1）当阀杆开关到位时，不能再强行用力，否则会拉断内部螺纹或插销螺栓，使用阀门损坏。

（2）开关阀门时，手不能直接开动时可用F形扳手开关。

（3）开关阀门时，注意阀门的密封面，尤其是填料压盖处，防止泄漏。

（4）阀门只能全开或全关，操作人员操作时应站在阀门的侧面缓慢操作。

2. 截止阀使用注意事项

（1）开启前检查阀门有无缺陷，特别是密封外有无泄漏。

（2）开关阀门时，若用手不能直接转动，可用专用F形扳手进行开关，当仍不能开关时，不能用加长扳手强行开关，避免造成阀门的损坏。

（3）阀门正确安装应使内部结构形式符合介质的流向，符合阀门结构的特殊要求和操作要求。

（4）截止阀只适用于全开全关，不允许作调节和节流。

（5）启闭阀门时，用力要均匀，不可冲击，阀门的启闭速度不能太快，以免产生较大的水击压力而损坏。

3. 蝶阀使用注意事项

（1）阀芯只能旋转90°，一般阀体上会标明箭头方向，手轮顺时针转动为关闭，反之为开启。

（2）若开关时有一定阻力，可以用专用F形扳手开关，但不能强行开关，否则会损坏阀杆齿轮。

（3）禁止将手轮卸下，用活动扳手扳动阀杆。

（4）开关时要缓慢开关，观察有无异常情况，防止泄漏。

4. 止回阀的安装、操作注意事项

（1）卧式升降式止回阀、蝶式止回阀应安装于水平管道上，立式升降式止回阀和底阀必须安装在垂直管路上，并保证介质自下而上流动。

（2）旋启式止回阀安装位置不受限制，通常安装于水平管路上，但也可以安装于垂直管路或倾斜管路上。

（3）安装止回阀时，应注意介质的流动方向应与阀体所示箭头方向一致。否则会截断介质，使介质无法通过。底阀应安装在水泵吸水管路的底端。

（4）在安装止回阀的阀盖与阀体之前，应在阀盖与阀体之间安装密封垫片，保证其密封可靠。

（5）在管线中不要使止回阀承受重力，大型的止回阀应独立支撑，使之不受管系产生的压力影响。

（6）止回阀关闭时，会在管路中产生水击效应，引起管路中介质压力瞬时增加，对此必须加以注意。

（7）在拆卸旋启式止回阀时，应注意不能损坏阀瓣与阀座的密封面。

（三）工艺流程切换的注意事项

GBD009流程切换的操作要求

（1）在流程切换之前，必须与调度人员联系，根据作业计划，提前做好准备。

（2）调度人员在确认无误后，方可下达切换指令。

（3）流程切换应实行挂牌作业，实施切换作业的人员应从值班室取牌并经班组长确认后方可进行切换。

（4）切换流程时，一般需要 2 人，一人监护，另一人操作，即两人倒换流程，切换完成后，应取回已关阀门上的牌号并送值班室，做好相应的记录。

（5）在开关阀门之前，必须确认手中牌号与将要操作的阀门牌号一致。

（6）切换流程要依照先开后关的原则，确认新流程导通后再切断原流程。

（7）如果未能听到阀门相连接的管内有流体流动的声音或未能感觉到管线内有流体通过时，可能有凝管或流程不通等原因，需立即向调度人员汇报，准备应急处理，但不得擅自采取措施。

（8）具有高、低压衔接部位的流程，操作时必须先导通低压部位后导通高压部位，反之，先切断高压部位后切断低压部位。

（9）流程操作开关阀门时必须缓开、缓关，防止发生水击损坏管道或设备。

二、技能要求

（一）准备工作

1.设备

带压模拟流程 1 套。

2.设备、工用具、材料准备

300mm 活动扳手 2 把、500mm F 形阀门扳手 1 把、"运行、停运"牌 1 块、放空桶 1 个、500mm 撬杠 1 根、50mm 弯剪子 1 把、300mm 钢板尺 1 把、200mm 划规 1 把、DN50mm 法兰截止阀门 1 个、130mm×130mm 石棉垫片 1 张、钙基润滑脂 0.10kg、200mm 三角刮刀 1 把、擦布 0.05kg。

3.人员

正确穿戴劳动保护用品。

（二）操作规程

序号	工序	相关图片	操作步骤
1	准备工作		选择准备工用具及材料
2	流程切换		检查流程，确认介质走向，先打开要更换法兰阀门管线的连通阀门
			先后关闭来水阀门及回水阀门，打开放空阀门，放掉管线内的压力和残余流体

续表

序号	工序	相关图片	操作步骤
3	拆卸故障阀门		先卸松法兰外侧最下部的一条螺栓，让存在管线内的水从下部流尽，然后依次卸掉其余螺栓
			另一侧法兰用同样的方法拆卸
			拆下旧阀门
			清理管路两侧法兰密封面上的旧垫片和脏物，用三角刮刀刮净法兰端面，再用刀尖清理水线
4	安装新阀门		检查要安装的法兰阀门并关闭阀门，用三角刮刀刮净法兰阀门法兰端面，再用刀尖清理水线
			将新阀门按阀门性质正确安装在管路中，两面对称各带上一条螺栓
			将两面均匀涂抹润滑脂的新垫片放入两法兰中间，再对角穿上其他两条螺栓
			另一侧法兰用同样方法安装
5	紧固螺栓		调整垫片使之居中，对角均匀紧固紧固螺栓
6	试压		关闭放空阀门，缓慢打开回水控制阀门2扣左右试压，观察压力正常后，检查有无渗漏
7	倒回原流程		检查无渗漏后，将回水阀门全部打开，打开来水阀门，关连通阀门
8	清理场地		清理场地，回收工具

GBD008更换
截止阀门技术
要求

（三）技术要求

（1）拆卸螺栓时要先卸法兰外侧底部螺栓。

（2）使用撬杠时，要让支点支在固定端。

（3）试压时要待压力上升并稳定后再检查渗漏。

（4）使用活动扳手时，转动活动扳手调节螺母使固定扳唇和活动扳唇夹紧螺母，防止扳手滑脱伤人。

（5）安装阀门时，要按阀门性质正确安装，有方向的阀门要注意阀门方向。

（6）安装法兰阀门时，法兰与管道法兰平行，法兰间隙应适当，不应出现错口、张口等缺陷。

（7）法兰间应选择合适的垫片（耐油橡胶石棉板、聚四氟乙烯垫片），垫片应放置正中，不能偏斜。

（四）注意事项

（1）卸法兰螺栓前一定要先开放空阀门泄压，将管线内压力放净，严禁带压操作。

（2）倒流程操作时，要先导通，再切断，防止憋压。

（3）安装前应检查阀门阀杆和阀盘灵活无卡阻和歪斜现象，阀体无裂纹。

（4）开关阀门时一定要侧身，阀门全部打开后手轮要回半圈。

（5）安装阀门时，一般应保持关闭状态下安装。

（6）螺栓应对称拧紧，且用力均匀，不能过松或过紧。

项目六　运行维护紫外线杀菌装置

一、相关知识

BD010紫外线
杀菌设备的作
用机理

（一）紫外线杀菌的原理及设备结构

1. 紫外线杀菌的机理

紫外线杀菌是油气田含油污水处理中的一种物理杀菌方式，紫外线杀菌具有不增加水的嗅味、不产生有毒有害的副产物、消毒速度快、效率高、设备操作安全简单和自动化程度高等优点。

紫外线杀菌的原理是通过紫外线的照射来达到杀菌的目的。微生物细胞中的核糖核酸（RNA）和脱氧核糖核酸（DNA）吸收光谱在 $240 \sim 280$ mm，而紫外线杀菌灯所产生的光波波长恰好在此范围内。紫外线杀菌的效果是以照射后存活的菌体数量决定的，而杀菌能力则是由 253.7mm 的紫外线的照射剂量决定的。

2. 紫外线杀菌设备的组成

油气田污水处理中应用的物理杀菌工艺主要有超声波和磁场组合杀菌、变频电脉冲杀菌和紫外线杀菌等。应用较多的是封闭式结构的紫外线杀菌设备，紫外线杀菌设备的结构如图 1-2-1 所示，主要由紫外线灯管、石英套管、封件、罐体、进出水口、排污口及排气口等部分组成，另外还有配电系统、控制系统、清洗系统和检测系统等。

图1-2-1　紫外线杀菌装置实物图

　　紫外线杀菌设备一般安装在污水处理的净化水管线上，净化污水从进水口进入杀菌器内，流经紫外线灯管时，通过紫外线照射来达到杀菌的目的，杀菌后的污水通过出口流出。当运行一段时间后，套管上会被污物污染，影响透光度，降低了杀菌效果，可运行自动清洗系统清除套管上的污垢并由排污口排出，自动检测系统和控制系统可随时检测紫外线的强度、灯管的运行是否正常等，还可实现现场控制和远程监测的功能。由于污水经常结垢的原因，单一的紫外线杀菌装置不适合应用在三元复合驱、聚合物浓度较高的含油污水处理。

（二）紫外线杀菌设备的技术参数

1. 使用电源的要求

紫外线杀菌设备要求电源的额定电压为交流电 220V ± 5%，频率为 50Hz。

2. 紫外线灯管的技术要求

（1）灯管功率不小于 30W/ 只。

（2）灯管使用寿命：国产灯管不小于 1000h，进口灯管不小于 8000h。

（3）杀菌效率 ≥ 99%。

3. 紫外线杀菌设备的运行环境

（1）要求在 1cm 的透射率为 95% ～ 100%。

（2）水温 -5 ～ 50℃、周围湿度 ≤ 93%（温度 25℃时）。

（3）进入设备的水质要求：含铁量 ≤ 0.3mg/L，硫化物含量 ≤ 0.05mg/L，悬浮物固体含量 ≤ 10mg/L，锰含量 ≤ 0.5mg/L，硬度 ≤ 120mg/L，色度 ≤ 15 度。

4. 石英套管的要求

石英套管的紫外线透光率 ≥ 90%，套管的壁厚 ≥ 1.5mm。

5. 镇流器

镇流器的功率因数 ≥ 0.98，最高使用环境温度为 60℃。

6. 定期清洗

紫外线灯管和套管需要定期清洗。

（三）投产及停产紫外线杀菌装置

1. 操作程序

（1）新投产紫外线杀菌装置，投运前按设计要求试压、试漏并确认合格。

（2）检查电源、电路系统正常，各接线端应牢固无松动，测试对地绝缘，确认合格。

（3）检查杀菌装置前段过滤器进、出口压力，检查清洗过滤器。

（4）打开排气阀，缓慢打开杀菌装置出、进口阀门，待排气阀有水流出后关闭，缓慢关闭旁通阀。

（5）打开控制柜上的电源开关，按下主控制柜上的启动按钮，运行指示灯亮，装置开始运行。

2. 停产程序

（1）停运前对杀菌装置进行清洗。

（2）按下主控制柜上的停止按钮。

（3）关闭主控制柜上的电源开关。

（4）倒通旁通流程，关闭装置进、出口阀门，同时打开装置的排污阀、排气阀，排空液体后，关闭排污阀、排气阀。

3.注意事项或风险提示

（1）杀菌器停运前，必须先关闭水源后再切断电源。

（2）杀菌器所有阀门关闭严密，应不渗不漏。

（3）倒流程时注意先开后关，防止憋压。

（4）尽量避免频繁开、关紫外线杀菌装置，以延长其使用寿命。

BD011紫外线杀菌设备的运行管理要求

（四）紫外线杀菌设备的运行管理

1.定期检查

（1）当紫外线杀菌设备腔体外壁温度过热时，要及时调整来水流量并打开排气阀进行排气。

（2）定期检查杀菌装置控制柜上的各指示灯，以保证设备指示灯正常运行。

（3）为了保证紫外线灯管的正常运行，灯管应持续处于开启状态。

2.定期清洗

（1）根据水质情况，定期用酒精棉球或纱布擦拭灯管，去除石英套管上的污垢并擦净，以免影响紫外线的透过率和杀菌效果。

（2）配电柜上紫外线强度百分比显示低于80%时，应及时清洗石英套管。

（3）紫外线杀菌设备在运行时，对于下进、下出流程的杀菌装置，需要定期打开排气阀，放净腔体内的气体。

（4）发现杀菌装置前端过滤的进出压力变化时，及时检查并清洗过滤器。

3.灯管的更换

（1）进口灯管连续使用9000h或间歇运行一年之后，应更换紫外线灯管，确保杀菌效果。

（2）当灯管和镇流器损坏时，应及时进行更换。

（3）正常运行的装置，当光强度逐渐减弱且清洗无效，未能达到标准光强度的85%时，应及时更换灯管或镇流器。

更换套管、灯管时的注意事项如下：

（1）更换灯管、石英套管前应切断电源，使系统处于非工作状态。

（2）更换石英套管前还应将腔体内的液体放净。

（3）更换完毕按系统投运程序试压。

4.紫外线杀菌装置运行时的检查内容

（1）检查配电柜设备运行指示灯是否正常。

（2）检查紫外线强度检测仪及报警灯是否正常，检查光强度显示是否达到要求。

（3）触摸腔体外壁温度是否正常（不应高于介质温度）。

（4）听装置运行是否有异常声响。

（5）检查装置前端过滤器进、出口压力变化情况。

（五）紫外线杀菌装置常见的故障及处理方法

1.菌超标，杀菌效率低

1）原因

（1）电压低，灯管不能正常工作。

（2）石英套管外壁附着物过多，影响透光度。

（3）灯管使用时间长，灯管辐射强度降低。

2）处理方法

（1）及时调整电源电压。

（2）及时清洗石英套管。

（3）更换灯管。

2.指示灯和灯管不亮，紫外线杀菌装置不能正常运行

（1）指示灯熔断丝烧断。

（2）灯管插座没插牢。

（3）插座损坏。

（4）镇流器或信号变压器等原件损坏。

二、技能要求

（一）准备工作

1.设备

紫外线杀菌装置。

2.工用具、材料准备

紫外线灯管1只、300mm活动扳手1把、500mmF形扳手1把。

3.人员

劳动保护用品穿戴合格。

GBD012更换
紫外线灯管的
方法

（二）操作规程

序号	工序	操作步骤
1	准备工作	检查灯管指示灯及光照强度，判断灯管工作状态
2	停运前清洗	停运前对杀菌装置进行手动清洗，清洗完成后将清洗旋钮设置在"停止"位置
		按停止按钮，切断电源
3	切换流程、停运装置	检查流程，确认介质走向及连通流程
		打开紫外线杀菌装置的进出口连通阀门，关闭来水、回水阀门
		打开装置排污阀和排气阀，排空腔体内液体
4	拆卸并抽出灯管及石英套管	卸掉欲更换灯管两侧电源线护盖，拔下灯管电源插头，取出灯管，拆卸两端面压盖，取出O形胶圈，平稳抽出石英套管
		清洗石英套管
5	更换灯管	安装石英套管，检查更换新灯管
		安放O形胶圈，安装两端压盖及电源护盖，接上电源插头
6	试压	关闭排污阀、排气阀，打开回水阀门，打开排气阀，见液关闭排气阀，试压
7	切换到原流程	侧身开大回水、来水阀门，关闭进出口连通阀门
8	合上电源，启动运行	再次排净装置内的气体，打开电源开关，按启动按钮，运行指示灯亮开始运行装置
9	运行检查	观察光强显示仪、温度，检查通电显示是否正常并确认装置运行正常
10	清理场地	清理场地，回收工具

（三）安全注意事项

（1）严禁直视紫外线灯管，避免灼伤眼睛；在检查灯管是否发光时必须带防紫外线护目镜。

（2）在拆卸杀菌装置时，应先切断电源，非专业人员严禁拆卸物理杀菌装置；严禁在未切断电源的情况下，维修和拆卸装置。

（3）装置未进水或水不流动时，严禁运行；严禁紫外线灯管在不满管或在死水段中工作。

（4）装置停运超过24h以上时，应将腔体内的水排净。

（5）对装置需要定期清洗，以免影响紫外线的透过率和杀菌效果；进行人工清洗操作时，员工应避开清洗拉杆运行空间，避免造成伤害。

（6）化学在线清洗时，员工应穿戴劳保用品，以免伤害。

（7）严禁频繁启动紫外线杀菌设备，确保灯管寿命。

项目七　运行、维护污水处理站

一、相关知识

（一）油田采出水处理站的水质要求及工艺流程

1. 采出水处理水质要求

油田采出水处理的目的：采出水处理后的回用（包括回注和处理后作为热采锅炉用水）；采出水处理后回用多余的水需要外排。

（1）采出水回注的主要水质标准：注入水水质推荐指标 SY/T 5329—2012《碎屑岩油藏注水水质推荐指标及分析方法》，见表1-2-6。

表1-2-6　碎屑岩油藏注水水质推荐指标

标准指标		注入层渗透率，µm				
		≤ 0.01	0.01 ~ 0.05	0.05 ~ 0.5	0.5 ~ 1.5	> 1.5
控制指标	悬浮固体含量，mg · L^{-1}	≤ 1.0	≤ 2.0	≤ 5.0	≤ 10.0	≤ 30.0
	悬浮物颗粒直径中径，µm	≤ 1.0	≤ 1.5	≤ 3.0	≤ 4.0	≤ 5.0
	含油量，mg · L^{-1}	≤ 5.0	≤ 6.0	≤ 15.0	≤ 30.0	≤ 50.0
	平均腐蚀率，mm · a^{-1}	≤ 0.076				
	SRB，个 · mL^{-1}	≤ 10	≤ 10	≤ 25	≤ 25	≤ 25
	IB，个 · mL^{-1}	$n \times 10^2$	$n \times 10^2$	$n \times 10^3$	$n \times 10^4$	$n \times 10^4$
	TGB，个 · mL^{-1}	$n \times 10^2$	$n \times 10^2$	$n \times 10^3$	$n \times 10^4$	$n \times 10^4$

注：（1）1<n<10。

　　（2）清水水质指标中去掉含油量。

（2）注入水水质辅助指标。

注入水水质辅助指标包括溶解氧、侵蚀性二氧化碳、硫化氢、铁和pH值等。

水质的主要控制指标已达到注水要求，注水也比较顺利，则可以不考虑辅助性指标，如果达不到要求，则可进一步检测辅助性指标。

①溶解氧。

水中含溶解氧时可加剧腐蚀，当腐蚀率不达标时，应首先检查溶解氧浓度。一般情况要求：油田污水溶解氧浓度小于 0.05mg/L，特殊情况不能超过 0.1mg/L。清水中的溶解氧含量要小于 0.50mg/L。

②硫化氢。

如果原水中不含硫化氢或发现污水处理和注水系统硫化物含量增加，说明系统细菌增生严重。硫化物含量过高的污水，可引起水中悬浮物增加，通常清水中不应含硫化物，油田污水中硫化物含量小于 2.0mg/L。

③侵蚀性二氧化碳。

水中侵蚀性二氧化碳含量等于零时，稳定；大于零时，可溶解碳酸钙垢，并对设施有腐蚀作用；小于零时，有碳酸盐时沉淀析出。一般要求侵蚀性二氧化碳含量为 0.1 ~ 1.0mg/L。

④pH 值。

水的 pH 值应控制在 7 ± 0.5 为宜。

⑤铁。

当水中含亚铁离子时，由于铁细菌作用可将二价铁离子转化为三价铁离子生成氢氧化铁沉淀，当水中含硫化物（H_2S）时，可生成 FeS 沉淀，使水中的悬浮物增加。

（3）采出水外排的水质标准：若油田污水要进行外排，则污水中主要污染物的含量及排放标准见表 1-2-7。

表1-2-7　油田污水中主要污染物及排放标准

污染物	石油类	COD_{Cr}	BOD_5	硫化物	挥发酚
污染物含量，mg·L^{-1}	20 ~ 200	100 ~ 1200	50 ~ 100	20 ~ 60	0.1 ~ 5.0
排放标准，mg·L^{-1}	10	150	30	1.0	0.5

采出水经过三段常规流程处理后，油和悬浮物的含量一般可达到外排标准，但 COD 的去除很难达到，必须经过深度处理。

（4）气田水的回注是为了解决气田水引起的环境问题而采取的一项措施。气田水回注的水源是气田采出水，注入层位为非生产层，同层回注气田水可能会导致水侵；对水质要求较宽，我国制定了 SY/T 6596—2004《气田水回注方法》，见表 1-2-8。

表1-2-8　气田水回注水质要求

悬浮固体含量，mg/L	当 $K > 0.2\mu m^2$ 时	< 25
	当 $K \leqslant 0.2\mu m^2$ 时	≤ 15
悬浮物颗粒直径中径，μm	当 $K > 0.2\mu m^2$ 时	< 10
	当 $K \leqslant 0.2\mu m^2$ 时	≤ 8
含油量，mg/L		< 30
pH 值		6 ~ 9

注：K—渗透率。

2. 工艺流程的组成

在油田水处理设计中，合理的选择工艺流程是保证水质达标的关键，而且与处理站的经济运行有着密切的关系。污水处理工艺流程一般由主流程、辅助流程和水质稳定处理流程组成。

1）主流程

主流程包括污水净化工艺流程、水质软化工艺流程、水质生化和氧化工艺流程。

2）辅助流程

辅助流程主要是指从主流程中分离出来的物质需要再一次进行处理、回收的工艺流程，包括原油回收流程、污泥处理流程。

3）水质稳定流程

水质稳定处理流程是控制污水对金属腐蚀、结垢和微生物等的危害，包括隔绝空气中的氧气以防其进入污水或脱除污水中有害气体的流程、防止不相容水混合的流程和投加水质稳定剂的流程。

油田采出水的净化工艺流程主要由主流程和辅助流程两部分组成。主流程为去除油田污水中原油、悬浮杂质和泥沙等的流程；辅助流程为回收和再处理从污水中分离出来的油、水、泥砂及滤罐反冲洗流程，包括原油回收、污水回收和污泥处理等。

根据对处理后水质的要求，主流程分为下列几种：

（1）回注水的工艺流程。

回注水的工艺流程以去除水中悬浮杂质，使回注油层的采出水不产生堵塞油层为目的。根据分离选用设备不同分为下列主要流程：

①混凝沉降—过滤流程（图1-2-2）。

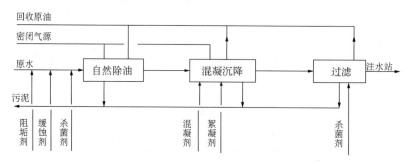

图1-2-2　自然除油—混凝沉降—过滤流程图

②气浮选—过滤流程图（图1-2-3）。

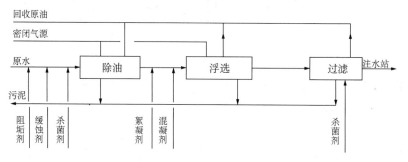

图1-2-3　气浮选—过滤流程图

③旋流分离—过滤流程图（图 1-2-4）。

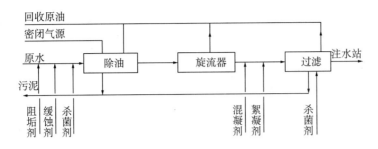

图1-2-4　旋流分离—过滤流程图

（2）处理后锅炉回用水的工艺流程。

在回注水流程的基础上，需要将水中溶解杂质中的 Ca^{2+}、Mg^{2+} 等产生的硬度的离子去除，因此，要在净流程的基础上进行软化处理，其流程如图 1-2-5 所示。

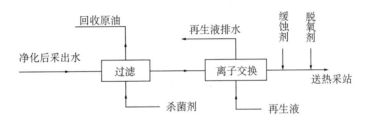

图1-2-5　热采锅炉给水软化流程图

（3）污水处理后外排的工艺流程。

外排水处理流程以去除原水中有机污染物为主的工艺流程，如图 1-2-6 所示。

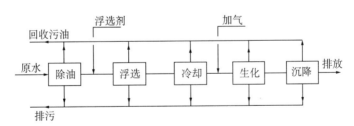

图1-2-6　外排水处理工艺流程图

GBD013油田采出水的处理工艺JS

3. 污水处理站的工作原理

目前国内各油田普遍采用的流程：自然除油罐——混凝除油罐（混凝沉降罐）——压力过滤罐流程。

含油污水处理站主要设备包括自然沉降除油罐、混凝沉降罐、过滤罐、反冲洗泵、缓冲罐、净化水罐、升压泵、外输水泵、收油泵、加药泵等。

处理工艺一般为二段沉降加一级过滤工艺。

来自脱水站的含油污水利用出口压力（要求压力为 0.15～0.20MPa）进入一段自然沉降罐（自然除油罐），依靠重力差进行油水分离，可使污水中的含油量由 5000mg/L 降至 500mg/L 以下，分离出的原油进入罐体上部的收油槽中排入污油罐，经收油泵输送至原油集输系统中再处理。污水通过集水器由出水管排出，进入二段混凝沉降罐。含油污水进罐之前需投加混凝剂，混凝剂和污水在混凝沉降罐中心反应筒内发生凝聚和絮凝反应，将一部分原油和悬浮物去除掉，使出口含油降低至 50 ~ 100mg/L，同时悬浮物去除率可达 70% ~ 80%。经过二段沉降的污水依靠液位差进入缓冲罐，由升压泵将缓冲罐中的污水输送到压力过滤罐进行过滤，进一步除掉污油及悬浮物，一般可使含油量降到 20mg/L 以下，悬浮物降到 10mg/L 以下。滤后水一部分进入净化水罐，一部分进入反冲洗罐。

污油及悬浮物被截留在过滤罐中，当聚集到一定程度时，过滤罐进出口压差增大，流量减少，需要定期对过滤罐进行反冲洗。由反冲洗水泵将反冲洗罐内的水打入压力过滤罐，对滤料进行反冲洗，将滤层的堵塞物或污油反冲到污水回收池中。污水池中的污水用回收水泵打回到一段沉降罐再进行处理，其工艺原理如图 1-2-7 所示。净化水罐的水经外输泵加压，计量后输送到注水站。定期对除油罐及沉降罐进行污泥清除。

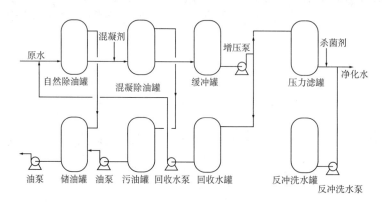

图1-2-7　两级沉降加过滤工艺流程图

除油罐及单台滤罐的校核流量可由式（1-2-6）计算。

$$Q = \frac{Qs}{n-1} \qquad (1-2-6)$$

式中　Q——单台除油罐、沉降罐、滤罐的校核流量，m^3/h；

Q_s——采出水处理站设计计算流量，m^3/h；

n——水处理站的除油罐、沉降罐、滤罐的台数，台。

（二）污水处理站的处理参数及主要的构筑物

1.污水处理站的主要构筑物

1）自然沉降分离装置

自然沉降分离装置的主要任务是接受原水（原油脱水系统的放水），同时对原水进行油、水、悬浮固体自然分离，还对进入下游流程的采出水水质水量进行均质、均量处理，即提供比较平稳的水质和均衡的水量。常用设备自然沉降罐，也叫自然除油罐或一次除油罐、调储罐。

2）混凝沉降分离装置

油田采出水中含油的 20%（主要为溶解油、乳化油）和悬浮固体的 80%（主要为粉质悬浮物）具有较好的稳定性。这些杂质单靠自然沉降是很难得到分离的，必须采用化学、物理方法加速悬浮杂质分离。根据原水水质、水量常选用混凝沉降罐、浮选装置、粗粒化除油装置、旋流除油器等设备作为沉降分离装置。

3）过滤装置

在流程中，过滤装置设置在最后，它将沉降分离装置不能截留的微粒杂质分离出来，是保证回用水质达标的重要装置，也是水质深度处理预处理的重要环节。过滤罐的滤速校核见式（1-2-7）。

$$v = \frac{Q}{nF} = \frac{Q}{\frac{1}{4}\pi D^2 n} \qquad (1-2-7)$$

式中 v——滤速，m/h；

Q——滤罐的处理量，m³/h；

n——运行滤罐的台数；

F——单台滤罐的过滤面积；m²；

D——滤罐的直径，m。

2. 污水处理站水质处理参数

（1）聚驱含油污水处理站来水含油量≤3000mg/L，出水含油量≤20mg/L，悬浮物固体含量≤20mg/L，粒径中值≤5μm，一次沉降时间8h，二次沉降时间4h。

（2）水驱含油污水处理站来水含油量≤1000mg/L，出水含油量≤20mg/L，悬浮物固体含量≤20mg/L，粒径中值≤5μm，一次沉降时间4h，二次沉降时间2h。

（3）含油污水深度处理站来水含油量≤20mg/L，出水含油量≤5mg/L，悬浮物固体含量≤5mg/L，粒径中值≤2μm。

（4）过滤罐进出口压差不得大于0.10MPa，过滤罐反冲洗周期24h，反冲洗历时15min，滤速8～12m/h。

3. 除油、沉降装置沉降时间的校核

除油沉降装置的沉降时间由式（1-2-8）进行计算：

$$t = \frac{V}{Q} \times 24 \qquad (1-2-8)$$

式中 t——沉降罐的沉降时间，h；

V——沉降罐的有效容积，m³；

Q——沉降罐每天的处理量，m³。

（三）污水处理站的运行管理

1. 污水处理站生产工艺的运行管理

污水处理站的运行管理主要是指从原水的接收到净化处理达标全过程的管理。

1）污水的除油沉降

根据污水处理的工艺不同，有自然沉降罐、混凝沉降罐、粗粒化除油、斜板（管）沉降除油、浮选除油、水力旋流除油、生物除油等除油沉降装置。污水经除油沉降处理后，进入过滤罐前的污水含油量控制在30mg/L以下。否则应根据所采取的处理工艺调整

GBD014污水处理站生产工艺的运行管理

絮凝剂、混凝剂、浮选剂、净水剂等化学药剂的投加量。化学药剂的种类和用量经试验筛选确定。

气浮装置的除油率≥90%，处理后的污水水质指标达到设计要求，释放的气泡应细密、均匀，溶气水回流量控制在20%～25%；顶部浮渣的排量和排放情况需要定时查看，避免流动不畅造成阻塞；回收的污油不应对原油脱水系统造成冲击。

2）污水的过滤

油田采出水的过滤装置一般常用压力过滤装置，过滤罐由滤料和承托屋组成。滤料有石英砂、无烟煤、核桃壳、石榴石、纤维球等。过滤罐进口水质应符合设计要求，一级过滤罐进行污水含油量、悬浮物含量应≤30mg/L，二级滤罐进口含油、含悬浮物应≤15mg/L，三级滤罐含油、悬浮物≤5mg/L。

（1）过滤罐滤料的装填次序按设计要求逐层装填，每层找平后再铺上层。

（2）石英砂滤料及双层滤料的粒径、厚度、滤速应严格按照设计标准运行。

（3）石英砂滤料及承托层应按照设计要求进行装填。

（4）滤料应每年检查一次，测量滤层高度，观察滤料表层结垢、板结和污染情况。

（5）停产时按照反洗操作规程反洗1～2次，将罐内油污排净，冬季停用24h及其他季节停用一周以上时，应将滤罐反洗干净后，放尽罐内余水。

3）滤罐的反冲洗

（1）过滤罐运行一定时间后，必须定期对滤料进行反冲洗，滤料冲洗干净，然后重复使用。

（2）压力过滤罐一般利用滤后水冲洗；反冲洗要有足够的水量，反冲洗必须分组逐一进行。

（3）反冲洗周期视罐的污染情况决定，一般为8～24h。

（4）反冲洗强度：石英砂滤料、双层滤料反冲洗强度为12～16L/（s·m²）；膨胀率45%～50%；反冲洗时间5～10min；核桃壳滤料反冲洗强度为6～7L/（s·m²），反冲洗时间为15～20min。

（5）反冲洗时，应注意观察回收水罐（池）的液位，保证反冲洗强度，必要时，加入清洗剂配合反冲洗，以保证滤料的清洗效果。

（6）过滤罐反洗结束转入正常过滤后，要检查出水水质并做好记录。

4）污水和污油的回收

（1）根据油田采出水处理站采取的工艺流程及设备情况，制定相应的收油制度。

（2）立式除油罐应每天测量一次油层厚度，除油罐、回收水池的油层厚度控制在200mm以下，污油回收应平稳，收油后要用压力水或蒸汽扫线。

（3）粗粒化罐、压力斜板（管）除油罐、气浮选、水力旋流器应连续收油。

（4）除油装置的污油回收，可进入联合站集油脱水系统，回收水池的污油应单独处理。

（5）回收水罐接收过滤罐反冲洗水、回收水池接收污水处理站各罐的溢流水、排污水、地漏水等。

（6）反冲洗水、排污泥水及除油罐溢流水必须均衡地回收到除油罐中，严禁外排，污水池内的污水应均匀回收，回收排量不大于实际处理水量的5%～10%。

（7）回收水罐的污水回收前，要先收油，然后保持均衡的连续回收到除油罐。

5）污泥的处理

（1）污水处理站应设有污泥浓缩池（罐）和污泥干化场。

（2）污水处理站的自然除油罐、混凝沉降罐和回收水罐应定时排泥 1～3 次 /d，每个罐排泥时间 15～20min，罐内污泥高度低于 500mm，排泥周期和排泥量应根据各站具体情况确定，污泥排入污泥浓缩池（罐），浓缩后进行污泥处理；上层清液回收至污水处理系统。

6）水质监测

污水处理工艺沿程水质化验包括联合站来水、除油罐出口、混凝沉降罐出口、气浮装置出口、污水缓冲罐出口、过滤罐出口等节点的水质化验。外输污水含油、悬浮物应每 4h 化验一次，沿程污水含油、悬浮物每天化验一次，外输污水水质超标时，立即进行沿程各节点的污水水质化验。

7）药剂的投加

（1）药剂的类型、投加浓度应经专业部门试验筛选。

（2）根据水性变化及时调整药剂配方。

（3）药剂配制浓度稳定、加药量平稳。

（4）合理选择加药点：缓蚀剂、阻垢剂和杀菌剂在腐蚀、结垢部位之前投加，吸附型缓蚀剂、杀菌剂在絮凝剂后投加，加药量应根据水量变化进行调整，保证加药浓度。

（5）缓蚀剂、阻垢剂连续均匀投加，杀菌剂视情况周期冲击或连续投加；清洗剂按规定周期冲击投加。

（6）加药设备、仪表控制系统定期维护和校验。

> GBD015污水处理站设备的检查管理内容

2. 污水处理站设备的检查管理

污水处理站有大量的污水处理工艺设施（构筑物）和辅助生产设施，辅助生产设施主要包括泵类、搅拌器、风机、加药设备、脱水机、气动或电动阀门等，这些工艺设备的故障将直接影响污水处理站的运行。污水处理站设备的运行管理是指生产全过程的设备管理，从选用、安装、运行、维修直至报废的整个过程。污水处理站的设备运行管理内容主要包括：设备选配、设备使用、设备维护和设备的技术改造与更新等内容。

1）设备的选配

污水处理站内的设备较多，根据生产运行状况合理选择技术上先进、经济上合理、生产上配套可行，能充分发挥设备的效率、提高经济效益。

2）设备的使用

合理使用设备可以减少设备的磨损，提高设备利用率，发挥设备经济效益。

设备的使用应遵循以下几点：

（1）建立健全使用工作制度，严格执行设备的操作规程、保养规程和设备维护保养制度。

（2）单人使用的设备由操作者负责运行保养。

（3）建立设备的点检制度和巡回检查制度。

（4）所有设备操作人员都必须学会和熟练掌握设备的操作规程，懂得维护保养技术，达到应知应会。

（5）提高设备的利用率。除油、过滤等主要设备不允许随意停运，停运需要上报主管部门批准并限期恢复运行。

（6）主要设备如除油、过滤等要采取分类管理，严格执行定人、定机、定质、定点、定量的管理制度。

3）设备的维护保养（检查、维护、修理）

GBD016污水处理系统的巡回检查要求

（1）设备的检查。

设备的检查主要分为三种：巡回检查、定期检查和专项检查。

巡回检查是操作人员按巡回检查路线对设备进行定时、定点、定项的周期检查；巡回检查一般采用感官检查法，即用"听、摸、查、看、闻"的五字操作法或者用简单的仪器测量来了解设备的运行状况。

定期检查是指维修和专业人员按照设备检查标准规定，对设备规定部位进行的检查，一般分为日常检查和定期停机检查。

专项检查是设备出现异常或故障时，为查明原因，由维修管理部门确定检查项目和时间。

（2）设备的维护。

设备的维护保养是为了保证设备正常工作或消除隐患而进行的一系列维护工作，又可分为日常保养、一级保养、二级保养、三级保养。

（3）设备的修理。

设备的修理是对设备磨损或损坏部件进行补偿或修复。一般可分为小修、中修、大修三种类型。

在实际工作中，设备的维护保养和修理同等重要，但还是以"预防为主"。坚持良好的保养，可以减轻设备的"磨损"程度。

4）设备的改造更新

设备的改造更新一般以设备的寿命为周期，结合设备大修有计划进行，由专业人员负责。

（四）污水处理站的安全管理、风险削减及污染物的控制

1.要害部位的安全管理规定

（1）认真执行各项规章制度，坚守岗位，严禁串岗、脱岗、睡岗，严禁饮酒或酒后上岗，严禁做与岗位无关的事情。

（2）严格执行各项操作规程，严禁违章操作，防止人身及机械事故发生。

（3）结合本岗位实际情况，认真制定相应的安全生产措施及安全生产预案，并严格执行。

（4）严格执行巡回检查制度，取全取准资料，根据生产变化情况及时优化调整系统运行参数，运行参数调整时，应两名员工同时在场，一人监护、一人操作，待系统稳定后方可离开，确保系统安全生产，平稳运行。

（5）未经允许严禁使用明火，严禁吸烟，严禁携带打火机、火柴等易燃易爆物品，严禁接打手机，进站机动设备的排气管应加装防火帽。

（6）不准使用汽油等挥发性强的可燃液体擦洗设备、用具和衣服。

（7）岗位员工应穿戴防静电工作服、工鞋，女工要带工帽，严禁佩戴首饰。

（8）加强设备日常维护管理，做到静密封点不漏水，动密封点渗漏量不超过规定要求。

（9）检修设备时安全措施不落实，不准开始检修。

（10）停机检修的设备，未经彻底检查，不准启动。

（11）脚手架、跳板不牢，不准登高作业，高空作业时（超过 4m 的设施），要有两人方可操作并有防护措施，五级以上大风及雨雪天气严禁室外高空作业。

（12）做好设备的维修保养工作，严禁设备带病运行，备用设备做到随时可以启动。

（13）加强有毒、有害气体的防护管理，对于可能存在泄漏、聚积的半地下阀组间、污水回收泵房以及容器、池子等密闭空间，应采取通风措施，以确保巡检人员人身安全。在该区域维护等作业时，应全过程进行强制通风，可燃气体检测合格后，方可作业施工。

（14）加强药剂保管，做到定点、分类摆放，专人管理，岗位人员在加药间作业时，须带防护面具，开启通风设施强制通风。

2. 排污池管理

排污池（回收水池）既是大罐排污水或反冲洗排出水的接收水池，又是回收水泵的吸水池，其主要作用是接收排出污水并进行沉降分离，最终由回收水泵将上部清水回收。

排污池的管理主要是定期清除淤泥。当要回收排污池内清水时，回收前半个小时不能排污，否则，排污水再次进入污水处理系统中，形成污泥的恶性循环。

> GBD017 构筑物的安全管理要求

3. **构筑物的安全管理**

（1）污油回收泵房内电动机采用防爆式电动机，设置的灯具要用防爆灯具，电气开关要用防爆开关。

（2）罐区照明采用防爆灯具，电气开关用防爆式开关。

（3）200m³ 以上的除油罐应设置空气泡沫发生器，其泡沫管下端快速接口高度距罐底 1.2m。

（4）污水处理系统的各构筑物均要有防静电和防雷击的设备，即设有避雷针和接地装置并且定期检测。

（5）如采用天然气密闭时，对机械呼吸阀列入双重管理，即天然气密闭运行管理与大罐安全管理，防止大罐因超压爆破或低压抽空。

（6）站内要有消防路，围墙后、护栏外应保持 2m 宽防火墙。站内场区和站外防火道应保持清洁平整，做到无杂物、无杂草、无油污、无可燃物。

（7）污水、污油回收泵房以及半地下阀组间等能够产生可燃气体聚积场所的电气设备、设施应具备防爆性能，污油罐应设立防火堤。

（8）每半年检查一次容器盘梯、罐顶检查踏步、护栏，存在问题及时采取措施进行处理。

（9）在采出水处理站内，与水泵相连的容器应设有液位报警装置。

> GBD018 污水处理站内的主要风险控制措施

4. **污水处理站的主要风险与控制措施**

一般油田污水处理站的岗位设置很多，涉及的岗位人员也较多，站内有大量的污水处理设备、设施、电气、构筑物等，存在较大的风险和众多的有害因素。

1）物理性危险和有害因素

物理性危险和有害因素包括设备、设施的缺陷；防护、信号、标志等的缺陷；电危害、噪声、振动危害；电磁辐射；明火、作业环境不良等危险和有害因素。

2）化学性危险和有害因素

化学性危险和有害因素包括易燃易爆物质、自燃性物质、有毒物质、腐蚀性物质等。

3）生物性危险和有害因素

生物性危险和有害因素包括致病微生物等。

4）心理、生理性危险和有害因素

心理、生理性危险和有害因素包括超负荷、健康状况异常、从事禁忌作业、心理异常、辨识功能缺陷等。

5）行为性危险和有害因素

行为性危险和有害因素包括指挥错误、操作错误、监护失误、其他错误等。

污水处理站内主要存在化学药剂、化学试剂、溢池、冒罐、泄漏、机械、电气、有毒有害物质、高温、高处坠落等危害因素。具体的控制措施见表1－2－9。

表1－2－9　污水处理站的主要风险与控制措施

序号	主要风险	危害描述	控制措施
1	清罐（池）窒息	不按要求进行清罐（池）可能造成人员窒息	严格执行受限空间作业管理规定，检测合格后才能进入，罐外有人监护
2	法兰、管线泄漏	造成环境污染、油气遇火源可能发生火灾	勤检查，发现问题及时汇报处理
3	溢池、冒罐	操作不当会造成溢池、冒罐，造成环境污染、油气遇火源可能发生火灾	规范安装液位显示和报警系统，严格按作业指导书操作
4	泵憋压	操作不当泵憋压可能导致法兰、管线泄漏产生的危害	严格按作业指导书操作
5	高温	蒸汽灼伤等	严格按作业指导书操作
6	污水处理的化学药剂、化学试剂	使用不当会灼伤手、面部和眼睛	调配药剂必须佩戴胶皮手套和护目镜；化验时使用试剂时，佩戴好个人防护用品，严格执行操作规程
7	机械伤害	机泵等设备高速旋转易导致人体伤害	佩戴好个人防护用品，严格按操作规程操作
8	高处坠落	高处作业未系安全带可能导致坠落伤害	凡2m以上的高空作业必须系安全带
9	有毒有害物质	H_2S、Cl_2、CCl_4、$CHCl_3$等	佩戴好个人防护用品，严格按操作规程操作
10	电气	操作不当或电气设备损坏会造成触电等伤害	定期检查维护电气设备、严格按操作规程操作
11	巡检不到位和磕碰	巡检不到位会导致一些隐患存在而发生事故；巡检不小心摔倒和磕碰导致人体伤害	按时、按点项巡回检查；巡检时戴安全帽，雨雪天做好防滑措施

5. 污水处理站的污染物及控制

GBD019 污染物的影响与控制方法

油田污水处理站的污染物主要分为油田污水、油田固体废物、环境空气污染物和噪声污染等。

1）油田污水

油田污水成分较为复杂，含有油类、蜡质、沥青质、悬浮物、细菌、盐类、酸性气体等，不加处理任意排放会造成严重的环境污染。

2）油田固体废物

固体废物主要是指由除油沉降装置、过滤装置和回收水系统排放的污泥；清罐（池）底泥；联合站容器清淤产生的油泥等。

3）环境空气污染物

环境空气污染物主要是指由于跑、冒、滴、漏引起的油气挥发；其他有害气体等。

4）噪声污染

污水处理站内的机泵、压缩机等运转设备产生的噪声。

油田污染物的影响及控制措施见表 1-2-10。

表1-2-10　污染物的影响及控制措施

序号	环境影响因素	环境影响描述	污染物控制措施
1	空气污染	站内储罐排空释放的油气与其他有害气体，污染空气，影响人体健康	协调联合站等上一工序做好原油的三相分离，减少本工序气体的排放量
2	水体污染	站内生产过程的任何泄漏、冒罐和未达标液体排往站外水沟都会造成水体污染	完善泄漏污水的回收流程，杜绝未达标液体的外排，协调下一工序，确保处理后的污水 100% 达标
3	土壤污染	站内任何工业固体废弃物未有效处理或站外简单掩埋都会造成土壤及地表水污染	对污泥进行无害化处理或回注地层；对站内产生的其他废弃物集中规范处理
4	噪声污染	运转设备产生的噪声，超过标准时会影响岗位员工的听力	采用低噪声设备；泵房内进行防噪声处理；进入噪声区戴耳罩等护耳用品

二、技能要求

（一）准备

1. 设备

污水处理站 1 座。

2. 工用具及材料

250mm 活动扳手 1 把、远红外测温枪 1 把、测振仪 1 把、200mm 一字形螺丝刀 1 把、200mL 取样瓶 2 个、擦布适量、记录纸 1 张。

3. 人员

穿戴好劳动保护用品，与化验岗做好联系，互相配合。

（二）操作规程

序号	工序	操作步骤
1	机泵的巡回检查	检查各种仪器、仪表是否正常
		用测温枪检查机泵轴承温度，泵滚动轴承温度不能超过 70℃，滑动轴承温度不能超过 80℃
		检查泵密封填料漏失量，漏失量应在 10 ～ 30 滴／min
		检查机泵各部位紧固情况
		检查电动机运行温度是否符合电动机铭牌规定
		用测振仪检查机泵振动情况是否符合要求
		检查泵内机油是否变质
		检查管线、阀门有无穿孔，法兰有无泄漏现象
2	来水及除油系统的巡回检查	检查自然除油罐的液位及油水界面是否在规定范围之内，除油罐油层不超过 0.2m
		检查呼吸阀是否完好
		检查消防器材是否完好，是否在有效期限内
		检查各部阀门及连接部位漏失情况
		检查来水水质是否合格
		检查除油罐出口水质情况
		检查大罐是否溢流
3	沉降系统的巡回检查	检查混凝沉降罐的液位是否在规定范围之内
		沉降罐的油层厚度不超过 0.2m
		判断沉降罐的淤泥厚度情况，淤泥厚度不超过 0.5m
		检查大罐是否溢流
		检查出口水质情况
4	过滤系统的巡回检查	检查过滤系统流程是否畅通
		检查仪器仪表是否完好，自动调节阀是否灵活
		检查滤罐进、出口压差是否符合要求
		检查消防器材是否完好
		检查阀门是否漏失
		检查过滤装置过滤水质情况
5	加药系统的巡回检查	检查加药罐液位与显示是否一致，液位是否正常
		加药泵运行状态是否正常
		污水处理药剂是否按规定存放
		检查加药系统动、静密封点漏失情况
		检查加药罐或加药箱是否完好

续表

序号	工序	操作步骤
6	回收系统的巡回检查	检查回收油罐液位及伴热情况
		检查回收水池液位是否正常
		检查回收水池油层及淤泥厚度情况
7	配电系统的检查	检查配电系统是否有异味
		检查指示灯是否完好
		检查闸刀开关是否正确
		检查指示标签是否齐全，正确
		用测温枪检查各触点温度是否正常，有无变色现象
8	记录	录取巡检数据，做好记录

（三）技术要求

GBD016污水处理系统的巡回检查要求

（1）自然除油罐的除油率≥90%。

（2）泵密封填料温度不能超过80℃。

（3）滤罐出、入口压差应控制在0.05MPa以内。

（4）过滤水质应达到设计要求。

（5）各岗位操作人员按已确定的巡回检查路线、检查点每两个小时巡回检查一次，根据运行实际情况调整流程和参数，保证工艺设备在规定的控制范围内高效、平稳、安全运行。

（6）进行污水处理系统检查时，初步判断进出水水质及处理效果情况，以便及时调整运行参数。

（7）按悬浮物的检测要求，对各水质监测点取样化验、准确及时填写化验记录。

（8）对工艺流程各节点进行水质分析，判断各装置的运行效果。

（四）注意事项

（1）进行污水处理系统的检查时，对设备维修、故障处理或流程切换，现场要有安全警示标志。

（2）进行污水处理系统检查时，要求各类罐、池要有清淤记录。

（3）检查配电系统时，要戴好绝缘手套，正常使用验电工具，配电系统设备完好，标签齐全，准确，无异味。

（4）检查各过滤罐压差变化情况，当压差超过设计值或运行达到规定反冲洗周期时及时进行反冲洗。

（5）对加药系统进行巡回检查时，须带防护面具，检查有无泄漏，必要时开启通风设施强制通风。

（6）化学药剂存放符合安全规定，存放地点应干燥通风。

项目八　检测单级单吸离心泵的装配质量

一、相关知识

（一）单级单吸离心泵零部件的检查与测量

1. 单级单吸离心泵的种类及结构

在油气田水处理过程中单级离心泵的应用非常广泛，其结构主要有如图1-2-8、图1-2-9所示两种。

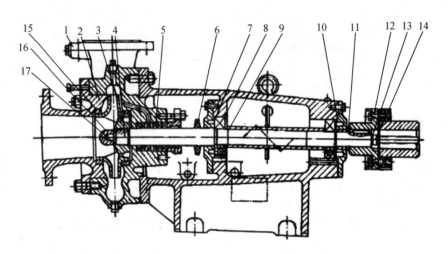

图1-2-8　前开式单级离心泵结构示意图

1—泵体；2—泵盖；3—轴；4—托架；5—轴封；6—挡水环；7、10—轴承端盖；8—轴承；

9—定位套；11—挡套；12—联轴器；13—止退垫圈；14—小圈螺母；15—密封环；16—叶轮螺母；17—垫圈

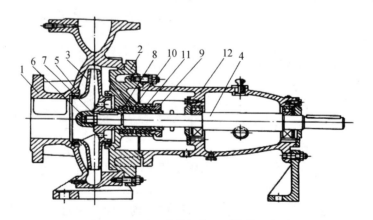

图1-2-9　后开式单级离心泵结构示意图

1—泵体；2—泵盖；3—叶轮；4—轴；5—密封环；6—叶轮螺母；

7—止退垫圈；8—轴套；9—填料压盖；10—填料环；11—填料；12—悬架轴承部件

2. 转子的检查与测量

单级离心泵的转子包括叶轮、轴套、泵轴及平键等部分。

1）叶轮

（1）叶轮腐蚀与磨损情况的检查。检查叶轮流道是否堵塞，叶轮口环是否磨损；GBE006单级离心泵转子的检查要求 GBE007单级离心泵转子的测量内容叶轮与轴配合处表面是否光滑，尺寸是否合适；叶轮上键槽的尺寸是否符合要求，键槽边缘是否变形，如有毛刺，可用平锉或砂纸修复。

对于叶轮的检查，主要是检查叶轮被介质腐蚀以及运转过程中的磨损情况。

（2）叶轮径向圆跳动的测量。叶轮径向圆跳动量的大小标志着叶轮的旋转精度，如果叶轮的径向跳动量超过了规定范围，在旋转时就会产生振动，严重的还会影响离心泵的使用寿命。

2）轴套

轴套磨损情况的检查。轴套的外圆与填料函中的填料之间的摩擦，使得轴套外圆上出现深浅不同的若干条圆环磨痕。这些磨痕将影响轴向密封的严密性，导致离心泵在运转时的压力不足或漏失。可用卡尺进行测量与标准外径比较，一般情况下，轴套外圆的磨痕深度不得超过 0.5mm。

3）泵轴

泵轴的检查与测量。离心泵在运转过程，如果出现振动、撞击或转矩突然增加的现象，将会使泵轴造成弯曲或断裂。应用千分尺或百分表对泵轴上的某些尺寸（如与叶轮、滚动轴承、联轴器配合处的轴颈尺寸）进行测量，测量内容包括弯曲方向、弯曲量等。

4）键

键连接的检查。泵轴的两端分别与叶轮和联轴器相配合，平键的两个侧面应该与泵轴上键槽的侧面有少量的过盈配合，而与叶轮孔键槽以及联轴器孔键槽两侧为过渡配合。检查时，可使用游标卡尺或千分尺进行尺寸测量，如果平键的宽度与轴上键槽的宽度之间存在间隙，无论其间隙值大小，都应根据键槽的实际宽度，按照配合公差重新配平键。

3. 滚动轴承的检查与测量

（1）检查滚动体、轴承内外环、轴承保持架有无缺陷。滚动体清洗后，应对各构件进行仔细的检查，如裂纹、缺损、变形以及转动是否轻快自如等。如有缺陷应更换新的滚动轴承。

（2）轴向及径向间隙的检查。可采用"压铅丝法"检查，间隙要符合要求。

4. 泵体的检查与测量

（1）检查泵体有无裂纹，检查泵体口环的磨损情况。

（2）泵体损伤的检查。由于振动或碰撞等原因，可能造成泵体上产生裂纹。可采用手锤敲击的方法进行检查，即用手锤轻轻敲击泵体的各个部位，如果发出的响声比较清脆，则说明泵体上没有裂缝；如果发出的响声比较混浊，则说明泵体上可能存在裂缝。也可用煤油浸润来检查泵体上的穿透裂纹。

5. 密封组件的检查与测量

（1）检查机械密封（或填料密封）的磨损情况。

（2）清洗检查各密封面有无磕碰、划痕，清理掉遗留的垫片，检查垫片是否完好，否则应更换；检查机封动环、静环的密封面有无划痕（尤其是径向划痕）、损伤，如有应修理或更换。

（3）检查动环与轴之间、静环与机封压盖之间以及机封压盖与泵盖之间的密封点或密封圈是否完好，有问题应更换。

（4）检查机封弹簧是否收缩自如。

（5）若为填料密封，检查填料的磨损情况，更换新填料。

6. 轴承托架的检查与测量

检查轴承座孔的尺寸是否符合要求。轴承箱的轴承孔与滚动轴承的外环形成过渡配合，它们之间的配合公差为 0～0.02mm。可采用游标卡尺或内径千分尺对轴承孔的内径进行测量，然后与原尺寸相比较，以便确定磨损量的大小。除此之外，还要检查轴承内表面有没有出现沟纹等缺陷。

7. 各连接处的检查与测量

（1）检查各螺纹连接处，螺纹有无损伤、有无乱扣、滑扣；有无裂纹，螺杆有无弯曲，螺母有无损坏，螺栓或螺母的六方有无拧圆，如有应修理或更换。

（2）检查联轴器的连接处有无磨损、划伤、裂纹；检测尺寸和形状是否符合要求。

（二）离心泵主要零部件的修理

1. 泵轴的检修

泵轴的弯曲方向和弯曲量测出来后，如果弯曲量超过允许范围，需要进行修复。

（1）检修时，应将泵轴放在车床上或架在两块 V 形铁上，用千分表测量弯曲度不得超过 0.06 mm。

（2）若轴弯曲度大于标准值要进行校直，校直时采用压力机或手动螺纹矫正器进行直轴。检修泵轴时，压力点即轴的受力点必须在轴凸起最高点。

（3）当泵轴有局部磨损，磨损深度不太大时，可采用喷金属或补焊等方法修复，然后进行热处理经车削研磨到原来尺寸；如果磨损深度较大，可用"镶加零件法"进行修理。磨损严重或出现裂纹的泵轴，需要更换新轴。

（4）泵轴上键槽的侧面，如果损坏较轻微，可使用锉刀进行修理。

2. 轴套的修理

轴套是单级离心泵的易磨损件之一，如果磨损量很小，只是出现一些很浅的磨痕时，可以采用堆焊的方法进行修复，堆焊后再车削到原来的尺寸。如果磨损比较严重，磨痕较深，就应更换新的轴套。

3. 泵体的修理

滚动轴承的外环在泵体轴承孔中产生相对转动（俗称跑外圆）时，便会将轴承孔的内圆尺寸磨大或出现台阶、沟纹等缺陷。对这些缺陷进行修理时，可采用对内孔进行车削后，按轴承孔的标准尺寸进行镶套。

铸铁泵体出现夹渣或气孔，泵体因振动、碰撞或敲击出现裂纹时，采用补焊或黏结的方法进行修理。

GBE004叶轮检修的技术要求

4. 叶轮检修

由于叶轮受介质的腐蚀或冲刷造成的壁厚减薄，铸铁叶轮的气孔或夹渣，以及由于振动或碰撞出现的裂纹，一般应更换新叶轮。如果必须进行修理时，可用"补焊"法来进行修复。补焊时，根据叶轮的材质不同，采用不同的补焊方法。

叶轮进口端和出口端的外圆，其径向圆跳动量一般不应超过0.05mm。如果超过不多（在0.1mm以内），可以在车床上车去0.06～0.1mm，使其符合要求。如果超过很多，应该检查泵轴的直线度偏差，用矫直泵轴的方法进行修理，消除叶轮的径向圆跳动。

（三）离心泵检修质量标准

1. 泵壳质量要求

（1）检查泵盖和泵体有无残存铸造砂眼、气孔、结瘤以及流道光滑度。

（2）检查接合面的加工精度、光洁度及介质导向孔道是否畅通。

（3）联轴器。

①联轴器两端面间隙一般为3～5mm。

②安装弹性圆柱联轴器时，其橡胶圈与柱销应为过盈配合并有一定的压紧力，橡胶圈与联轴器的直径间隙应为1～1.5mm。

③联轴器找正符合如下规定：弹性柱销式联轴器径向偏差≤0.08mm，轴向偏差≤0.06mm；弹性爪型联轴器径向偏差≤0.1mm，轴向偏差≤0.06mm。

GBE002离心泵泵轴的检修质量标准

2. 泵轴质量要求

（1）检查轴表面，不允许有裂纹、磨损、擦伤和锈蚀等缺陷。

（2）以两轴颈为基准，测联轴器和轴中段的径向跳动，其允许误差要求如下：直径18～50mm时，径向圆跳动允许误差为0.03mm；直径50～120mm时，径向圆跳动允许误差为0.04mm；直径120～260mm时，径向圆跳动允许误差为0.05mm。如发现泵轴不合格，及时进行校正或换轴。

（3）检查轴颈的圆柱度不得大于轴径的1/2000，最大不得超过0.03mm，且表面的粗糙度不低于0.8μm。

（4）键与槽结合应紧密，不许加垫片，检查键槽中心线对轴中心线的不同轴度为0.03/100。

3. 叶轮质量要求

（1）检查叶轮铸造有无气孔、砂眼、裂纹、残存铸造砂等缺陷，检查流道光滑程度，外形是否对称。

GBE005离心泵叶轮静平衡的技术要求

（2）更换叶轮时，要做静平衡试验。

新叶轮或修复的叶轮由于铸造或加工时可能产生偏重，影响泵的正常运转，甚至造成轴的损坏，因此必须进行平衡试验，以消除或减少偏重现象。叶轮静平衡方法是采用去重法。加热拆卸叶轮时，工作人员必须带石棉手套。

其试验装置如图1-2-10所示。叶轮配重所用铁片的厚度选择比轮壁薄3mm，外形加工与缘同心的圆弧环状、长度不等的铁片（数量根据需要确定），铁片的材料应与叶轮相同或密度相等。然后在叶轮较重的一面按铁片形状画好，再将叶轮放到铣床上，按照画线形状铣削掉与较轻那一面所夹物体等重的铁屑。但在叶轮板上铣去的厚度不得超过叶轮盖板厚度的1/3，允许在前后两板上切去，切削部分痕迹应与盖板圆盘平滑过渡。

叶轮静平衡架的导轨采用三角铁时，导轨要求：①刀口半径为3mm的圆弧；②导轨长度为短轴直径的2～3倍；③刀口加工十分平滑。叶轮做静平衡时，可使用框式水平仪调整平衡架的纵向、横向、高低水平度。

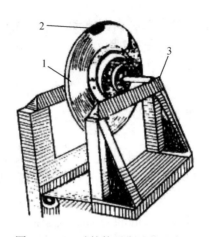

图1—2—10　叶轮静平衡试验示意图

1—叶轮；2—用夹子夹的薄片；3—平衡架的刀口

对多级泵的每个新叶轮或修复的叶轮均应单独做静平衡试验，修整叶轮的进口及出口处，铲除毛刺及清扫流道。要求叶轮表面无严重裂纹和磨损，叶轮内无杂物堵塞，入口处无磨损。一般离心泵叶轮静平衡允许差值见表1—2—11。

表1—2—11　叶轮静平衡的允差极限值

叶轮外径 D, mm	叶轮最大直径上的静平衡允差极限, g
≤ 200	3
201 ~ 300	5
301 ~ 400	8
401 ~ 500	10
501 ~ 700	15
701 ~ 900	20

（3）检查叶轮轮毂两端对轴线的不垂直度，应小于 0.01mm。

（4）叶轮与轴配合时，键顶部应有 0.1 ~ 0.4mm 的间隙。

4. 轴承的质量标准

检查测量前后轴承的间隙应符合下表 1—2—12 和表 1—2—13 的要求。

表1—2—12　滚动轴承间隙要求表

轴承直径 mm	径向间隙, mm		
	新滚球轴承	新滚柱轴承	最大许可磨损量
20 ~ 30	0.01 ~ 0.02	0.03 ~ 0.05	0.1
35 ~ 50	0.01 ~ 0.02	0.05 ~ 0.07	0.2
55 ~ 80	0.01 ~ 0.02	0.06 ~ 0.08	0.2
85 ~ 120	0.02 ~ 0.03	0.08 ~ 0.10	0.3
130 ~ 150	0.03 ~ 0.04	0.10 ~ 0.12	0.3

表1-2-13　滑动轴承（轴瓦）允许间隙表

轴径 mm	间隙，mm	
	1500r/min	3000r/min
30～50	0.075～0.16	0.17～0.34
50～80	0.095～0.195	0.20～0.40
80～120	0.23～0.46	0.23～0.46
120～180	0.15～0.285	0.26～0.53
180～200	0.18～0.33	0.30～0.60

（1）滚动轴承内外圈面应无划痕，滚子与滑道表面应无腐蚀、坑疤与斑点，球粒应完整无损。

（2）轴承内外圈与泵件的接合处应为过渡配合。

（3）检查轴瓦表面，不应有裂纹、脱层、乌金内夹砂和金属屑等缺陷。

（4）轴瓦安装时，用压铅丝方法测轴瓦与轴颈间的间隙，对于转数1500r/min的顶间隙，取轴径的1.5/1000，对于转数为3000r/min的顶间隙，取轴径的1.5/1000～2/1000，两侧间隙为顶间隙的1/2。

（5）采用油环润滑的轴承，油杯槽两侧要光滑，以保证油环自由转动。

5. 轴套的质量标准

（1）轴套与轴不得采用同一种材料，以免咬死。

（2）检查轴套、叶轮与轴不同心度小于0.07mm。

（3）检查转子晃动度。轴套与轴的接触面粗糙度均不低于1.6μm。

（4）轴套两端面对轴中心线的不垂直度应小于0.01mm。

（5）轴套、挡套的偏心度不得超过0.1mm。

6. 密封装置的质量标准

1）泵轴与泵壳之间的密封

GBE008泵轴与泵壳间的密封要求

转动着的泵轴和泵壳之间存在有间隙，低压时，可能使空气进入泵内，影响泵的工作，甚至使泵不上液；高压时，有液体漏出，所以要有密封装置，在离心泵上常用的是填料密封和金属端面密封。

密封盒是由填料座、液封环、密封填料压盖组成。填料座和填料压盖在密封填料的两头，起压紧填料作用。密封填料的松紧程度是由调节螺栓进行调节的，液封环在密封填料的正中间，正好对准水封口，在一定压力下把水或其它密封液引入密封环空间，使密封液沿着轴向两侧流动，既能防止空气进入泵内，也能阻止抽送液体的外漏。离心泵上采用的密封填料都是方形的，离心泵密封填料压盖的深度一般为1圈密封填料的高度。近年来泵密封部位多采用机械密封，也叫端面密封。机械密封的效果较好，承磨能力强，可以达到不漏，但造价高，制造复杂。

（1）密封填料压盖与轴套外径间隙一般为0.75～1.00mm。

（2）密封填料压盖端面与轴中心线允许不垂直度为填料压盖外径的1/100。

（3）密封填料压盖外径与填料函内径间隙为0.10～0.15mm。

（4）填料环与轴套外径间隙一般为 1.0 ～ 1.5mm。

（5）填料环的端面与轴中心线的不垂直度允许为填料环外径的 1/1000。

（6）填料环外径与填料函内径间隙为 0.15 ～ 0.2mm。

2）叶轮与口环（密封环）的密封

泵体口环和叶轮的配合间隙应符合表 1-2-14 中规定，叶轮密封环处的偏心度不得超过 0.08 ～ 0.14mm。

表1-2-14　泵体口环与叶轮直径方向上的配合间隙

口环直径 mm	水泵间隙，mm		冷油泵间隙，mm		热油泵间隙，mm	
	安装	报废	安装	报废	安装	报废
80 ～ 120	0.25 ～ 0.44	0.96	0.3 ～ 0.5	0.10	0.5 ～ 0.6	1.0
120 ～ 150	0.3 ～ 0.5	1.2	0.4 ～ 0.6	1.1	0.6 ～ 0.7	1.1
150 ～ 180	0.3 ～ 0.56	1.2	0.4 ～ 0.6	1.1	0.6 ～ 0.8	1.2
180 ～ 220	0.4 ～ 0.63	1.3	0.45 ～ 0.7	1.2	0.7 ～ 0.8	1.2
220 ～ 250	0.4 ～ 0.68	1.3	0.45 ～ 0.7	1.2	0.7 ～ 0.9	1.4
250 ～ 290	0.45 ～ 0.7	1.4	0.5 ～ 0.8	1.3	0.7 ～ 0.9	1.4
290 ～ 300	0.45 ～ 0.75	1.5	0.5 ～ 0.8	1.4	0.7 ～ 0.9	1.4

7. 转子的跳动量标准

转子的跳动量不得超过如下要求：轴径 ≤ 50mm，轴套的径向圆跳动为 0.04mm，叶轮口环的径向圆跳动为 0.05mm；轴径 50 ～ 120mm，轴套的径向圆跳动为 0.05mm，叶轮口环的径向圆跳动为 0.06mm；轴径 121 ～ 260mm，轴套的径向圆跳动为 0.06mm，叶轮口环的径向圆跳动为 0.08mm。

（四）泵零部件清洗注意事项

（1）清洗精加工的表面，应用干净的棉布、毛刷、绸布和软质刮具，不能用砂纸、硬金属刮刀等。

对零部件进行清洗，应尽量干净，特别应注意对尖角或窄槽内部的清洗工作。清洗滚动轴承时，一定要使用新的清洗剂，对滚动体以及内环和外环上跑道的清洗，应特别细心认真。

（2）清洗后的零部件若不立即装配，应涂上保护油脂，并用清洁的纸或布包好，做到防尘、防锈。

（3）用易燃溶剂清洗时，需要注意通风良好，并采取防火措施。

（五）泵机组安装的技术要求

GBE003单级
离心泵安装的
技术要求

（1）根据工艺要求和泵的汽蚀条件进行安装高度校核及地基土建工程。

（2）根据泵输送介质的属性，确定连接处垫片的材质并加工垫片。

（3）对泵的吸入口、排出口应用盲法兰或其他东西进行封堵，以保证安装过程中无杂物进入泵腔。

（4）检查泵随机资料是否完备齐全，泵外表有无明显损伤。只有资料齐全，泵无明显损伤方可继续安装。

（5）手动盘车，缓慢转动联轴器，观察泵转动是否平稳、灵活，转子部件有无卡阻，泵内有无杂物碰撞声，轴承运转是否正常；泵轴不应产生轴向窜动。

（6）检查地基的水平度是否合适及地基尺寸是否与泵安装的尺寸相对应。

（7）找正泵与电动机、泵机组与地脚螺栓和进出口法兰的位置关系，确保泵的法兰扭矩符合标准规定。找正前应检查进出口管路的重量不对泵产生作用力或力矩。如果在泵运行后检查，应在冷态下进行。对成套出厂的泵机组，用户使用时必需再进行精确的找正。

（8）用垫片调整泵的位置，用地脚螺栓将泵与地基连接；拆掉进出口法兰盲板，用螺栓将泵与管路连接；如若无规定时，应符合现行的国家标准《机械设备安装工程施工及验收通用规范》的规定。

（9）检查各连接处的密封性。

二、技能要求

（一）准备工作

1. 设备

单级单吸悬臂式离心泵机组1台。

2. 材料、工具

200mm活动扳手1把，8～24mm固定扳手1套，200mm一字形螺丝刀1把，取填料专用工具1把，500mm撬杠1根，200mm拉力器1个，200mm三角刮刀1个，ϕ500mm×120mm清洗盆1个，10号柴油5L，ϕ30mm×200mm紫铜棒1根，250mm轴承内轨配套套管1个，250mm轴承外轨配套套管1个，120目砂纸1张，0～150mm游标卡尺1把，150mm×150mm×0.5mm青壳纸2张，200mm剪刀1把，润滑脂0.50kg，生料带1卷，擦布0.02kg。

3. 人员

2人操作，持证上岗，劳保用品穿戴齐全。

（二）操作规程

GBE001单级单吸离心泵拆装的技术要求

序号	相关内容	操作步骤
1	准备工作	正确选用工用具及材料
2	拆卸机泵	（1）切断要拆的流程并进行泄压，对输送油介质的泵事先要进行热水置换；（2）拉下电动机电源刀闸，拆下电动机接线盒内的电源线，并做好相序标记；（3）用梅花扳手拆下电动机的地脚螺栓，把电动机移开到能顺利拆泵为止；（4）拆下泵托架的地脚螺栓及与泵体连接螺钉，取下托架；（5）用扳手拆卸泵盖螺钉，用撬杠均匀撬动泵壳与泵盖连接间隙，把泵的轴承体连带叶轮部分取出来；（6）把卸下的轴承体及连带叶轮部分移开放在平台上检修、保养；（7）用拉力器拉下泵对轮，卸下背帽螺钉，拉下叶轮；（8）拆下轴承压盖螺钉及轴承体与泵端盖连接螺钉；（9）拆下密封填料压盖螺钉，使密封填料压盖与填料函分开；（10）拆下轴承压盖及泵端盖，用铜棒及专用工具把泵轴（带轴承）与轴承体分开；（11）取下泵轴上的轴套，用专用工具将泵轴上的前后轴承拆下

续表

序号	相关内容	操作步骤
3	检查各零部件	（1）检查各紧固螺钉，检查螺钉和螺栓的螺纹是否完好，螺母是否变形；（2）检查联轴器外圆是否有变形破损，联轴器爪是否有破损痕迹；（3）检查轴承压盖垫片是否完好，填料压盖内孔是否磨损，压盖轴封槽密封毡是否完好，压盖回油槽是否畅通；（4）检查叶轮背帽是否松动，弹簧垫圈是否起作用；（5）检查叶轮流道是否畅通，入口与口环接触处是否有磨损，叶轮与轴通过定位键配合是否松动，叶轮键口处有无裂痕，叶轮的平衡孔是否畅通；（6）检查轴套有无严重磨损，在键的销口处是否有裂痕，轴向密封槽是否完好；（7）检查填料函是否变形，上下、左右间隙是否一致，水封环是否完好；（8）检查轴承体内是否有铁屑，润滑油是否变质，轴承是否跑外圆；（9）检查轴承压盖是否对称，有无磨损，压入倒角是否合适，压盖调整螺栓是否松动，长短是否合适；（10）检查泵轴是否弯曲变形，与轴承接触处是否有过热、磨内圆痕迹，背帽处的螺纹是否脱扣；（11）检查各定位键是否放正合适，键槽内无杂物；（12）检查轴承是否跑内圆或外圆，保持架是否松旷，是否有缺油过热变色现象；（13）检查轴承间隙是否合格，轴承球粒是否有破损；（14）检查入口口环处是否有汽蚀现象；（15）检查填料是否按要求加入，与轴套接触面磨损是否严重
4	安装机泵	（1）按检查项目准备好合格的泵件，按拆卸相反顺序安装泵（前拆的后装、后拆的前装）；（2）用铜棒和专用工具把两端轴承安装在泵轴上；（3）用清洗油清洗好轴承体内的机油润滑室及看窗；（4）把带轴承的泵轴安装在轴承体上；（5）用卡钳、直尺和圆规及青稞纸制做好轴承端盖密封垫，并涂上黄油；（6）用刮刀刮净轴承密封端盖密封面的杂物，放好密封垫；（7）按方向要求上好轴承端盖，对称紧好固定螺栓；（8）在泵轴叶轮的一端安上填料压盖，水封环，上好轴套密封，装上轴套；（9）把轴承体与泵盖连接好，对称均匀紧好固定螺栓；（10）用键把叶轮固定在泵轴上，并用键与轴套连接好；（11）安上弹簧垫片，用背帽把叶轮固定好；（12）用铜棒和键把泵对轮固定在泵轴上；（13）按更换填料的技术要求，向填料函内添加填料，上好填料压盖；（14）用卡钳、直尺、划规、布剪子，青稞纸制做好泵壳与泵盖端面密封垫，并涂上黄油；（15）将在平台上组装好的泵运到安装现场；（16）装好密封垫后，将泵壳与检修后的泵体用固定螺栓均匀对称地紧固好；（17）安上泵体托架，紧固好托架地脚螺栓及与泵体的连接螺栓；（18）在联轴器上放好缓冲胶圈，移动电动机并调整泵与电动机同心度，并紧固好电动机地脚螺栓；（19）按标记接好电动机接线盒的电源线，合上刀闸；（20）向泵体润滑油室内加入 1/2 ～ 2/3 的润滑油
5	清理场地	清理场地，收工具

（三）注意事项

（1）拆卸轴承时，应先回收润滑机机油，以防止造成浪费或污染现场。

（2）安装前应对所有零部件进行检查，看是否有裂纹、擦伤、损坏现象，不合格零件要进行更换。

（3）安装轴承体时，要注意轴承压盖不能压偏，不能压的过紧；在泵轴上安装滚动轴承时要用套管击打轴承内轨，严禁用锤子敲打轴承外轨，防止打坏轴承。

（4）机座螺栓处的垫片是用来调整电动机轴与泵轴的同轴度的，因此同一个机座螺栓处的垫片，应放在一起，回装时仍装在原处。这样，可大大减少回装过程中的工作量。

（5）用柴油清洗泵部件时，室内应保持一定的通风条件，具备相应的安全防火措施，附近严禁点燃明火。

（6）正确使用工具，切不可将扳手当手锤使用。

（7）拆卸配合较紧的零部件时，需要木块垫好后，再用手锤轻轻敲打，禁止蛮干，要合理使用专用工具。

（8）对于螺栓、垫片等小零件，要单独放好，避免丢失，对于贵重零件（如机械密封等）要用小盒单独存放。

（9）拆卸过程中，要注意安全，细心保持场地清洗。

项目九　更换安装离心泵轴承

一、相关知识

轴承是各种类型泵的主要部件之一，其主要作用一是支撑轴及轴上零件并保持轴的旋转精度；二是减少转轴与支撑之间的摩擦和磨损。它的技术状态对泵的安全运行具有决定性的作用。轴承分为滚动轴承和滑动轴承两大类。

（一）滚动轴承

GBE010滚动轴承的结构

1.滚动轴承的结构组成

滚动轴承一般由内圈、外圈、滚动体和保持架组成，上述四个元件不一定完全同时存在，有时只有滚动体，没有内外圈，或只有滚动体和内圈或外圈，如图1-2-11所示。

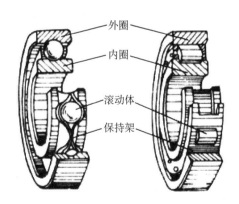

图1-2-11　滚动轴承结构示意图

（1）内圈。内圈通常装在轴上，与轴形成一体随轴旋转，内圈外侧与滚动体接触的表面称为滚道（也叫内圈外滚道）。

（2）外圈。外圈是指滚动轴承外面的大圈，通常装配在轴承座或机械设备的零部件上，起支撑作用。外圈旋转的轴承，内圈固定。在个别情况下，也有内、外圈都旋转的。外圈内侧和滚动体接触的表面也称为滚道（通常称为外圈内滚道）。

（3）滚动体。滚动体是指装在内圈和外圈中间的圆球或滚子，起传递动力的作用。它的大小和数量决定滚动轴承的承载能力。滚动体的形状主要有圆球和滚子两种类型，共分五种。如图1-2-12所示，由它们构成不同类型的滚动轴承，可以适应不同的工作条件。滚动轴承的滚动体与内外圈的材料应具有高的硬度和接触疲劳强度、良好的耐磨性和冲击韧性，一般用铬合金刚制造。

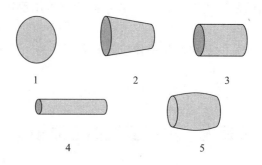

图1-2-12　滚动体形状示意图

1—球形；2—圆锥滚子；3—圆柱滚子；4—针形滚子；5—球面滚子

（4）保持架。保持架又称保持器、分离盘或隔离架，其作用是把各滚动体均匀地隔开，防止滚动体相互摩擦或偏向一边。

GBE011滚动
轴承的分类

2. 滚动轴承分类

1）按其所能承受的负荷和作用方向分类

（1）向心轴承：只承受径向负荷。

（2）推力轴承：只承受轴向负荷。

（3）向心推力轴承：既能承受径向负荷又能承受轴向负荷。

2）按其滚动体的形状分类

（1）球轴承：滚动体的形状为球形（圆珠）。

（2）滚子轴承：滚动体的形状为滚子，其滚子形状包括圆柱形、圆锥形、球面、针形等。

3）按一个轴承内滚动体的列数分类

（1）单列轴承；（2）双列轴承；（3）三列轴承；（4）四列轴承；（5）多列轴承。

4）按其在工作中能否调心分类

（1）非调心轴承：滚道表面不呈球面，安装后，轴承内圈和外圈要保持平行，不能歪斜。

（2）可调心轴承：滚道呈球面，能自动调整转轴中心。

5）按轴承直径大小分类

（1）微型轴承：外套圈直径为26mm以下。

（2）小型轴承：外套圈直径为28～55mm。

（3）小、中型轴承：外套圈直径为60～115mm。

（4）中、大型轴承：外套圈直径为120～190mm。

（5）大型轴承：外套圈直径为200～430mm。

（6）特大型轴承：外套圈直径为440mm以上。

GBE012滚动
轴承的代号

3. 滚动轴承代号

滚动轴承的类型很多，由于轴承的结构、尺寸、精度和技术要求不同，为便于选用和符合生产实际的要求，在 GB/T 272—2017《滚动轴承代号方法》中规定了轴承代号的表示方法，表示形式：⑧⑦⑥⑤④③②①。

轴承代号是由前、中、后三段组成的，前段是指⑧，中段是指⑦～①，后段为补充代号，可查有关手册，见表 1-2-15。

表1-2-15　轴承代号前、中、后三段代号及其含义

前段	中段	后段
数字——X，游隙级 字母——，精度等级	用数字表示 X——宽度系列代号 XX——结构特点代号 X——类型代号 X——直径系列代号 XX——内径代号	数字——X，补充代号 字母——，补充代号，补充代号，精度等级

1）前段代号

（1）游隙，左起第一位表示轴承径向游隙组别，用数字表示。通常情况下取基本游隙组，用代号"0"表示，可不写出。

（2）精度等级，用字母表示，国标中规定精度等级分五级，见表 1-2-16，其中 G 级精度最低，称为标准级，从 G 级依次递增，C 级最高。F 级仅在旧设备更新时使用，新设计中不得采用，可用 E 级或 C 级代替。精度为 G 级的轴承，其精度代号可不写出。G级精度的轴承，与其配合的轴孔的表面粗糙度均应不超过 $Ra0.8\mu m$。

表1-2-16　轴承精度等级代号

代号	C	D	E	（F）	G
精度等级	超精级	精密级	高级	较高级	标准级

2）中段代号

代号中段的七位数字分别表示轴承的内径、直径系列、类型、结构特点、宽度系列等。

（1）内径代号，是指右起的②①，表示内径尺寸，表示方法见表 1-2-17。

表1-2-17　轴承内径尺寸代号

内径代号	00	01	02	03	04～99
轴承内径尺寸，mm	10	12	15	17	数字 ×5

（2）直径系列代号，是指右起的③，为了满足各种工作条件的需要，同一内径尺寸的轴承，可以有不同的外径尺寸。但在个别场合，也包含了宽度大小的意义。它分为超轻、特轻、轻、中、重、不定、内径非标准七种，用数字 2～9 表示。③⑦合在一起，称为轴承尺寸系列。

（3）类型代号，是指右起的④，表示方法见表 1-2-18。

表1-2-18 轴承类型代号

名称	向心球轴承	向心球面球轴承	向心短圆柱滚子轴承	向心球面滚子轴承	长圆柱滚子或滚针轴承	螺旋轴承	向心推力球轴承	圆锥滚子轴承	推力球或推力向心球轴承	推力滚子或推力向心滚子轴承
代号	0	1	2	3	4	5	6	7	8	9

（4）结构特点代号，是指右起的⑤⑥，表示轴承的结构特点。例如要求某一接触角的向心推力轴承，或要求带防尘毡圈，内孔有锥度等。

（5）宽度系列代号，是指右起的⑦，表示轴承的宽度系列代号，它有特窄、窄、正常、宽、特宽五种。也就是说同一内径或外径尺寸的轴承，可以有不同的宽度。若对宽度无特殊要求时，代号可不写。⑦与③合在一起，称为轴承尺寸系列，表示方法见表1-2-19。

表1-2-19 轴承尺寸系列代号

直径系列（第三位数字）		宽度系列（第七位数字）		举例
名称	代号	名称	代号	
超轻	8	窄	7	7000800
		正常	1	1000800
		宽	2	—
		特窄	3、4、5、6	3007800
	9	窄	7	7000900
		正常	1	1000900
		宽	2	2007900
		特窄	3、4、5、6	4074900
特轻	1	窄	7	7000100
		正常	1	100
		宽	2	2007100
		特窄	3、4、5、6	4074100
	7	窄	7	7002700
		正常	1	1007700
		宽	2	2097700
		特窄	3、4	3003700
轻	2（5）※	特窄	8	—
		窄	0	200
		正常	1	—
		宽	（0）※	3500
		特宽	3、4	3056200
中	3（6）※	特窄	8	—
		窄	0	300
		正常	1	—
		宽	（0）※	3600
		特宽	3	3056300
重	4	窄	0	400
		宽	2	2086400

续表

直径系列（第三位数字）		宽度系列（第七位数字）		举例
名称	代号	名称	代号	
不定	7	不定	0	700
	8		0	800
内径非标准	9	—	0	900

注：本表不适用于推力轴承及推力向心轴承，也不适用内径小于10mm的轴承。※第三位的数字用5或6，第七位数字用0，分别表示轻宽或中宽系列。

由于通常所采用的轴承，多为正常轴承，且对宽度无特殊要求，因此代号中段的第五、六、七位数字均可省略，所以常见的代号就只有后面三位、四位数字。

3）后段代号

后段为补充代号，用来表示对轴承材料、热处理、技术条件等方面提出的特殊要求。其代号表示方法可查有关手册。

4）轴承代号举例说明

如代号为308的轴承含义，因为只有三位数字，看不出轴承类型，所以其左面的第一位数"0"是省略了，"0"表示的是向心球轴承，"3"为轴承尺寸系列代号，查表知道为中系列，"08"表示轴承内径，根据内径代号04～09必须乘以5，故内径为40mm，总称内径为40mm中系列向心球轴承。

如代号为C203的轴承的含义，"C"表示的是轴承精度等级，剩下只有三位数字，看不出轴承类型，所以其左面的第一位数"0"是省略了，"0"表示的是向心球轴承，"2"为轴承尺寸系列代号，查表知道为轻窄系列，"03"表示轴承内径，不需乘以5，查表得17mm，总称内径为17mm，轻窄系列向心球轴承。

4.滚动轴承的配合

滚动轴承是标准件，为了便于更换，轴承内圈与轴的配合采用基孔制，轴承外圈与座孔的配合采用基轴制。轴承的配合方式可根据系统的工作状况旋转。多数情况下轴承内圈随轴一起转动，配合必须有一定的过盈，但过盈量不宜过大，以保证拆卸方便，防止内圈应力过大。所以，滚动轴承与轴的配合不能太紧，否则内圈的弹性膨胀和外圈的收缩将使轴承径向间隙减少以至完全消除。当轮毂旋转而轴不转时，轴与轴承内圈的配合要选用间隙配合。正确选择轴承的配合，对保证机器正常运转、提高轴承使用寿命、充分发挥其承载能力关系很大。选择配合时应考虑以下因素：

（1）负荷类型。

（2）负荷大小：承受较重的负荷选择较大的过盈；承受较小的负荷选择较小的过盈。

（3）工作温度：轴承工作温度一般应低于100℃，在高于此温度中工作的轴承，应将所选用的配合适当修正。

（4）轴承尺寸大小：滚动轴承尺寸越大，选取的配合应越紧。但对于重型机械上使用的特别大尺寸的轴承，应采用较松的配合。

（5）旋转精度和速度的影响。

5. 滚动轴承的特点

GBE014滚动
轴承的特点

1）优点

（1）摩擦阻力小，因而功率损耗小，易于启动，机械效率高。

（2）结构紧凑，体积小，重量轻，构造简单，安装拆卸方便，由于滚动轴承的各个部件都实现了尺寸的标准化，不仅利于生产，而且互换性好。

（3）润滑油消耗量少，不易烧坏轴径，整个润滑系统的结构和维护也简单。

2）缺点

（1）承受冲击载荷的能力差且高速运转时噪声大。

（2）安装时要求精度高。

（3）使用寿命不如滑动轴承长。

6. 安装前的质量检查

（1）滚动体及滚道表面不能有斑、孔、凹痕、剥落、脱皮等现象。

（2）转动灵活，用手转动后应平稳。

（3）隔离架与内外圈有一定的间隙。

（4）检查间隙是否合适。

GBE009滑动
轴承的种类特点

（二）滑动轴承

滑动轴承主要是由轴瓦和轴承座组成。按其承受载荷方向的不同，可分为承受径向载荷的向心滑动轴承，承受轴向载荷的推力滑动轴承。常用的向心滑动轴承有整体式、剖分式和调心式等类型。

1. 整体式滑动轴承

整体式滑动轴承如图1-2-13所示。它是靠螺栓固定在机架上的，轴承座顶部设有安装润滑装置用的螺纹孔，轴承孔内压入用耐磨料制成的轴瓦，用紧定螺钉固定轴瓦。在轴瓦上开有油孔，轴瓦内表面上开有油槽，用以输送润滑油。这样可以减少摩擦，而且在轴承磨损后只须更换轴瓦。

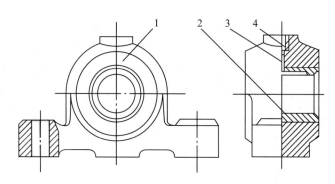

图1-2-13 整体式滑动轴承结构示意图

1—轴承座；2—整体轴瓦；3—油孔；4—螺纹孔

整体式滑动轴承的特点：结构简单，造价低。但磨损后无法调整轴颈与轴承之间的间隙。在安装和拆卸时，只能沿轴向移动轴或轴承才能装拆，很不方便。所以一般应用于低速、载荷不大及间歇工作的设备上。

2. 剖分（对开）式滑动轴承

1）剖分（对开）式滑动轴承的组成

剖分（对开）式滑动轴承是一种常用的剖分式轴承，由轴承盖、轴承座、剖分轴瓦、双头螺栓、螺纹孔、油孔、油槽等组成。轴瓦起支撑轴颈的作用，轴承盖适度压紧轴瓦，防止轴瓦转动，轴承盖上的螺纹孔安装油杯或油管，如图 1-2-14 所示。

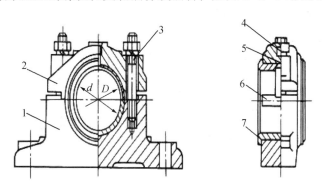

图1-2-14　剖分（对开）式滑动轴承结构示意图

1—轴承座；2—轴承盖；3—双头螺柱；4—螺纹孔；5—油孔；6—油槽；7—剖分式轴瓦

2）对开式滑动轴承的顶部间隙

为了便于润滑油进入，使轴瓦和轴颈之间形成楔形油膜，在轴承上部都留一定的间隙，一般为轴直径的 0.002 倍，间隙过小易使轴承发热。高速机械采用较大的间隙。两侧间隙应为顶部间隙的 1/2。

3）对开式滑动轴承的油槽及油孔

在向心滑动轴承中，轴瓦的内孔为圆柱形。当载荷方向向下时，则下轴瓦为承载区，上轴瓦为非承载区。润滑油应由非承载区引入。为了把润滑油分配给轴瓦的各处工作面，并且起到储油和稳定供油的目的。而在进油的一方开有油槽或油孔，如图 1-2-15 所示。油槽按泵轴转动方向应具有一个适当的坡度。油槽长度取 0.8 倍的轴承长度，在油槽两端留有 15～20mm 不开通。在特殊情况下，可以将油槽开通，即油槽为直达轴承的两端，这样会使大量的热油从端面流走（应加强润滑油的循环量），可以降低轴承温度。

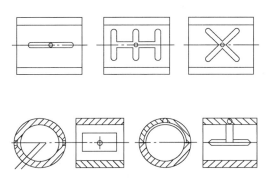

图1-2-15　滑动轴承油孔、油槽形式示意图

3. 自动调心式轴承

当轴颈的长度较大（轴承长径比 $\mathcal{C} = l/d > 1.5 \sim 1.75$），轴的刚性较小时，轴的倾斜较大，轴瓦边缘会产生较大磨损，这时可采用自动调心式滑动轴承，如图 1-2-16 所示。它具有可动的轴瓦，即在轴瓦的外部中间做成凸出的球面，安装在轴承盖和轴承座间的凹形球面上，轴在支撑处的倾角变化，轴瓦也具有相应的倾角，从而使轴颈与轴瓦保持良好的接触，避免轴承边缘产生严重的磨损。

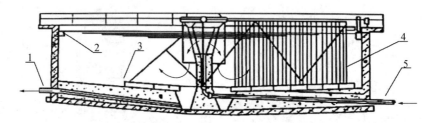

图1-2-16　连续式浓缩池原理图

1—排泥管；2—上清液溢流堰；3—刮泥机；4—摆动栅；5—中心进泥管

4. 滑动轴承的刮研要求

（1）基本要求：既要使轴径与轴承均匀细密接触，又有一定的配合间隙。

（2）接触点：轴颈与轴承表面单位面积上实际接触的点数。接触点越多、越细、越均匀表明刮研的质量好，反之，则质量差。一般应根据生产实际中轴承的性能和工作条件来确定接触点。Ⅰ级、Ⅱ级精度的机械可根据表 1-2-20 来确定单位面积上的接触点数，Ⅲ级精度的机械见表 1-2-21，表中所列数据的一半确定单位面积上的接触点数。

表1-2-20　轴承上的接触点数

轴承转速，r / min	接触点（每 25mm×25mm 面积上的接触点数）
100 以下	3 ～ 5
100 ～ 500	10 ～ 15
500 ～ 1000	15 ～ 20
1000 ～ 2000	20 ～ 25
2000 以上	25 以上

表1-2-21　轴承上的接触点数

轴承转速，r / min	接触点（每 25mm×25 mm 面积上的接触点数）
100 以下	3 ～ 5
100 ～ 500	10 ～ 15
500 ～ 1000	15 ～ 20
1000 ～ 2000	20 ～ 25
2000 以上	25 以上

（3）接触角。接触角是指轴径与轴承的接触面所对的圆心角，用 a 表示。接触角不可过大或过小。过小，轴承压强增大产生变形，轴承磨损严重，使用寿命缩短；过大，影响油膜的形成，轴承润滑状态变差。试验研究表明，轴承接触角的极限是 120º，当接近这个值时，轴承润滑状态恶化。因此，在不影响轴承受压的前提下，接触角越小越好。

5. 滑动轴承的特点

1）优点

（1）工作可靠，平稳无噪声。

（2）能承受较大的冲击载荷。

（3）使用周期长，制造简单，造价低，便于检修。

2）缺点

（1）结构复杂，体积较大。

（2）润滑油耗量大。

（3）工作中摩擦阻力大，在启动时更大。

6. 滑动轴承的装配

以整体式轴承（轴套）装配为例。整体式轴承与机体一般采用过盈配合，其过盈量一般为 0.05～0.10mm。

1）装配的准备工作

（1）装配前应彻底清洗并检查轴和轴承的外表，不允许有锐边和毛刺，否则应进行刮削或打磨。

（2）用内径千分尺和外径千分尺测量轴套内径和轴的外径，复核过盈量是否合适，如果不符合规定，应进行修整加工。

（3）轴套和轴承座孔装入端应有倒角，防止配合时表面刮伤。

2）滑动轴承的装配

（1）装配时，最好在轴套表面涂一层薄薄的润滑油，以减少摩擦阻力。

（2）轴套的装配最好在压力机上进行，压入速度不宜过快，防止压偏。

（3）采用大锤敲打安装时，必须使用导向心轴，在轴套端部垫一块有色金属垫板，防止打坏轴套。

（4）对于有些轴套薄而长，承受不了装配压力，必须采用加热轴承座体或冷却轴套的办法。由于轴承座体较大加热困难，可以采用冷却轴套的办法。

（5）轴套压入后，为了防止轴套发生滑转，用止动螺钉固定，用冲子在螺钉旁边铆两下。

（6）轴套压入后，对轴套内径和与之相配的轴的外径进行测量，以验证轴承的圆度、圆柱度及配合间隙是否符合技术要求。

（7）轴套压入后，孔径往往会缩小。如果孔径比要求的尺寸小 0.1～0.2mm 以上，须进行机械加工。如果比要求的尺寸仅小 0.05mm 以下，可用刮研法修整。

（8）最后进行刮研，使轴套与轴颈的配合间隙和接触点达到技术要求。

3）滑动轴承的装配技术要求及注意事项

（1）正确使用工用具、材料等，避免浪费。

（2）注意测量方法要正确数据要准确。

GBE015滑动轴承安装的注意事项

（3）拆卸瓦盖和上下瓦时，要用紫铜棒轻轻敲击，不得用力过猛。

（4）拆卸前须用塞尺检查轴与轴瓦的顶、侧间隙并做好记录。

（5）检查轴瓦接触是否占总面积的70%以上。

（6）轴与轴瓦的间隙应符合设计技术文件的规定。

二、技能要求

（一）准备工作

1.设备

多级低压离心泵机组1台。

2.材料、工具

新轴承2副；清洗油、润滑脂3号钙基1袋；砂布2张；擦布2块；三爪拉力器1套；活动扳手2把；紫铜棒1根；螺丝刀1把；套管1根；勾头扳手1把；塞尺1把；游标卡尺1把。

3.人员

2人操作，持证上岗，劳保用品穿戴齐全。

（二）操作程序

序号	相关内容	操作步骤
1	工具准备	正确选用工具、用具
2	拆卸滚动轴承	对称用力卸下轴承架，用拉力器拉下轴承，轴承的内圈与拉力器接触，产生的拉力全部加载到内圈上。若轴承配合较紧拉不动时，可采用气焊加热配合拉力器的拆卸，气焊加热要均匀，加热温度不能超过100℃，加热时间不易过长
		拆下与轴承接触的相关零部件，如轴承压盖、支架、挡套、卡簧、轴承背帽等
		清洗轴承部位，检查与轴承接触表面有无高点，并进行修复
		清洗检查轴承及配件，用细砂布、清洗油清洗轴承及轴配合表面，检查轴承间隙、轴承与轴颈的配合间隙，检查滚动体与滚动道表面是否平滑接触
3	安装滚动轴承	用加温法或用套管击打轴承内轨法组装轴承：当采用轴承和轴径配合为过渡配合时，用套管和铜棒轻轻敲击，即可装入
		当采用轴承和轴颈配合为过盈配合时，通常过盈值为0.01～0.05mm。必须把轴承用铁丝栓好，放在80℃左右的油盆内加热后，直接套在轴上并用套管和铜棒击打到位
		轴承装好后，在轴承和轴承盒内加注润滑脂，加入量为容积的三分之二为宜，并用轴承锁紧螺母把轴承固定好
		轴承架及轴承压盖要均匀紧固并加注润滑脂，靠近联轴器一端的轴承更换后，应调整机组同心度
		装好轴承座及附件，并盘泵检查泵转动是否灵活
4	清理场地	清理场地，收工具

（三）注意事项

GBE016滚动轴承拆卸安装的注意事项

（1）根据轴承结构、尺寸和轴承部件的配合性质，选择适当的工具进行，不得用手锤直接敲打轴承。

（2）一定要测量轴承内径和轴径的配合尺寸，确定是过渡配合还是过盈配合，以便选择安装的方法。

（3）装配过盈量较大的轴承时，应用加温的方法进行；轴承加热绝对不能超温。

（4）拆卸安装时，压力应直接加在待装配或拆卸轴承的里圈或外圈的端面上，不得通过滚动体传递压力；拆卸滚动轴承时要用扒轮器，安装滚动轴承时要用套管击打轴承内轨；拉力器的拉勾应与滚动轴承内套接触面平行。

（5）对拆卸下能继续使用的轴承，应清洗涂油。

（6）装配时，最好在轴表面涂一层薄薄的润滑油，以减少摩擦阻力。

项目十　检查验收电动机

一、相关知识

（一）三相异步电动机

三相异步电动机的结构由定子和转子两个基本部分组成，定子是电动机固定部分，一般由定子铁芯、定子绕组和机座等组成；转子是电动机的旋转部分，由转轴、铁芯和绕组三部分组成，它的作用是输出机械转矩。

1. 三相异步电动机各部件的作用

三相异步电动机的结构如图 1-2-17 所示。

GBE018三相
异步电动机各
部件的作用

图1-2-17　三相异步电动机结构示意图

1—散热片；2—定子线圈；3—接线盒；4—机座；5—前轴承外盖；6—前端盖；7—前轴承；

8—前轴承内盖；9—转子；10—后轴承内盖；11—后轴承；12—后端盖；13—后轴承外盖；14—风扇；15—风扇罩

1）定子

定子是电动机固定不动的一部分，它的作用是专门产生一个旋转磁场，推动转子旋转。定子由定子铁芯和定子绕组两部分组成。定子铁芯是电动机磁力线经过的部分，它的作用是导磁。定子绕组即定子线圈，每相线圈由几个单只线圈串联或并联组成。三相线圈在空间上以互成 120° 分布在定子铁芯内圆上，通入三相电流时，就会形成旋转磁场。

2）转子

转子是电动机的转动部分，转子由转轴、铁芯和绕组三部分组成，它的作用是在旋转磁场作用下，产生一个转动力矩而旋转，并带动设备机械做功。转子在电动机定子内部，由电动机轴通过安装在机壳两侧的轴承支撑。

3）端盖

端盖是用来支撑并遮盖电动机的，用螺栓固定在机座两端。除了端盖外，还包括前后两只轴承和轴承盖。两只轴承用来支撑电动机转轴，减小旋转时的摩擦阻力。轴承端盖可以保护轴承并防止润滑油脂外流。

4）附属部分

（1）接线盒：固定电动机定子三相绕组出线头，连接电源线。

（2）风扇：冷却电动机。

（3）风扇罩：保护风扇，防止旋转时风扇伤人。

2. 三相异步电动机的性能参数

> GBE019 三相异步电动机的性能参数

1）额定容量

额定容量是电动机在额定条件下机轴输出的机械功率，亦称额定功率，单位为千瓦（kW）。

2）额定电压

额定电压表示电动机定子绕组承受的线电压值，单位为伏特（V）。常用的有 220V、380V 两种。

3）额定频率

额定频率是通入电动机交流电的频率，单位为赫兹（Hz）。我国电力系统的频率是 50Hz。

4）额定电流

电动机在额定电压和额定频率下其负载达到额定容量时的电流，指电动机在额定运行时定子绕组的线电流值，单位为安培（A）。

5）额定转数

额定转数是电动机在额定容量、额定电压、额定频率下转子每分钟的转数，单位为 r/min。

6）接法

电动机在额定电压下定子三相绕组的连接方法。常见的接法有"星形"和"三角形"两种。若铭牌标 △，额定电压标 380V，表明电动机电源电压为 380V 时应接 △。

7）绝缘等级与温升

绝缘等级与温升就是所用绝缘材料耐热性能的等级，分为 A、B、E、F、H 五级。

8）功率因数

电动机 A 级绝缘运行极限温度为 105℃，允许温升为 60℃；电感性负载，其定子相电流比相电压滞后一个 ϕ 角，$\cos\phi$ 就是电动机的功率因数，电动机的输入功率 P_1 与 $\cos\phi$ 有关，即：$P_1 = \sqrt{3}\, U_1 I_1 \cos\phi$。

9）效率

电动机从电源吸取的有功功率，称为电动机的输入功率或轴功率；用 $N_{\text{轴}}$ 表示，而电动机转轴上输出的机械功率，称为额定功率或有效功率；用 $N_{\text{有效}}$ 表示，输出功率 $N_{\text{有效}}$ 和输入功率 $N_{\text{轴}}$ 之比，称为效率，常用符号 η 表示，即：

$$\eta = \frac{N_{\text{有效}}}{N_{\text{轴}}} \times 100\% \qquad (1-2-9)$$

输出功率总是小于输入功率的，是因为电动机运行时，内部总有一定的功率损耗，这些损耗包括：绕组的铜（或铝）损耗、铁芯的铁损耗以及各种其他损耗，按能量守恒定则，输入功率等于损耗功率与输出功率之和。因此，输出功率总是小于输入功率的，或者说电动机的效率是小于 1 的。当负载在额定负载的 0.7～1.0 范围内，效率最高，运行最经济。

10）定额（工作方式）

定额是指电动机正常使用时持续的时间。一般分连续、短时与断续三种，铭牌上的"SI"表示连续工作制。

11）防护等级

防护等级用电动机外壳的防护等级标志来表示。防护标志由字母 IP 及两位数字组成。第一位数字表示外壳防止固体异物进入电动机内及防止人体触及内部带电或运动部件的防护能力，第二位数字表示外壳防止水进入电动机内部的防护能力。例如 IP44（相当于 1965 年国家标准中的封闭式）能防止直径大于 1mm 的固体异物进入壳内，能防止厚度（或直径）大于 1mm 的工具、金属线等触及壳内带电或运动部分，不受任何方向的溅水影响。

12）额定噪声值

表示电动机在额定情况下噪声的大小。L_{w} 为声功率级，单位为"dB"。

3. 三相异步电动机启动前的检查

（1）用验电笔检查三相电源线是否均有电，用万用表或电压表测量电源电压是否与电动机额定电压相符。

（2）检查电动机启动设备，开关触头接触是否良好，有无损坏或接线错误等故障。

（3）检查熔断丝有无熔断、松动或大小规格不相符的现象。

（4）检查电动机铭牌所示的额定数据是否符合使用要求，电动机绕组的接线是否正确，电动机与开关、启动设备之间连接线是否有松动或脱落的现象。

（5）绕线式转子电动机应检查短接集电环装置的手柄和启动变阻器的控制手柄是否在启动位置上，电刷是否紧密地与集电环接触，电刷提升机构是否灵活，电刷压力是否正常（一般为 1.5～2.5N/cm²）。

（6）用干燥的压缩空气吹净电动机内部灰尘及污垢杂物。

（7）检查电动机的转轴转动是否灵活，轴承是否有油。对于滑动轴承，应检查是否达到规定油位，转子轴向串动量每侧允许 2～3mm。

（8）对于新的或长期不用的电动机，使用前应检查绕组间及绕组对地的绝缘电阻；对绕线式电动机，除检查定子绝缘外，还应检查转子绕组及集电环对地及集电环之间的绝缘电阻，绝缘电阻不得小于 1MΩ/kW。一般三相 380V 电动机的绝缘电阻应大于 0.5MΩ，否则应对电动机绕组烘干。

（9）检查电动机和被拖动的机械设备有无损坏或卡住等不良现象。

（10）检查电动机的传动装置是否过紧或过松，联轴器的螺钉及销子是否牢固。

（11）检查电动机的接地装置是否可靠。

GBE017三相
异步电动机启
动时的注意事项

4. 三相异步电动机启动时的注意事项

（1）操作人员应穿戴好劳动保护用品，防止卷入旋转机械，不应有人靠近机组旁边。

（2）合刀闸时，操作人员应站在一侧，防止被电弧烧伤，合闸时动作应迅速果断。

（3）使用双闸刀启动器、星形—三角形启动器或自耦减压启动器时，必须遵守操作顺序。

（4）几台电动机共用一台变压器时，应由大到小逐台启动，不可同时启动。

（5）电动机应避免频繁启动或尽量减少启动次数（特殊用途的电动机除外），一般空载连续启动不得超过 3～5 次，对于满载电动机，其连续启动次数不得超过 2 次。

（6）接通电源后，电动机即在几秒或十几秒的时间内就能达到额定转速，若发现启动很慢，声音不正常或不转动，则应迅速切断电源，待检查找出原因排除故障后方可重新启动。

（二）防爆电动机

GBE022防爆
电动机的结构
特点

1. 防爆电动机的结构特点

1）隔爆型电动机

它采用隔爆外壳把可能产生火花、电弧和危险温度的电气部分与周围的爆炸性气体混合物隔开。但是，这种外壳并非是密封的，周围的爆炸性气体混合物可以通过外壳的各部分接合面间隙进入电动机内部。当与外壳内的火花、电弧、危险高温等引燃源接触时就可能发生爆炸，这时电动机的隔爆外壳不仅不会损坏或变形，而且爆炸火焰或炽热气体通过接合面间隙传出时，也不能引燃周围的爆炸性气体混合物。其主要特点是：

（1）功率等级、安装尺寸及转速的对应关系与 DIN42673 一致，同时考虑到与 YB 系列的继承性和 Y2 系列的互换性，做了必要调整，更加有效和适用。

（2）全系列采用 F 级绝缘，温升按 B 级考核。

（3）噪声限值比 YB 系列低，接近 YB 系列的 I 级噪声，振动限值与 YB 系列相当。

（4）外壳防护等级提高到 IP55。

（5）全系列选用低噪声深沟球轴承，机座中心高在 180mm 以上电动机设注排油装置。

（6）电动机散热片有平行水平分布和辐射分布两种，以平行水平分布为主。

2）增安型电动机

它是在正常运行条件下不会产生电弧、火花或危险高温的电动机结构上，再采取一些机械、电气和热的保护措施，使之进一步避免在正常或认可的过载条件下出现电弧、火花或高温的危险，从而确保其防爆安全性。其特点是：

（1）满足增安型防爆电动机的要求，采取一系列可靠的防止火花、电弧和危险高温的措施，可以安全运行于爆炸危险场所。

（2）采用无刷励磁，设置旋转整流盘和静态励磁柜，励磁控制系统可靠；顺极性转差投励准确，无冲击；励磁系统失步保护可靠，再整步能力强；线路设计合理，放电电阻在工作中不发热；励磁电流调节范围宽。

（3）同步机、交流励磁机及旋转整流盘同轴。整流盘位于主电动机和励磁机之间，或置于轴承座之外。

（4）外壳防护等级为 IP54。

（5）采用 F 级绝缘，温升按 B 级考核。

（6）改变传统的下水冷为上水冷，即水冷却器置于电动机上部。

（7）设增安型防潮加热器，固定在电动机底部的罩内，用于停机时加热防潮用。

（8）选优质原材料，电气及机械计算留有较大裕度，能满足运行可靠性和增安型电动机的温度要求。

（9）设置有完善的监控措施；主接线盒内设置用于差动保护的增安型自平衡电流互感器；定子绕组埋设工作和备用的铂热电阻，分度号为 Pt100；设漏水监控仪，监控水冷却器的泄漏；两端座式滑动轴承分别设现场温度显示仪表和远传信号端子。

2. 防爆电动机的类型

防爆电动机指有防爆性能的一类电动机。采取的措施有：把电气设备罩装在一个外壳内，这种外壳具有能承受内部爆炸性混合物的爆炸压力，并能阻止内部的爆炸向外壳周围爆炸性混合物传播的结构（隔爆型）；使电动机带电零部件不可能产生足以引起爆炸危险的火花、电弧或危险温度，或把可能产生这些现象的带电零部件与爆炸性混合物隔断开，使之不能相互接触或达不到具有爆炸性危险的程度（增安型、通风型等）；通风充气型防爆电动机是指向机壳内通入新鲜空气或惰性气体，以阻止外部爆炸性混合物进入机壳内部；充油、通风、充气型防爆电动机也允许电动机内部产生弧光，但用油层、新鲜空气和惰性气体层将火花和电弧与外部爆炸性混合物隔离开，不使它冲出而与爆炸性混合物接触从而发生爆炸。安全火花型防爆电动机允许产生火花，但限制火花能量，使之低于爆炸所需的最小能量。在各类有爆炸性危险的环境中，正确地选用与各类设备配套的防爆电动机是非常重要的。

防爆电动机的类型和标志见表 1—2—22。

表1—2—22 防爆电动机的类型和标志

序号	类 型	防爆标志	
		工厂用	煤矿用
1	增安型（安全型）	A	KA
2	隔爆型	B	KB
3	充油型	C	KC
4	通风充气型	F	KF
5	安全火花型	H	KH
6	特殊型	T	KT

3. 防爆电动机的拆卸方法

（1）断开电源，拆电动机接线端子。

GBE023防爆电动机的类型

GBE020防爆电动机的拆卸方法

（2）卸传动装置的连接螺栓。

（3）卸电动机固定地脚螺栓，电动机在底盘上错开位置。

（4）拆卸传动装置。

（5）拆卸电动机风扇罩、风扇。

（6）拆卸前后端盖固定螺钉，取下前、后端盖。

（7）小型电动机可抽出转子，拆卸前、后轴承，取下前、后轴承内盖；大中型的电动机应使用起吊工具吊起转子，再进行轴承拆卸。

（8）按拆卸相反顺序装配。

GBE021拆卸防爆电动机部件的技术要求

4. 拆卸防爆电动机部件的技术要求

（1）拆卸电动机端引线时，应先断电源，挂上"禁止合闸"警示牌，确实无电后，方可进行拆卸，并记录引线接头位置。

（2）拆卸联轴器应使用拉力器，禁止用手锤敲打或使用撬杠撬拨，避免击碎联轴器或造成电动机轴弯曲和端盖损坏。

（3）在拆卸轴承盖和端盖时，应先做好记号，先拆卸端盖和轴承盖的螺栓，然后用顶丝把端盖顶出，端盖较重时，应用起吊工具吊好，以防掉下摔坏。端盖的防爆面应朝上搁置，并用橡皮或布衬垫盖上，注意紧固螺栓、弹簧垫不要丢失。

（4）拆装转子时要小心缓慢不可倾斜，沿转子轴中心向风扇端外移动，不能擦伤铁心和绕组绝缘，对大中型电动机取出转子时，若转子轴的一端不能伸出定子之外，需将轴接长（即套一节粗细长度合适的管子），为避免转子表面与定子内孔（尤其定子端部绕组）碰伤，转子穿心时，可在定子下半部用钢纸或青稞纸垫好，同时用手灯照定子内孔内移动的转子端与定子之间保持有间隙的平移。用起吊工具进行起吊时，钢丝绳与转子接触部分，应用木块或麻布垫好，以免损伤轴颈。转子抽出后，应放在专用的弧形枕木上。

（5）拆卸轴承时应使用拉力器，拉力器的拉环（拉爪）应紧扣轴承的内圈拉出。装配轴承时可用热装法、机械法和选配法；对小型电动机可采用手工装配，装配时要使轴承内轨受力均匀，并慢慢推进，严禁使轴承外轨受力。添加润滑脂应占轴承内腔容积的 $1/2 \sim 2/3$ 为宜。

（6）组装端盖时应使端盖和机座止口准确吻合，用紫铜棒对称敲打端盖的加强筋部位；连接防爆外壳的紧固螺栓，不能缺少，应对角轮换拧紧，拧入深度为螺栓直径的 $1.25 \sim 1.5$ 倍，每个螺栓应装弹簧垫圈，防止自行松脱。端盖装配完后，盘动转子应灵活、无刮、卡现象。

（7）装配应紧固，零部件应齐全完整，转动灵活，轴向、径向端面跳动不大于规定值；转子之间各点间隙与平均值之差，应在平均值的 ±5% 范围内。

（8）为了保持防爆性好，装配的紧固件应按尺寸配制，不得改变。拆卸电动机的防爆接合面时，严禁用防爆面作撬杠的支点，不允许敲打或撞击防爆面。

（9）拆卸防爆电动机端引线时，需要记录引线接头位置。接线应正确，接线盒各部件不能丢失或损伤；在引线盒里应塞满防爆绝缘泥。防爆电动机的接线盒座与绝缘接线座之间的隔爆结合面最小有效长度为 12.5mm。

5.防爆电动机的接线

防爆电动机上均带有防爆接线盒，接线盒进线口有压盘式和压紧螺母式，防爆电 GBE024防爆 电动机的接线 保护
动机的外壳应做接地接零保护，无论哪种防爆电动机其接线应符合下列要求：

（1）接线盒必须完好，无损坏，防爆电动机接线盒内弹性密封垫内孔的大小，应按
电缆外径切割，其剩余径向厚度最小不得小于4mm。

（2）引入电动机的电源线接点必须有防止自松脱措施，且连接点必须置于接线盒内，
防爆电动机的引线盒里应塞满防爆绝缘泥。防爆电动机的电缆保护管也要用密封胶泥填
塞，其高度不少于50mm。

（3）接线盒口必须做好密封。

二、技能要求

（一）准备工作

1.设备

离心泵机组1台。

2.材料、工具

200mm活动扳手1把、100mm一字螺丝刀1把、兆欧表1个、试电笔1支、绝缘
手套1副、放电线、碳素笔1只、砂纸适量、记录单。

3.人员

2人操作，持证上岗，劳保用品穿戴齐全。断电、送电操作由专业电工操作。

（二）操作规程

序号	工序	操作步骤
1	准备工作	选择工用具及材料。根据被测电动机铭牌的额定电压值选择合适的兆欧表。（1）被测电动机额定电压在500V以下时，选用500V的兆欧表。（2）被测电动机额定电压在500～3000V时，选用1000V的兆欧表。（3）被测电动机额定电压在3000V以上时，选用2500V的兆欧表
2	检查	戴绝缘手套拉下刀闸，用试电笔检查确认电动机处于断电状态，挂上停运牌
3	卸掉接线盒盖	用试电笔验接线盒是否带电，用螺丝刀卸掉接线盒盖，用试电笔测试接线柱是否带电
4	拆线、拆接线片	将所有接线柱上螺栓、垫片、弹簧垫片、连线板依次拆下，用砂布将连线板、接线柱擦干净，用砂纸在电动机接地线端打一个电接触面
5	检查兆欧表	检查兆欧表完好状况，外观完好，有合格证，将红表线接在"L"接线柱上，黑表线接在"E"接线柱，将红表线和黑表线分开，用手摇动手柄，达到120r/min，当表的指针指向"∞"处，说明开路试验合格。再将红表线和黑表线接在一起，缓慢地摇动兆欧表手柄一下，指针应指向"0"处，此时说明短路试验合格
6	测量绝缘电阻	将兆欧表接线端子分别置于第一和第二个接线柱上，测量定AB间绝缘电阻，摇表达到120r/min，转动1min，数值稳定后读数，表针指向"0"，说明该绕组短路，即不绝缘。表针指向"∞"或大于0.5MΩ，说明该绕组绝缘性能良好。按上述方法测量其他两绕组相间绝缘性能
		将兆欧表红表线接于第一个接线柱上，将黑表线接地。测量定AO接地绝缘电阻。摇表达到120r/min，转动1min，数值稳定后读数，表针指向"0"，说明该绕组间短路，即不绝缘。表针指向"∞"或大于0.5MΩ，说明该绕组绝缘性能良好。按上述方法测量其他两绕组接地绝缘性能
		填写记录单

序号	工序	操作步骤
7	判断绝缘性能	结论：电动机相间绝缘、对地绝缘均大于 0.5MΩ，电动机性能完好
8	安装	将所有接线柱上螺栓、垫片、弹簧垫片、连线板按拆卸相反顺序依次装上，上紧。安装接线盒盖
9	清理场地	清理场地，收工具

（三）技术要求及注意事项

（1）测量过程中，需要读取测量数值时，不能停止摇动兆欧表手柄，读取数值后方可停止摇动兆欧表手柄。

（2）测量中若表针指零，应立即停止摇表，否则会损坏仪表。

（3）用兆欧表测出的电动机的绝缘电阻值，在工作温度下（一般取 75℃，热态）其阻值应大于用式（1-2-10）计算出的计算值：

$$R = \frac{U}{1000 + \dfrac{P}{100}} \qquad (1-2-10)$$

式中　R——电动机绕组工作温度下的绝缘电阻，MΩ；

　　　U——电动机绕组的额定电压，V；

　　　P——电动机额定功率，kW。

（4）禁止在雷雨时使用兆欧表测量设备的绝缘电阻。

（5）选择兆欧表量程时，所选量程不宜过多的超出被测电气设备的绝缘电阻值，以免产生较大误差。

（6）用兆欧表测量设备的绝缘电阻期间，由于兆欧表可以产生几百伏甚至几千伏的电压，禁止用手摸表的接线端子和测试端。

（7）用 500V 兆欧表测量电动机绕组间以及绕组对地的绝缘电阻时，绝缘电阻值 $R \geqslant 0.5$MΩ 时，认定绝缘良好。

模块三 判断设备处理故障

项目一 判断处理气浮选机效果差的故障

一、相关知识

（一）气浮法工艺

气浮法工艺包括三个过程，即气泡的产生；气泡与油珠、悬浮固体的黏结；采出水的分离和浮渣的去除。

1. 气泡的产生

制取气泡是气浮法的先决条件。许多气体都可产生气泡，但是油田采出水矿化度较高，具有较强的腐蚀性，如采用空气为气浮气源，会将空气中的氧气注入采出水中，加速电化学腐蚀。因此，常选用油田生产的天然气为气浮选气源。若天然气气源不足，也可采用氮气或其他惰性气体。当采取可靠防腐蚀措施，也可使用空气作为浮选气源。

把气注入水中，使其形成许多微小气泡并分散于整个水体中称为曝气。气浮系统的曝气形式可分两类：一是分散气体气浮法；二是溶解气体气浮法。

1）分散气体气浮法

最典型的是叶轮式气浮装置。利用高速旋转叶轮所造成的负压将气体吸入，吸入的气体被旋转的叶轮击碎，继而被大量的小股旋流进一步扩散于水中。分散气体气浮装置产生的气泡较大，直径约 1mm，为了提高处理效果，可以投加辅助发泡的表面活性剂。

2）释放溶解气体气浮法

释放溶解气体气浮法简称溶气法，它的特点是先制备气体饱和溶液。这种溶液在减压情况下，能释放出大量微细气泡，直径在 0.1mm 以下，黏附水中杂质颗粒而上浮。

制取空气饱和溶液的方法很多，普遍采用的方法是压力溶气法。

气体在水中的溶解度与压力成正比，与温度成反比。增加压力可以提高气体的溶解度。气体的溶解过程还与水的状态有关。搅动着的水流可以加速气体的溶解过程。故气体溶解过程一般在压力溶气罐中完成。

2. 气泡与颗粒的黏结

气泡与颗粒的黏结称为捕捉，捕捉是决定气浮法成败的关键，只有被捕捉了的颗粒才有被分离的可能。捕捉的必要条件是颗粒的憎水性和制备出适宜的微细气泡。

1）颗粒的憎水性

非极性分子构造的物质一般具有憎水性，极性分子构造的物质一般具有亲水性。采出水中的颗粒有一部分是极性分子构造的物质，是亲水性的。这类颗粒容易被水润湿，形成一层水化膜，阻碍气泡同颗粒黏附。所以在气浮前必须使亲水性的颗粒憎水化，向水中投加有极性和非极性的表面活性剂或浮选剂。

2）制备微气泡

憎水性颗粒可以被气泡捕捉，但不是所有尺寸的气泡都能捕捉颗粒。大气泡上升速度快，不仅减少了黏附颗粒的机会，还会因惯性力冲碎絮粒和使气浮区产生剧烈紊动。有关资料介绍，当气泡的尺寸为 20 ～ 100μm 才是有效的，而最佳值视原水性质和絮凝条件而异。

3）气泡与颗粒的黏附过程

气泡与颗粒的黏附有两个途径：一是发生在颗粒与气泡碰撞时，二是从颗粒表面的溶液中产生气泡时，气泡在絮粒上的黏附包括以下三个连续过程：

（1）气泡从水中扩散到絮粒的表面。

（2）气泡继续扩散到絮粒的孔隙中。

（3）气泡在絮粒表面或孔隙中相互吸附增大。

3. 浮渣的去除

气浮装置浮渣的显著特点是含水率低，一般为 90% ～ 95%，浮渣的排除方式主要有以下两种。

1）水力排渣

水力排渣采用升高池中的水位，形成溢流而自然排渣。溢流排渣可以是连续式也可以是间歇式，根据浮渣的多少而定。能溢流的浮渣要有一定的流动性，含水率一般较高。试验资料表明，含水率低于 95% 时，溢流困难。水力排渣的优点是使用方便，没有专门设备，不需维护，缺点是耗水量较多，特别是要控制好堰上溢流水位。堰上水深保持5mm 较为适宜。此时排渣耗水量约为处理水量的 0.8% ～ 1.6%。

采用水力排渣方法，排渣槽的位置应设在气浮装置的出水端，使浮渣运移的方向与水流一致。

2）机械排渣

机械排渣是借助机械设备连续或间歇地将浮渣刮入排渣槽除去。

采用机械排渣时，浮渣的含水率比水力排渣低一些，排渣时间每次约 3min，故排渣损失水量一般比水力排渣少，但是，机械排渣的最大缺陷是对浮渣层的搅动性比较大，尤其是桁架式刮板排渣机，其板前很容易堆积浮渣，往往导致在每次刮渣后的一段时间里，出水变得浑浊。

此外，由于气浮池排除的浮渣含有较多的微小气泡，浮渣要进行消泡处理。

GBF001浮选除油器的运行管理要求

（二）溶气气浮洗机的运行管理

1. 溶气气浮选机的技术参数

（1）浮选溶气罐的压力宜为 0.3 ～ 0.5MPa。

（2）溶气罐停留时间为 2 ～ 4min。

（3）溶气罐的高度与直径之比为 2 ～ 4。

（4）气体用量应根据计算确定，一般约为污水体积的 6% ～ 11%。

（5）部分回流溶气气浮的回流比宜为 25%～50%，但当水质较差且水量不大时，可适当加大回流比。

（6）溶气反应段反应时间为 10～15min。

（7）气浮罐的收油采用刮板式连续收油；机械排渣是借助机械连续或间歇地将浮渣刮入排渣槽去除。

（8）接触室水流上升流速为 10～20mm/s，停留时间不宜小于 60s。

（9）运行指标是：来水含油小于 300mg/L，处理后水达到滤前水质要求。

2. 运行注意事项

（1）根据出水水质变化，及时调整加药量、进水量、加气量、溶气罐水量，保证出水水质。

（2）根据浮渣生成情况，控制出水闸板，调整浮渣液位至刮渣机排渣要求，及时启动机械刮渣机自动刮渣。

（3）投加药剂品种和数量应根据进水水质确定，不得造成二次污染。

（4）当溶气气浮机采用多级离心式加压泵溶气时，一般情况下气体量不超过泵供水量的 2%～3%。

（5）溶气气浮选机在运行过程中，要根据出水中油和悬浮物的含量，严格控制絮凝剂和混凝剂的加药量。

（6）冬季水温较低影响混凝效果时，可通过增加溶气浮选机的投药量、增加回流水量、提高溶气压力等方法，以弥补因水流黏度的升高而降低气粒上浮的能力。

3. 气浮选除油的操作要点

（1）收油要连续进行。

（2）定时用手检验进气状况。

GBF002溶气浮选机的操作要点

（3）溶气气浮投运前，要检查溶气罐水位及安全阀、液位计、压力表各附件情况；压力应保持在 0.3～0.6MPa，保证吸气量。

（4）定期观察气浮选机上部气泡形态，应以细密乳白为标准。

（5）溶气气浮机运行时，根据浮渣的生成方式和浮渣的含水量，掌握浮渣积累规律，确定刮渣机的运行时间，制定合适的刮渣制度。

（6）溶气气浮机运行时，根据气浮机的处理负荷和来水悬浮物的含量情况，定期排泥，一般每两个月排泥至少一次，特殊情况加密排泥次数。

（7）溶气气浮设备启运后，应检查气浮的进水和出水系统，实现进、出水的平衡，保证气浮设备正常工作。

（8）溶气气浮设备在运行时，要合理调整溶气罐内的水位，防止大量气体窜入气浮池。

（9）在进溶气气浮机之前，应设混合反应设施，并且投加化学药剂，保证气浮机除油效果。

（10）为了解决气浮选除油停留时间短，抗冲击性负荷能力差的问题，在气浮之前，宜设置除油罐和调整储罐。

（三）气浮洗机常见的故障原因及解决措施

GBF003气浮选效果差的原因

1. 影响气浮选除油机除油效果差的因素

（1）气泡与絮体黏附不好。

黏附的必要条件是颗粒的憎水性和制备出适宜的微细气泡。

①气泡尺寸的大小直接影响气浮机的净水效果，气泡直径控制在 20 ～ 100μm 范围内，才是有效的。

②为了达到气浮除油、除悬浮物的目的，必须在污水中投加化学药剂，使乳化油或悬浮物具有憎水性质。

③水中空气的溶解量、饱和度以及气泡的分散度直接影响气浮效果的好坏。

（2）无溶气水；溶气水少。

空气量过小，则絮体附着空气量少，絮体上浮速度慢，渣水分离效果差。

（3）影响溶气气浮机出水水质差的因素为排泥周期长、刮渣机故障或水位过低。

（4）影响溶气气浮机气浮法效果差的因素为加药量不稳定、水温低混凝效果不好。

（5）来水量突然增大，含油量高。

2. 解决方法

[GBF004气浮选效果差的处理方法]

排除方法：及时进行清理释放器堵塞物。

（2）原因：溶气泵故障；溶气罐压力过高。进气量过少。回流比低。

排除方法：检查工作泵及压力是否正常，检查空压机是否正常，调整溶气泵进气量或空压机供气量，保证溶气罐稳定的工作压力；检查工作泵过滤器是否堵塞造成进水量不足，并排除异物。

（3）制定合理的排泥周期和刮渣时间，维修刮渣机，保证正常运行；刮渣时抬高池内水位。

（4）检查加药设备是否工作正常，调节药剂投加量，检查加药管线是否堵塞；适当提高水温。

（5）控制来水量；加强自然除油罐或混凝沉降罐的收油工作，降低气浮选的处理负荷；如果含油量增高，相应提高气水比。

二、技能要求

（一）准备工作

1. 设备

斜板加压溶气气浮机 1 座及配套工艺。

2. 材料、工具

500mm F 形扳手 1 把、250mm 活动扳手 1 把、放空桶 1 个、250mL 取样量筒 1 支、擦布适量、记录纸、笔。

3. 人员

穿戴好劳动保护用品，与相关岗位做好联系，互相配合。

（二）操作步骤

1. 准备工作

与水质化验人员联系，做好取样化验的准备工作。

2. 判断溶气浮选机除油效果

对气浮选的来水和出水进行取样化验，检查来水含油量，通过化验判断气浮效果。

3. 检查判断气浮选机运行状态

（1）检查加药泵运行是否正常，加药量及药剂浓度是否符合要求，判断加药管线是否堵塞。

（2）检查溶气泵进气是否正常，溶气罐压力是否在 0.3MPa。

（3）检查回流比是否过低。

（4）通过检查进水电磁流量计，判断是否来水突增。

（5）检查气浮池水位是否过低，通过水质颜色判断气泡产生是否正常。

（6）检查刮渣机运转是否正常，刮渣时间间隔是否合理。

4. 气浮效果差的故障处理

（1）如果来水含油增加，加强前段装置的污油回收，控制来水含油。

（2）检修故障加药泵，根据水质、水量合理调整加药量，对堵塞的加药管线进行触堵。

（3）对故障溶气泵进行维修，调整溶气泵的出水压力，调整气体转子流量计，保证进气量。

（4）如果来水含油增加，可适当调整溶气水的回流量。

（5）如果来水突增，通知上游，合理控制来水量。

（6）调整气浮池的水位至刮渣机合适位置，检查处理释放器堵塞故障，保证气泡正常。

（7）维修故障刮渣机，浮渣生成情况，合理调整刮渣机运行间隔时间，保证连续收油。

（8）如果出水悬浮物超标，加强排泥。

5. 取样、化验，检查处理效果

对气浮机的来水及出水进行取样化验，检查处理效果。溶气气浮机的除油率大于90%，满足滤前水的水质要求。

6. 清理场地

清理现场，回收工用具。

（三）注意事项

（1）按操作规程启停溶气泵或空压机。

（2）检查投加化学药剂时，应穿戴好工作服、鞋帽、防护罩、手套、防护眼镜等防护用品，严禁用手直接接触。

（3）检查电器设备时，当心触电，必须先断电再检查设备。

（4）空压机的压力必须大于溶气罐的压力，防止压力水倒罐入空气压缩机。

（5）刮渣时，需要抬高池内水位，并按最佳的浮渣堆积厚度及浮渣含水率进行定期刮渣，否则刮渣操作会影响出水水质。

（6）检查斜板溶气浮选池时，当心滑跌，当心油气中毒。

项目二　判断处理沉降罐常见的故障

一、相关知识

（一）沉降罐的技术参数

除油罐及沉降罐的技术参数应通过试验确定，没有试验条件的情况下，可按表1-3-1、表1-3-2、表1-3-3确定。

表1-3-1　水驱采出水除油罐及沉降罐技术参数

沉降罐种类	污水有效停留时间，h	污水下降速度，mm/s
除油罐	3～4	0.5～0.8
斜板除油罐	1.5～2	1.0～1.6
混凝沉降罐	2～3	1.0～1.6
斜板混凝沉降罐	1～1.5	2.0～3.2

表1-3-2　稠油采出水除油罐及沉降罐技术参数

沉降罐种类	污水有效停留时间，h	污水下降速度，mm/s
除油罐	3～8	0.2～0.8
斜板除油罐	1.5～4	0.5～1.7
混凝沉降罐	2～5	0.5～1.7
斜板混凝沉降罐	1～3	1.0～2.2

表1-3-3　聚合物驱采出水除油罐及沉降罐技术参数

沉降罐种类	污水有效停留时间，h	污水下降速度，mm/s
除油罐	7～9	0.2～0.4
混凝沉降罐	3～5	0.4～0.8

GBF005沉降罐沉降效果差的原因JS

（二）混凝沉降罐的容积及高度设计

1. 罐体有效容积的计算

$$W=W_1+W_2=Q（T_1+T_2）\qquad（1-3-1）$$

式中　W——混凝沉降罐的有效容积，m^3；

　　　W_1——沉降分离有效容积，m^3；

　　　W_2——絮凝有效容积，m^3；

　　　Q——设计流量，m^3/h；

　　　T_1——沉降分离时间，h；

　　　T_2——絮凝时间，h。

2.混凝沉降罐的高度

混凝沉降罐的高度由下列部分组成：

$$H=H_1+H_2+H_3+H_4 \qquad\qquad (1-3-2)$$

式中　H——混凝沉降罐罐壁总高；

H_1——保护高度，一般取 0.5m；

H_2——集油高度，取 0.5 ～ 1.0m；

H_3——有效分离高度，取 4 ～ 6m；

H_4——集泥厚度，取 0.8 ～ 1.2m。

（三）混凝沉降罐常见的故障及排除

1.沉降罐沉降效果差原因及处理方法

现象：出水含油和悬浮物明显超标，沉降罐出水颜色发黑。

1）混凝反应效果降低

原因：

（1）药剂的投加浓度不够，配伍性不好，造成混凝反应效果较差，小密度微粒随水流出。

（2）内置混凝反应器腐蚀，破坏罐内水体流向，悬浮物难以沉降。

处理方法：

（1）根据混凝沉降罐的结构特点，优化药剂投加方案并充分混合反应，提高去除悬浮物的效果。

（2）更换外置式混凝反应器或管道混合器。

2）罐底污泥沉积

原因：排泥时间短或周期长，罐底污泥如果不及时排出，污泥厚度达到集水口附近时，沉下来的絮体颗粒很容易随水流出，致使出水悬浮物超标；清淤周期长、污泥厚度超标，会造成沉降罐有效容积变小。

处理方法：合理调整排污时间和排污量；根据淤泥污染情况，每年至少对沉降罐进行开罐清淤一次。

3）处理量突然增大，超过设计能力；来水波动较大，不利于沉降

原因：上游联合站来水控制不稳定；回收污水量过于集中；污水在罐内沉降时间和混凝时间短。

处理方法：合理控制来水量，平稳回收污水，保持水量平稳。

4）斜板构件设计不合理受污染或损坏，污泥不能有效排出

原因：特别是斜板（管）构件易被污染，会加速附着物的沉积，不及时清理，将导致斜板（管）堵塞，改变污水在罐内的流态，严重时会倒塌，引起罐内构件的损坏；同时会造成细菌滋生，影响水质。

处理方法：停罐检修，斜板沉降罐在运行一个周期后，要及时进行彻底清污，并清洗斜板（管）构件。

2.沉降罐液位异常的处理方法

（1）控制溢流罐的进口阀，并通知来水站减少供水量；减少回收系统的污水回收量。

GBF005沉降罐沉降效果差的原因
GBF006沉降罐沉降效果差的处理方法

GBF007沉降罐液位异常的处理方法

（2）查找原因并进行处理。

①如果沉降罐收油调节堰调节不适当，降低沉降罐调节堰以降低出水高度。

②如升压缓冲罐的进口阀控制太小，则开大升压罐的进口阀，并降低缓冲罐的液位，加快沉降罐的出水流速。

③如滤罐的滤层堵塞严重，过滤阻力大，则加强反冲洗，调整反冲洗周期。

④如各沉降罐处理量不均衡，则合理调整各组沉降罐进口阀开度使其流量均匀。

（3）当沉降罐液位升至液位上限，并仍有上升趋势时，除了要及时提高下游处理量，降低来水量外，必要时对溢流沉降罐进行排污和收油工作，防止冒顶事故。

（4）恢复正常生产后通知来水站恢复正常供水

沉降罐液位偏低时，降至液位下限，并仍有下降趋势时，要及时提高来水排量，降低出水排量。

二、技能要求

（一）准备工作

1. 设备

混凝沉降罐 1 座及配套工艺。

2. 材料、工具

500mm F 形扳手 1 把、250mm 活动扳手 1 把、放空桶 1 个、250mL 取样量筒 1 支、擦布适量、记录纸、笔。

3. 人员

穿戴好劳动保护用品，与相关岗位做好联系，互相配合。

（二）操作步骤

1. 准备工作

与水质化验人员联系，做好取样化验的准备工作。

2. 取样化验

（1）对来水或自然除油油罐的出水取样化验，检查来水悬浮物含量及含油量是否超过设计要求。

（2）对混凝沉降罐的出水进行取样化验，通过化验判断沉降效果。

3. 检查判断混凝沉降罐的运行状态

（1）检查加药泵运行是否正常，加药量及药剂浓度是否符合要求，判断加药管线是否堵塞。

（2）用手感法判断沉降罐内的污泥厚度是否超过 500mm，检查判断油水界面仪显示与实际油层厚度的差值，观察罐内油层厚度是否超过 200mm。

（3）检查污水回收水泵的排量是否正常。

（4）通过流量计判断来水量有无变化。

（5）查看沉降罐的清淤记录，判断清淤周期是否合理。

4. 混凝沉降罐沉降效果差的处理

（1）加强自然除油罐的处理效果，及时进行回收污油和排泥的操作，控制出水原油和悬浮物的含量，减小混凝沉降罐的处理负荷。

（2）控制来水水量，控制回收水泵的排量，保证来水平稳。

（3）检修故障加药泵，根据水质、水量合理调整加药量，对堵塞的加药管线进行触堵，确保加药效果。

（4）定期进行收油工作；缩短排泥周期，适当延长排泥时间。

（5）分析药剂效果，选择配伍性好的药剂。

5. 对混凝沉降罐进行检修，提高沉降效果

（1）对混凝沉降罐每年至少清淤一次。

（2）检修管道混合器，保证混合反应效果。

（3）对罐内构件进行维修、清洗。

6. 取样化验，检查处理效果

出水满足下游装置的水质要求。

7. 清理场地

清理现场，回收工用具。

（三）注意事项

（1）上罐收油及检查时，应符合安全的有关规定，穿戴好劳保用品，系好安全带。

（2）遇有雷雨、雨雪及五级以上大风天气，禁止上罐收油及检查。

（3）进行收油操作时，要密切注意收油罐或污油池的液位。

（4）排泥操作时，注意回收池或污泥浓缩罐液位，防止冒罐。

（5）投用蒸汽伴热时，当心烫伤。

（6）检查投加和分析化学药剂时，应穿戴好工作服、鞋帽、防护罩、手套、防护眼镜等防护用品，严禁用手直接接触。

（7）收油后扫线要彻底。

（8）对沉降罐进行清淤检修时，要执行相关规定。

项目三　判断处理污水过滤器过滤效果差的故障

一、相关知识

GBF008过滤效率的影响因素JD

（一）过滤效率的影响因素

过滤就是滤料与悬浮颗粒的相互作用，悬浮物的分离效率主要受到两方面因素的影响。

1. 滤料的影响

1）粒度

滤料的粒径越小，过滤效率越高，但水头损失也增加得越快。在小滤料过滤中，筛分与拦截机理起重要作用。

2）形状

角形滤料的表面积比同体积的球形滤料的表面积大，因此，当孔隙率相同时，角形滤料的过滤效率高。

3）孔隙率

球形滤料的孔隙率与粒径关系不大，一般都在 0.43 左右，但角形滤料的孔隙率取决于粒径及其分布，一般为 0.48 ～ 0.55。较小的孔隙率会造成较高的水头损失和较低的过滤效率，而较大的孔隙率可提供较大的纳污空间和较长的过滤时间，但悬浮物容易穿透。

4）厚度

滤床越厚，滤液越清，操作时间越长。

5）表面活性

滤料表面不带电荷或带有与悬浮颗粒表面电荷相反的电荷有利于悬浮颗粒在其表面上吸附和接触絮凝。

2. 悬浮物的影响

1）粒度

几乎所有的过滤机理都受悬浮物粒度的影响。粒度越大，越易通过筛滤而去除。向原水中投加混凝剂，使其生成合适粒度的絮体或微絮体后进行过滤，可以改善过滤效果。

2）形状

角形颗粒的悬浮物因比表面积大，其去除效率比球形颗粒高。

3）密度

颗粒密度主要通过沉淀、惯性及布朗运动机理影响过滤效率，由于这些机理对过滤贡献不大，故其影响程度较小。

4）浓度

过滤效率随原水浓度升高而降低，原水浓度越高，穿透越容易，水头损失增加越快。

5）温度

温度影响密度和黏度，进而通过沉淀和附着机理影响过滤效率。温度降低对过滤不利。

6）表面性质

颗粒表面的性质是影响过滤效率的重要因素。常通过添加适当的凝聚剂来改善表面性质。

GBF009压力过滤罐滤料失效的判断方法 **（二）过滤罐滤料失效的判断方法**

（1）在不停产的情况下，对滤前水和滤后水取样化验分析，滤后水含油指标与滤前水相比没有明显改善，甚至恶化；滤罐经过反复多次反冲洗水质没有改善，表明滤料失效。

（2）滤罐经过加助洗剂冲洗或酸洗水质仍无改善，则判定该滤罐的滤料层失效。

（3）如果判定滤料失效，应该停产放空后再进一步鉴定。

（4）滤料破碎或性质发生变化，不能再生利用，表明失效。

（5）开罐检查，滤料发生严重污染、严重板结，清洗不能再生的，表明失效。

（6）滤料被污染成黑褐色，滤层内部有严重的结块现象，石英砂滤料结成大小不一的团块，经酸洗不能再生的，表明失效。

（7）对于油田采出水的处理站，核桃壳和纤维球滤料连续使用三年后，滤料接近失效，需要更换。

（三）压力过滤罐滤后水质不合格、过滤效果差的原因及处理方法

1. 压力过滤罐过滤效果差，出口水质达不到要求

（1）若反冲周期过长，使截留物穿透有效滤层，沿集水管到后续流程中，使过滤效果变差。

处理方法：根据水质变化规律，合理缩短反冲洗周期。

（2）水温低或油稠，在滤层顶部结油帽。

处理方法：加热反冲洗水罐内的净化水，以提高反冲洗水温。

（3）反冲洗强度小或反冲洗时间短。

处理方法：要按反冲洗要求的强度冲洗并保证一定的冲洗时间。

（4）滤层结垢或被油污染，会降低滤层的有效过滤面积和孔隙度，使滤后水质不合格。

处理方法：反冲洗时，可加入适量的滤料助洗剂；污染严重时，应酸洗滤料，洗液浓度按设计方案配制，浸泡时间应视滤料结垢或被污染的状况而定，若酸洗无效，则需要更换滤料。

（5）滤层厚度不足或滤罐内格栅损坏，滤料被冲走。

处理方法：按要求补充滤料；要及时检查和检修损坏的格栅。

（6）进口水质突然变差，来水含油多；并联过滤罐检修或来水量大，增压泵排量不稳定。

处理方法：要加强前段工序处理，降低进水含油量；合理控制增压泵排量，使来水量平稳。

（7）反冲洗强度过大，滤料被冲走，不及时补充，造成水质不合格。

处理方法：按设计反冲洗强度进行反冲洗，及时补充滤料。

（8）过滤速度过快。

处理方法：按设计要求调整过滤水的滤速。

2. 压力过滤罐过滤压力逐渐升高的原因

（1）过滤进出口电动阀门故障未打开。

（2）滤罐的布水头、集水管因结垢堵塞。

（3）滤罐因滤料结垢膨胀阻力增加。

3. 改性纤维球过滤罐过滤效果差的原因及处理方法

（1）过滤罐上下压板没有压紧，使滤料间隙过大，造成过滤效果差。

处理方法：检查压紧过滤压板，使滤料压实。

（2）来水含油量或悬浮固体含量过多。

处理方法：加强前一工序的处理工作，降低来水含油和悬浮固体的含量。

（3）改性纤维污染严重，使过滤截留能力降低。

处理方法：对改性纤维进行酸洗或更换。

（4）改性纤维滤料没有固定紧被水冲走，造成滤料流失。

处理方法：补充滤料并固定紧纤维滤料。

（5）反冲洗强度不够，或反冲洗时，搅拌装置没有启动。

处理方法：按设计强度进行反冲洗，并启动反冲洗搅拌装置以增加反冲洗效果。

> GBF010压力过滤罐水质不合格的原因
> GBF011压力过滤罐过滤效果差的处理方法JD

（6）反冲洗周期长，使截留物穿透纤维滤层，使过滤效果差。

处理方法：根据水质变化规律合理确定反冲洗周期。

（四）膜过滤器的污染与清洗

在污水处理站中，主要应用的膜过滤器分离有微滤和超滤。两种技术各具其优缺点。膜法处理采油污水关键在于解决膜污染、膜通量降低、堵塞、使用寿命缩短等问题，同时还关系到膜的选择与污水水质相匹配的问题。

1. 滤膜的污染

膜过滤器的精度较高，粒径稳定，反冲洗易恢复性能。如果污水中含油量较大时，容易污染而且不易反洗。由于污染物中有机质的存在，所以膜过滤器应用在清水中不易堵塞而应用在含油污水易堵塞。另外，由于污水中油滴的不稳定性，大于膜孔的油滴可能被分裂成小于膜孔的油滴而通过膜孔，在承托层中可以聚结成大的油滴而被承托层的微孔吸附，因此，含油污水会对膜过滤器形成堵塞，引起膜污染。

1）滤膜污染的定义及产生因素

膜污染是指污水中的微粒、胶体粒子或溶质分子与膜发生物理化学相互作用或浓度极化，使某些溶质在膜表面的浓度超过其溶解度而引起的在膜表面或膜孔内吸附、沉积，造成膜孔径变小或堵塞，使膜产生透过流量与分离特性的不可逆变化现象。

进水水质、膜材料、膜结构以及操作条件均是导致膜污染的因素，一般膜污染的种类包括无机物如 $CaSO_4$、磷酸钙、硅酸盐等，有机物如蛋白质、碳水化合物、微生物等。

<table>
<tr><td>GBF012膜过
滤器滤膜污染
的防治</td></tr>
</table>

2）膜污染的防治

（1）预处理法：预先除掉会使膜性能发生变化的因素，如 pH 值的调节、预先去除微生物等。

（2）加大供给液的流速，防止形成固结层和凝胶层。

（3）正确选择膜，膜材料的选择应考虑膜的亲疏水性、荷电性，通常认为亲水性膜及膜材料与溶质电荷相同的膜较耐污染。

（4）开发抗污染的膜，开发耐老化或耐污染的膜组件。

在超滤膜分离过程中，可以采用双向流工艺，通过对料液的进出方向进行周期性的倒换，也可以减少膜过滤器膜孔的堵塞。

<table>
<tr><td>GBF013膜过
滤器滤膜的清
洗方法JD</td></tr>
</table>

2. 滤膜的清洗

膜清洗包括物理法和化学法。

1）物理清洗法

用淡水冲洗膜面的方法，也可以用预处理后的原水代替淡水，或用空气与淡水混合液来冲洗。

2）化学清洗法

当滤膜污染较严重时，采用物理清洗不能使通量得以有效恢复时，必须采用化学清洗。出现下列情形之一时即应进行化学清洗。

（1）装置的产水量下降 10% ～ 15%。

（2）装置的进水压力增加 10% ～ 15%。

（3）装置各段的压力差增加 15%。

（4）装置的盐透过率增加 50% 时。

膜清洗时，还应考虑膜的物化特性和污染物的特性。选择化学清洗的原则，一是不能与膜及其他组件材质发生任何化学反应，二是不能因为使用化学清洗剂而引起二次污染。

（五）压力过滤罐附件（搅拌机）

油田污水站的搅拌机主要应用在加药箱中对稀释药剂的搅拌、过滤器某些滤料的清洗也需要搅拌机协助，如机械式搅拌核桃壳过滤罐（有机械翻洗辅助的反冲洗）的反冲洗上。过滤罐反冲洗时，开启搅拌机，膨胀的滤层经旋转搅动产生切向力，增大了拖拽力，同时，搅动的滤料与反冲洗旋转流产生冲洗膨胀起的滤料纵横碰撞，可以将截留在滤料上的污泥冲洗干净。提高了反冲洗效果。

在油田污水处理系统中，加药搅拌常使用轻巧的摆钱针轮减速机，低速的刮油机使用两级摆线针轮减速机，滤罐搅拌使用摆线针轮减速机或蜗轮蜗杆减速机。可自动和手动操作。

1. 搅拌机操作的注意事项

（1）使用滤罐搅拌机时，首先要启动滤罐反冲洗流程，保证罐内满水；滤料被反冲洗水充分膨胀后启动。

（2）加药罐搅拌机启动时，要保证罐内无杂物，周围无妨碍运行的障碍，安全防护设施完好、齐全。

（3）启动前，必须检查润滑油油位在规定范围内，油质合格。

（4）危险范围内不得有人员操作、滞留。

（5）搅拌机启动后需检查油位及搅拌机振动情况。

（6）长时间运行的搅拌机应检查电机、减速器温度。

2. 搅拌机的操作维护保养

（1）每班检查、清洁搅拌机表面，检查润滑油位。

（2）按规定周期、说明书规定的油品，更换减速机润滑油。

（3）定期检查传动轴有无变形、弯曲，否则应重新校直或更换。

（4）检查传动轴、桨叶腐蚀情况，视情况处理。

（5）电动机轴承应定期加注润滑脂。

（6）定期清除黏附的杂质、结晶物。

二、技能要求

（一）准备工作

1. 设备

压力过滤罐 1 座及配套工艺、回收水池（罐）1 座。

2. 材料、工具

500mm F 形扳手 1 把、250mm 活动扳手 1 把、远红外测温枪 1 把、放空桶 1 个、250mL 取样量筒 1 支、擦布适量、记录纸、笔。

3. 人员

穿戴好劳动保护用品，与相关岗位做好联系，互相配合。

（二）操作步骤

1．准备工作

与水质化验人员联系，做好取样化验的准备工作。

2．取样化验判断过滤效果

（1）对压力过滤罐的进口和出口进行取样化验，检查来水悬浮物含量及含油量是否超过设计要求。

（2）检查出口悬浮物及原油的含量是否超过规定值，判断过滤效果。

3．查找过滤效果差的原因

（1）检查来水的水量（增压泵的排量）是否增加。

（2）检查反冲洗周期是否合理。

（3）根据滤料的种类，检查反冲洗强度及时间是否符合技术要求。

（4）用测温枪检查反冲洗水温度是否过低。

（5）用观察法检查滤料是否被污染。

（6）通过取样观察滤料是否漏失。

4．压力过滤罐效果差的处理

1）加强运行控制

（1）加强上游工序的管理，对除油及沉降装置及时收油、排泥，保证上游来水的水质符合要求。

（2）控制增压泵的排量，保证滤速不超过设计要求。

2）加强反冲洗

（1）适当缩短反冲洗周期。

（2）加强反冲洗：提高反洗水温、按设计要求增加反冲洗强度、延长反洗时间。

（3）对滤料进行定期加助洗剂冲洗。

（4）如果滤料板结或污染，进行酸洗。

3）对滤罐进行检修

（1）开罐检查，确认滤料失效，酸洗无法恢复，进行更换。

（2）缺失的滤料及时补充。

（3）修复或解堵布水头和集水管。

5．检查处理效果

对滤罐的进水和出水进行取样分析，检查处理效果。

6．清理现场

清理现场回收工用具。

（三）技术要求及注意事项

（1）根据滤料性质，合理控制滤速。

（2）过滤罐进行加助洗剂或酸洗时，药剂浓度严格执行设计要求，不得任意更改。

（3）对滤罐进行酸洗或开罐检查时，遵守工作票制度。

（4）反冲洗强度应控制在过滤罐设计范围内。

（5）开关阀门时，应平稳操作，以防止损坏阀门。

（6）进行效果差的处理时，与相关岗位联系，防止出事冒罐或溢池事故。

项目四 检查处理电动机常见故障

一、相关知识

（一）电动机接线方法

GBG001电动机的接线方式

电动机在额定电压下定子三相绕组的连接方法。常见的接法有"星形"和"三角形"两种。若铭牌标△，额定电压标 380V，表明电动机电源电压为 380V 时应接△。若电压标 380V/220V，接法标 Y/△，这表明电动机每相绕组的额定电压为 220V，如果电源线电压为 220V，定子绕组则应接成三角形。如果电源电压为 380V，则应接成星形。切不可误将星形接成三角形，将烧毁电动机。额定电压为 380V，接法为三角形，这表明定子每相绕组的额定电压是 380V，适用于电源线电压为 380V 的场合。

目前，我国三相异步电动机功率在 3kW 以下的一般用星形接法，4kW 及以上时，均采用三角形接法，以利于广泛采用星形—三角形降压启动，如图 1-3-1 所示。

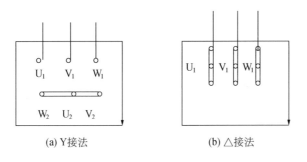

(a) Y接法   (b) △接法

图1-3-1 电动机定子绕组接线图

Y 系列电动机接线盒内接线端子的标志是"U"表示第一绕组，"V"表示第二绕组，"W"表示第三绕组；"1"表示绕组首端，"2"表示绕组末端。如图 1-3-2 所示。

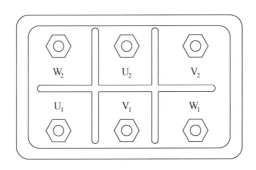

图1-3-2 Y系列电动机接线盒

一般三相异步电动机接线盒内都有 6 个接头，这是电动机三相绕组的 6 个首末端。一般新电动机首、末端均有符号标记，见表 1-3-4。

表1-3-4　电动机绕组首、末端符号识别

引出	标准符号		不标准符号							
	首	末	首	末	首	末	首	末	首	末
第一相	D_1	D_4	A	X	A_1	A_2	C_1	C_4	1	4
第二相	D_2	D_5	B	Y	B_1	B_2	C_2	C_5	2	5
第三相	D_3	D_6	C	Z	C_1	C_2	C_3	C_6	3	6

由于电动机绕组6个出线头引出的情况不同，它的具体接法也就不同。

（1）电动机上有接线板，出线板上引出6根线的接法：因接线板上用符号标明绕组的首末端，故我们只要按图4-3-1接成星形或三角形就行了。三相绕组六个接线端引出至接线盒，三个始端标以 D_1、D_2、D_3，末端标以 D_4、D_5、D_6。三个末端接在一起，三个始端接三相电源，即为星形（Y）联接。末端、始端两两接在一起接至三相电源，即为角形（△）联接。

（2）电动机上只引出三根线的接法：这种电动机内部已接成固定的星形或三角形，所以接线时只要将引出的三根线分别与三根火线相接即可。

（3）电动机外壳上有两孔，每个孔引出三根线（分别为三组绕组首端和末端）的接法：星形接法时，只要将任何一孔中的三根线拧在一起，将另一个孔的三根线分别与三根火线相连就可以。三角形接法时，如果线上没有标记符号，首先用万用表或电池小灯泡找出哪两个线头是一个绕组，分组后，按三角形接法接线即可。

GBG002电动机常见故障的原因
GBG005电动机电路故障的原因
GBG003电动机的常见故障处理方法

（二）电动机常见故障及处理

1. 电动机通电后，电动机不启动，有嗡嗡响声

1）原因

（1）改极重绕后，槽配合选择不当。

（2）定、转子绕组断路。

（3）绕组引出线始末端接错或绕组内部接反。

（4）电动机负载过大或被卡住。

（5）电源未能全部接通。

（6）电压过低。

（7）对于小型电动机，润滑脂硬或装配太紧。

2）处理方法

（1）选择合理绕组型式和绕组节距，适当车小转子直径；重新计算绕组参数。

（2）由专业人员拆机检修，查明断路点进行修复；检查绕线转子电刷与集电环接触状态；检查启动电阻是否断路或电阻过大。

（3）在定子绕组中通入直流电，检查绕组极性；判定绕组首末端是否正确。

（4）检查设备，排除故障。

（5）更换熔断的熔断器，紧固接线柱上松动的螺钉；用万用表检查电源线某相断线或假接故障，然后修复。

（6）检查系统电网电压；如果△接电动机误接成Y接，就改回△；电源电压太低时，

应与供电部门联系解决；电源线压降太大造成电压过低时应改粗电缆线。

（7）选择合适的润滑脂，提高装配质量。

2. 电动机外壳带电

1）原因

（1）电源线与接地线接错。

（2）电动机绕组受潮，绝缘严重老化。

（3）引出线与接线盒接地。

（4）线圈端部顶端盖接地。

2）处理方法

（1）纠正接线。

（2）电动机烘干处理，老化的绝缘要更新。

（3）包扎或更新引出线绝缘；修理接线盒。

（4）拆下端盖，检查线圈接地点，要包扎绝缘和涂漆，端盖内壁垫绝缘纸。

3. 绝缘电阻低

1）原因

（1）绕阻受潮或被水淋湿。

（2）绕组绝缘粘满粉尘、油垢。

（3）电动机接线板损坏，引出线绝缘老化破裂。

（4）绕组绝缘老化。

2）处理方法

（1）进行加热烘干处理。

（2）清洗绕组油垢，并经干燥、浸渍处理。

（3）重包引线绝缘，更换或修理出线盒及接线板。

（4）经鉴定可以继续使用时，可经清洗干燥，重新涂漆处理；如果绝缘老化、不能安全运行时，需更换绝缘。

4. 电动机振动

1）原因

（1）轴承磨损，间隙不合格。

（2）气隙不均。

（3）转子不平衡。

（4）机壳强度不够。

（5）基础强度不够或安装不平。

（6）风扇不平衡。

（7）绕线转子开焊、断路。

（8）笼型转子开焊、断路。

（9）定子绕组短路、断路、接地、连接错误等。

（10）转轴弯曲。

（11）铁芯变形或松动。

（12）靠轮或皮带轮安装不符合要求。

（13）齿轮接后松动。

（14）电动机地脚螺栓松动。

2）处理方法

（1）检查轴承间隙，应符合要求。

（2）调整气隙，使之符合规定。

（3）检查原因，经过清扫，紧固各部螺栓后校动平衡。

（4）将基础加固，并将电动机地脚找平、垫平，最后紧固。

（5）检修风扇，校正几何形状和校平衡。

（6）需专业人员拆机检修。

（7）进行补焊或更换笼条。

（8）需专业人员拆机检修。

（9）校直转轴。

（10）校正铁芯，然后重新叠装铁芯。

（11）重新找正，必要时检修靠轮或皮带轮，重新安装。

（12）紧固或更换不合格的电动机地脚螺栓。

5. 三相空载电流匀称平衡但普遍增大

1）原因

（1）重绕时，线圈匝数不够。

（2）Y 接误接成△接。

（3）电源电压过高。

（4）电动机装置不当（如装反，转子铁芯未对齐，端盖螺钉固定不匀称等）。

（5）气隙不均或增大。

（6）拆线时，使铁芯过热而灼损。

2）处理方法

（1）绕组重绕。

（2）将绕组接线改正为 Y 接。

（3）测量电源电压，如果电源本身电压过高，则与供电部门协商解决。

（4）检查装置质量，消除故障。

（5）调整气隙，对于曾经车过转子的电动机需更换新转子或改绕。

（6）检修铁芯或重新计算绕组，进行补偿。

6. 电动机运行时有杂音，不正常

1）原因

（1）改极重绕时，槽配合不当。

（2）转子擦绝缘纸或槽楔。

（3）轴承磨损。

（4）定、转子铁芯松动。

（5）电压太高或不平衡。

（6）定子绕组接错。

（7）绕组短路。

（8）重绕时每相匝数不相等。

（9）轴承缺少润滑脂。

（10）风扇碰风罩。

（11）气隙不均匀，定、转子相擦。

2）处理方法

（1）要校验定、转子槽配合。

（2）检修绝缘纸或检修槽楔。

（3）检修或更换新轴承。

（4）检查振动原因，重新压铁芯。

（5）测量电源电压，检查电压过高和不平衡原因进行处理。

（6）需专业人员拆机检修。

（7）需专业人员拆机检修。

（8）重新绕线，改正匝数。

（9）清洗轴承，填加润滑脂，使其充满轴承室容积的 1/3 ～ 1/2。

（10）修理风扇和风罩，使其几何尺寸正确，清理通风道。

（11）调整气隙，提高装配质量。

7. 轴承发热超过规定

1）原因

（1）润滑脂过多或过少。

（2）油质不好，含有杂质。

（3）轴承与轴颈配合过松或过紧。

（4）轴承与端盖配合过松或过紧。

（5）油封太紧。

（6）轴承内盖偏心，与轴相擦。

（7）电动机两侧端盖或轴承盖未装平。

（8）轴承磨损，有杂物等。

（9）电动机与被拖机构连接偏心或传动皮带过紧。

（10）轴承型号选小了，过载，使滚动体承受载荷过大。

（11）轴承间隙过大或过小。

（12）滑动轴环转动不灵活。

2）处理方法

（1）拆开轴承盖，检查油量。要求润滑脂填充至轴承室容积的 1/3 ～ 1/2。

（2）检查油内有无杂质，更换洁净的润滑脂。

（3）更换轴承，使之符合配合公差要求。

（4）更换新轴承。

（5）更换或修理油封。

（6）修理轴承内壁，使之符合配合公差要求。

（7）按正确工艺将端盖轴承盖装入止口内，然后均匀紧固螺钉。

（8）更换损坏的轴承，对含有杂质的轴承要彻底清洗、换油。

（9）校准电动机与传动机构连接的中心线，并调整传动皮带的张力。

（10）选择合适型号的轴承。

（11）更换新轴承。

（12）检修轴环使尺寸正确，校正平衡。

8. 电动机过热或冒烟

1）原因

（1）电源电压过高，使铁心磁通密度过饱和，造成电动机温升过高。

（2）电源电压过低，在额定负载下电动机温升过高。

（3）灼线时，铁芯被过灼，使铁耗增大。

（4）绕组表面粘满尘垢或异物，影响电动机散热。

（5）电动机过载或拖动的生产机械阻力过大，使电动机发热。

（6）电动机频繁启动或正、反转次数过多。

（7）笼型转子断条或绕线转子绕组接线松脱，电动机在额定负载下转子发热，使电动机温升。

（9）绕组匝间短路、相间短路以及绕组接地。

（10）进风温度过高。

（12）电动机两相运转。

（13）重绕后绕组浸渍不良。

（14）环境温度增高，或电动机通风道堵塞。

（15）绕组接线错误。

2）处理方法

（1）如果电源电压超过标准很多，应与供电部门联系解决。

（2）若因电源线电压降过大而引起，可更换较粗的电线；如果是电源电压太低，可向供电部门联系，提高电源电压。

（3）做铁芯检查试验，检修铁芯，排除故障。

（4）检查故障原因，如是轴承间隙超限，则应更换新轴承，如果转轴弯曲，则需调直处理，铁芯松动或变形时，应处理铁芯。

（5）清扫或清洗电动机，并使电动机通风沟畅通。

（6）排除拖动机械故障，减少阻力；根据电流表指示，如超过额定电流，需减低负载；更换较大容量电动机或采取增容措施。

（7）减少电动机启动及正、反转次数或更换合适的电动机。

（8）查明断条和松脱处，重新补焊或拧紧固定螺钉。

（9）检查冷却水装置是否有故障；检查周围环境温度是否正常。

（10）检查电动机风扇是否损坏，扇叶是否变形或未固定好，必要时更换风扇。

（11）检查熔断丝、开关接触点，排除故障。

（12）要采取二次浸漆工艺，最好采用真空浸漆措施。

（13）改善环境温度采取降温措施；隔离电动机附近高温热源；不使电动机在日光下暴晒。

（14）Y 接电动机误接成△接，或△接电动机误接成 Y 接，要改正接线。

9. 电动机缺相运行的现象

（1）电动机缺相运行时，转子左右摆动，有较大嗡嗡声。

（2）缺相的电流表无指示，其他两相电流升高，泵的转数发生一定变化。

（3）电动机转数降低电流增大，电动机发热，温升快。

如果发生上述情况必须立即停机检查。

GBG004电动机缺相运行的判断方法

10. 电动机正常运行时发生焦糊味

原因：接线柱接线松动发热，烤坏绝缘层；绕组绝缘损坏。

处理方法：立即停机处理、启动备用泵、汇报专业人员、排除处理故障。

11. 电动机出现下列情况应立即停机

（1）电缆接线头或启动装置冒烟、打火。

（2）电动机出现剧烈振动。

（3）拖动机械设备出现故障或损坏。

（4）电动机声音异常。

（5）电动机电流突然急剧上升。

（6）转速急剧下降，温度急剧升高。

（7）电动机着火。

（8）发生人身伤亡事故，或火灾、水灾等事故。

二、技能要求

（一）准备工作

1. 设备

离心泵机组1台。

2. 材料、工具

200mm、250mm 活动扳手各1把、一字形螺丝刀1把、万用表1个、试电笔1支。

3. 人员

2人操作，持证上岗，劳保用品穿戴齐全。

（二）操作步骤

1. 准备工作

选择工用具及材料；与电工联系做好启停及检修操作。

2. 检查分析

（1）确认电源是否接通。

（2）检查启动按钮是否失灵。

（3）检查电动机保护装置，过载保护动作后没有及时复位。

（4）检查熔断丝，熔断丝熔断，绕组断路造成电动机启动故障。

（5）绕线转子电动机启动是否误操作。

（6）检查电动机定子绕组相间是否短路，定子绕组接线有无错误。

3. 处理方法

（1）检查电源刀闸在合位，检查电源指示灯正常检查配电盘电压在 360 ～ 420V 之间，检查三相电压平衡在额定电压的 5%。

（2）检修或更换启动按钮。

（3）及时复位过载保护。

（4）检查开关、熔断丝、各对触点及电动机引出线头。

具体操作方法：侧身拉下闸刀断开电源，用试电笔验电，卸掉交流接触器瓷盖，检查交流接触器主触点和辅助触点，手动检查吸合情况。用万用表检查交流接触器线圈，安装瓷盖，拆卸接线盒盖，检查电动机接线，用万用表测量三项绕组是否断线。

（5）检查集电环短路装置及启动变阻器位置，启动时应分开短路装置，串接变阻器。

（6）检查定子绕组，接线正确。

4.启动试运

（1）检查电动机周围无障碍物，侧身合电源。

（2）按启动按钮启动电动机，检查各部位仪器仪表是否正常。

（3）检查机组无异常声音、无异味。

5.清理场地

收拾工具、清理场地。

（三）注意事项

（1）戴绝缘手套侧身拉刀闸。

（2）试电笔使用方法要正确，要使氖管小窗背光。

（3）使用试电笔时不能用手触及前端的金属探头，以免造成人身触电事故。

（4）电动机接地电阻 ≤ 4Ω，否则电动机机壳带电时，极易发生电击伤人。

项目五　处理离心泵流量不足的故障

一、相关知识

（一）离心泵流量调节方法

GBG006离心泵流量调节方法

1.节流调节

节流调节是通过调节泵出口阀的开度调节流。泵出口阀关小，则泵出口流量下降，扬程提高；泵出口阀开大，则泵出口流量增加，扬程下降。运行过程中，可以通过调节出口阀门开度而得到离心泵性能范围内的任一组流量与扬程。不过，泵在设计工况点运行时，其效率最高；离开设计工况点越远，效率越低。

2.回流调节

回流调节是将泵所排出的一部分液体经回流阀回到泵的入口，从而改变泵输向外输管路中的实际排量。

3.自动调节

由变送器、调节器、调节阀和被调介质组成一个具有控制功能的自动调节系统。近年来随着计算机在自动调节系统中的应用，更加完善了自动化控制水平。

4.改变泵的转速调节

离心泵的转速改变时，引起流量的变化，其变化的关系式为：

$$\frac{Q'}{Q} = \frac{n'}{n} \qquad (1-3-3)$$

式中　Q——泵原来的流量，m^3/s；

n——泵原来的转速，r/min；

Q'——泵改变转速后的流量，m^3/s；

n'——泵改变转速后的转速，r/min。

采用变频器、液力耦合器、可调速的柴油机、线绕电动机及更换皮带轮等方法改变离心泵的转速，可以得到不同的工作点，使流量、扬程和轴功率改变，从而达到调节参数的目的。

5. 改变叶轮外径的调节方法

利用切割定律可以计算出达到某一扬程或轴功率时叶轮的切割量，或计算出切割叶轮后泵的流量、扬程和轴功率的变化量。切割定律的表达式为：

$$\frac{Q_1}{Q_2} = \frac{D_1}{D_2} \qquad (1-3-4)$$

$$\frac{H_1}{H_2} = \left(\frac{D_1}{D_2}\right)^2 \qquad (1-3-5)$$

$$\frac{N_1}{N_2} = \left(\frac{D_1}{D_2}\right)^3 \qquad (1-3-6)$$

式中　Q_1——泵原来的流量，m^3/s；

H_1——泵原来的扬程，m；

D_1——泵原来的叶轮直径，m；

N_1——泵原来的轴功率，W；

Q_2——泵叶轮切削后的流量，m^3/s；

H_2——泵叶轮切削后的扬程，m；

D_2——泵叶轮切削后的叶轮直径，m；

N_2——泵叶轮切削后的轴功率，W。

泵叶轮切割后效率不变或有所下降，但下降不多，若切割过多时，效率会下降很多。因此泵叶轮外径最大允许切割量有一定的范围，见表1-3-5。

表1-3-5　泵叶轮外径最大允许切割量

比转数，n	60	120	200	300	350	> 350
最大允许切割量，%	20	15	11	9	7	0
效率下降值，%	每车削 10，下降 1		每车削 4，下降 1			

对于切割过的叶轮，若流量、扬程不够时，可利用切割定律放大，但放大的叶轮直径，以能装入泵内为限。多级泵的叶轮进行切割时只切叶片，不要把两侧盖板切掉。

6.改变联接方式的调节方法

当单台泵不能满足管线的流量时，常用并联的方法来解决，如图1-3-3所示。

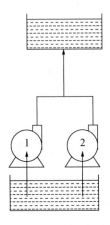

图1-3-3　离心泵并联方式示意图

离心泵的并联是将两台或多台离心泵的出口管线合并为一条输出管路。通过泵的并联运行可增加流量，总流量等于各泵的流量之和，总扬程等于各泵的扬程，用公式（1-3-7）表示：

$$Q_并 = Q_1 + Q_2$$
$$H_并 = H_1 = H_2$$

（1-3-7）

离心泵并联运行时，要求它们的扬程相近。离心泵的并联运行使污水处理站供液的安全性提高，这是因为当多台泵并联运行时，如有一台损坏，其他几台泵仍可供液。并联运行的调节方法是增减运行泵的台数，以达到调节流量的目的。

（二）离心泵的容积损失与流量、扬程的关系

GBG007离心泵的容积损失

离心泵在运行过程中发生各种能量损失，主要有容积损失，机械损失和水力损失三个方面。其中容积损失直接影响着离心泵的流量。离心泵的容积损失主要体现在下面三个方面：

（1）密封环泄漏损失。

在叶轮入口处设有密封环（口环）。在泵工作时，由于密封环两侧存在着压力差，所以始终会有一部分液体从叶轮出口向叶轮入口泄漏，形成环流损失。这部分液体消耗的能量全部用到克服密封环阻力上了。离心泵在运转过程中，由于某些原因，密封环与叶轮会发生摩擦，并引起密封环内圆或端面的磨损，从而破坏了密封环与叶轮进口端之间的配合间隙，间隙增大会引起大量高压液体从叶轮的出口回流到叶轮进口，在泵体内循环，形成内泄漏，大大减少了泵出口的排量，降低了离心泵的出口压力。

（2）平衡装置的泄漏损失。

在离心泵工作时，平衡装置在平衡轴向力时将使高压区的液体通过平衡孔、平衡盘及平衡管等回到低压区而产生的损失。平衡盘磨损后，会造成平衡间隙过大，会使大量液体回流到进口，引起泵的排量、压力不足。

（3）级间泄漏损失。

在多级泵运行中，级间隔板两侧压力不等，因而也存在着泄漏损失。

容积损失直接影响着离心泵的流量与扬程，容积损失越大，泵的出口流量、扬程越小。所以离心泵在装配时，严格按照设计要求控制容积损失。

（三）离心泵流量异常故障的排除方法

在油田日常生产中，离心泵在使用过程中发生故障较多，原因也是多种多样的，正确的分析和判断，才能准确迅速地找出真正原因，加以排除，减少损失，保证泵正常运转。主要方法是：看、听、闻、摸、思考，先从简单的故障原因查起，通过分析、判断找出真正的原因，而后采取具体的处理措施，一定会达到良好效果，离心泵流量异常除了与泵体内部各种容积损失有关，还与管路系统都有直接的关系。

泵和管路系统常见故障与排出方法见表1-3-6。

表1-3-6　泵和管路系统常见故障与排出方法

常见故障	仪表特征	原因	排除方法
泵内有气	压力表和真空表的读数比正常小，不稳定，甚至降到零	灌泵不好	应停泵，重新灌泵
		吸入管口漏出液面	应插入液面
		吸入系统漏气	应更换垫片，填料，拧紧螺钉
吸入管堵塞	真空表的读数比正常大，压力表读数比正常小	吸入阀未开或开度不够	应打开吸入阀
		过滤器、吸入管太脏	应清洗
		吸入胶管吸扁	应更换
		吸入管口紧贴容器壁	应拔起
排出管堵塞	压力表的读数比正常大，真空表读数比正常小	排出阀未打开或开度不够	应打开排除阀
		排出管或该管上的过滤器太脏	应清洗
排出管破裂	压力表的读数突然下降，真空表的读数突然上升	管路焊接质量不高，钢管锈蚀穿孔，阀门开度过猛引起水击破坏	应修复或更换损坏管路
		其他各种因素而引起损坏管路	针对实际情况，予以修复
泵产生汽蚀	压力表和真空表的读数极不稳定，特别是真空表，时高时低，严重时降到零	开泵后排出阀开的过快，液流脱节	应放出气体，重新启泵
		油温过高，蒸汽压过大	可利用早晚装卸作业，撒水冷却
		流量过大	可关小排出阀，控制流量
		吸入高度太大，管路阻力过大	有条件时可降低泵的位置，缩短吸入管，增大吸入管直径

离心泵常见流量异常的故障原因及处理方法：

1. 离心泵不上水的原因及处理方法

1）原因

（1）来水阀门未开或阀板脱落。

（2）泵进口过滤器被堵死。

（3）来水管线堵死不通。

（4）进口法兰垫没开孔或盲板未拆掉。

（5）泵的吸入高度过高或吸入管径小。

（6）泵的扬程低。

（7）泵的吸入管路漏气或泵内有气。

（8）叶轮旋转方向错误或泵的转速与实际不符。

2）处理

（1）打开来水阀门或检修阀门。

（2）打开盖板清洗过滤器。

（3）检查来水管线并清堵弄通。

（4）更换法兰垫或拆掉盲板。

（5）降低泵安装高度，加大吸入管径。

（6）更换合适扬程的泵。

（7）检查处理泄漏、灌泵排除空气。

（8）调电动机转向、使电机转速符合要求。

2. 离心泵启泵后，达不到额定排量的原因及处理

GBG012离心泵流量不足的故障原因

1）原因

（1）来水阀门未开大或出口阀门开的过小。

（2）泵转速太低转向不对，叶轮反转。

（3）叶轮或进口阀、过滤器被堵塞；底阀堵塞或漏水。

（4）叶轮腐蚀，磨损严重。

（5）入口密封环磨损过大；平衡盘间隙过大，平衡压力过高。

（6）储液槽液位下降过大，造成吸液高度过大。

（7）泵壳内有空气，泵体或吸入管路漏入空气。

（8）介质黏度超过设计标准。

GBG013离心泵流量不足的故障处理

2）处理

（1）检查流程，调整控制进出口阀门开启度。

（2）改变叶轮转向。

（3）清除杂物等堵塞物。

（4）更换磨损零件或修理叶轮。

（5）更换入口密封环；调整配合间隙。

（6）核算吸水高度必要时降低泵的安装高度，提高储液槽液位。

（7）处理管路漏气部位，排除泵内气体。

（8）降低介质黏度。

GBG010离心泵启泵后不出水的原因

3. 启泵后不出水的故障原因及处理

1）原因

（1）进口和出口侧管路上的阀门未打开或阀门闸板脱落。

（2）进口管路进气或出口管路堵塞。

（3）出口管路侧的单流阀卡死。

（4）泵叶轮旋转方向错误。

（5）泵的吸入高度过高或吸入管径小。

（6）干线压力高于泵的出口压力（超过泵的死点扬程）。

（7）大罐液位低。

2）处理

（1）开启阀门，检修进、出口阀门。

（2）进口管路排气，出口管路清堵。

（3）检修出口单流阀。

（4）调整叶轮转动方向。

（5）降低泵安装高度，加大吸入管径。

（6）调整管路特性。

（7）调整大罐液位。

（四）离心泵其他常见故障的原因及排方法

1.离心泵轴承寿命过短的原因

1）原因

（1）泵轴弯曲造成轴承偏磨，轴承跑内圆。

（2）润滑不良，润滑油中有杂质或进水；选用的润滑脂或润滑剂与要求不符。

（3）润滑方式选择不当。

（4）更换的轴承型号不对，不符合安装技术要求；离心泵的使用性能超出规定，会引起轴承上径向力过大。

（5）离心泵双吸叶轮两侧不对称，平衡机构失效，使轴向推力过大，会影响轴承的寿命。

（6）电动机与泵不同心产生震动造成轴承磨损加剧。

2）处理

（1）校正检修泵轴，滚动轴承磨损超过允许值，应更换轴承。

（2）选择更换符合要求的润滑剂。

（3）更改润滑方式，保证润滑良好。

（4）按安装技术要求更换轴承。

（5）调整离心泵双吸叶轮对称度，调整静平衡。

（6）调整机泵同心度，使其达到标准。

2.离心泵泵耗功率大的原因及处理

1）原因

（1）密封填料压盖太紧，密封填料函发热。

（2）泵轴串量过大，转子零件和定子零件有摩擦、零件卡阻。

（3）叶轮尺寸过大，叶轮与入口密封环发生摩擦。

（4）泵轴与原动机轴线不一致，轴弯曲。

（5）零件卡住。

（6）轴承损坏或润滑油多或油质不合格。

GBG009离心泵轴承寿命过短的原因

GBG011离心泵轴功率异常故障的原因

（7）流量太大；液体密度或黏度超过设计指标。

（8）泵的实际转速高于泵的设计转数（即铭牌规定）。

2）处理

（1）调节密封填料压盖的松紧度。

（2）调整轴向串量，检查处理卡阻零件。

（3）检修或更换叶轮；更换密封环或调整叶轮止口与密封环配合间隙。

（4）校正机泵同轴度。

（5）检查处理卡住的零件。

（6）更换轴承和润滑油脂。

（7）关小出口阀门，把流量控制在最佳工况区内；调整液体密度或黏度或换泵。

（8）降低转速，达到泵原设计要求。

3. 离心泵轴功率过低的原因及处理

1）原因

（1）泵进口压力低、流量不够。

（2）管路阀门、过滤器、叶轮堵塞。

（3）出口阀门开度过小。

（4）转速不够，泵反转。

（5）泵内有气体。

2）处理

（1）提高来液压力，增加进口流量。

（2）清除管路系统（阀门、过滤器、叶轮流道）堵塞物。

（3）控制出口流量及温度。

（4）提高泵转速，调整电动机相线。

（5）打开进出口放空阀门，排尽泵内气体。

4. 离心泵叶轮与泵壳寿命过短的原因及处理

1）原因

（1）输送的液体与过流零件材料发生化学反应造成腐蚀。

（2）过流零件所采用的材料不同，产生电化学势差，引起电化学腐蚀。

（3）输送液体中含有固体杂质引起的冲蚀。

（4）因泵偏离设计工况点运转而引起冲击腐蚀。

（5）热冲击、振动（包括轴弯曲）引起过流零件的疲劳。

（6）汽蚀引起过流零件冲蚀。

（7）泵的运转温度过高。

（8）管路载荷对泵壳造成的应力过大。

2）处理

（1）根据输送介质的性质选择适合的离心泵或采取系统加药处理输送介质。

（2）对过流零件采用镀膜防腐新技术进行处理。

（3）合理调控介质处理工艺参数，减少介质中固体杂质的含量。

（4）合理调控离心泵的工况点。

（5）控制输送介质温度在规定范围，减少泵机组的振动。

（6）加强工艺设备的维护管理，防止汽蚀现象的发生。

（7）合理控制管路系统的流量和压力。

（8）合理增加管线支墩、减轻管路对泵壳的应力。

二、技能要求

（一）准备工作

1. 设备

离心泵机组 1 台。

2. 材料、工具

200mm、250mm 活动扳手各 1 把；密封填料、黄油、擦布若干；检修牌 1 块。

3. 人员

2 人操作，持证上岗，劳保用品穿戴齐全。

（二）操作步骤

1. 准备

选择工用具；与电工联系做好检修准备。

2. 停泵

按停泵按钮将泵停下，关进出口阀门，打开放空阀，挂检修牌。

3. 原因分析

（1）离心泵进口管道漏气，导致离心泵一直处于吸空气的状态，泵内气体没排除。

（2）离心泵进口管路供液流量不足所需流量，或吸程过高，离心泵进口管道底阀密封不好漏水。

（3）离心泵与配用电动机旋转方向相反，电动机缺相转速很慢。

（4）进出口管道、离心泵叶轮流道部分堵塞，水垢沉积在泵体里面，叶轮压帽螺栓脱扣，叶轮磨损。

（5）离心泵进、出口阀门没有打开，进水管路堵塞，泵腔叶轮流道堵塞，进口阀门闸板脱落，进口密封圈漏。

（6）大罐液位太低，液体高度达不到泵吸入口。

（7）系统电网电压偏低。

> GBG013离心泵流量不足的故障处理

4. 处理方法

（1）检查进口管道漏气点修复漏气孔，拧紧各密封面，启泵前将泵灌满水，排净泵内气体。

（2）检查、调整缩短吸程距离，或者更换自吸泵。

（3）调换电动机的接线调整电动机的转向，使泵与电动机旋转方向一致，检查电源进线紧固好电动机接线。

（4）检查管道和泵腔清除堵塞物，重新调整阀门大小，重新紧固叶轮压帽螺栓，更换新叶轮。

（5）检查进出口阀门是否被关闭打开被关闭的阀门，检查进出口管道及泵腔叶轮是否被杂物堵塞，清除杂物。更换或检修进口阀门闸板，压紧或更换泵进口密封圈。

（6）调整大罐液位，使液位高于泵的吸入口。

（7）提高稳定系统电网电压。

5．启泵

处理完毕后，按操作规程启泵，检查压力、温度、电流变化情况，做好记录。

6．清理场地

回收工具，清理场地。

（三）注意事项

（1）严格按照操作规程启、停离心泵。

（2）启泵后检查压力、温度、电流变化情况，做好记录。

（3）停泵或倒泵时，要保持管线压力相对稳定，不要忽高忽低。

第二部分

技师操作技能及相关知识

模块一　维护水处理系统设备

项目一　试验、筛选、评定污水处理药剂

一、相关知识

（一）水处理药剂的作用机理

1.絮凝剂的絮凝机理

JBA001絮凝剂的絮凝机理

当原水加注混凝剂后，胶体的稳定性被破坏，使胶体颗粒具有相互聚集的性能，经过凝聚过程的微絮粒仍然十分微小，达不到水处理中沉降分离的要求。絮凝过程就是在外力作用下，使具有絮凝性能的微絮粒相互接触碰撞，而形成更大的絮粒，以适应沉降分离的要求。在混凝沉降构筑物中，完成絮凝过程的设备主要是絮凝装置，即反应装置。

混凝剂混凝过程中所起的作用：①调整 pH 值；②加大矾花的粒度、相对密度及结实性；③加大矾花和减少矾花的相对密度。

对絮凝过程的分析，主要是研究颗粒的聚集和破碎。

虽然在絮凝过程中可以通过多种途径达到颗粒的接触，然而在实际絮凝装置中，起主导作用的还是液体的流动。目前，在研究絮凝过程中，常用速度梯度 G 来表示。

$$\bar{G}=\sqrt{\frac{\in_0}{\mu}}\qquad(2-1-1)$$

式中　$\bar{G}$——絮凝装置中水流的平均速度梯度；

　　　$\in_0$——单位时间单位体积内所消耗的功；

　　　μ——水的动力黏度。

由式（2-1-1）可见，速度梯度实际上反映了单位时间单位体积水的能量消耗值。

在实践中，随着絮凝时间的增加，颗粒总数在减少，而其粒径则不断增大。影响粒径增长速度的，除了原始粒径、絮凝时间外，还受颗粒的体积浓度和液体的速度梯度的控制。当体积浓度相同时，絮凝速度取决于速度梯度 G 和絮凝时间 T 的乘积。

以上分析假设颗粒的每次接触均达到有效的聚集。实际上，由于颗粒的絮凝能力不同，接触后达到聚集的有效程度也就不同。此外，在实际絮凝过程中不能忽略水流剪力对絮粒破碎或增大粒径的影响，絮粒在其形成过程中，一方面受到颗粒间相互聚集的黏结作用，另一方面也受到流体紊动对絮粒产生的破碎作用。在一定的水流条件下，当黏结力与破碎力达到平衡时，絮粒将达到相应的最大粒径。

JBA002缓蚀剂的缓蚀机理

2. 缓蚀剂的缓蚀机理

1）缓蚀剂定义

凡是在腐蚀介质中添加少量物质就能防止或减缓金属的腐蚀，这类物质就称为缓蚀剂。常用缓蚀率来衡量缓蚀剂的防腐效果。缓蚀率的测定方法是分别测出空白试样与加入缓蚀剂试样的腐蚀速度，按式（2-1-2）计算出缓蚀率：

$$缓蚀率 = \frac{空白试样的腐蚀速度 - 加入缓蚀剂试样的腐蚀速度}{空白试样的腐蚀速度} \times 100\% \quad （2-1-2）$$

2）缓蚀剂类型

（1）氧化型缓蚀剂。

氧化型缓蚀剂的缓蚀机理是使金属表面生成一层致密且与金属表面牢固结合的氧化膜或以金属离子生成难溶的盐，从而阻止金属离子进入溶液，抑制腐蚀。如铬酸盐（$NaCrO_2$、$K_2Cr_2O_7$）、亚硝酸盐（$NaNO_2$）等。

（2）沉淀型缓蚀剂。

沉淀型缓蚀剂的缓蚀机理是缓蚀剂与腐蚀环境中的某些组分反应，生成致密的沉淀膜或生成新的聚合物，覆盖在金属的表面，这种膜的电阻率大，抑制了金属的腐蚀。沉淀型缓蚀剂又有阴极抑制型和混合抑制型之分。如辛炔醇、磷酸盐、羟基喹啉等。

（3）吸附型缓蚀剂。

吸附型缓蚀剂均为有机化合物，又称为有机缓蚀剂。其缓蚀机理是缓蚀剂分子一般都有极性基团和非极性基团，加入腐蚀介质中的极性基团吸附在金属表面上，非极性基团则向外定向排列，形成憎水膜，使金属与腐蚀介质隔开，从而起到防腐作用。如烷基胺（RNH_2）、烷基氯化吡啶、咪唑啉衍生物等。

JBA003杀菌剂的杀菌机理

3. 杀菌剂的杀菌机理

1）杀菌剂种类

按杀菌剂的化学成分可分为无机杀菌剂和有机杀菌剂两大类。

（1）无机杀菌剂有：氯、臭氧、次氯酸钠等。

（2）有机杀菌剂有：季铵盐、有机氯类、二硫氰基甲烷、戊二醛等。按杀菌机理可分为氧化性杀菌剂和非氧化性杀菌剂。氯、次氯酸钠等属于氧化性杀菌剂，季铵盐、戊二醛属于非氧化性杀菌剂。

2）杀菌机理

杀菌剂的杀菌机理可分为以下三种：

（1）渗透杀伤或分解菌体内电解质。

（2）抑制细菌的新陈代谢过程，如抑制蛋白质合成。

（3）氧化络合细菌细胞内的生化过程。

氧化性杀菌剂。如氯、臭氧等均为强氧化剂，通过强氧化作用破坏细菌细胞结构，或氧化细胞结构中的一些活性基团而发挥杀菌作用。

非氧化性杀菌剂。如季铵盐除能降低表面张力外，还能选择性地吸附到菌体上，在细胞表面形成一层高浓度的离子团，直接影响细胞膜的正常功能。细胞膜是选择透过性膜，调节着细胞内外的离子平衡，起到离子出入、能量转换及输送功能，细胞膜被杀菌剂破坏后，就使蛋白质变性，抑制酶的生物活性，从而抑制细菌的生长繁殖。

杀菌剂主要通过以下几方面达到杀菌目的：①阻碍菌剂的呼吸作用；②抑制蛋白质合成；③破坏细胞壁；④阻碍核酸的合成。

（二）试验、筛选、评定污水处理药剂

1.试验、筛选、评定污水处理药剂的方法

（1）测试各种污水处理药剂的水溶性。

（2）将各种污水处理药剂配制成不同浓度的溶液。

（3）将药剂溶液分别加入相同的水样中进行室内试验。

> JBA004试验污水处理药剂的方法
> JBA006评定污水处理药剂的方法

（4）对每一类污水处理药剂先选出一种效果最好的药剂，然后再选出药剂投加最佳浓度。加药浓度计算如式（2-1-3）。

$$\rho = \frac{m}{Q} \times 1000 \qquad (2-1-3)$$

式中　ρ——加药浓度，mg/L；

　　　m——加药量，kg；

　　　Q——日处理水量，m^3。

> JBA005阻垢剂的筛选效果分析

①杀菌剂。

将经过不同浓度杀菌剂杀菌处理后的水样注入到 SRB-CQ 和 TGB-CQ 型测试瓶中，分别经 14d、7d 培养后，未出现细菌生长，则认为该药剂在此浓度下有杀菌效果。

②阻垢剂。

将已加入阻垢剂的溶液和未加入阻垢剂的溶液，放入 75℃的烘箱中，恒温 3h，取出冷却，用定性滤纸进行过滤，然后分析滤液中的含钙量的变化，由其变化情况评价阻垢剂的性能。

阻垢率（可用通用的测 Mg^{2+}、Ca^{2+} 含量的水分析方法测阻垢率）、热稳定性及缓蚀性是反映阻垢剂性能好坏的主要指标，而作用时间、温度、加药量、水的硬度等是影响指标的主要因素。阻垢剂的筛选方法主要是对不同的温度、加药量、水的硬度、作用时间、不同的阻垢剂五个因素，按不同排列组合进行多次试验。每次试验都要测出阻垢率，选出其中比较好的药剂再做一下缓蚀试验。以上筛选主要针对防垢效果而言。其次，还要对药品价格、运输货源是否方便、使用是否方便、毒性、保存期等诸多因素进行综合比较才确定所选用的阻垢剂。

③缓蚀剂。

将金属试件浸入转轮试验箱的水样中，在规定转速和温度条件下模拟现场情况，试验一定时间（一般为48h）。利用腐蚀作用使金属试件在试验期间产生的质量差，可计算出试件的腐蚀速率。将缓蚀剂按一定浓度加入水样中，并用相同办法测出金属试件的前后质量差，计算出试件的腐蚀速率，比较腐蚀速率，做出对试件的腐蚀程度和缓蚀剂优劣的评估。

④水净化剂。

采出水处理常用的净化剂主要包括混凝剂、絮凝剂、浮选剂和反向破乳剂。用六联搅拌机进行试验，测定水样中悬浮固体的去除速度、去除率，分析絮凝沉淀时悬浮固体去除率与时间的关系，绘出去除率曲线，用测试数据与去除率可以评价净化剂的优劣。

（5）确定各种污水处理药剂的投加方法，连续投加或间隔投加。

（6）进行配伍性试验。

（7）得出结论。

2. 水处理药剂评定、筛选的原则

（1）各种药剂必须经过综合评价后择优组成综合配方。综合配方应针对性强，适用于原水性质特性和工艺流程要求，经处理后的水质能达到设计标准的要求。

（2）综合配方中的各种药剂配伍性好，相互之间不产生化学反应而影响药效或增大投加量。

（3）综合配方中的种种化学药剂应有很好的的水分散性和适度的水（油）溶解性。

（4）综合配方投加的各种药剂有利于提高回用水使用的效果。

（5）综合配方中的各种药剂化学稳定性好。

（6）综合配方中的各种药剂无毒或低毒，易生物降解。

（7）综合配方中的各种药剂配制、投加、操作简便。

（8）药剂原料易得、易于制备、运输、储存及价廉。

3. 试验、筛选、评定污水处理药剂的技术要求

（1）测试瓶（SRB-Q，TGB-Q）应存放于干燥处。

（2）注射器与测试瓶要经过高压蒸汽消毒，每稀释一次，要重新更换一支注射器。

（3）腐蚀试件处理按照"腐蚀试件处理方法"进行操作。

（4）称量已处理并干燥的试件 0.1mg。

（5）先选择药剂，后选择投加浓度。

（6）药剂须达到水质要求指标。

JBA007污水处理药剂的性能评价方法

（三）污水处理药剂的性能评价方法

1. 絮凝剂性能评价方法

评价实验依据行业标准 SY/T 5796—1993《絮凝剂性能评价方法》执行。采用烧杯沉降实验方法评定絮凝剂的絮凝效果，将待评定的絮凝剂、混凝剂、助凝剂按预先确定的剂量和次序加入水样中，经快速搅拌和慢速搅拌后观测絮团形成时间、絮团相对尺寸、沉降时间和絮团沉积层外观。取上层清液进行必要的水质分析以评定絮凝剂的絮凝效果。

《絮凝剂性能评价方法》中指出：絮凝剂 50mg/L 时，除油率 ≥ 70%，悬浮物去除率 ≥ 60%。

Q/SH 0357—2010《油田常规采出水处理用絮凝剂技术要求》，要求单剂 40mg/L 时，除油率 ≥ 80%，悬浮物去除率 ≥ 50%；双组分絮凝剂指标不变。

2. 缓蚀剂性能评价方法

评价实验依据行业标准 SY/T 5273—2000《油田采出水用缓蚀剂性能评价方法》执行。SY/T 6301—1997《油田采出水用缓蚀剂通用技术条件》，要求加药量 50mg/L 时，缓蚀率 ≥ 70%。

测试内容：包括动态腐蚀率、静态腐蚀率、成膜性能、水溶性、乳化倾向以及与其他药剂的配伍性等。

评价方法：旋转挂片法、电位极化评价法、现场挂片法。

3. 阻垢剂性能评价方法

评价实验依据行业标准《油田用防垢剂性能评定方法》执行，SY/T 6140—1995《油田注水水质处理用防垢剂采购规定》，要求加药量 10mg/L 时，阻垢率 ≥ 85%。

测试内容：评价阻垢剂对 $CaCO_3$、$CaSO_4$、$BaSO_4$、$SiSO_4$ 垢的防垢性能。

评价方法：EDTA 滴定法、原子吸收分光光度计法、离子色谱法。

《油田采出水处理用阻垢剂技术要求》，要求普通防垢剂 10mg/L 时，碳酸钙垢除垢率 ≥ 80%，硫酸钙垢除垢率 ≥ 85%；专用硫酸钙防垢剂 5mg/L 时的防垢率 ≥ 90%。

4. 杀菌剂性能评价方法

杀菌剂评价实验依据行业标准 SY/T 5890—1993《杀菌剂性能评价方法》执行，主要采用绝迹稀释法。SY/T 5757—2010《油田注入水杀菌剂通用技术条件》，要求杀菌后 SRB 为 0、FB 和 TGB 不高于 25 个 /mL。

《油田采出水处理用杀菌剂技术要求》，要求不同的细菌级数加入不同浓度的杀菌剂，并且全部杀灭三种细菌。

（四）影响药剂处理效果的因素

JBA008影响药剂处理效果的因素

1. 污水水质的影响

污水中浊度、pH 值、水温及共存杂质都会影响絮凝效果。

1）浊度

浊度过高或过低都不利于絮凝。浊度不同，所需的絮凝剂用量也不同。

2）pH 值

在絮凝过程中，都有一个相对最佳 pH 值存在，使絮凝反应速度最快，絮体溶解度最小。此 pH 值可通过试验确定。以铁盐和铝盐絮凝剂为例，pH 不同，生成水解产物不同，絮凝效果也不同。且由于水解过程中不断产生 H^+，因此，常常需要添加碱来使中和反应充分进行。

3）水温

水温会影响无机盐类的水解。水温低，水解反应就慢；另外水温低，水的黏度增大，布朗运动减弱，絮凝效果下降。这也是冬天絮凝剂用量比夏天多的缘故。但温度也不是越高越好，当温度超过 90℃时，易使高分子絮凝剂老化或分解成不溶性物质，反而降低絮凝效果。

4）共存杂质

有些杂质的存在能促进絮凝过程。比如除硫、磷化合物以外的其他各种无机金属盐，均能压缩胶体粒子的扩散层厚度，促进胶体凝聚。且浓度越高，促进能力越强，并可使絮凝范围扩大。而有些物质则会不利于絮凝的进行。如磷酸离子、亚硫酸离子、高级有机酸离子会阻碍高分子絮凝作用。另外，氯、螯合物、有些水溶性高分子物质和表面活性物质都不利于絮凝。

2. 絮凝剂的影响

絮凝剂种类、投加量和投加顺序都会对絮凝效果产生影响。

1）絮凝剂种类

絮凝剂的选择主要取决于胶体和细微悬浮物的性质、浓度。如水中污染物主要呈胶体状态，且 Zeta 电位较高，则应先投加无机絮凝剂使其脱稳凝聚，如果絮体细小，还需投加高分子絮凝剂或配合使用活性硅酸等助凝剂。很多情况下，将无机絮凝剂与高分子絮凝剂并用，可明显提高絮凝效果，扩大应用范围。对于高分子絮凝剂而言，链状分子上所带电荷量越大，电荷密度越高，链状分子越能充分延伸，吸附架桥的空间范围也就越大，絮凝作用就越好。

2）絮凝剂投加量

投加量除与水中微粒种类、性质、浓度有关外，还与絮凝剂品种，投加方式及介质条件有关。对任何污水的絮凝处理，都存在着最佳絮凝剂和最佳投药量的问题，应通过试验确定。一般的投加量范围是：普通铁盐、铝盐为 1030mg/L；聚合盐为普通盐的 1/2 ～ 1/3；有机高分子絮凝剂通常只要 1 ～ 5mg/L，且投加量过量，很容易造成胶体的再稳。

3）絮凝剂投加顺序

当使用多种絮凝剂时，其最佳投加顺序可通过试验来确定。一般而言，当无机絮凝剂与有机絮凝剂并用时，先投加无机絮凝剂，再投加有机絮凝剂。但当处理的胶粒在 50μm 以上时，常先投加有机絮凝剂吸附架桥，再加无机絮凝剂压缩扩散层而使胶体脱稳。

3. 水力条件的影响

水力条件对絮凝剂的絮凝效果有重要影响、两个主要的控制指标是搅拌强度和搅拌时间。搅拌强度常用速度梯度 G 来表示。在混合阶段，要求絮凝剂与污水迅速均匀地混合，为此要求 G 在 500 ～ $1000s^{-1}$，搅拌时间 t 应在 10 ～ 30s。而到了反应阶段，既要创造足够的碰撞机会和良好的吸附条件让絮体有足够的成长机会，又要防止生成的小絮体被打碎，因此搅拌强度要逐渐减小，而反应时间要长，相应 G 和 t 值分别应在 20 ～ $70s^{-1}$ 和 15 ～ 30min。

为确定最佳的工艺条件，一般情况下，可以用烧杯搅拌法进行絮凝的模拟试验。试验方法分为单因素试验和多因素试验。一般应在单因素试验的基础上采用正交设计等数理统计法进行多因素重复试验。

（五）使用水处理药剂的要求

1. 药剂的验收

（1）操作人员应进行呼吸和防腐防护（如配戴防毒面具、防腐手套等），进入污水药剂泵房和库房时，应先开启通风设施。

（2）要求药剂包装外表有永久性的明显商标，注明厂家、产品名称、型号、批号、质量、生产日期等。

（3）发现药剂分层、结块，水溶性不好等问题应及时上报、处理。

（4）因运输不当造成的药剂（桶、袋）破损，应如数扣除破损量，按实收数量做好登记。

2. 药剂的管理

（1）药剂库房应做到规范化管理，不同药剂应分类堆放，有明显标志区分开。

（2）包装空桶（袋）应集中堆放，定期回收。

（3）每月定期盘点药剂库存量，根据实际加入量制订出下有药剂用量计划。

（4）配备专职加药人员。

3. 药剂量的配制

（1）药剂量的配制应按配方的要求进行计算。

（2）药剂投加前应用清水进行稀释并充分混合，稀释量应根据配方中不同药剂的使用要求具体制定。

（3）药剂可直接倒入溶药池，加入清水稀释后投加，较黏稠液体药剂或固体药剂必须在搅拌罐内加清水充分搅拌溶解后，再倒入药池加清水稀释投加。

4. 药剂的投加与注意事项

（1）缓蚀剂、防垢剂和杀菌剂都应投加在易发生腐蚀结垢部位之前。

（2）加药量应随污水量的变化而增减，以保证有足够的药剂浓度，并应连续投加，如间断投加，则按配方要求的间隔天数和投加时间内投加。

（3）因工艺调整、流程改造等特殊情况需停止加药，应提前24h向有关部门反映，同意后方可停加。

二、技能要求

（一）准备工作

1. 设备

烘箱1台、搅拌机1台。

2. 材料、工具

絮凝剂、混凝剂、杀菌剂各0.5kg，500mL容量瓶4支、1mL无菌注射器4支、天平1台、金属试件1个、定性滤纸10片、300mm尺子1把、2B铅笔1支、橡皮1块、50mL无菌取样杯5支、试验箱1个。

3. 人员

穿戴好劳动保护用品。

（二）操作规程

序号	工序	操作步骤
1	准备工作	选择工用具及材料
2	测试水溶性	测试各种污水处理药剂的水溶性
3	配液、试验	将各种污水处理药剂配制成不同浓度的溶液
		将药剂溶液分别加入相同的水样中进行室内试验
4	选出药剂选出浓度	对每一类污水处理药剂先选出一种效果最好的药剂
		再选出药剂投加最佳浓度
5	确定投加方法	确定各种污水处理药剂的投加方法，连续投加或间隔投加
6	配伍试验	进行配伍性试验
7	结论	得出结论
8	清理现场	清理场地，回收工具

（三）注意事项

（1）注射器与测试瓶要经过高压蒸汽消毒，每稀释一次，要重新更换一支注射器。

（2）药剂须达到水质要求指标。

（3）操作人员配戴齐全防护用具，注意通风，禁止烟火。

（4）如不慎溅到皮肤上，要立即用水冲洗干净。

项目二　使用称重法测量污水悬浮物

一、相关知识

（一）污水滤膜系数

GBA009测定污水滤膜系数的方法

1. 测定污水滤膜系数的方法

（1）打开取样阀门，以 5～6L/min 的流速畅流 3min。

（2）把过滤仪器进水阀门与取样阀门连接，用水样冲洗两次仪器的储水器，然后采集水样 2500mL，关闭取样阀门和进水阀门。

（3）手握滤头使其出水管垂直向上并高于储水器液面，打开过滤仪出水阀门，排尽管中气泡。

（4）把浸润湿的膜片贴在滤板上，旋紧滤板排出气泡，关闭过滤仪出口阀门。

（5）接通气源，调节进气阀确保储水器内压力在 0.14MPa，保持此压力直到测试结束。

（6）把滤头放在量筒口，打开过滤器出口阀，同时驱动秒表计时，待滤出水至 1000mL 刻度线时，停止秒表并记录滤出时间。

（7）关闭出口阀，关闭气源。

（8）取出滤膜片，放掉储水器中的水。

（9）计算出结果。

2. 测定污水滤膜系数的技术要求

（1）水样采集速度要快，要严格按照采集水样操作规程操作。

（2）水样采集后要立即测试，并且采集水样不能超过 3000mL。

（3）滤头内或滤头与储水器之间无气泡。

（4）过滤器的出水阀门与秒表同时启停。

（5）测试过程中，气源压力恒定在 0.14MPa。

（6）计算公式：

$$M_f = \frac{1000}{20t} \qquad (2-1-4)$$

式中　M_f——滤膜系数；

　　　t——过滤 1000mL 所需要的时间，min。

（二）滤膜法测定水样中悬浮物含量

悬浮固体含量的测定方法主要依据重量法原理。悬浮固体是水经过滤所得。因此，所采用的过滤材料的滤孔大小对测定结果有很大影响。根据过滤材料选取的不同分为滤膜法、滤纸法、石棉坩埚法、离心分离法。

1. 测定水样中悬浮物含量操作

（1）浸泡、洗涤滤膜片。

BA010滤膜法测定水样中悬浮物含量的方法

（2）将洗涤后的滤膜片放入微波炉中烘 3min。

（3）取出滤膜片放入干燥器内冷却到室温。

（4）反复烘干，冷却至称量时质量恒定。

（5）按滤膜系数操作采样，过滤水样，记录滤出水体积。

（6）从过滤器中用镊子取出滤膜片并烘干。

（7）将滤膜片装入抽滤过滤器中，用三氯甲烷洗至滤液无色为止，取出膜片。

（8）用蒸馏水反复重复上述操作，直到滤液中无氯离子。

（9）取出滤膜片烘干。在干燥器中冷却至室温，称量到质量恒定。

（10）根据公式（2-1-4）计算出水样中悬浮物含量。

$$\rho_n = \frac{m_o - m_q}{V_w} \times 10^3 \qquad (2-1-5)$$

式中 ρ_n——水样中悬浮物含量，mg/L；

m_o——滤后滤膜片的质量，mg；

m_q——滤前滤膜片的质量，mg；

V_w——滤出水样体积，mL。

2. 滤膜法测定水样中悬浮物含量的技术要求

GBA011滤膜法测定水样中悬浮物含量的技术要求

（1）测试之前滤膜片称至质量恒定，二次称量差小于 0.2mg。

（2）测试后的滤膜片不能用手拿取，镊子必须干净、干燥。

（3）洗油时至少 4 次，滤出液无色透明。

（4）洗涤后的滤膜片质量恒定，二次称量差值小于 0.2mg。

（5）洗盐时至少冲洗 4 次，用硝酸银溶液检验滤出液中无氯离子。

（6）单层滤膜测定悬浮固体含量时，应将待测水样放入水温为现场水流温度的水浴预热 10min。

（7）滤膜法测定悬浮固体含量时，单次膜滤的最大过滤水样量不宜超过 1000mL。

（8）滤膜法测定悬浮固体含量时，滤杯中的水样被全部抽净后，停止计时，过滤时间不应超过 10min。

（9）滤膜法测定悬浮固体含量过程中如不能在规定时间内完成水样过滤和蒸馏水滤洗的情况，应将对应的滤膜废弃。

（10）滤膜法测定悬浮固体含量过程中，当悬浮固体测定仪真空度达到 80kPa 后应打开过滤阀、计时、观察玻璃杯中剩余水样体积。

（11）滤膜法测定悬浮固体含量过程中，蒸馏水的滤洗时间不应超过 5min。

（12）滤膜法测定悬浮固体含量过程中，要使水样温度介于 30℃和现场水温之间。

二、技能要求

（一）准备工作

1. 设备

XG-02 型负压式悬浮固体过滤仪器 1 套、烘箱 1 套、恒温水浴 1 套。

2. 材料、工具

平均孔径为 0.45μm，直径为 47～50mm，孔隙率为 79%～80% 微孔滤膜 10 张；分度值为 0.1s 秒表 1 块；30mL、50mL 无菌注射器各 1 支；天平 1 套；25mL、50mL、100mL、250mL、500mL 量筒各 1 个；1000mL 烧杯 4 个；0～100℃温度计 1 支；上口直径为 210～240mm 干燥器 1 套。

3. 人员

穿戴好劳动保护用品。

（二）操作规程

序号	工序	操作步骤
1	准备工作	选择工用具及材料
2	取样	打开取样阀使水流以 5～6L/min 流速畅流 3min 后用取样瓶取样
		用温度计测定水流温度
3	滤膜恒重	将滤膜放入盛有 1000mL 蒸馏水的烧杯中浸泡 30min
		用镊子将滤膜逐张转移到盛有 1000mL 蒸馏水的烧杯中
		浸泡 5min 后取出
		重复四次
		放入 90℃烤箱中
		30min 后取出立即放入干燥器内
		冷却至室温，称重，即 m_p
4	单张滤膜过滤体积的确定	将待测水样放入水温为现场水流温度的水浴中预热 10min，使水样温度介于 30℃和现场水温之间
		取出后摇匀
		用蒸馏水冲洗滤膜器金属支撑网的表面
		将恒重的滤膜用蒸馏水润湿后贴在金属支撑网上
		在滤膜上安装和固定玻璃杯
		加入 100mL 水样启动悬浮固体过滤仪
		待悬浮固体过滤仪真空度达到 80kPa 后打开过滤阀并开始计时
		当剩余水样体积少于 50mL 时，向其中增加 50mL 水样
		5min 时关闭过滤阀
		用注射器将玻璃滤杯中残留的水样全部抽出
		测量其体积
		用量筒测量取样瓶中水样的体积
		计算单张滤膜过滤体积，即 V_s

续表

序号	工序	操作步骤
5	悬浮固体含量测定	将待测水样放入水浴中预热 10min
		使水样温度介于 30℃和现场水温之间
		用蒸馏水冲洗滤膜器金属支撑网的表面
		将恒重的滤膜用蒸馏水润湿后贴在金属支撑网上
		用量筒量取单张滤膜过滤体积的水样加到玻璃滤杯中
		待悬浮固体过滤仪真空度达到 80kpa 后打开过滤阀并开始计时
		玻璃滤杯中的水样被全部抽净后停止计时
		向玻璃杯中加入 5mL 蒸馏水
		打开过滤阀滤洗滤膜表面抽净后关闭过滤阀
		两次，将滤膜取下
		置于 90℃烘箱中 30min
		将滤膜从烘箱中取出用溶剂汽油或石油醚滤洗滤膜，直到滤液无色为止
		将滤膜取下置于 90℃烘箱中 30min 后取出
		立即放入干燥器内，冷却至室温，称重，即 m_h
6	计算	根据公式 $C_x = \Sigma (m_h - m_p) \times 10^6 / V_s$ 计算悬浮物含量
7	清理现场	清理操作现场

（三）注意事项

（1）应根据水样的清洁程度确定取样量，对于悬浮固体含量过大的水样量应适当减少单个样品体积。

（2）玻璃器皿轻拿轻放。

（3）测试后的滤膜片不能用手拿取，镊子必须干净、干燥。

项目三　测定污水水样中的铁含量

一、相关知识

（一）污水中总铁含量的控制与调节

1.油田水中总铁含量的概念及其来源

1）概念

油田水处理中，水中二价铁离子和三价铁离子二者含量的和被称作水中总铁含量。

2）污水中铁的来源

（1）在原油采出过程中，不可避免地要携带地层水，地层水中普遍含有铁离子。

（2）地层水被抽吸输送至污水处理站的过程中，一定与金属设备和金属管道相接触，其中，水会与铁发生化学反应产生二价铁离子。

（3）二价铁离子进一步氧化会产生三价铁离子，这是水中含铁的主要来源。

2.铁的危害

油田水中的二价铁与三价铁在回注中会产生很大的危害，主要有以下三种：

（1）二价铁离子与水中的二价硫离子反应产生硫化亚铁沉淀，使注入水浑浊度增加，降低水体的可注入性能。

（2）水中大量铁离子的存在，能够提供给铁细菌足够的营养，使铁细菌大量增生，造成注入水的注入性能下降。

（3）水中三价铁离子的存在能够加速金属设备的腐蚀且形成沉淀物。

3.除铁的机理

总铁的去除一般有两种情况：

（1）来水系统中没有投加氧化剂。这种情况下，pH值控制在8.0～9.0，水中的二价铁和三价铁才能与水中的氢氧根相结合，产生沉淀物，并从水中除去。

（2）如果来水系统中加入足够的氧化剂，并与二价铁离子充分反应，生成了三价铁离子，则pH值可以适当降低到7.0～7.5。

JBA012测定水样中铁含量的方法

（二）测定水样中铁含量的方法

测定总铁含量的方法有磺基水杨酸比色法、硫氰酸盐法、测铁管法。一般采用硫氰酸盐法测总铁含量。

1.原理

在酸性介质中，水样中的二价铁离子用高锰酸钾或双氧水氧化，控制溶液的pH值（1.8～2.5），三价铁离子与磺基水杨酸反应生成紫色络合物。其颜色强度与三价铁离子的含量成正比，借此进行比色测定水中的总铁含量。

2.铁标准曲线的绘制

（1）在50mL容量瓶中分别加入浓度为0.01mg/mL的铁标准溶液0、0.5mL、1.00mL、1.50mL、2.00mL、3.00mL、4.00mL、5.00mL。

（2）用蒸馏水稀释到25mL，加入pH=2.2的缓冲溶液10mL及10%磺基水杨酸溶液1.00mL，并用蒸馏水稀释到刻度后摇匀，放置20min。

（3）在分光光度计上以含铁为零的溶液为空白，在波长500mm处测定光密度值，根据铁的含量与测得的光密度值绘制标准曲线。

3.分析步骤

（1）检查仪器，器具是否齐全完好。

（2）在2只50mL比色管中各加入10mL、pH=2.2的缓冲溶液及1.0mL质量分数为10%的磺基水杨酸溶液。

（3）严格按照采集水样的操作方法，采集水样。

（4）在操作步骤所述的比色管之一中移入25mL水样，加入0.5mL过氧化氢，用蒸馏水稀释至刻度（50mL）并摇匀（此管测水样中三价铁含量）。

（5）在操作步骤所述的另一比色管中移入25mL水样，加入0.5mL过氧化氢，用蒸馏水稀释至50mL并摇匀（此管作为测水样总铁含量）。

（6）另取2只50mL比色管。分别加入10mL、pH=2.2缓冲液及1.0mL质量分数为10%的磺基水杨酸溶液，一只用蒸馏水稀释至50mL并摇匀作为测三价铁空白样，另一只加入0.5mL过氧化氢后用蒸馏水稀释至50mL并摇匀，作为测定总铁量时的空白样。

（7）上述比色管中待测样静置 20min 后，用分光光度计进行比色。

（8）在标准曲线上查出三价铁及总铁含量，并报出结果。

（9）根据式（2-1-6）和式（2-1-7）计算出水样中三价铁和总铁含量。

$$\rho_{st} = \frac{m_{st}}{V_w} \times 10^3 \tag{2-1-6}$$

$$\rho_t = m_t V_w \times 10^3 \tag{2-1-7}$$

式中　ρ_{st}——水样中三价铁质量浓度，mg/L；

　　　ρ_t——水样中总铁质量浓度，mg/L；

　　　m_{st}——在标准曲线上查出的三价铁含量，mg；

　　　m_t——在标准曲线上查出总铁含量，mg；

　　　V_w——水样体积，mL。

（10）相对偏差。

测定水样中铁含量时，若水中含铁量小于 0.5mg/L，要求相对偏差小于 20%；若水中含铁量大于 0.5mg/L，要求相对偏差小于 10%。

二、技能要求

（一）准备工作

1. 设备

0～1000g 天平 1 套。

2. 材料、工具

纯铁铵矾 5g；蒸馏水 2000mL；硫酸 50mL；滤纸 5 张；5mL、10mL 移液管各 1 支；500mL、1000mL 烧杯各 1 个；洗耳球 1 个；500mL 废液杯 1 个；300mm 水平尺 1 个。

3. 人员

穿戴好劳动保护用品。

（二）操作规程

序号	工序	操作步骤
1	准备工作	选择工用具及材料
2	称量溶解混合	用分析天平称取 0.8634g 分析纯铁铵矾 $FeNH_4(SO_4)_2 \cdot 12H_2O$
		将称取的铁铵矾置于 500mL 的烧杯中，加入蒸馏水溶解
		用移液管向烧杯中缓慢加入 5mL 硫酸，混合均匀
3	配制浓度为 0.10mg/mL 的三价铁	将烧杯中的溶液移至 1000mL 容量瓶中
		用少量蒸馏水冲洗烧瓶后加入容量瓶中
		用蒸馏水稀释容量瓶中溶液至刻度线后摇匀，此时溶液三价铁质量浓度为 0.10mg/mL
4	配制浓度为 0.01mg/mL 的三价铁	用移液管吸取三价铁质量浓度为 0.10mg/mL 溶液 10.00mL 置于 100mL 容量瓶中
		用蒸馏水稀释至刻度线后摇匀，此时溶液中三价铁的质量浓度为 0.01mg/mL
5	填写标签	填写配药日期、浓度、药品名称
6	清理现场	清理操作现场

（三）注意事项

（1）测定水样中铁的含量时分光光度计应选定波长 500nm，空白使用正确。

（2）测定水样中铁含量前，采集移取水样速度要快。

（3）硫氰酸盐法测定含铁，显色后稳定性差，所以标准与样品应同时操作。

项目四 验收除油罐的施工质量

一、相关知识

JBB001除油罐设计的规定要求

（一）除油罐或沉降罐的设计要求

1. 一般规定要求

（1）污水处理站内的除油罐或沉降罐不宜少于 2 座。

（2）当采用两级沉降分离时，除油罐应设在沉降罐之前。

（3）除油罐或沉降罐应设收油设施，宜采用连续收油，间歇收油时应采取控制油层厚度的措施。

（4）在寒冷地区或被分离出的油品凝点高于罐内部环境温度时，除油罐或沉降罐的收油槽及油层内应设加热设施。

（5）除油罐或沉降罐应设排泥设施。

（6）立式除油罐罐径宜按标准供顶钢制储罐选用，其焊接制造应符合 GB 50341—2007《立式圆筒形钢制焊接油罐设计规范》的有关规定。

（7）立式常压除油罐罐底宜采用牺牲阳极或外加电流法进行保护措施。

（8）立式除油罐应根据水质特点和当地运行经验，决定是否采用密闭隔氧措施。

（9）立式除油罐液面以上保护高度不宜小于 500mm。

（10）当除油罐或沉降罐内设置斜板时，斜板板间距宜采用 50 ～ 80mm，安装倾角不应小于 45°。

（11）立式除油罐基础顶面设计标高应高出室外地面设计标高，且不应小于 300mm。

2. 除油罐或沉降罐的基本尺寸设计方法

目前应用较多的设计方法大体可分为两大类：一类是根据规范或其他准则，参照类似实际运行的沉降构筑物的指标，选用设计数据；另一类是通过原水水样进行小型试验，测定悬浮液的沉降特性，确定设计数据。

除油罐或沉降罐的基本尺寸由下面三个参数确定：

1）理论停留时间

$$理论停留时间=\frac{罐有效容积}{流量} \qquad (2-1-8)$$

有效容积是指分离区的有效高度的容积，当容积单位为 m³，流量单位为 m³/h，则理论停留时间为 h。

2）表面负荷

表面负荷是指单位时间内所生产的水量。当流量单位为 m³/h，面积单位为 m²，表面负荷的单位为 m³/（h·m²）。

3）水流速度

水流速度是指某一断面的平均流速，用式（2-1-9）表示：

$$水流速度=\frac{流量}{水流的有效断面面积}\qquad（2-1-9）$$

除油罐或沉降罐的水流速度很小，一般用 mm/s 表示。水流断面面积是指与水流流向垂直的断面面积，立式除油罐或沉降罐指分离区的断面面积。

3. 除油罐或沉降罐的配管及附件设计要求

（1）立式除油罐或沉降罐的进水压力要求应根据罐体液位高度和配水系统水头损失确定，并增加 10%～20% 的余量。

（2）除油罐的进、出水管径≤200mm 时，流速宜为 0.8～1.2m/s，管径＞200mm时，流速宜为 1.0～1.5m/s。

（3）立式除油罐宜选用辐射管系喇叭口的配水和集水方式，配水喇叭口向上；集水喇叭口向下。

（4）立式除油罐出水可采用水平管、固定堰与可调堰控制液面。安装高度根据集水、出水系统水头损失，积油厚度，油水密度差通过计算确定。

（5）密闭除油罐凡与大气相通的管道应设水封设施，水封高度不得小于 250mm。采用出水堰箱时，出水管水封应设在堰箱内。

（6）立式除油罐集油方式应根据罐体大小选用环形集油槽、辐射集油槽或其他收油设施。

（7）除油罐应设排泥设施，当采用静水压力或水力排泥时，总排泥管的直径应不小于 200mm。

（8）除油罐的收油管和排泥管应设扫线管。

（9）除油罐应设放空管，管径应不小于 100mm。当除油罐设有絮凝反应筒时，应采取使絮凝反应筒放空滞后于罐放空的技术措施。

（10）除油罐溢流可选择倒 U 形管或堰箱，溢流管管径不应小于进水管管径，并符合下列要求：

①倒 U 形溢流管顶部应设虹吸破坏管，管径不宜小于 80mm。

②采用堰箱时，在堰箱内设置水封，水封高度不得小于 250mm。

（11）立式除油罐的附件包括有：呼吸阀、阻火器、液压安全阀、梯子、平台、栏杆、人孔、清扫孔与透光孔；进出水管道上应设取样口，宜装设温度计。

4. 立式除油罐盘梯、平台及栏杆的设计规定要求

1）立式除油罐或沉降罐盘梯的设计应符合下列规定

（1）盘梯的净宽度不应小于 650mm。

（2）盘梯的升角宜为 45°，且最大升角不应超过 50°，同一罐区内盘梯升角宜相同。

（3）踏步的宽度不应小于 200mm；踏步应用格栅板或防滑板。

（4）相邻两踏步的水平距离与两踏步之间高度的 2 倍之和不应小于 600mm，且不大于 660mm；整个盘梯踏步之间的高度应保持一致。

（5）盘梯外侧必须设置栏杆，当盘梯内侧与罐壁的距离大于 150mm 时，内侧也必须设置栏杆。

（6）盘梯栏杆上部扶手应与平台栏杆扶手对中连接；栏杆立柱的最大间距应为 2400mm。

（7）盘梯应能承受 5kN 集中活荷载。

2）平台及栏杆的设计规定

（1）当除油罐顶部的平台距地面的高度超过 10m 时，应设置中间休息平台。

（2）平台和走道的净宽度不应 < 650mm；铺板应采用格栅板或防滑板，当采用防滑板时，应开设排水孔。

（3）当平台、走道距地面高度 < 20m 时，铺板上表面至栏杆顶端的高度不应 < 1050mm；当平台、走道距地面高度 ≥ 20m 时，铺板上表面至栏杆顶端的高度不应 < 1200mm。

（4）平台、走道应能承受 5kN 集中活荷载；任意点能承受任意方向 1kN 集中活荷载。

（5）挡脚板的宽度不应 < 75mm。

（6）当到除油罐固定顶上操作时，必须在固定顶上设置栏杆，通道上应设置防滑条或踏步板。

（7）当抗风圈作为操作平台及走道使用时，在其周围必须设置栏杆。

5. 立式除油罐接地电阻的设计标准

1）接地的目的

接地的目的是消除罐壁等各部位的静电荷及雷电副作用产生的电荷，在设备接地的条件下，设备上所产生的静电荷及雷电副作用所产生的电荷可以很快地导入地下，避免放电打火，引起着火或爆炸。

2）接地的安装

接地是防静电和解决防雷电副作用的防护措施。单独作为防静电的接地导线，其接地电阻应小于 100Ω，防静电和防雷电副作用合用的接地导线，其接地电阻应小于或等于 10Ω。

设备接地的接地极一般用 25mm、45mm、50mm 圆钢或 50mm × 50mm 角钢，长度不小于 2.5m，下部带尖，埋入地下，其上部距地面 0.5 ~ 0.8m。

遇有砂土、碎石电阻大的地方，可以多用几根并联的接地极组成接地极组，接地棒之间应大于 3m，与引下线连接的钢带应使用 40mm × 4mm 的扁钢或 10mm 圆钢。引线与接地极以及设备连接时，应尽可能采用搭接焊接。

一般直径在 5m 以内的大罐，可设一处接地；直径在 6 ~ 20m 的大罐，可在 2 ~ 3 处接地；直径大于 20m 的大罐可在四处接地。

JBB003油罐焊接质量的形状技术要求

（二）除油罐焊接质量的验收

1. 油罐焊接后的几何形状及尺寸检查

（1）罐体组装焊接后，几何尺寸和形状应符合下列规定：

①罐体高度允许偏差不应大于设计高度的 0.5%，且不得大于 50mm。

②罐壁垂直度允许偏差不应大于罐高度的 0.4%，且不得大于 50mm。

③在底圈壁板 1m 高处测量，底圈壁板内表面任意点半径的允许偏差应符合表 2-1-1 的规定。

表2-1-1　底圈罐壁内表面任意点半径的允许偏差

油罐半径，m	半径允许偏差，mm
$D \leqslant 12.5$	±13
$12.5 < D \leqslant 45$	±19
$45 < D \leqslant 76$	±25
$D > 76$	±32

（2）罐底焊接后，局部凹凸变形的深度不应大于变形长度的 2%，且不应大于 50mm。

（3）罐固定顶焊后几何尺寸应符合下列规定：

①固定顶成型应美观，其局部凹凸变形应采用样板检查，间隙不应大于 15mm。

②柱支撑支柱的垂直度不应大于 1‰，且不应大于 10mm。

（4）罐壁接管尺寸偏差应符合下列规定：

①罐壁外表面到接管法兰面的距离允许偏差应为 ±5mm。

②罐壁接管高度或罐顶接管的径向位置允许偏差应为 ±6mm。

③在任意平面内，测量接管法兰直径上的倾斜度应符合下列规定：

a. 接管公称直径大于 300mm 时，倾斜度允许偏差应为 ±5°。

b. 接管公称直径不大于 300mm 时，倾斜度允许偏差应为 ±3mm。

④法兰螺栓孔定位允许偏差应为 ±3mm。

（5）罐壁人孔安装尺寸偏差应符合下列规定：

①罐壁外表面到罐壁人孔法兰面的距离允许偏差应为 ±13mm。

②罐壁人孔高度和角度位置允许偏差应为 ±13mm。

③在任意平面内，罐壁人孔法兰直径上的倾斜度允许偏差应为 ±13mm。

（6）油罐顶部人孔的中心线应垂直于水平面。

2. 油罐焊接质量的验收方法及质量要求

（1）罐底焊缝的检测应符合下列规定。

①罐底焊缝的检测应在第一圈罐壁安装焊接后进行，检验时以真空箱法进行密封性试验，试验压力不得低于 53kPa，无泄漏为合格。

②钢材标准屈服强度下限值大于 390MPa 的罐底边缘板的对接焊缝，在要部焊道焊接完毕后应进行渗透检测；在最后一层焊接完毕后，应再次进行渗透检测或磁粉检测。

③厚度 ≥ 10mm 的罐底边缘板，每条对接焊缝的外端 300mm 应进行射线检测；厚度 < 10mm 的罐底边缘板，每个焊工的施焊的焊缝至少抽查一条。

（2）罐壁焊缝的检测应符合下列规定：

①纵焊缝的检测：底圈壁板厚度 ≤ 10mm 时，应从每条焊缝中任取 300mm 进行射线检测；板厚大于 10mm 且小于 25mm 时，应从每条焊缝中任取 2 个 300mm 进行射线检测；板厚 ≥ 25mm 时，每条焊缝应进行 100% 射线检测。其他各圈壁板的检测：板厚小于 25mm 时，每名焊工在最初焊接的 3m 焊缝中任意部位取 300mm 进行射线检测，以后应在每 30m 焊缝的任意部位取 300mm 进行射线检测；板厚 ≥ 25mm 时，每条焊缝应进行

JBB004检查油罐焊缝的质量要求

100% 射线检测。

②环焊缝的检测：每种板厚应在最初焊接的 3m 焊缝的任意部位取 300mm 进行射线检测，以后对于每种板厚应在每 60m 焊缝的任意部位取 300mm 进行射线检测。

③在罐壁开孔接管焊接时，有消除应力热处理要求时，最后一层渗透或磁粉检测应在热处理后、充水试验前进行。

（3）在对罐顶板焊缝密封性检查时，在焊缝上涂以肥皂水，罐内装高度大于 1m 的水，通入压缩空气，以未发现肥皂泡为合格。

检查油罐焊缝焊接质量时，对各焊缝要求，不得有裂纹、夹渣、气孔和大于 0.5mm 的咬口及焊瘤等缺陷。

3. 油罐充水试验

JBB006油罐试验检查的要求

油罐焊接安装完毕应进行充水试验，充水试验检查下列内容：

（1）罐底的严密性。

（2）罐壁的强度及严密性。

（3）固定顶的强度、稳定性及严密性。

（4）基础的沉降观测。

油罐进行充水试验应符合下列规定：

（1）充水试验应在永久性管道和油罐连接之前进行。

（2）所有附件及其他与罐体焊接的构件应全部完工，且应检验合格。

（3）与严密性试验有关的焊缝不应涂刷油漆。

（4）充水试验高度应为设计液位高度。充水试验用水宜采用洁净的水，试验温度不应低于 5℃。

（5）罐体焊缝防腐及油罐保温应在充水试验合格后进行。

4. 油罐固定顶试验

（1）密闭常压油罐固定顶的焊缝应采用真空箱法密封性试验或气密性试验进行检测，气密性试验压力不应小于 0.35kPa，且不得大于罐顶板单位面积的重量。

（2）非密闭常压油罐的固定顶应对焊缝进行目视检查，可不做气密性试验。

JBB007罐区安全施工的要求JD

（三）罐区安全施工要求

1. 罐区动火的有关要求

（1）凡在生产、储存、输送可燃介质的设备、容器及管道上动火，应首先切断介质来源并加好盲板；经彻底吹扫、清洗、置换后，打开人孔，通风换气，并经分析合格，方可动火。

（2）正常生产的罐区内，凡是可动可不动的火一律不动；凡是能拆下来的应移到安全地方动火；节假日不影响正常生产的用火，一律禁止。

（3）用火审批人必须亲临现场检查，落实防火措施后，方可签发动火票。一张动火票只限一处。

（4）装置大修时，动火工作量较大，需将装置内的易燃、可燃介质彻底送至装置外罐区，并加盲板与装置隔绝。

（5）《用火作业证》申请人，应对动火现场进行认真检查，制定动火方案和防水防爆措施。

（6）用火人应严格执行"三不动火"：即没有经过批准的动火作业证不动火；防火监护人不在现场不动火；防止措施不切实际不落实不动火。

2. 除油罐大修的安全要求

（1）除油罐维修施工时，放净罐内液体后，要对罐内进行蒸汽清罐 24～48h，保证没有明显的块油、片油。

（2）如果需要对除油罐进行动火施工时，要由施工单位编写动火施工报告。

（3）在除油罐现场施工时，严禁无监护人进行现场施工作业。

（4）在人员进入除油罐内检查前，要对除油罐进行通风，打开罐顶部透光孔和底部人孔，并经分析合格后方可动火业。如超过 1h 才动火，必须再次进行动火分析。

（5）除油罐内液体放净后，要先通风，可燃气体浓度达标后才能进入罐内检查。

（四）罐区安全施工措施

> JBB008罐区
> 安全施工的措施

1. 罐区动火的安全措施

（1）将动火设备内的油品等可燃物质彻底清理干净，并有足够时间进行蒸汽吹扫和水洗，达到动火条件。

（2）切断与动火设备相连的所有管线，加盲板。

（3）油罐、容器动火，应做爆炸分析和含氧量测定，合格后方可动火；动火前人在外边进行设备明火试验，工作时，人孔外应有专人监护。

（4）动火点周围至少半径 15m 以上的地漏、地沟、回收池、电缆沟等应清除易燃物，并予以封闭。

（5）电焊回路线应接在焊件上，把线及二次绝缘必须完好，不得穿过下水井或其他设备搭接。

（6）2m 以上的高处动火，必须采取防止火花飞溅措施，五级以上大风禁止动火。

（7）动火现场应配备数量充足，作用有效的灭火器具。

（8）施工场所要通风排气、除尘，防止清洗过程中溶剂挥发导致人员中毒或发生爆炸。

（9）罐区动火时，动火点防火间距内的油罐不得脱水，并清除周围易燃物。

（10）动火开始前和动火结束后，均应认真检查条件是否变化，不得留有余火。

2. 施工前的准备工作

1）制定施工方案，进行安全教育

每个施工项目，都要制定施工方案和绘制施工网络图；在施工人员进场之前，必须组织一次施工安全教育。

2）解除危险因素，落实安全措施

凡运行中的设备，带有压力的或者有毒有害物料的设备不能检修，在施工前，必须采取相应的安全防范措施，才能施工。

> JBB008罐区
> 安全施工的要
> 求JD

油罐焊接作业存在的危险性：

①火灾；②爆炸；③放电；④弧光辐射危害；⑤金属烟尘危害；⑥有害气体危害。

3）认真检查，合理布置施工器具

施工机械、焊接设备、起重工具、电气设施、登高用具等，使用前都要周密检查，不合格的不能使用；搬到现场之后，应按施工现场器材平面布置图或环境条件摆放，不能妨碍通行，不能妨碍正常施工。

3. 施工中的安全要求

施工必须按方案或操作票指定的范围和方法步骤进行，不得任意超载、更改或遗漏。如中途发生异常情况时，应及时汇报，加强联系，经检查确诊后，才能继续施工，不得擅自做处理。施工阶段，应遵守有关规章制度和操作方法，听从现场指挥人员及安全员的指导，穿戴安全帽等个人防护用品。拆下的物件，要按方案移往指定地点。每次上班，先要查看工程进度和环境情况，特别是邻近施工现场的生产装置，有无异常情况，施工负责人应在班前召开碰头会，布置安全施工事项。登高作业时必须使用专用登高工具，其他设施均不可借用。

JBB008罐区安全施工的措施JD

4. 罐内作业安全措施

罐内作业，必须办理罐内作业证，采取可靠安全措施，并经有关负责人审批后，才能执行。通常的安全措施有如下数种。

1）安全隔绝

安全隔绝措施是将设备上所有和外界连通的管道及传动电源，采取插入盲板、取下电源熔断丝等办法和外界有效隔离，并经检修工检查、确认的安全措施。

2）清洗或置换

罐内作业的设备，经过清洗或置换之后，必须同时达到以下要求：

（1）其冲洗水溶液基本上呈中性。

（2）含氧量为18%～21%。

（3）有毒气体浓度符合国家卫生标准。

若在罐内需进行动火作业，则其可燃气体浓度，必须达到动火的要求。

3）通风

为了保持罐内有足够的氧气，并防止焊割作业中高温蒸发的金属烟尘和有害气体积聚，必须将所有烟门、风门、料门、人孔、清扫孔全部打开，加强自然通风，或采用机械通风。

4）加强监测

作业中应加强定期监测。情况异常时，应立即停止作业，撤出罐内作业人员，经安全分析合格后，方可继续入罐作业。作业人员出罐时，应将焊割等用具及时带出，不要遗留在罐内，防止因焊割用具漏出氧气、乙炔等发生火灾、爆炸等事故。

5）防护用具和照明

在易燃易爆的环境中，应采用防爆型低压照明灯及不发生火花的工具。

6）应急措施

在较小的设备内部，不能有两种工种同时施工，更不能上下交叉作业。在设备内要准备氧气呼吸管、消防器材、清水等相应的急救用品。

7）罐外监护

罐内作业，必须有专人监护。监护人由具有工作经验、熟悉本岗位情况、懂得内部物质和急救知识的人担任。

（五）污水处理站动火措施

在易燃易爆的场所，动火要经过严格的动火审批手续。一般动火报告中的用火安全措施包括下述内容：

（1）清除动火现场的可燃物。

（2）需要动火的罐、管线和容器进行吹扫置换。可燃气体含量必须低于爆炸下限的25%，人员进入的罐、容器要求含氧量必须高于18%。

（3）动火的罐、容器的进、出口必须加盲板，动火管线必须加盲板，与其他设备或装置隔离，盲板的安装必须有专业人员负责。

（4）动火附近的地漏、下水井、污水沟等必须采取措施密封好。

（5）动火必须要配备足够的消防器材。

（6）动火时装置区禁止一切放空和排污。

（7）人员进入罐、容器内动火要有良好的通风。

（8）高空动火必须有防止火花飞溅措施。

（9）五级以上大风禁止一切生产动火。

（10）要指定专人负责现场动火措施落实工作，指定安全人员负责动火现场的安全监督工作，动火措施不落实不得动火。

二、技能要求

（一）准备工作

1. 设备

除油罐1座及配套工艺、真空泵1台。

2. 工、用具及材料

500mm F形扳手1把、250mm活动扳手1把、泡沫液0.5kg、擦布适量。

3. 人员

穿戴好劳动保护用品，与相关岗位做好联系，互相配合。

（二）操作规程

序号	工序	操作步骤
1	准备工作	施工人员配合进行检测验收前的准备
2	除油罐底板焊缝真空试验	在罐底板焊缝表面涂刷发泡液
		将真空箱压在检查的焊缝上，用真空泵抽气，真空度不低于53kPa
		检查所有的焊缝表面无气泡产生，则试验合格
		试验过程中若有泄漏处，应做好标记，修补处理后，再进行复试直至合格
3	除油罐罐壁焊缝试验	纵焊缝检测：抽取一条焊缝，从中取2个300mm进行射线检测
		环焊缝检测：在每60m处取300mm进行射线检测
4	除油罐罐壁充水试验	将罐壁外部的焊缝涂上白粉浆
		对除油罐进行充水
		在充水过程中，应逐节对罐壁板和焊缝进行外观的检查
		充水至最高操作液位处，停止充水并保持48h
		全面检查所有焊缝，无异常变形和渗漏为试验合格

续表

序号	工序	操作步骤
5	除油罐大修后的验收	施工单位完成除油罐的修理任务，应向使用单位提出油罐整体验收的申请，使用单位应及时组织有关部门进行整体验收
		验收时施工单位应提交完整的竣工资料，其中应包括：修理通知单，技术措施，各分步的质量合格证明书等技术资料
		使用单位应按设计文件和规定对工程质量进行全面检查和验收
		验收合格后，使用单位应做出评语，并签字盖章
6	清理场地	清理场地，回收工用具

（三）注意事项

（1）采用其他介质进行充水试验可能对油罐造成腐蚀时，应采取有效的防腐措施。

（2）验收时，需要仔细清查罐内部有无遗忘工具、零件及杂物等。

（3）需要登高验收大罐焊接质量，要严格执行登高作业制度。

（4）与严密性试验有关的焊缝不应涂刷油漆。

（5）进行充水试验检查时，进水或排水速度均要缓慢，边进水边检查，发现渗漏或变形及时进行处理。

（6）对于大修的除油罐，所有与大修有关的资料要保存完整。

（7）按图样设计要求检查机械呼吸阀、液压安全阀、阻火器、泡沫发生器、量油孔等安全附件是尺寸、规格、型号是否符合要求。

（8）检查油罐避雷针、静电接地电阻是否符合要求。

（9）检查罐内工艺安装管线是否符合图样要求。

（四）施工过程的注意事项

（1）对罐内油气浓度检测时，必须采用2台以上同型号、同规格的可燃气体测定仪进行重复测定。结果相关较大时，应重新标定再进行测定，且以较大一组数据为其结果。

（2）排出油气通风时，禁止在雷雨天进行。

（3）要处理好残油和罐底清除出来的沉渣，防止污染及引起事故。

（4）严格执行"三不动火"原则。

项目五　安装维护电磁流量计

一、相关知识

电磁流量计应用在油气田污水处理工艺流程中的多个环节的水量计量，为药剂的投加和工艺控制提供准确可靠的依据。

JBB009电磁流量计的结构原理

（一）电磁流量计的结构原理

1.电磁流量计的原理

电磁流量计是基于电磁感应定律，主要用于测量导电液体的体积流量，即导体通过磁场，切割电磁线，产生电动势，流进管道内的液体体积流量线性地变换成感应电动势信号，并转换成与流量信号成正比的标准信号输出，以进行显示、累积和调节控制。

2. 电磁流量计的结构

电磁流量计由电磁流量传感器和电磁流量转换器组成。

1）传感器工作原理

根据电磁感应定律，导电性液体介质在垂直于磁场的非磁性测量管内流动，在与流动方向垂直的方向上产生与流速成比例的感应电势，即在信号电极上产生信号电压，通过计算流速，进而计算出流量。电磁流量传感器主要由测量管、磁路系统、电极等部分组成，电磁流量计的测量导管应由非磁性的高阻抗材料制成。

2）转换器的工作原理

转换器将流量信号放大转换后，再经相应的电路处理，可显示流量、总量等参数，并能输出脉冲、模拟电流等信号。

基于电磁流量计的测量原理，要求流动的液体具有最低限度的电导率。

3. 电磁流量计的特点

（1）电磁流量计为间接测量的流量计，所以必须经过标定才能使用。

（2）电磁流量计可用于各种导电液体的测量，不能测量气体、蒸汽以及电导率低的石油产品。

（3）电磁流量计测量范围较宽，流速范围 0.3 ~ 12m/s。

（4）电磁流量计容易受外界电磁干扰的影响，对接地和抗电磁干扰要求较高。

（5）电磁流量计内衬材料和电气绝缘材料的限制，不能测量高温液体，也不能测量低温介质、负压力的测量。

（二）电磁流量计的安装与应用技术要求

（1）安装流量计时，应加设截止阀和旁通管路以便仪表维护和对仪表调零。

（2）在测量含沉淀物流体时，为方便清洗可加设清洗管路。

（3）电磁流量计上下游要有一定长度的直管段，直管段长度应为管径的 5 ~ 10 倍。

（4）传感器的测量管、外壳、引线的屏蔽线以及传感器两端的管道都必须可靠接地，使液体、传感器和转换器具有相同的零电位。

（5）金属管道若为非接地管道时，则可用粗铜线进行连接，以保证法兰至法兰和法兰至传感器是连通的。

（6）电磁流量计投入运行时，必须在流体静止状态下作零点调整。

> JBB010电磁流量计安装使用的注意事项

（三）电磁流量计的常见故障及处理方法

1. 仪表无流量信号输出

（1）检查电源线路板输出电压是否正常。

（2）检查电缆是否完好，连接是否正确。

（3）检查液体流动方向和管内液体是否充满；对于能正反测量的电磁流量计，可调整一下设定的方向。

（4）检查变送器内壁电极是否有垢覆盖，对于容易结垢的液体，定期进行清理。

（5）转换器元器件损坏，确认损坏后进行更换。

> JBB011电磁流量计的常见故障

2. 输出值波动

（1）流量不稳定，出现脉动现场；保证工艺平稳操作，消除流量脉动。

（2）外界杂散电流等产生的电磁干扰。检查仪表周围是否有大型电器或电焊机在工作，要确认仪表接地和运行环境良好。

（3）管道未充满液体或液体中有气泡。查找未充满原因，消除气泡。

（4）变送器电路板因振动原因，造成松动。将流量计拆开，重新固定电路板。

3. 流量测量值与输出值不符

（1）检查变送器电路板是否完好，若接线盒进水或被腐蚀，应更换电路板。

（2）保证流量在最低限之上工作。

（3）检查信号电缆连接情况和电缆的绝缘性能是否完好，若信号电缆松动，需要重新连接，电缆绝缘性能不符合要求时，则需要重新更换电缆。

（4）重新对转换器设定值进行设定，并对转换器的零点、满度值进行校验。

4. 输出信号超满量程

（1）检查信号回路连接是否正常，检查信号电缆绝缘是否完好。

（2）详细检查转换器的各参数设定和零点、满度是否符合要求。

（3）检查转换器与传感器是否配套，与厂方联系解决。

5. 零点不稳

（1）管道未充满或有气泡，查找工艺是否正常，消除故障。

（2）测量管内壁结垢或杂质沉积或电极污染，进行清洗消除故障；若零点变动大，需要重新调零。

二、技能要求

（一）准备工作

1. 设备

带压模拟流程 1 套。

2. 设备、工用具、材料准备

300mm 活动扳手 2 把、500mm F 形阀门扳手 1 把、500mm 撬杠 1 根、仪表专用工具 1 套、"运行、停运"牌 1 块、放空桶 1 个、擦布 0.05kg。

3. 人员

正确穿戴劳动保护用品，与相关专业人员联系做好检修操作。

（二）操作规程

序号	工序	操作步骤
1	准备工作	选择工用具及材料
		检查欲更换的电磁流量计：规格型号与欲拆卸的流量计一致；检定日期、合格证等符合要求
2	断电、拆电源线	记录电磁流量计底数
		断开电磁流量计的电源开关
		打开电磁流量计后端盖，拆卸流量计电源线

续表

序号	工序	操作步骤
3	倒旁通关闭进出口	打开电磁流量计的旁通阀门，关闭流量计的进出口控制阀阀门
4	拆卸	打开流量计的放空阀
		拆卸连接螺栓，卸下流量计
5	安装	清理检查法兰密封面
		安装流量计，对角紧固螺栓
6	倒流程、试压	关闭放空阀
		打开电磁流量计的进、出口控制阀
		检查有无渗漏
		关闭旁通阀
7	接电源线并送电	打开电磁流量计后盖，连接电源线
		合上电磁流量计的电源开关
8	检查并记录	检查流量计显示是否正常，并做好记录
9	清理现场	清理现场，回收工用具

（三）注意事项

（1）拆卸前必须先断电。

（2）卸法兰螺丝前一定要先开放空阀门泄压，将管线内压力放净，严禁带压操作。

（3）倒流程操作时，要先导通，再切断，防止憋压。

（4）螺栓应对称拧紧，且用力均匀，不能过松或过紧。

（5）安装前应检查欲更换流量计与欲拆卸流量计型号一致。

（6）电磁流量计安装时决不能与其他电气设备的接地线共用。

（7）避免电磁流量计在负压下使用，因为测量管负压状态下，衬里材料容易剥落。

（8）投用时，保证测量管内始终充满液体，避免产生气泡。

（9）传感器的安装地点应远离大功率电动机、变压器、变频器等强磁场设备，以免外部磁场影响传感器的工作磁场。

> JBB010电磁流量计安装使用的注意事项

项目六　操作离心式污泥机进行脱水

一、相关知识

污泥是污水处理站在污水处理过程中的必然产物，产生的污泥主要是由调储装置、沉降装置、过滤装置和回收水系统排放出来的，或人工清除罐底、池底污泥。在油田采出水处理中产生的含油污泥，由于含水率通常较高，所以必须进行预处理达到污泥浓缩、减容的目的，污泥的浓缩、调质、脱水是含油污泥处理系统工艺中不可少的三个环节。调质的原理是在污泥脱水前加入化学药剂，改变污泥粒子的物化性质，减少其与水的亲和力，使其随固体杂质沉降、油滴聚合，实现油、水、泥渣的完全分离。

（一）含油污泥脱水

污泥经过浓缩后，其含水率在96%左右，为了减少污泥的体积，需要进一步进行脱水，提高泥饼的含固率，将污泥的含水率降低到80%左右，污泥脱水是污泥处理的一个重要步骤，目前常用的脱水方法有机械脱水和自然干化法。机械脱水法主要有真空过滤法、压滤法和离心法。目前比较成熟的是离心脱水和压滤脱水。

机械脱水是以过滤介质两面的压力差作为推动力，使水分强制通过过滤介质，固体颗粒被截留在介质上，形成滤饼，从而达到脱水的目的。

1.真空过滤法

真空过滤法的压差是通过在过滤介质的一面造成负压而产生；真空过滤机需配用真空泵、滤液罐等附属设备，含油污泥脱水后泥饼含水率一般在80%左右，处理能力小，耗电量大，滤布易堵塞、损坏，因此油田上应用较少。

2.压滤法

对于压滤法，压差产生于在过滤介质一面加压；压力可达0.4～0.8MPa。常用的压滤机有板框压滤机和带式压滤机。

1）板框式压滤机

（1）结构特点：结构简单，推动力大，适用于各种性质的污泥，形成的滤饼含水率较低，但不能连续运行，可分为人工和自动板框机两种，自动板框机和人工的相比，滤饼的剥落、滤布的洗涤再生和板框的打开与压紧完全自动化，大大减少了劳动强度。缺点是占地大、设备密闭性差，污泥中的杂物和油泥容易对滤布造成堵塞和损坏，结构如图2-1-1所示。

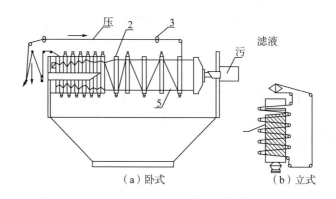

（a）卧式　　　　（b）立式

图2-1-1　自动板框压滤机

1—驱动辊；2—滤板；3—防偏辊；4—压紧装置；5—限距链板；6—滤腔

（2）工作原理：工作原理如图2-1-2所示，板与框相间排列而成，并用压紧装置压紧，在滤板两侧覆有滤布，即在板与板之间构成压滤室。在板与框的上端相同部位开有小孔，压紧后，各孔连成一条通道。加压后的污泥由该通道进入，并由滤框上的支路孔道进压滤室。污泥的运动方向见图中箭头。在滤板的表面刻有沟槽，下端有供滤液排出的孔道。滤液在压力作用下，通过滤布并沿着沟槽向下流动，最后汇集于排液孔道排出，使污泥脱水。

为了防止污泥颗粒堵塞滤布网孔和滤板沟槽，在压滤开始时，压力要小一点，待污泥在滤布上形成薄层滤饼后，再增大压力。

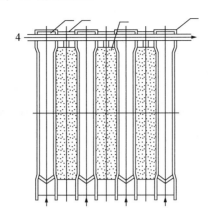

图2-1-2　板框式压滤机工作原理图

2）带式压滤脱水机

在带式压滤面中，较为常见的是滚压带式压滤机。其特点是可以连续生产，机械设备较简单，动力消耗少，无须设置高压泵或空压机。

滚压带式压滤机由滚压轴和滤布带组成，压力施加在滤布带上，污泥在两条压滤带间挤轧，由于滤布的压力和张力而得到脱水。

（1）基本处理流程：污泥先经过浓缩段，依靠重力过滤脱水，浓缩时间一般为 10 ～ 30s，目的是使污泥失去流动性，以免在压榨时被挤出滤布带，然后进入压轧段，依靠滚压轴的压力与滤布的张力除去污泥中的水分，压轧段的停留时间约为 1 ～ 5min。

（2）工作方式：滚压的方式，取决于污泥的特性。一般有两种，如图2-1-3、图2-1-4所示。

相对压榨式：滚压轴上下相对，压榨的时间几乎是瞬时的，但压力大，如图 2-1-3 所示。

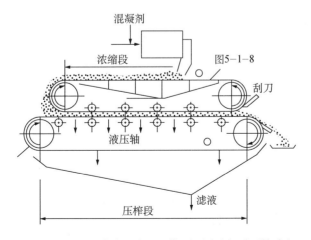

图2-1-3　滚压带式过滤机工作原理图（相对压榨式）

水平滚压式：滚压轴上下错开，依靠滚压轴施于滤布的张力压榨污泥，因压榨的压力受张力限制，压力较小，故需压榨时间较长，但在滚压过程中对污泥有一种剪切力的作用，可促进污泥进行脱水，如图2-1-4所示。

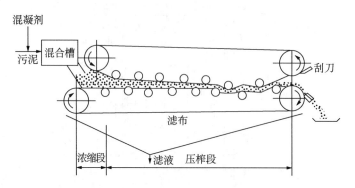

图2-1-4　滚压带式过滤机工作原理图（水平滚压式）

3）带式压滤机的日常运行维护

（1）注意观察滤带的损坏情况，及时更换新滤带。滤带的寿命一般为3000～10000h。

（2）每天应保证足够的滤布冲洗时间；停止工作后，必须立即进行冲洗滤带。

（3）按照要求，定期进行机械检修维护，如按时加润滑油、更新易损件等。

（4）带式压滤脱水机易腐蚀部分应定期进行防腐处理。

（5）及时发现脱水机进泥中砂粒对滤带、滚压轴或螺旋输送器的影响及破坏情况，损坏严重时应及时更换。

（6）较长时间不用时，需放松滤带的张力，重新开机运转前，必须先调整好滤带的张力。

3. 离心法

离心法的推动力是离心力。推动的对象是固相，离心力的大小可控制，比重力大得多，因此脱水效果比重力浓缩好，它的优点是设备占地小、效率高、可连续生产，自动控制，卫生条件好，缺点是对污泥的预处理要求高，脱水前必须使用高分子聚合电解质进行调质，设备易磨损。

JBB012离心式污泥脱水机的结构原理

（二）离心法脱水

污泥离心法分离是对悬浮在液体中的固体物质进行分离的一种方法。根据分离因素的不同，离心机可分为低速离心机（转速为1500r/min以下）、中速离心机（转速为1500～3000r/min）和高转速离心机（转速在3000r/min以上）三类。在污泥脱水处理中，由于高速离心机转速快、对脱水泥饼有冲击和剪切作用，因此适宜用低速离心机进行离心脱水。

1. 离心式污泥脱水机的结构原理

离心式污泥脱水机的工作原理是利用固—液密度差，并依靠离心力，从而实现固液分离，并在特殊机构的作用下分别排出机体。整个进料和分离过程均是封闭、自动完成的，有连续工作及间歇工作之分。

按照离心脱水机的结构和分离效果分为过滤离心机和沉降离心机。根据离心机的形状，可分为转筒式离心机和盘式离心机等，在污泥脱水中应用最为广泛的是转筒式离心机。

1）转筒式离心机

它的主要组成部分是转筒和螺旋输泥机，结构如图2-1-5所示。

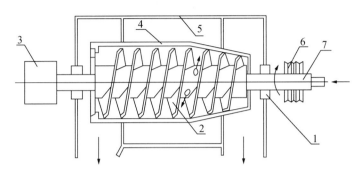

图2-1-5 转筒式离心机的工作原理图

1—轴承；2—螺旋输送机；3—差速器；4—转筒；5—罩盖；6—驱动轮；7—空心轴

工作过程：污泥通过中空转轴的分配孔连续进入筒内，在转筒的带动下高速旋转，并在离心力的作用下泥水分离。螺旋输泥机和转筒同向旋转，但转速有差异，即二者有相对转动，这一相对转动使得泥饼被推出排泥口，而分离液从另一端排出。工作原理如图2-1-6所示。

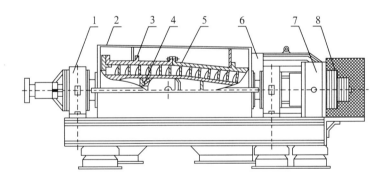

图2-1-6 转筒式离心机的结构图

1—轴承座；2—外壳；3—转筒；4—进料管；5—螺旋输送机；6—电动机；7—差速器；8—皮带轮

2）碟式离心机

碟式离心机是立式离心机的一种，转鼓装在立轴上，通过电动机带动传动装置而高速旋转。结构如图2-1-7所示。转鼓内有一组互相套叠在一起的碟片组成，碟片之间有很小的间隙。悬浮液由位于转鼓中心的进料管进入转鼓。当悬浮液流过碟片之间的间隙时，固体颗粒在离心机作用下沉降到碟片上形成沉渣。分离后的液体从出液口排出转鼓。积聚在转鼓内的固体通过排渣机构在不停机的情况下从转鼓中排出。

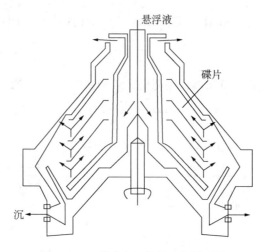

图2-1-7　碟式离心机的工作原理图

2. 离心式污泥脱水机的操作规程

1）开机前的检查

（1）检查轴承、差速器等润滑部位的润滑情况，各密封部位有无泄漏。

（2）检查进料管连接是否正确，各阀门灵活好用，出料阀门处于关闭状态。

（3）所有螺栓应紧固，皮带松紧适度。

（4）清除上下机盖的黏结沉渣。

（5）盘动差速器皮带轮、转鼓外壳，检查转动是否灵活，有无摩擦及不正常声音。

（6）检查电动机的转向与要求的方向是否一致。

2）开机

启动主机，调整频率在30Hz左右，运行一段时间后，停机检查有无异常响声，有无碰撞摩擦，故障消除，运行正常后，调整到需要的频率。

3）运行中的检查

（1）检查温度和分离性能是否稳定；主轴承温度≤70℃。

（2）振动有无增加，若增加，必须查明原因。

（3）检查各部位有无渗漏。

（4）电动机工作电流是否正常。

4）进料

（1）为防止差速器损坏，开始进料时，要缓慢，逐步达到规定值。

（2）当工况改变时或分离物料效果不理想时，要作相应的处理。

5）停机

（1）停机前，先关闭进料阀，通入适宜温度的水或清洗液进行冲洗，冲到出水较清为止。

（2）冲洗完毕后，先断开电源，仍要继续冲洗，直至机器完全停止运转。

（3）停机时，尽量避免液体进入分离好的沉渣中。

（4）用手盘动差速器皮带，检查冲洗效果，若很吃力，则需要进一步冲洗转鼓、螺旋输送机与机壳内腔。

3. 离心式污泥脱水机的运行维护管理

（1）保证离心机的清洗工作，防止污泥沉淀在离心机内，造成转筒和螺旋输送机不平衡，增加振动。

（2）每周检查一次离心机减震器、盖板螺栓以及电动机皮带的张紧程度。

（3）每班必须检查轴承温度及润滑情况，轴承温度 50～70℃，检查有无不正常的噪声和振动。

（4）机器长时间不用时，应清洗干净，并排空转鼓内的清水或清洗液；至少每周用手盘动转鼓一次。

（5）由于离心机启动电流较大，持续时间较长，线路及电气设备应能承载较大的负荷。

（6）离心机每工作 300h 必须润滑轴承，每工作 750h 必须全面清洗，每工作 1000h 必须更换润滑油。

（7）严禁将离心机反向旋转。

（8）由于离心机转动惯性较大，停机时间较长，严禁擅自采用制动的方法使机器停止转动。

JBB013离心式污泥脱水机的操作维护保养方法

二、技能要求

（一）准备工作

1. 设备

转筒螺旋离心式污泥脱水装置及配套工艺、加药装置 1 套、污泥浓缩罐及相应配套机泵工艺 1 座。

2. 材料、工具

500mm F 形扳手 1 把、200mm 和 250mm 活动扳手各 1 把、绝缘手套 1 副、试电笔 1 支、放空桶 1 个、擦布适量。

3. 人员

穿戴好劳动保护用品，与相关岗位做好联系，互相配合。

（二）操作规程

序号	工序	操作步骤
1	开机前的准备工作	检查工艺流程：加药流程、清水流程及进料排泥流程是否畅通
		检查所有润滑及冷却油箱内的油位、油质是否在规定范围内，否则，立即加油
		清除脱泥机周围及顶部杂物
		检查皮带松紧度
		盘动差速器皮带轮、转鼓外壳，检查转动是否灵活，有无摩擦及不正常声音
		检查三相电压、仪表、工艺各部位螺栓松动、阀门灵活情况
		合上电源开关，点动电动机，检查电动机转向与要求的方向一致
2	配置药剂	打开清水阀门，向加药罐内注入清水
		向加药罐内加入调质药剂（酰胺），配置 2‰的药液
		启动搅拌机，使药液混合均匀

序号	工序	操作步骤
3	开机	给主电盘送电后，检查所有变频器和流量计是否有电
		按开机键，检查润滑油位、油路及油泵运转是否正常
		运行一段时间后，调整到需要的频率，转数达到 2000 转左右
4	开机后的运行检查	检查转速、差速变化情况，是否正常
		差速器及各密封部位有无渗漏现象
		检查电动机的电流是否正常，电流是否波动
		检查固相端、液相端温度及震动是否正常
		检查主轴承温度，温度 ≤ 70℃
5	启动生产	开启螺旋及皮带输送机，检查是否正常
		检查冷却水阀是否打开
		打开污泥浓缩罐出口阀门，启动污泥泵
		按生产键，启动加药泵
		观察调整加药泵、污泥泵流量，调整到工艺要求范围内
6	生产过程中的检查	检查电动机电流、转速、差速是否稳定；流量是否稳定
		检查固相端、液体相端温度及震动是正常
		检查螺旋及皮带输送机是否运行正常，手摸机器震动是剧烈
		现场检查出水水质、检查泥饼质量
		检查冷却水是否正常
		检查污泥浓缩罐、回收水池液位是否正常
7	停机	停运污泥泵，关闭污泥浓缩罐出口阀门
		关闭冷却水阀门
		停运加药泵
		打开冲洗阀门，对脱水机进行冲洗
		冲洗到出清水时，按停机键，断开电源开关
		机器完全停止运转后，关闭冲洗阀门
8	回收污水	启动回收水泵，回收污水池内污水
9	清理现场	清理现场、回收工用具

（三）技术要求

（1）含油污泥脱水后含水率应根据污泥的运输和最终处置方式通过经济技术比较确定，但不宜高于 80%。

（2）脱水前宜加药调质，药剂种类及加药量宜通过试验或相似工程经验确定。

（3）严格按照操作规程启停泵。

（4）脱水机房采取降噪措施。

（5）每次停机后一定要冲洗干净。

（四）注意事项

（1）为防止差速器损坏，开始进料时，要缓慢，逐步达到规定值。

（2）调整污泥泵进料时，必须缓慢进行，扭矩变化不可过猛。

（3）运行过程中，检查振动有无增加，若增加，必须查明原因。

（4）严禁将离心机反向旋转。

（5）由于离心机转动惯性较大，停机时间较长，严禁擅自采用制动的方法使机器停止转动。

（6）停机后，用手盘动差速器皮带，若很吃力，则需要进一步冲洗转鼓、螺旋输送机与机壳内腔。

项目七　运行维护二氧化氯杀菌装置

一、相关知识

（一）二氧化氯的杀菌装置的原理及结构

JBB014二氧化氯杀菌装置的工艺原理

1.二氧化氯的杀菌机理

二氧化氯是一种氧化型杀菌剂，对微生物的杀菌机理一般认为：二氧化氯对细胞壁有较好的吸附和透过性能，可有效地氧化细胞内含巯基的酶，并可快速地控制微生物的蛋白质合成。最终可导致细菌的死亡。

特点：

（1）适用的 pH 范围广，在碱性条件下也能有效地杀灭绝大多数的微生物。

（2）杀菌效果好，作用快，持续时间长。

（3）不与水中的氨或大多数有机胺反应。

（4）可以杀死芽孢、孢子和病毒，并进一步分解菌体残骸，控制黏泥的生长。

（5）随着浓度与温度的升高，二氧化氯的杀菌能力增强。

（6）二氧化氯毒性低，消毒不产生气味和有毒物质。

（7）二氧化氯在碱性条件下使用，其杀菌效果比氯气好得多。

二氧化氯的制备方法主要采用盐酸还原法，以氯酸钠为原料，在盐酸的作用下产生二氧化氯。反应式如下：

$$2NaClO_3+4HCl \rightarrow Cl_2+2ClO_2+2NaCl+2H_2O$$

二氧化氯是一种强氧化剂，在空气中极不稳定，遇光极易分解，因此在工业上普遍采用现场制备、现场使用的方法。

2.二氧化氯杀菌装置的结构组成

设备组成：二氧化氯发生器由主机反应器及两个原料罐组成。

系统工艺：由供料系统、反应系统、控制系统、负压吸收系统和安全保护系统组成。

原料的配制：将氯酸钠（工业氯酸钠，纯度≥99%）固体颗粒放入化料器中，经溶解稀释后用泵打到原料罐内配制成33%浓度的氯酸钠水溶液；工业合成盐酸（工业合成盐酸，浓度≥31%）用酸泵打到盐酸原料罐内。

1）发生装置的工艺原理

由计量泵将氯酸钠水溶液和盐酸溶液按一定比例输入反应器中，在一定温度和负压条件下进行充分反应，产出以二氧化氯为主、氯气为辅的混合产物，经水射器与动力水（提升泵出口污水）充分混合形成消毒液后，投入污水中（净化水罐出口），工艺原理如图 2-1-8 所示。

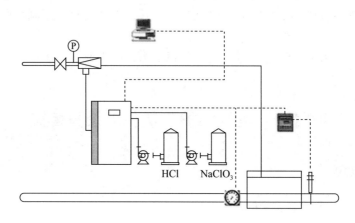

图2-1-8　指定比例调整自选图形大小

2）二氧化氯发生器的控制

二氧化氯发生装置的制备过程是通过 PLC 控制柜系统控制，具有压力、水位、温度、余氯、频率等检测与控制，具体工作原理如图 2-1-9 所示。

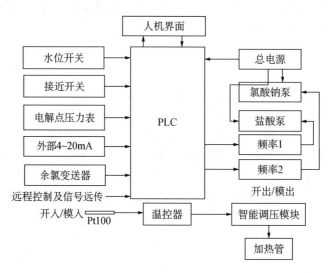

图2-1-9　二氧化氯发生装置控制原理框图

3）附件设备

二氧化氯发生装置的主要附件设备有水射器、盐酸计量泵、氯酸钠计量泵、盐酸储罐（PE 材质）、氯酸钠储罐（PE 材质）、氯酸钠化料器（PVC 材质）、卸酸装置、就地控制柜、动力水泵、漏氯报警仪和余氯检测仪。

（二）操作要点

1. 氯酸钠化料时的注意事项

（1）阀门切换时，一定要先开后关，不能出现四个阀门都关的状态，在启泵前必须检查好阀位。氯酸钠化料器工艺如图2-1-10所示，图中阀1、3为一组，阀2、4为一组，阀位一致。

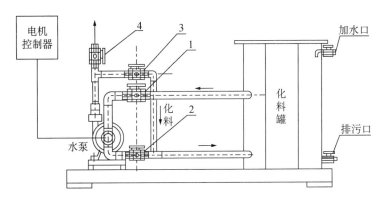

图2-1-10　氯酸钠化料器构造示意图

（2）化料罐内要保持清洁，防止杂物或碎屑损坏化料泵。

（3）在化受潮固化成块的氯酸钠时，化料时间要适当延长。

（4）化料泵严禁空载，启泵前确定化料罐内液位足够，以免损坏化料泵。

（5）化料完成后，化料罐内一定要注满清水，防止残余原料结晶，再次启动时对化料泵损坏。

2. 盐酸的使用

（1）盐酸（浓度31%）应符合国家标准GB 320—2006《工业合成盐酸》的要求，严禁使用废酸，尤其是内含有机物、油脂的工业副产酸。

（2）盐酸卸车前，检查防护设施齐全，捕雾器内是否有碱液。

（3）设备所用专用料与盐酸应分开存放。

3. 其他注意事项

（1）氯酸钠应存放在干燥、通风、避光处，严禁与酸性物质及易燃物品共同存放，严禁烟火，严禁挤压、撞击，注意防潮。

（2）氯酸钠应符合国家标准GB/T 1618—2008《工业用氯酸钠》一等品的要求。

（3）设备间应干燥、避光，通风良好。

（4）二氧化氯具有强氧化性，设备的软管长时间使用易老化和密封不严，应经常检查，定期更换。

（三）设备的维护保养

1. 设备清洗

设备长时间运行后，反应器中沉淀物会增加，影响设备的产气率或原料转化率，应定期进行清洗。

（1）设备运行状态下，每月需要冲洗1～4次，冲洗时关闭计量泵，在水射正常工作状态下冲洗。

（2）一般半年进行整机清洗一次。通过设备主机背侧的排污阀，可进行清洗排污。

（3）加热水套清洗时，要先关闭加热系统，并关闭电源，打开水套排污阀，将水套水排出，然后关闭，从加水口加满清水，反复冲洗几次，直至冲洗干净。

（4）过滤器清理：标准原料罐出口阀门带有过滤网，应定期进行清洗。

2. 计量泵的维护

（1）计量泵使用时注意防水，严禁对计量泵进行冲洗。

（2）应经常检查计量泵有无泄漏，如有渗漏，应及时进行维修处理。

（3）每次原料罐加完料后，应及时检查并排掉计量泵输料管中的气体。

（4）运行一段时间后，检查并紧固泵头螺栓。

（5）计量泵的膜片在运行一年或8000h后（以先到为准），必须更换。

3. 水射器清洗

将水射器卸开后，用10%～20%的盐酸浸泡直至溶解，察看喷射器内部是否有损坏，否则更换。

4. PVC管道系统和连接管检查

PVC管道及球阀应该保持干净和光滑，拆卸连接管观看是否老化或变脆，否则应立即更换；计量管每半年更换一次，老化或变脆时必须更换。

二、技能要求

（一）准备工作

1. 设备

二氧化氯杀菌装置及配套工艺。

2. 材料、工具

500mm F形扳手1把、250mm活动扳手1把、测温枪1把、气体检测仪1把、试电笔、绝缘手套、放空桶1个、擦布适量。

3. 人员

穿戴好劳动保护用品。

（二）操作规程

序号	工序	操作步骤
1	化料装置的检查	检查化料罐内有无残余原料结晶
		化料罐内是否需要注满清水
2	原料罐的检查	检查盐酸储罐和氯酸钠储罐中的药剂溶液没有缺料现象
		检查磁翻板液位计显示与罐内液位一致，法兰连接是否有渗漏
3	控制器及仪表的检查	检查控制器面板指示灯是否正常，有无故障显示
		检查控制参数是否合理
		检查各种仪表是否正常，压力表是否在检定期限内
		观察温控器显示是否正常
		检查漏氯报警仪是否有故障指示

续表

序号	工序	操作步骤
4	动力水泵的运行检查	按离心泵的巡回检查规程进行检查
		观察动力水压力是否大于 0.4MPa
5	水射器的检查	运行中检查各部阀门有无漏失情况
		检查管路系统无泄漏
		电接点压力表压力值是否正常
		观察水射器是否射流
6	计量泵的运行检查	按隔膜泵巡回检查规程检查计量泵
		根据药液的配比及产气情况，检查设定流量是否符合要求
		有无管线、阀件渗漏、软管是否老化
		泵头有无因渗漏发生的腐蚀现象
		检查计量泵接线是否正确，安装是否牢固，各管道连接是否正确
7	二氧化氯发生器的检查	观察发生器的盐酸及氯酸钠液位计是否缺料
		检查排空阀是否溢流，进气口是否溢流
		管线有无老化、破损
		检查温控水箱是否缺水
8	清理现场	清理现场，回收工用具

（三）注意事项

（1）盐酸为强酸，操作人员应戴防护手套，原料禁止与各种酸类物品放在一起，并远离火源。

（2）如动力水源突然停水，应立即关闭计量阀门。

（3）计量泵停止供料，应使水射器继续工作 1h 以上，使反应器内的二氧化氯气体充分抽空，以免发生气体从进水管溢出。

（4）在原料含有杂质的情况下易堵塞，应注意清理疏通。

（5）设备温控水箱应经常补水，以防损坏加热器；当水箱水位低于设定值时，控制柜上故障灯亮，应立即补水。

（5）首次运行前设备内必须加入足够的清水，严禁空机运转。

（6）应注意防冻，并采取必要取暖措施，以免损坏设备。

（7）二氧化氯杀菌装置要保证漏氯报警仪在线好用。

项目八 拆、装单级双吸离心泵

一、相关知识

（一）双吸离心泵的结构特点及工作原理

JBC001双吸
离心泵的结构
原理

1. 结构

单级双吸离心泵主要是由端盖、泵体、水封管、挡套、双吸密封环（口环）、泵盖、叶轮、水封环、机械（或填料）密封压盖、挡水环、轴承体所组成。

单级双吸式离心泵的流量为 90 ～ 28600m³/h，扬程范围为 10 ～ 140m，按泵轴的安装位置不同分为卧式和立式两种。单级双吸式离心泵中的水平剖分式离心泵，一般采用双吸式叶轮，每只叶轮相当于两只单级叶轮背靠背地装在同一根轴上并联工作，单级双吸泵的叶轮相当于两个相同直径的单吸叶轮同时工作，在同样的叶轮外径下流量可增大一倍，所以这种泵的流量比较大。

泵的吸入室一般采用半蜗壳形，泵盖以销定位，用螺栓固定在泵体上，两者共同形成叶轮的工作室吸入口和排出口均铸在泵体上，成水平方向与泵体垂直。泵体和叶轮两侧都装有密封环，泵体两侧都有轴封装置，轴封装置为填料密封或机械密封。转子由两端支撑，支撑在装有轴承的轴承座内。

2. 工件原理

单级双吸离心泵工作时，泵轴带动叶轮作高速旋转，充满在叶轮中的液体在离心力的作用下，自叶轮中心向外周作径向运动。当液体进入泵壳后，动能转变为静压能，最后以较高的压力排出泵出口。叶轮中心形成了一定的真空，在外界压力作用下，液体便从叶轮的两侧吸进叶轮中心。依靠叶轮的不断运转，液体便连续地被吸入和排出。

3. 特点

由于叶轮形状对称，两侧轴向力互相抵消，不需平衡装置。双吸叶轮的好处就是同样转速与流量的情况下，由于减小了进水口的流速、双吸泵很难出现汽蚀现象。即使由于泵体内两边的液流状况并非完全对称，造成对泵转子的轴向力，其值也不会很大，可由轴承来承受。

由于泵体水平剖分，所以检修方便，不用拆卸吸入和排出管线，只要把泵体上盖取下，整个转子即可取出，水平剖分泵有单级和多级之分。双吸式离心泵的轴封装置为填料密封或机械密封。

二、技能要求

（一）准备工作

1. 设备

离心泵机组 1 台。

2. 材料、工具

清洗油、油盆 1 个、青壳纸 2 张、壁纸刀 1 把、木板 1 块、填料若干、活动扳手 200mm、250mm 各 1 把、梅花扳手 17 ～ 19mm1 把、开口扳手 1 把、钩头扳手 1 把、螺丝刀 1 把、紫铜棒 1 根、撬杠 2 根、游标卡尺 1 把、套管 1 根、剪刀 1 把。

3. 人员

2 人操作，持证上岗，劳保用品穿戴齐全。

（二）操作规程

序号	工序	操作步骤
1	准备工作	工具、用具量具准备
2	停泵	按操作规程停泵，关闭进出口阀门，打开放空阀，离心泵解体

续表

序号	工序	操作步骤
3	拆卸联轴器及轴承盖	用三爪拉力器将联轴器从轴上取下，并取下键
		用梅花扳手松开两端密封填料压盖螺栓，取下螺母，拉开密封填料压盖
		用活动扳手松开前后轴承体压盖螺栓，取下螺母，取下前后轴承体压盖
4	拆卸泵盖及转子	用开口扳手松开泵盖连接螺栓，取下螺母，并取下泵盖，使泵盖接触面朝上放在胶皮上
		将转子从泵体上取出，放在胶皮上拆下泵盖放在胶皮板上，用拉力器卸下轴承体、拆卸转子所属配件
		用梅花扳手卸下前后轴承盒压盖螺栓，取下轴承体
		用勾头扳手卸下前后轴承锁紧螺母（注意反、正扣），取下轴承、轴承压盖、挡水圈、密封填料压盖、水封环、填料，填料挡套、密封环
		用勾头扳手卸下轴两端的前后轴套锁紧螺母，取下前后轴套，叶轮和键
5	清洗检查测量	将所有拆卸下来的零部件进行清洗、检查，并按顺序摆放在胶皮上
		装配前对所有零件进行一次全面擦洗和检查。检查零件是否有伤痕、磨损或裂痕，如发现问题进行处理（修复或更换）后再进行装配
		用游标卡尺测量叶轮止口外径和密封环内径尺寸，将测量结果写在记录纸上，并计算出其配合间隙是否在 0.2 ～ 0.5mm
		剪垫子：轴承压盖、泵盖所用的垫子
6	转子组装	将键镶在泵轴上，把叶轮装上（注意：叶轮叶片弯曲的方向与泵的旋转方向相反，不得装反）
		将前后轴套，分别装在叶轮的两边，并用前后轴套锁紧螺母将前后轴套、叶轮紧固在轴上
		将填料挡套、水封环、填料压盖，挡水圈和加好青壳纸垫的前轴承压盖套在前轴套上，把密封环装在叶轮止口上
		把前轴承装在轴上，并用套管击打到位，再用轴承锁紧螺母（注意：正反扣）把轴承固定在轴上
		把轴承和轴承体内分别加入容积三分之二的润滑脂后，将前轴承体装在轴承上，并用螺栓将轴承压盖和轴承体紧固在一起
		用同样的方法把叶轮后部装好
7	整体组装	将已装好的泵转子放在泵体上，并把密封环上的圆柱销转到泵体槽内。如果叶轮不在泵体槽中间，可用松紧前后轴
		把前后轴承体压盖分别用螺栓紧固在前后轴承体上，边紧边盘泵
		用加热或用紫铜棒敲击的方法，将装好键的联轴器装在轴上
		加装填料：用轴套的外径测量好填料长度后，平行斜切，切口为30° 或45°。把水封环放在填料盒中间，在其前后分别加装 2 ～ 3 根填料，每根之间切口错开90° ～ 120°，最后一根切口朝下
		在泵体与泵盖之间的接触面上涂上少许润滑脂，加好青壳纸垫，垫子上面涂上少许润滑脂。扣上泵盖，穿上螺栓，并对角将螺栓紧固好。边紧边盘动联轴器，发现转动不灵活及时调整
		套上密封料压盖，紧固密封填料压盖螺栓，用力要均匀，填料压盖端面要垂直于轴套，防止偏磨。紧好后，再松开 1 ～ 2 扣

序号	工序	操作步骤
8	盘泵检查	用手盘动联轴器检查泵转动是否灵活无阻卡偏重现象
9	清理场地	收拾工具、清理现场

JBC002拆装
双吸泵的注意
事项

（三）注意事项

（1）拆卸锁紧螺母时，应注意正、反扣。

（2）把拆卸下来的零部件，按顺序摆放好。

（3）安装前应对所有零部件进行认真检查，看是否有裂纹、擦伤、损坏现象，不合格零件要进行更换。

（4）安装密封环时，要注意圆柱销转到泵体槽内。

（5）拆卸双吸泵时，应将泵盖端面朝上放置在胶皮上，防止密封面摩擦。

（6）拆卸双吸泵时，先松上壳中部的螺母，再松周边的螺母。

（7）组装双吸泵时，水封环的外圆槽要对准填料函的进液孔。

（8）组装双吸泵，叶轮流道内应无杂物堵塞，入口处不准磨损。

项目九　用百分表法调整同轴度

一、相关知识

JBC003离心
泵机组对中的
技术要求

（一）离心泵机组对中的技术要求

离心泵和电动机是由联轴器连接的。因此，在安装时必须保证两轴的同心度。

（1）联轴器的形式及规格不同，安装质量允许偏差也不相同，其检验方法分为百分表找正法，或与水平仪配合找正方法；常见联轴器安装允许偏差的质量标准见表2-1-2，两个半联轴器端面间的间隙应符合表2-1-3的规定。

表2-1-2　联轴器对中质量要求

联轴器外形最大直径 mm	两轴的同轴度允许偏差		
	径向位移，mm	轴向位移，mm	倾斜
105～260	0.05	0.05	0.5/1000
290～500	0.10	0.10	0.10/1000

表2-1-3　联轴器端面间的间隙

联轴器外形最大直径，mm	间隙，mm
105～140	2～4
170～220	4～6
260～330	4～8
410～500	8～10

（2）联轴器找正时，根据电动机或泵轴承类型，轴径的不同及输送介质温度的因素，应考虑温度变化轴发生涨缩时对轴同心度的影响因素。调整联轴器同心度时，一般可根据表的读数，增减和读数一半厚度的垫片。

（3）联轴器端面间隙范围不包括电动机轴和泵轴窜量在内，以免在运行中出现顶轴现象。

（4）泵找正后对垫铁、地脚螺栓进行一次复查，合格后进行抹面，抹面应符合设备技术文件或设计图样等有关规定。

（5）泵的工艺管线安装应以泵的出、入口轴线为基准，不得强力结口。自控保护系统的安装调试，应符合设备技术文件的有关规定。△

（二）机泵同轴度的调整方法

第一步：机泵的原始状态，如图 2-1-11 所示。

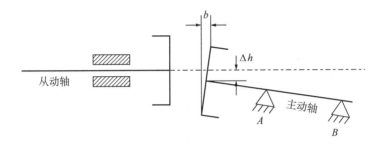

图2-1-11　机泵原始状态

第二步：先抬高 Δh，如图 2-1-12 所示。

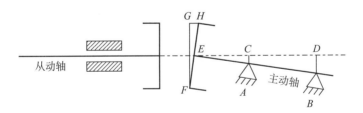

图2-1-12　机泵原始状态

第三部：调节后的机泵轴心线，如图 2-1-13 所示。

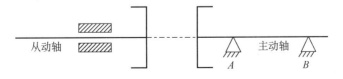

图2-1-13　机泵原始状态

（1）先消除联轴器的高低差。

电动机轴应向上用垫片抬高 Δh，这是前支座 A 和后支座 B 应同时在座下加垫 Δh。

（2）消除联轴器的张口。

在 A、B 支座下分别增加不同厚度的垫片，B 支座加的垫应比 A 支座的后一些。

（3）综合以上两个步骤，总的调整量是：

前支座 A 加垫片厚度：$\Delta h + AC$，

后支座 B 加垫片厚度：$\Delta h + BD$。

如果联轴器出现下张口，并且电动机偏高，那么计算方法与上述相同，不过这时不是加垫片而是减垫片了。

（4）调整量计算后机泵找正确定方式，一般机泵找正以水平轴线偏差较小的为基准。在允许的条件和特殊情况下，可以参考以下三种选择基准方式：

①以公共轴线为基准。

②以电动机为基准。

③以泵为基准。

以公共轴线为基准，其特点是轴线相差大时，调整时加减调整量较小，但调整时机泵都得加减调整量，工作量大、难度大。

以电动机为基准其特点是只用加减泵的调整量。但轴线相差大时，泵的调整量较大，如果进出口工艺已连接还要另拆卸法兰，故一般不采用。

以泵为基准：特点是只用加减电动机的调整量。但轴线相差大时。电动机的调整量很大。

根据油气田水处理的设备大小，一般以泵为基准调校电动机。

高度调整：加减 U 形垫片调整法。

U 形垫片：优点是造价便宜，加工方便；缺点是调整难度大，当有多张垫片时有积累误差，精度难以控制，容易腐蚀、氧化，使用时间较短。

U 形垫片制作：垫片做成 U 形状（图 2-1-14），a＝电动机机脚宽度。

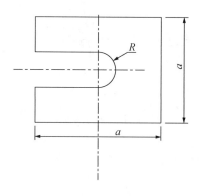

图2-1-14　U形垫片

U 形垫片可采用薄铁皮和薄铜皮等材料，厚薄最好多样化，既能满足不同的调整量的需要，又要垫的片数少为宜。在制作过程中避免打皱，四周打磨除掉毛刺，以减少张力和积累误差。

（5）加垫后，先把联轴器左右张口及左右外皮圆偏差调好（可移动电动机的前后地脚）。然后紧上地脚螺栓，最好边紧边看联轴器左右外圆的变化，因紧地脚螺栓时会把电动机拉动。

如果测量、计算准确，基本上都是一次调成。

现场中的水泵有时联轴器外圆不是很规整，但这并不影响找正工作。为了避免产生误差，可在联轴器圆周上均匀地做四个记号（相差90°，电动机和泵一起做记号），转到每个位置时，电动机和水泵记号要对准、正确，塞尺（或百分表）只对记号测量，不要偏离。如果出现电动机高，但下面已经没有垫片了，这是只能把水泵抬高。

二、技能要求

（一）准备工作

1. 设备

IS80－65－160 离心泵机组 1 台。

2. 材料、工具

精度 0.01mm 百分表 2 个、磁力表架 1 套、17～19 梅花扳手 2 把、紫铜棒 1 个、测量块（δ＝1、2、3mm 各一块）、撬杠 1 个、计算器 1 个、擦布、粉笔、记录单 1 张、碳素笔 1 支、紫铜皮（δ＝0.05、0.1、0.2、0.3、0.5、1.0mm）各 4 张。

3. 人员

2 人操作，持证上岗，劳保用品穿戴齐全。

JBC004百分表调整同轴度的方法

（二）操作规程

序号	工序	操作步骤
1	准备	准备工具、用具
2	停泵	按操作规程停泵，关闭进出口阀门，打开放空阀
3	划线粗调	用对称的两条螺栓将电动机和泵联轴器连接在一起
		将联轴器擦干净后，把联轴器的外圆按0°、90°、180°、270°分成四等份，同时在与0°相对应方位的电动机端盖上找一个参照点，并用石笔做好标记
		用测量块初步确定两联轴器端面距离。用紫铜棒和150mm钢板尺配合初步调整机泵轴向、径向间隙。对角将电动机地脚螺栓紧固好
4	架表	将磁力表架（或专用表架）固定在泵联轴器的脖颈处，将表杆按径向和轴向调好
		擦洗、检查百分表、擦触头，检查小针是否为0，检查表盘和后盖，检查表杆是否灵活
		将两块百分表分别装在径向和轴向。径向：百分表触头与联轴器0°标记处垂直，下压量为1～2mm。轴向：百分表触头与联轴器端面垂直。如果因条件限制无法做到垂直，倾斜度不得大于15°，下压量为1～2mm
5	测量	转动表盘一圈，将径向和轴向两块表大针分别调到"0"位
		用F形扳手（或手）按泵的旋转方向，缓慢转动联轴器，在记录表格上分别记下0°、90°、180°、270°四个方位径向、轴向在百分表上显示出的数值（根据小针变化情况，确定大针所指数值的"+""-"号）
		做好记录。填入表5-1-4中
		径向：0°值+180°值（绝对值相加），所得的值为两联轴器径向上下偏差值。0°值为0时，180°值为正，说明电动机比泵低；180°值为负值，说明电动机比泵高
		轴向：0°值+180°值（绝对值相加），所得的值为两联轴器轴向上下偏差值。0°值为0时，180°值为正，说明下开口比上开口大；180°值为负，说明下开口比上开口小

序号	工序	操作步骤
6	计算垫片厚度	径向 $\Delta h = (0° + 180°)/2$
		轴向 $X_1 = (a-b)/D \times L_1$，$X_2 = (a-b)/D \times L_2$
		垫片总厚度：$S_1 = \Delta h + X_1$，$S_2 = \Delta h + X_2$
7	选加垫片	按照电动机两个前底脚和两个后底脚所需加垫子总厚度的数值，从制作好的紫铜皮垫子中选出。每组垫片总数不超过 3 片，松开电动机四个地脚螺栓，将选好的紫铜皮垫子分别加入电动机四个底脚下面
8	调整紧固	用测量块和紫铜棒配合调整两联轴器间距在 4～6mm 之间
		调整左右径向和轴向偏差：将百分表按泵的旋转方向转到 90°（或 270°），转动表盘大针调"0"，按泵旋转方向把百分表转到 270°（或 90°），此时径向和轴向百分表分别反映出径向和轴向的偏差值，根据"+""−"值，确定击紫铜棒的击打方向，进行左右径向调整，直到偏差值在规定范围内
		调整上下径向和轴向偏差：将百分表按泵的旋转方向转到 180°，转动表盘大针调"0"；按泵的旋转方向再将百分表转到 0°位置，根据百分表"+""−"值确定先紧那个地脚螺栓。再对角紧固地脚螺栓。在此期间再检查一次左右偏差，如果左右有变化，因地脚螺栓未紧到位，左右偏差还可以进行调整
		对角紧固地脚螺栓，同时调整上下、左右偏差，二次紧固
9	复测	调整结束后复测一遍，不符合标准时，差的少可用松紧前后地脚螺栓进行微调，差得太多用上述方法重新调整，直到达标准要求为止。标准：低压离心泵：径向允许偏差 0.10mm、轴向允许偏差 0.10mm。高压离心泵：径向允许偏差 0.06mm、轴向允许偏差 0.06mm
10	清理现场	清理现场，回收工具

表2-1-4　离心泵机组同心度的测量与调整记录表（百分表法）

方位	径向 mm	轴向 mm
0°		
90°		
180°		
270°		
0° + 180°		

（三）注意事项

（1）使用百分表时，不能超出百分表的测量范围使用。

（2）往百分表架上装夹百分表时，夹持力不必过大，严禁用钳子、扳手等工具夹紧，以免将百分表的导向夹变形，测量杆夹死。

（3）百分表不能放在机床上，以免震坏或摔坏。

（4）百分表不能放在磁场附近，以免磁化，也不能直接度量高温工件，以防止表内零件变形。

（5）百分表使用完毕后，应擦净放入盒内。

（6）垫子外露不得超过 1mm，垫子要平整无毛刺、无折叠。

项目十　验收离心泵机组的安装质量

一、相关知识

（一）离心泵的安装与调试

JBC005离心泵机组安装要求

1. 安装机泵前的准备工作

（1）检查工具及吊装机械是否齐备。

（2）准备测量、校验使用的各种测量用具和仪器。

（3）准备好安装用的零配件和润滑油。

（4）安装前准备一系列厚度不一的平垫片和楔垫片，以备调整时使用。

（5）安装前确保所有与泵相连的管道应清洁，不得有任何对泵有可能造成损伤的固体异物。离心泵安装时泵的吸入高度是保证泵正常工作的重要因素。

（6）检查泵机组是否完好，转动是否灵活。

（7）检查机泵基础是否清洁完好。

2. 离心泵安装后应达到如下要求

（1）离心泵安装后，泵轴的中心线应水平，其位置和标高必须符合设计要求。

（2）离心泵轴的中心线与电动机轴的中心线应同轴。

（3）离心泵各连接部分，必须具备较好的严密性。

（4）离心泵与机座、机座与基础之间，必须连接牢固。

离心泵安装工作包括机座的安装、离心泵的安装、电动机的安装、二次灌浆和试车。

3. 机座的安装

机座的安装在离心泵安装中占有重要的地位。因为离心泵和电动机都是直接安装在机座上的，如果机座的安装质量不好会直接影响泵的正常运转。

机座安装的步骤如下：

（1）基础的质量检查和验收。

（2）铲麻面和放垫板。

（3）安装机座，先将机座吊放到垫板上，然后进行找正和找平。

①机座的找正。

机座找正时，可在基础上标出纵横中心线或在基础上用钢丝线架好纵横两条中心线钢丝，然后以此线为准找好机座的中心线，使机座的中心线与基础的中心线相重合。

②机座的找平。

机座找平时，一般采用下面的方法：首先在机座的一端垫好需要高度的垫板（如图 2-1-15 中的 a 点），同样在机座另一端地脚螺栓 1 和 2 的两旁放置需要高度的垫板，如图中的 $b_1 \sim b_4$，然后用长水平仪在机座的上表面找平，当机座在纵横两个方向均成水平后，拧紧地脚螺栓 1 和 2。最后在地脚螺栓 3 和 4 的两旁加入垫板，并同样进行找平，找平后再拧紧地脚螺栓 3 和 4，这样机座就算安装完毕。这种方法在施工现场称为三点找平安装法。

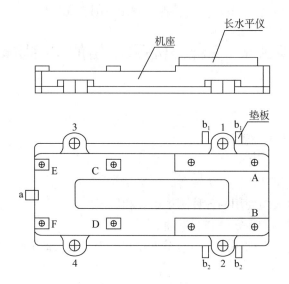

图2-1-15　用三点找平法安装机座

4. 离心泵的安装

机座安装好后，一般是先安装泵体，然后以泵体为基础安装电动机。因为一般的泵体比电动机重，而且它要与其他设备用管路相互联接，当其他设备安装好后，泵体的位置也就确定了，而电动机的位置则可根据泵体的位置来做适当的调整。

离心泵泵体的测量与调整包括找正、找平及找标高三个方面。

1）找正

就是找正泵体的纵、横中心线。泵体的纵向中心线是以泵轴中心线为准；横向中心线以出口管的中心线为准。在找正时，要按照已装好的设备中心线来进行测量和调整，使泵体的纵、横中心线符合图纸的要求，并与其他设备很好的联接。泵体的纵横中心线允许偏差按图纸尺寸允许偏差在 ±5mm 范围之内。

2）找平

泵体的中心线位置找好后，便开始调整泵体的水平。首先用精度为 0.05mm/m 框式水平仪，在泵体前后两端的轴颈上进行测量。调整水平时，可在泵体支脚与机座之间加减薄铁皮来达到。泵体水平允许偏差一般为 0.3 ～ 0.5mm/m。

3）找标高

泵的标高是以泵轴的中心线为准。找标高时一般用水准仪来进行测量。测量时把标杆放在厂房内设置的基准点上，测出水准仪的镜心高度，然后将标杆移到轴颈上，测出轴面到镜心的距离，然后便可按下式计算出泵轴中心线的标高。

泵轴中心的标高 = 镜心的高度 − 轴面到镜心的距离 − 泵轴的直径 /2。

调整标高时，也是用增减泵体的支脚与机座之间垫片来达到的。泵轴中心标高的允许偏差为 ±10mm。

泵体的中心线位置、水平度和标高找好后，便可把泵体与机座的连接螺栓拧紧，然后再用水平仪检查其水平是否有变动，如果没有变动，便可进行电动机的安装。

5. 电动机的安装

安装电动机的主要工作是把电动机轴的中心线调整到与离心泵轴的中心线在一条直线上。离心泵与电动机的轴是用各种联轴器连接在一起的，所以电动机的安装工作主要就是联轴器的找正。

离心泵和电动机两半联轴器之间必须有轴向间隙，其作用是防止离心泵的窜动作用传到电动机的轴上去，或电动机轴的窜动作用传到离心泵的轴上。因此，这个间隙必须有一定的大小。一般要大于离心泵轴和电动机轴的窜动量之和。

6. 二次灌浆

离心泵和电动机完全装好后，就可进行二次灌浆。待二次灌浆时的水泥砂浆硬化后，必须再校正一次联轴器的中心，看是否有变动，并作记录。

7. 离心泵的试车

离心泵安装或修理完毕后，必须经过试车，检查及消除在安装修理中没有发现的毛病，使离心泵的各配合部分运转协调。

（二）离心泵安装质量

联轴器的类型有很多种，大致可分为刚性联轴器和弹性联轴器。目前常用的有爪型弹性联轴器、弹性柱销联轴器、膜片联轴器、液力耦合器四种。

1. 联轴器装配注意事项

（1）联轴器安装前先把零部件清洗干净，对准备投用的联轴器表面涂抹润滑油，长时间停用的联轴器表面涂抹防锈油进行保养。

（2）联轴器的结构形式很多，具体装配的要求、方法都不一致，但是必须按照图纸要求进行装配。对于高速旋转机械上的联轴器，在出厂前都做过动平衡试验，合格后在各部件之间相互配合方位上画标记，装配时必须按照厂家给定的标记组装。否则由于联轴器的动平衡不好引起泵机组的振动。

（3）高速旋转机械上的联轴器连接螺栓都是经过称重的，使每一条连接螺栓的质量基本一致。如大型离心式压缩机上用的齿式联轴器，其所用连接螺栓的质量差值一般小于 0.05g。因此，联轴器间的连接螺栓不能任意互换，如必须更换其中的一条，要保证质量与原有的螺栓质量一致。

（4）在拧紧联轴器的连接螺栓时，应对称均匀拧紧，使每一条连接螺栓的锁紧力基本一致。否则造成联轴器装配后产生倾斜现象，一般采用力矩扳手来达到此项要求。

（5）刚性可移动式联轴器，在装配完后应检查联轴器的刚性可移件是否能进行少量位移、是否有卡阻、不平衡现象。凸缘联轴器装配时，两轴心的径向位移不大于 0.03mm。

（6）各种联轴器在装配完成后，应进行的检测项目包括：静平衡检测和盘车检查转动情况。

2. 联轴器安装质量

联轴器的形式及规格不同，安装质量允许偏差也不相同，其检验方法分为千分表（百分表）找正法，或与水平仪配合找正方法。测量联轴器端面间隙时，应使两轴窜动到端面间隙为最小尺寸位置。

JBC010泵体、
底座安装质量
检验

3. 检查泵机组安装质量

（1）泵体水平度的检验方法：机组底座安装在基础上时，应使用水平仪和长度尺检查安装基准质量。

（2）泵体水平度的检验标准：与建筑轴线距离允许偏差 ±20mm；与设备平面位置 ±5mm；与设备标高 ±5mm；泵体水平度：纵向 < 0.05/1000，横向 < 0.10/1000；原动机水平度纵向 ≤ 0.05/1000，横向 ≤ 0.10/1000。水平仪放置位置应为泵出入口法兰处。

JBC011地脚
螺栓安装质量
的检验标准

4. 检查地脚螺栓安装质量

（1）使用长度量尺测量泵机组地脚螺栓安装技术要求的尺寸，其螺栓间的长度间距、角度位移不应超过技术文件规定的值。

（2）用水平仪贴紧螺栓，检查螺栓应垂直不歪斜，螺栓光杆部分应无油污和锈蚀及氧化皮、螺纹部分应涂少量油脂防腐。

（3）螺母拧紧后，螺栓外露2～5个螺距，机组各地脚螺栓受力、紧力均匀。螺母与弹簧垫圈、垫片与机组底座接触要紧密。

JBC012地脚
垫铁安装质量
检验标准

5. 检查垫铁安装的质量

（1）用观察的方法：检查垫铁放置位置要靠近地脚螺栓，垫铁组间距离一般为500mm。

（2）单组垫铁的检查：平垫铁与斜垫铁配对使用，上下两层为平垫铁，中间两层为斜垫铁，单组垫铁总的高度为30～70mm，层数不得超过4层，垫铁高度的调整要靠两斜铁间位移进行调整。

（3）垫铁与基础、底座接触应均匀，垫铁间的接触面应紧密，一般接触面积为60%以上。且受力均匀，不得偏斜。用0.05mm塞尺检查，插入15mm各点均匀。

（4）经找平水平后的各垫铁组要点焊牢固，防止因振动等原因而产生位移，影响支撑强度，为便于检修垫铁组应露出底座10～30mm。泵找正后对垫铁、地脚螺栓进行一次复查，合格后进行抹面，抹面应符合设备技术文件或设计图样等有关规定。

JBC007多级
泵各部件的检
验标准

6. 离心泵转子径向圆跳动检测要求

多数离心泵转子跳动检测要求见表2-1-5。

表2-1-5　多级离心泵转子跳动

测量部位直径，mm	径向圆跳动，mm		端面圆跳动，mm	
	叶轮密封环	轴套	叶轮端面	平衡盘
≤ 50	0.06	0.03	0.20	0.04
> 50～120	0.08	0.04		
> 120～260	0.10	0.05		
> 260	0.12	0.06		

7. 离心泵转子检测要求

（1）多级离心泵叶轮与密封环间隙测量值应符合设计要求和技术规定，见表2-1-6。

表2-1-6 多级离心泵叶轮与密封环间隙

密封环内径，mm	间隙，mm	磨损极限，mm	密封环内径，mm	间隙，mm	磨损极限，mm
80～120	0.30～0.40	0.48	180～260	0.40～0.55	0.70
120～180	0.35～0.50	0.60	260～360	0.50～0.65	0.80

（2）叶轮、轴套、平衡盘等零件两端面应与孔轴线垂直，其偏差应小于0.02mm。

（3）轴的直线度测量可分为前部（前轴承段）、中部、后部（后轴承段），其允许偏差为：前部≤0.02mm；中部≤0.05mm；后部≤0.02mm。

（三）多级离心泵三级保养

1. 检修前的准备工作

（1）完成一二级保养的工作内容。

（2）准备解体离心泵使用的各种测量用具和仪器。

（3）准备测量校验使用的各种测量用具和仪器。

（4）准备好装配、更换的磨损部件和润滑油（黄油）。

（5）离心泵运转10000±48h进行三级保养。

2. 拆卸（D型泵）

（1）关闭泵出、入口阀门，在过滤缸和泵出口处放净泵中液体，若泵体内输送的介质是油，则需事先用热水置换干净。

（2）拆掉对轮销钉和弹性胶圈，断开联轴器，挪开电动机。

（3）拆下泵的地脚螺栓和冷却水连接管线，把泵转移到检修平台上。

（4）拆卸轴承体：先拆前、后侧的轴承体连接螺栓和轴承压盖，用拉力器取下轴承。

（5）拆卸密封压盖：拆下压盖与泵体的连接螺母，并沿轴向抽出压盖，然后取出填料。

（6）拆卸尾盖：拆下尾盖和尾段之间的连接螺母，卸下尾盖，然后把轴套、平衡盘及平衡环取出。

（7）拆卸穿杠：拆下穿杠两端的螺母，抽出泵各端的连接穿杠。

（8）拆平衡管：拆下平衡管两端法兰固定螺钉，取下平衡管。

（9）拆卸尾段：用铜棒和锤子轻敲后端的凸缘使之松脱后即可卸下。

（10）拆卸叶轮：用两把夹柄螺丝刀对称放置，同时撬动卸下叶轮，并按顺序摆放好。

（11）拆卸中段：用撬杠沿中段两边撬动，即可取下，再从中段上取下密封环，拆下挡套和导翼，并按顺序摆放好，而后即可拆卸其他零件，直至吸入口。

（12）拆卸泵轴：拆到前段时，可将泵轴抽出，然后取下联轴器和前轴承。

（13）拆下各部件用清洗油清洗干净，按拆卸顺序摆放，以便进行检查测量。

3. 清洗泵件

（1）用细砂布清除叶轮上的铁锈，用汽油清洗干净，并清除叶轮流道内的杂物。

（2）用粗钢丝或锯条片清除导翼流道中的杂物及污垢，用砂纸去除铁锈，再用清洗油清洗导翼，按原顺序摆放好。

（3）用砂纸清除尾段、中段、前段及轴承支架上的杂物和铁锈，用汽油清洗导翼，按原顺序摆放好。

JBC013离心泵三级保养内容

（4）用细纱布、汽油清洗干净泵轴上的铁锈和杂物，再按顺序摆放好。

4.检查泵件

（1）联轴器弹性胶圈：弹性良好，不硬化，内孔不变形，胶圈没有裂痕。

（2）联轴器：外圆平整无变形，边缘不缺损，端面平整，胶圈孔无撞痕。

（3）对轮销钉：销钉螺纹不凸，与螺母配合间隙良好，弹簧垫正常。

（4）轴承：不跑内、外圆，保持架不松旷，检查测量轴承径向间隙合格。

（5）压盖：压入均匀，无裂痕，螺栓孔对称。

（6）轴套：磨损不严重，表面无深沟、划痕，与键、轴配合良好。

（7）平衡盘：均匀磨损不超标，与键、轴配合良好。

（8）平衡环：磨损较轻，固定螺钉完好。

（9）平衡管：畅通，不堵塞。

（10）叶轮：叶轮静平衡合格，出、入口无磨损，流道通畅，键销口处无裂纹。

JBC008多级离心泵的组装要求

（11）泵轴：弯曲度合格，无磨损和裂纹。

5.装配

（1）首先对多级泵转子部分（包括叶轮、叶轮挡套或者叶轮轮毂及平衡盘等），应预先进行组装，也称为转子部件的组装或试装。以检查转子的同心度、偏斜度和叶轮出口之间的距离；测量叶轮、平衡盘的径向及端面圆跳动；测量叶轮、挡套、前后轴套的端面平行度，不平行度最大不超过0.02mm；测量叶轮与密封环、密封环与导翼的配合情况。

（2）装配离心泵时，按泵的装配顺序要求进行，按先拆后装或后拆先装的步骤进行操作。

（3）将装好吸入端轴套和键的轴穿过吸入壳。

（4）装上第一级叶轮挡套，并使叶轮紧靠前轴套。

（5）在中段上垫上一层青稞纸垫后，装上中段和第二级叶轮。然后，依次装上叶轮挡套、中段、第三级叶轮以至排出段壳体，装上泵体穿杠螺栓和螺帽，将螺帽对称拧紧。

（6）装上平衡盘、轴套，用轴套锁紧螺母将平衡盘锁紧，保证平衡盘与平衡环间的轴向间隙为0.10～0.25mm，垂直度偏差小于0.03mm。

（7）装上平衡室盖。

（8）安装前、后端填料、填料环和填料压盖。

（9）安装前、后挡水圈，装上轴承座、轴承，填加润滑脂或润滑油，安装轴封。采用油环润滑方式的，将润滑油环上限位铁片用螺栓拧紧，对强制循环的泵则不存在油环的问题。

（10）装上冷却水管、回流管、联轴器等。调整泵与电动机的同心度，拧紧机座地脚螺栓，盘泵达到灵活、轻松，不能出现碰、磨等现象。

JBC014离心泵三级保养的技术要求

6.装配要求

（1）泵的装配应在各零部件的尺寸、间隙、振摆等项经检查合格后进行。

（2）各泵段零部件装配后拧紧螺栓，测量转子的总窜动量，其数值应符合设备技术文件的规定要求。多级泵离心泵保养时，转子窜量应为0.01～0.15mm。

（3）测量平衡环端面的平行度，其允许偏差为0.06mm。

（4）装好平衡盘后，测量平衡盘与平衡套的轴向间隙，其间隙应符合设备技术文件规定，无规定时，可按照总窜量的 1/2 再留出 0.1 ～ 0.25mm 的量。

（5）密封填料函内的水封环与冷却水管应对中，密封装置各部装配间隙应符合设备技术文件的规定。

（6）组装主轴轴承时应保证转子与泵体的同心度，其允许偏差为 0.05mm。

（7）离心泵三级保养后，必须进行试运转试验，达到验收标准后方可投入运行。

（四）离心泵机组试运转

1. 多级泵组装中的注意事项

组装时，所有螺栓、螺母的螺纹要涂抹一层铅粉油。组装最后一级叶轮后，要测量其轮毂与平衡盘轮毂两端面间的轴向距离，根据此轴向距离决定其间挡套的轴向尺寸。挡套与叶轮轮毂、挡套与平衡盘轮毂之间的轴向间隙之和为 0.03 ～ 0.50mm。因为泵在开车初期，叶轮等轴上零件先受较高温度的介质的影响，而轴受热影响在其后，它们的膨胀有时间之差。留有 0.3 ～ 0.5mm 的轴向间隙，是为了防止叶轮、平衡盘等先膨胀而互相顶死，以致造成对泵轴较大的拉伸应力。

装平衡盘座压圈时，要将其上面的一个缺口对准平衡水管的接口。否则，平衡水管被堵死，整个轴向平衡装置就失去作用。

2. 多级泵安装后的试运转

按照启泵操作规程启动离心泵，将泵的出口压力和排量调整到设计工况值。

JBC009多级泵安装后的试运转

（1）检查轴承室的润滑油位、油量、油质。

（2）小型离心泵机组试运各部位应达到无杂音、摆动、剧烈震动或泄漏等现象。

（3）电动机空运转时间不得少于 2h。

（4）盘车检查转子应转动灵活。

（5）检查电动机旋转方向，应与泵旋转方向一致，然后安装联轴器弹性柱销。

（6）打开泵入口阀门灌泵，排出泵及工艺管路内的气体，活动出口阀门，待泵启动后，开启出口阀门，将泵压调整到设计规定值。

（7）泵运行中应无杂音。轴承温升：一般不超过外界环境温度 35℃；滑动轴承其温度不得超过 75℃；滚动轴承其温度不得超过 70℃。

（8）泵两端轴封应随时检查，调整密封填料压盖松紧程度，保证正常泄漏量，一般以 10 ～ 30 滴 /min 为宜。机械密封不得渗漏。

（9）泵和电动机带负荷试运时间及振动振幅应符合设备技术文件规定，若无规定时，试运时间为 72h，振幅（工作转速在 1500r/min 以下，轴承振动振幅应小于 0.09mm，工作转速在 3000r/min 以下，轴承振动振幅应小于 0.06mm），运转正常，各项参数达到设计工艺规定值为合格。离心泵组装合格后进行性能测试，泵的全扬程用式（2-1-10）计算。电动机需要用电工测量仪表检测电动机的轴功率。

$$H = \frac{p_2 - p_1}{\rho g} + \frac{v_2^2 - v_1^2}{2g} + Z \qquad （2-1-10）$$

式中　H——泵的全扬程，m；

　　　P_1、P_2——泵的进、出口压力，MPa；

v_1、v_2——泵的进、出口介质流速，m/s；

ρ——介质密度，kg/m³；

g——重力加速度，9.8m/s²；

Z——泵的进出口压力表处的位置高差。

二、技能要求

（一）准备工作

1. 设备

离心泵机组 1 台。

2. 材料、工具

250mm 游标卡尺 1 把；活动扳手 1 把；梅花扳手 1 套；水平尺 1 把；150mm、300mm 直尺各 1 把；F 形扳手 1 把；150mm 塞尺 1 把；震动检测仪 1 台；噪声检测仪 1 台；润滑脂；擦布。

3. 人员

2 人操作，持证上岗，劳保用品穿戴齐全。

（二）操作规程

序号	工序	操作步骤
1	准备工作	检查工具、用具齐全完好
2	质量验收	机泵的配合间隙、横向和纵向的水平度、同心度及基础的牢固情况应符合机泵安装和检修技术标准
		机泵各部件、仪表要齐全完好，管线应横平竖直
		盘泵检查有无卡阻，试压无渗漏，机泵要经过空负荷，带负荷和满负荷的运行
		在离心泵运行状态下，检查各部声音、泄漏和温度情况
		根据技术资料或泵的铭牌验收泵的排量、扬程、电流是否符合泵的标准要求
		离心泵润滑系统应不堵不漏，润滑油（脂）应符合要求
3	技术资料验收	验收技术资料及设备备件是否齐全，新安装泵必须具有出厂合格证、说明书等
4	清理场地	清理场地，收工具

记录表见表 2-1-7。

表2-1-7　检查验收记录表

检测项目	检测结果		备注
检测离心泵水平度	横向：	纵向：	
检测离心泵连接部位	进出口法兰：	固定螺丝；	
检测盘根密封盒及密封填料	盘根压盖：	密封填料：	
检测离心泵同心度	轴向偏差：	径向偏差：	

检测项目	检测结果		备注
联轴器端面间隙			
盘泵，启泵操作	盘车方向：	盘车圈数：	
检测机泵运行时震动及噪声状况	震动：	噪声：	
检测运行时轴承温度及盘根渗漏情况	盘根渗漏： 电动机温度：	轴承温度： 润滑油：	
检测机泵运行参数	泵压： 电流：	流量：	
检测技术资料和配件	技术资料：	随泵配件：	

　　检测结果能用数据表示的则用数据表示，不能用数据表示的则用文字表示。

（三）注意事项

　　（1）带负荷运行的离心泵操作必须按要求进行，启泵后各部位应无杂音、无摆动、无剧烈振动或泄漏等。

　　（2）离心泵运行后，滑动轴承温度不大于 60℃，滚动轴承温度不大于 70℃，机械密封渗漏不大于 5 滴/min，填料密封渗漏不大于 30 滴/min。

　　（3）离心泵运行后，在额定扬程下，排量低于也不高于额定排量的 5%，在规定范围内，总扬程不低于额定扬程，在额定流量、额定扬程和额定电压条件下，电流不超过的电流。

　　（4）润滑油不渗漏，无堵塞，油位合适。

　　（5）离心泵水平允许偏差为 0.1mm/m。

　　（6）泵联轴器端面间隙范围大型设备为 8～12mm，中型设备为 6～8mm，小型设备为 3～6mm。

项目十一　安装离心泵机械密封装置

一、相关知识

（一）机械密封的结构

JBC015机械密封的结构

1. 机械密封的组成

　　（1）由动环和静环组成的一对密封端面，又称为摩擦副，是机械密封的主要元件。

　　（2）以弹性元件（或磁性元件）为主的补偿缓冲机构，其作用是使密封端面紧密贴合，如弹簧、波纹管等。

　　（3）辅助密封机构，其中有动环和静环密封圈，属于没有相对运动的静密封。

　　（4）使动环和轴一起旋转的传动机构，如紧定螺钉。如图 2-1-16 所示为波纹管机械密封结构示意图。

图2-1-16 波纹管机械密封结构示意图

1—防转槽；2— O形密封圈；3—静环；4—动环；5—波纹管；6—弹簧座；7—固定螺钉

2. 机械密封的基本元件

（1）动环和静环，是机械密封的主要元件。动环随着泵轴旋转，也称旋转环；静环相对于泵体固定不动，也称静止环。动环和静环一般选用不同材料制成。动环一般用硬材料制成，端面较宽，静环一般用软材料制成，端面较窄。硬环端面比软环端面大1～3mm。特殊情况下，动环和静环均用硬材料制成，两者端面可取相等。同时具有耐磨、耐腐蚀的特点。

（2）动环、静环的密封圈，属于静密封元件。动环圈装在动环与轴（或轴套）之间；静环圈装在静环与压盖之间。密封圈多数用具有弹性的材料（如橡胶、塑料等）制成，其横截面有O形、V形、方形、楔形、包覆形等不同形状。由于密封圈具有弹性，因此具有缓冲泵轴振动、吸振作用。

（3）弹性元件包括弹簧、传动座、止推环等。传动座用螺钉固定在轴上支撑弹簧，弹簧给止推环一定的压力，止推环压紧密封圈并把弹簧力传给动环，使动环和静环的摩擦面紧密接触，从而达到密封的目的。

3. 机械密封装置的密封点

机械密封的密封点有轴套与轴间的密封、动环与轴套间的密封、动静环之间的密封、静环与静环座间的密封和静环压盖与泵体间的密封，如图 2-1-17 所示。

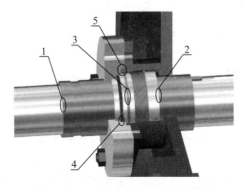

图2-1-17 机械密封密封点示意图

1—轴套与轴间的密封；2—动环与轴套间的密封；3—动、静间的密封；

4—静环与静环座间的密封；5—密封端盖与泵体间的密封

（二）机械密封的特点

机械密封与软填料相比具有许多优点：

1. 密封性能可靠

在一个较长的时间内使用，几乎不会泄漏或很少泄漏。

2. 使用寿命长

正确选择机械密封可使用 2 ~ 5 年，最长可达到 9 年之久。

3. 维修周期长

正常使用情况下，一般不需要维修。

4. 摩擦功率损耗小

一般约为填料密封的 10% ~ 50%。

5. 泵轴或泵轴套免受磨损

由于机械密封与轴或轴套的接触部位几乎没有相对运动，因此对轴或轴套的磨损较小。

6. 对旋转轴的摆动和轴对壳体的偏斜不敏感

机械密封由于具有缓冲功能，因此当设备或转轴在一定范围没振动时，仍能保持良好的密封性能。

7. 适用范围广

机械密封能用于低温、高温、高真空、高压条件和各种转速以及各种易燃、易爆、易腐蚀性、有毒介质的密封。

8. 改善环境

机械密封能解决生产中的跑、冒、滴、漏等问题。

9. 节约检修费用

同时节约了材料，降低了动力消耗，延长了检修周期。

但是机械密封也有许多缺点，主要是结构比填料密封复杂，需要一定加工精度和安装技术，同时机械密封造价高，另外机械密封不易安装在输送介质含杂质量较大的机泵上。

（三）机械密封的分类

根据我国机械行业标准中关于《机械密封分类方法》规定，旋转轴用机械密封可按以下方法进行分类。

（1）按应用的主机分类。

泵用机械密封；釜用机械密封；透平压缩机用机械密封；风机用机械密封；潜水电机用机械密封；冷冻机用机械密封；其他主机用机械密封。

（2）按使用工况和参数分类，见表2-1-8。

表2-1-8 机械密封按使用工况和参数分类

分类依据	工况参数	类别	分类依据	工况参数	类别
按密封腔不同温度范围分	$T > 150℃$	高温机械密封	按密封端面平均线速度分	$v > 100m/s$	超高速机械密封
	$80℃ < T \leq 150℃$	中温机械密封		$25m/s \leq v \leq 100m/s$	高速机械密封
	$-20℃ \leq T \leq 80℃$	普通机械密封		$v < 25m/s$	一般速度机械密封
	$T < -20℃$	低温机械密封	按被密封介质分	含固体磨粒介质	耐磨粒介质机械密封

续表

分类依据	工况参数	类别	分类依据	工况参数	类别
按密封压力不同程度分	$p > 15MPa$	超高压机械密封	按被密封介质分	强酸、强碱及其他腐蚀介质	耐强腐蚀介质机械密封
	$3MPa < p \leqslant 15MPa$	高压机械密封		耐油、水有机溶剂及其它弱腐蚀介质	耐油、水及其他弱腐蚀介质机械密封
	$1MPa < p \leqslant 3MPa$	中压机械密封	按轴径大小分	$d > 120\,mm$	大轴径机械密封
	常压 $\leqslant p \leqslant 1MPa$	低压机械密封		$25\,mm \leqslant d \leqslant 120\,mm$	一般轴径机械密封
	负压	真空机械密封		$d < 25\,mm$	小轴径机械密封

（3）按参数和轴径分类，见表2-1-9。

表2-1-9　机械密封按使用参数和轴径分类

分类	参数				类别
	密封腔压力	密封腔温度	密封端面平均线速度	密封轴径	
按参数和轴径分	$p > 15MPa$	$150℃ < t < -20℃$	$v \geqslant 25\,m/s$	$d < 120\,mm$	重型机械密封
	$p < 0.5MPa$	$0℃ < t < 80℃$	$v < 10\,m/s$	$d \leqslant 40\,mm$	轻型机械密封
	不满足重型和轻型的其他机械密封				中型机械密封

（4）按密封端面的对数分类。

单端面机械密封，是指有一对摩擦副的密封；双端面机械密封是指由有两对摩擦副的密封分为轴向双端面密封如图2-1-18（a）、（b）所示，径向双端面密封如图2-1-18（c），和带中间环的双端面密封如图2-1-18（d）；多端面机械密封，是指由两对以上摩擦副组成的密封。单端面密封结构简单，制造和安装容易，应用广泛。双端面密封工作时需引入一种有压液体至密封腔内作封液，用以改善端面间的润滑及冷却条件，使被密封介质与外界隔绝，基本达到"零泄漏"。

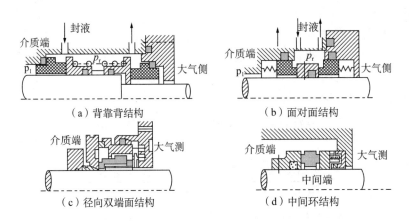

（a）背靠背结构　　　　　　　　　　（b）面对面结构

（c）径向双端面结构　　　　　　　　（d）中间环结构

图2-1-18　双端面机械密封结构示意图

（5）按密封流体所处的压力状态分类。

单级机械密封，使密封流体处于一种压力状态；双级机械密封，使密封流体处于两种压力状态；多级机械密封，使密封流体处于两种压力状态以上，如图 2-1-19 所示。

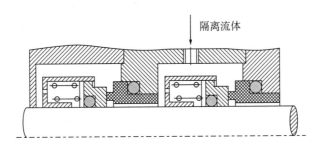

图2-1-19 双级机械密封结构示意

（6）按密封流体作用在密封端面的压力是卸荷或不卸荷分类。

平衡式机械密封如图 2-1-20（a）所示，平衡系数 $\beta < 1.0$ 的密封，也就是由介质压力变化引起的端面比压的增量小于介质压力的增量。按卸荷程度又可分为部分平衡式机械密封如图 2-1-20（b）所示，平衡系数 $0 < \beta < 1.0$ 的密封和过平衡式机械密封如图 2-1-20（c）所示，平衡系数 $\beta \leqslant 0$ 的密封；非平衡式机械密封，平衡系数 $\beta \geqslant 1.0$ 的密封，也就是由介质压力变化引起的端面比压的增量大于或等于介质压力的增量。

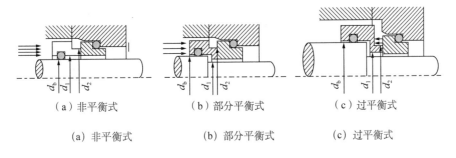

（a）非平衡式　　　（b）部分平衡式　　　（c）过平衡式

图2-1-20 平衡型与非平衡型机械密封

（7）按静环与密封端盖（或相对于端盖的零件）的相对位置分类。

静环装于密封端盖（或相当于端盖的零件）内侧（即面向主机工作腔侧）的机械密封称为内装式机械密封，如图 2-1-21（a）所示。适用于温度和压力较高，以及介质对动环及弹性元件的腐蚀性不高的工况；反之，在密封端盖的外侧安装静环时称为外装式机械密封，如图 2-1-21（b）所示。适用于低压（或负压）和介质具有腐蚀性的工况。

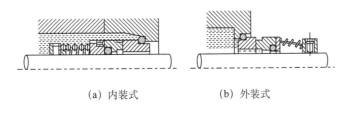

（a）内装式　　　　　（b）外装式

图2-1-21 内装式和外装式机械密封结构示意图

（8）按密封流体在密封面间的泄漏方向是否与离心力方向一致分类。

内流式机械密封，密封流体在密封端面间的泄漏方向与离心力方向相反的机械密封；外流式机械密封，密封流体在密封端面间的泄漏方向与离心力方向相同的机械密封。一般情况下，内流式机械密封多出现在内装式机械密封中，外装式机械密封多属于外流式机械密封。

（9）按密封端面是否直接接触分类。

接触式机械密封，是指靠弹性元件的弹力和密封流体的压力使密封端面紧密贴合，即密封面微凸体接触的机械密封；非接触式机械密封，指靠流体静压或动压作用，在密封端面间充满一层完整的流体膜，迫使密封端面彼此分离不存在硬性固相接触的机械密封。

（10）按补偿环是否随轴旋转分类。

旋转式机械密封，补偿环随轴旋转的机械密封；静止式机械密封如图2-1-22所示，补偿环不随轴旋转的机械密封。补偿机构旋转时易产生质量不平衡，同时消耗搅拌功率。因此，旋转式机械密封不能用于高速，而静止式机械密封可用于高速。但是旋转式密封安装方便，所以，普通的机械密封大多采用旋转式结构。

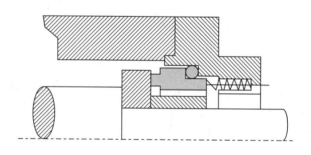

图2-1-22　静止式机械密封结构示意图

JBC018机械密封安装时的技术要求

（四）机械密封安装方法及技术要求

机械密封是较精密的部件，安装质量的好坏直接影响其使用寿命。同时机械密封本身是泵的一个部件，泵的安装及运转情况无疑要对密封产生较大的影响。因此对安装机械密封的泵有一定的要求，从而保证机械密封的密封效果。

1. 安装方法

1）静环组件安装方法

将静环O形密封圈放入改造后的压盖，然后小心将静环压入，静环尾部防转槽端与防转销顶部应保持 1～2mm 的轴向间隙，以免缓冲失效，如图2-1-23所示。分四点测量静环密封端面与压盖的垂直度，其测量差值小于 0.04mm。

2）动环定位及组装方法

把动环套入动环配合轴套上，如图2-1-24所示。计算动环在动环配合轴套上的定位尺寸 L。

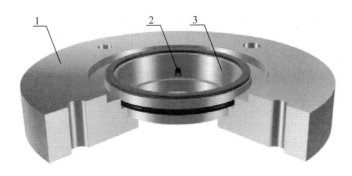

图2-1-23 安装机械密封静环示意图

1—静环配合压盖；2—防转销；3—机械密封静环

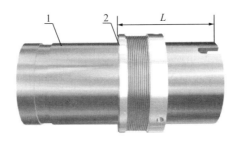

图2-1-24 安装机械密封动环示意图

1—动环配合轴套；2—机械密封动环

L 可用式（2-1-11）计算：

$$L=L_1+S \qquad\qquad （2-1-11）$$

式中　L——动环在动环配合轴套上的定位尺寸，mm；

　　　　L_1——平衡盘后轮毂端面至填料函密封口环之间的距离，已用深度游标卡尺测量，mm；

　　　　S——机械密封动环弹簧压缩量，mm。

不同规格的机械密封其动环弹簧（波纹管）压缩量的要求各不相同，可采用厂家给出的弹簧（波纹管）压缩量。一般以弹簧（波纹管）压缩 1/3 ～ 1/2 即可。小弹簧（波纹管）的压缩量一般取 3mm 左右。而 UK、2000 系列大弹簧（波纹管）的压缩量一般取 5mm。

2. 离心泵安装机械密封的技术要求

（1）安装机械密封部位的轴径向跳动允许小于 0.06mm，轴的表面粗糙度最大允许值为 0.8mm，外径尺寸公差为 d4。

（2）密封腔压盖结合定位端面，对轴中心线垂直度之差小于 0.04 ～ 0.06mm。

（3）安装动环密封圈的轴的端部应有（3 ～ 4mm）×10° 的倒角，粗糙度 3.2，安装机械密封的壳体孔的端部结构的倒角为（3 ～ 4mm）×45°，光滑过渡，孔公差为 D4。

（4）机械密封的转轴工作时与其腔体端面的轴向位移量小于 0.5mm。

（5）与缓冲环接触的压盖内表面间隙不低于 1.6mm。

（6）静环尾部的防转槽安装后，要保持有轴向间隙，以防缓冲环失效。

（7）为保证机械密封的运转，一般应有冷却和冲洗措施。

（8）安装机械密封的轴套，要求具有良好的抗腐蚀性和耐磨性，对于放置动密封圈的轴套表面要求镀铬处理，其表面镀铬厚度为 0.07mm，表面粗糙度 Ra0.8。

3.安装注意事项

（1）上紧压盖应在联轴器找正后进行，压紧螺钉应均匀上紧，防止法兰面偏斜，用塞尺检查各点，其误差不大于 0.05mm。

（2）检查压盖与轴（或轴套）外径配合间隙（即同心度）四面要均匀，用塞尺检查，各点允差为 0.10mm。

（3）弹簧压缩量一定要按规定进行，不允许有过大或过小现象，误差 ±2.0mm。压缩量过大，增加端面比压，加速端面磨损；过小，动静环端面比压不足则不能密封。

（4）动环安装后须保证能在轴上灵活移动（把动环压向弹簧，然后就自由地弹回来）。

4.机械密封的冷却

机械密封接触面，在高速运转过程中，因摩擦生热而引起温度升高。它会使端面间的液膜破坏，从而进一步加剧端面的摩擦。如温度过高时，甚至会烧坏摩擦表面，造成机械事故。因此，一定要采取冷却措施，保证密封装置的安全运转。

5.安装机械密封的泵的技术要求

1）转子部分

保证转子平衡和运转中振动较小，安装时要求达到以下技术要求：

（1）轴的径向跳动最大不超过 0.03～0.05 mm。转子的径向跳动分别为：叶轮口环不超过 0.06～0.10 mm，轴套等部位不超过 0.04～0.06 mm（小直径对应较小值，大直径对应较大）。

（2）叶轮应找静平衡。在 3000r/min 工作的叶轮，不平衡量见表 2-1-10。

表2-1-10　叶轮的静不平衡允许值

叶轮外径，mm	≤200	201～300	301～400	401～500
不平衡量，g·cm	3	5	8	10

（3）属于下列情况之一者，还要检查转子的动平衡。

单级泵的叶轮直径超过 300mm 时；两级泵的叶轮直径超过 250mm 时。根据式（2-1-12）计算允许剩余不平衡量。

$$U_{max} = \frac{635W}{n} \qquad (2-1-12)$$

式中　U_{max}——剩余不平衡量，g·cm；

　　　W——轴颈的质量，kg；

　　　N——泵的转速，r/min。

（4）对于弹性柱销式及其他用铸铁制造的联轴器，当直径超过 ϕ125mm 而总长度超过 300 mm 时也需进行动平衡校验。允许不平衡值仍用上式计算，式中 w 应为连轴器的质量。

2）各部件的相对位置公差

（1）密封箱与轴的同轴度为 0.10mm。

（2）密封箱与轴的垂直度为 0.05mm。

（3）转子的轴向串量为 0.30mm。

（4）压盖与密封箱配合止口同轴度为 0.10mm。

3）与电动机的同心度

（1）电动机单独运转时其振幅不超过 0.03mm。

（2）工作温度下泵与电动机的同心度，轴向为 0.08mm，径向为 0.10mm。

（3）立式泵采用的刚性联轴器同心度，轴向为 0.04mm，径向为 0.05mm。

（4）泵运转时双振恒值最大不超过 0.06mm。

二、技能要求

（一）准备工作

1. 设备

波纹管机械密封 1 套、单级离心泵机组 1 套。

2. 材料、工具

0～150mm 深度游标卡尺 1 把，8～27mm 梅花扳手 1 套，6～18mm 内六角扳手 1 套，200mm、300mm 活动扳手各 1 把，45～52mm 钩扳手 1 把，500mm 撬杠 1 根，200mm 拉力器 1 个，$\phi 30 \times 200$mm 紫铜棒 1 根，生料带 1 卷，配合轴套 O 形密封圈 1 个，记录笔 1 支，擦布 0.02kg、清洗油、擦布、擦镜纸 3 张。

3. 人员

2 人操作，持证上岗，劳保用品穿戴齐全，电动机的启停及拆卸电源线操作由电工操作。

（二）操作规程

序号	工序	操作步骤
1	准备工作	准备工具、用具
2	停泵拆卸机械密封	严格按照停泵操作规程，停止离心泵；关闭离心泵出、入口阀门；打开泵的放空阀门，放掉泵内余压；拉下电源闸刀，挂上停运牌
		卸下电动机接线盒，取下接线盒盖和密封垫；用扳手卸下电动机电源线，并分别做好标记
		拆下电动机的地脚螺栓，移开电动机至适当位置；拆出泵托架 4 条地脚螺栓，卸取托架与泵体的连接螺栓，拉出泵托架
		用扳手卸下叶轮螺帽，拉出叶轮，卸下机械密封压盖的四条固定螺栓，沿轴向移开压盖，露出机械密封动环座，取下泵盖
		沿轴向移开动环传动座；取下定位键，取下轴套密封圈，顺轴套取出动环传动座，取下动环辅助密封环，取下机械密封压盖
		推出静环，取出静环胶辅助密封圈
		清理各部件，检查轴套，检查各密封元件
		选择更换的密封元件或总成

续表

序号	工序	操作步骤
3	安装静环组件	检查待更换的密封元件的规格、型号及完好情况
		清洗密封元件，把静环密封圈套入静环凸台上，把静环压入密封压盖的静环座中，检查静环定位销是否进入静环定位槽中，把机械密封压盖顺轴装在轴套上
4	安装动环组件	把动环上油后套在轴上，把动环辅助密封装入动环凹槽中，装动环传动座，安装定位键
		装轴套密封圈，安装泵盖，用扳手对角上紧密封压盖与泵盖的连接螺栓
		安装叶轮，用扳手上紧叶轮固定螺帽
		连接泵托架和泵体，并旋紧连接螺栓，紧固托架4条螺栓
5	启泵检查机械密封	安装电动机，严格按照机泵安装操作要求，连接机泵联轴器
		按相序记号接电动机电源线，严格按照启泵前准备工作操作
		检查机械密封冷却水，盘车检查机械密封是否泄漏，合上电源闸刀送电，摘下警示牌
		严格按照启泵操作规程启动离心泵
		检查机泵运行情况，检查机械密封情况
6	清理场地	清理场地，收工具

（三）注意事项及技术要求

（1）检查需要安装的机械密封的型号、规格是否正确，零件是否完好，密封圈的尺寸是否合适，动、静环表面是否光滑平整，有无气孔和裂纹。若有缺陷，必须更换或修复。

（2）检查机械密封各零件的配合尺寸、粗糙度、平行度是否符合要求。

（3）使用小弹簧机械密封时，应检查小弹簧的长度和刚性是否相同。使用并圈弹簧传动时，还要检查弹簧的旋向应与轴的旋向一致，其判别方法是：面向动环端面，视转轴按顺时针方向旋转者用右弹簧；转轴为逆时针旋转者，用左弹簧。

（4）检查设备的精度是否满足安装机械密封的要求。

（5）清洗干净密封零件、轴表面、密封腔体，并保证密封液管路畅通。

（6）安装过程中应保持清洁，特别是动、静环的密封端面及辅助密封圈表面应无杂质、灰尘。为防止启动瞬间产生干摩擦，可在动环和静环密封端面涂抹机油或黄油。

（7）在密封环就位时，不要将O形圈"滚入"静环座上，避免扭折。可以采取轻轻将密封圈撑大些，防止通过孔、台阶、键槽密封圈表面划伤破损。或采取将O形圈放入开水中，使其膨胀些。

（8）安装过程中不允许使用工具敲打密封元件，防止密封件损坏。

模块二 判断处理水处理系统装置故障

项目一 判断处理压力过滤罐滤料漏失的故障

一、相关知识

压力过滤罐主要由罐体、滤床、配水、集水、反冲洗等部分组成，结构如图 2-2-1 所示。其核心部分是滤床，滤床的好坏直接决定了水质处理效果的好坏。滤床由滤层和垫层组成，滤床设计的目的是：选用滤料和支撑滤料卵石的粒径及其有关参数和求得各自的厚度。

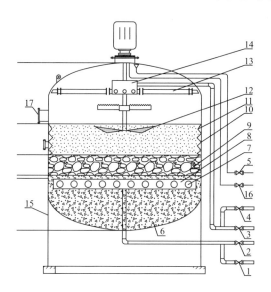

图2-2-1 压力过滤罐的结构图

1—出水阀；2—反冲洗进水阀；3—反冲洗排水阀；4—进水阀；5—排气阀；

6—混凝土承托层；7—集（配）水支管；8—集（配）水总管；9—卵石垫层；10—滤料层；

11—阻力圈；12—搅拌器；13—配水支管；14—配水室；15—过滤罐支撑底座；16—顶部放气阀；17—人孔

（一）滤料的选择及滤层规格

1. 滤料级配和颗粒大小的表示方法

滤料颗粒的大小用"粒径"表示，粒径是指能把滤料颗粒包围在内的一个假设的球面直径。通常用网孔不同的筛子来确定滤料的粒径。例如，某滤料能通过 18 目 /in（孔径

JBD001压力过滤罐滤料的级配方法JD

为 1mm）的网孔，但会被截留在 36 目 /in（孔径为 1mm）的网孔的筛上，则滤料的最大粒径为 1mm，最小粒径为 0.5mm。

为了更好地选择滤料，只有最大和最小粒径是不够的，还必须考虑滤料的均匀程度，也就是滤料的级配情况。滤料粒径大小不同的颗粒所占比例称为滤料的级配。良好的过滤效果必须具有适当的滤料级配。

2. 滤料的要求

滤料应满足过滤和反冲洗两方面的工艺要求。

（1）对过滤涉及的因素有：进水水质中悬浮杂质浓度、水温、滤速、运行周期以及滤器的运行方式等。

（2）对反冲洗涉及的因素有：反冲洗方式、水温和反冲洗强度。

选择作为滤料的种类和技术要求为：

（1）有足够的机械强度。

（2）具有足够的化学稳定性。

（3）具有一定的颗粒级配和适当的孔隙度。

（4）外形接近于球状，表面比较粗糙且有棱角。

（5）能就地取材，货源充足，价格合理。

对核桃壳滤料的具体要求：

（1）材质为野生核桃果壳，充分成熟，无明显虫蛀。

（2）密度为 1.3 ～ 1.4g/cm³ 之间。

（3）破碎率小于 1.5%。

（4）磨损率小于 1.5%。

（5）堆密度为 0.8 ～ 0.85g/cm³ 之间。

3. 滤料的形状与滤料孔隙度的测定

滤料层的孔隙度是指滤料层中的孔隙所占的体积与全体积（滤料颗粒的体积与滤料间孔隙体积之和）之比。孔隙度与过滤有密切的关系。孔隙度越大，滤层允许的污泥含量越大，但单位体积的表面积越小，因而过滤效率和水头损失越小。

测量方法是用一定量的滤料，在 105℃下烘干，称重，然后用比重瓶测出其相对密度，再将滤料放入过滤筒中，用清水过滤一段时间，量出滤层体积，然后根据下面公式计算出滤料孔隙度 ε：

$$\varepsilon = 1 - \frac{G}{\rho V} \qquad (2-2-1)$$

式中　G——滤料质量（在 105℃下烘干后的质量），g；

　　　V——滤料层体积，cm³；

　　　ρ——滤料密度，g/cm³。

滤料层孔隙度是与滤料颗粒均匀程度、颗粒形状以及压实程度等有密切关系的，均匀粒径和不规则形状的滤料，孔隙度大。滤料的不均匀系数大，会降低了滤料层的含污能力，并增加过滤时的阻力。

滤料的形状影响滤层的水头损失和滤层的孔隙度。压力过滤罐要求滤料接近于球形，以求增加颗粒间的孔隙度。滤料颗粒越是棱角化，则单位体积滤层的表面积越大，表面

（左侧边注）

JBD003压力过滤罐滤层的规格要求JD

JBD002压力过滤罐滤料的孔隙度JS

积大就意味着过滤效率高。

JBD003压力过滤罐滤层的规格要求

4.滤层的规格

滤层的规格包括滤层的粒度、厚度和材料三者的规定。滤料的粒度都比较小，一般在 0.5～2.0mm，小粒度的滤料比表面积大，过滤效果好。

1）单层滤料

滤层的厚度是指矾花所穿透的深度和一个保护厚度的和。一般情况穿透深度、滤料粒度、滤速与水的混凝处理效果都有关系，滤料粒度大、滤速高、混凝处理效果差的，穿透深度会深一些。一般情况下穿透为 400mm 左右，相应的保护厚度为 200～300mm 之间，滤层总厚度为 600～700mm 之间。滤料越细，所需要滤层厚度越小，但水头损失也越大。所以不能无限地减小粒径。

2）双层滤料

如在石英砂滤料上面加一层煤粒滤料，则构成了双层滤料。由于煤粒间的孔隙比较大，矾花可以穿透得更深一些，因此较好地发挥了整个滤层表面积的吸附能力。双层滤料中煤粒滤料和砂粒度选择的合适与否是关键问题。两种滤料的相对密度差越小，越容易产生混杂现象。根据煤、砂粒相对密度差，选配适当的粒径级配，可形成良好的上粗下细的分层状态。根据生产经验，最粗的无烟煤和最细的石英砂粒径之比在 3.5～4.0 之间可形成良好的分层状态。

3）三层滤料

三层滤料是双层滤料概念发展的结果，其粒径级配原则上与双层滤料相同，即根据三种滤料相对密度的不同，选配适当的粒径比以防滤层混杂。

三层滤料接触滤池的滤料级配、厚度及设计滤速应根据原水水质确定，通常需要进行模型试验。一般来说滤料的粒径级配、滤速及厚度可用表 2-2-1 作为参考。

表2-2-1　滤料与滤速

类型	滤料组成		不均匀系数 K_{80}	厚度，mm	滤速，m/h	强制滤速 m/h
	滤料粒径，mm					
单层石英砂滤料	$D_{max}=1.2$ $D_{min}=0.5$		< 2.0	700	8～10	10～14
双层滤料	无烟煤	$D_{max}=1.8$ $D_{min}=0.8$	< 2.0	300～400	10～14	14～18
	石英砂	$D_{max}=1.2$ $D_{min}=0.5$	< 2.0	400		
三层滤料	无烟煤	$D_{max}=1.6$ $D_{min}=0.8$	< 1.7	450	8～20	20～25
	石英砂	$D_{max}=0.8$ $D_{min}=0.5$	< 1.5	230		
	重质矿石	$D_{max}=0.5$ $D_{min}=0.25$	< 1.7	70		

滤罐的设计滤速见式（2—2—2）。

$$v = \frac{Q_s}{(n-1)F} \qquad (2-2-2)$$

式中　v——滤罐的设计滤速，m/s；

　　　　Q_s——设计处理量，m³/s；

　　　　n——滤罐的台数，个；

　　　　F——单台滤罐的过水面积，m²。

JBD004压力过滤罐垫层的规格要求JD

（二）垫层

垫层也叫承托层，一般是由一定级配的卵石组成，敷设于滤料层和配水系统之间，其作用有两个：其一是支撑滤料，防止滤料从配水系统中流失；其二冲洗过程中保证均匀地向滤料层分配布水。承托层布置不当，会造成失败，例如选用的承托层与反冲洗强度不协调，造成卵石移动；承托层过粗会造成滤料漏失。一般只是配合管式阻力大排水系统中使用，但在一些阻力小的配水系统中也广泛应用。

承托层一般都选用天然卵石。承托层的粒径是由滤料的最大粒径和冲洗时孔眼射流所产生的最大冲击力决定的。即垫层颗粒最小径由滤料的最大粒径确定出来的，垫层颗粒的最大粒径是根据冲洗时孔隙射流所产生的最大冲击力确定。承托层自上而下分为四层，规格参照表2—2—2。

表2—2—2　大阻力配水承托层规格

层次（自上而下）	粒径，mm	厚度，mm
1	2～4	100
2	4～8	100
3	8～16	100
4	16～32	本层顶面高度应高出配水系统孔眼100

对于三层滤料滤池，由于下层滤料粒径很小而相对密度很大，垫层必须与之相适应。具体材料、粒径和厚度见表2—2—3，可作为参考。

表2—2—3　三层滤料滤池承托层材料、粒径和厚度

层次（自上而下）	材料	粒径，mm	厚度，mm
1	重质矿物（石榴石、磁铁矿等）	0.5～1.0	50
2	重质矿物（石榴石、磁铁矿等）	1～2	50
3	重质矿物（石榴石、磁铁矿等）	2～4	50
4	重质矿物（石榴石、磁铁矿等）	4～8	50
5	砾石	8～16	100
6	砾石	16～32	本层顶面高度应高出配水系统孔眼100

（三）压力过滤罐滤料漏失的故障原因及处理方法

JBD005滤料漏失的原因

1. 过滤罐滤料漏失的现象

进口压力低，过滤器进出口压差突然变小，反冲洗时过滤器内声响异常；从取样口发现介质中有滤料。

2. 滤料漏失的原因

（1）反冲洗强度过大。

（2）集水或配水装置损坏，导致反冲洗水在过滤器截面上分布不均；反冲洗时由于上部集水管或配水装置变形、开裂、损坏等原因造成跑料；过滤罐的集水管与筛筒的焊接处或筛管间的连接处易产生孔隙，形成流失通道，造成过滤时滤料流失。

（3）滤料污染胶结后，反洗时滤料在反洗水的作用下会产生整体上移或局部短路偏流形成高速通道，导致局部翻床，造成正常过滤时跑料；反冲洗时，局部垫层翻床，正常过滤时，滤料从配水系统中漏失。

（4）含聚合物污水易造成部分筛管堵塞、黏结，在过滤及反冲洗时，由于压力过大，使应力集中于未堵塞部分筛管，造成机构损坏。

（5）滤料磨损。

（6）油污堵塞筛管，滤料板结严重，造成反冲洗憋压，冲坏罐内设施，造成跑料。

（7）单一强度的反冲洗易造成滤料流失。

3. 处理方法

（1）降低至合适的反冲洗强度。

（2）检查、检修集水或配水装置。

（3）过滤罐增设搅拌装置，使叶片深入滤料表层，破坏结块的滤料，反冲洗时不会整体上移，避免滤料流失及筛管损坏；在底部增加透水不锈钢砾石压板，能够防止反冲洗承托层中砾石由于流量过大而被冲起失去承托作用。

JBD006更换补充压力过滤罐滤料的技术要求JD

（4）加强对滤罐进行酸洗或加助洗剂冲洗；修复损坏部件。

（5）更换滤料。

（6）在罐顶增设集油器，可及时清除油污，防止罐顶油落下堵塞筛管。

（7）冲洗方式改为变强度反冲洗或气水反冲洗、搅拌式反冲洗，可防止滤料流失。

（四）过滤罐滤料的补充及更换

1. 滤料更换的条件

（1）核桃壳和纤维球滤料运行3年；石英砂、锰砂、磁铁矿及海砾石滤料运行4年时，需对过滤罐滤料全部更换。

（2）当滤料破碎或性质发生变化，不能再生利用时应及时更换滤料。

（3）开罐检查，滤料发生严重污染、严重板结，清洗不能再生时应及时更换滤料。

2. 更换前的准备

（1）检查滤料是否符合设计要求的种类和规格，检查外包装，确认完好无破损，并填写滤料检验报告。

（2）按要求对新滤料进行取样，送至质检部门检验，确认检验合格。

（3）将需更换的污染滤料清理出来，检查过滤罐内部防腐、内部构件完好情况，发现问题应进行处理。

（4）按各承托层和滤料层的填装高度，做好各层填装高度记号。

3. 更换技术要求

（1）滤料填装时，应将表面刮平，检查与记号是否吻合。

（2）填装过程中应避免损坏滤罐集、配水系统和部件，严禁整袋滤料直接作用在集、配水和部件上，操作人员应站在木板上操作，以防承托料和滤料移动。

（3）滤料的室外填装工作严禁雨、雪、风沙等恶劣天气进行，以免将现场泥土和包装袋及杂质带入过滤罐内。

（4）在填装过程中，要将外包装袋及非滤料杂质清除干净，不准遗留在过滤罐内。

（5）在压力过滤罐滤料填加操作时，单层滤料厚度一般不小于700mm。

（6）压力过滤罐在重新更换填加滤料时，要严格按照级配填装。

（7）做好验收及资料保存工作。

4. 滤料的补充

（1）过滤罐每年应开罐检查滤料的流失情况，发现滤料流失的滤罐，及时补充滤料。

（2）开罐检查发现滤罐结构损坏，应及时维修，并补充滤料。

（3）补充滤料前，需对表面污染的滤料进行清除。

（4）所补充的滤料种类规格和补充量按规定执行。

（五）压力过滤罐常见故障分析及排除方法

1. 过滤罐周期性水量减少

原因：

（1）反冲洗强度不够、反冲洗不彻底。

（2）反冲洗周期过长。

（3）配水装置、集水装置损坏引起。

处理方法：

（1）保证反冲洗时间和反冲洗强度。

（2）适当增加反冲洗次数，缩短反冲洗周期。

（3）检查并维修配水或集水装置。

2. 过滤罐处理量小，达不到要求

原因：

（1）进水管道、阀门故障或集水系统阻力过大。

（2）滤层上部被污泥堵塞或有结油帽的情况。

（3）滤料板结严重。

（4）滤料填装得过多。

处理方法：

（1）排除进水管道、阀门或集水系统的故障。

（2）清除污泥或油帽，对过滤器彻底反冲洗；降低滤前水的悬浮物的含量。

（3）酸洗滤料或更换滤料。

（4）适当降低滤层高度。

3. 反冲洗效果差，反冲洗很长时间后浑浊度才降低

原因：

（1）搅拌装置故障、停运。

（2）反冲洗水在过滤器截面上分布不均匀或有死角。

（3）滤层太脏。

处理方法：

（1）检查维修搅拌装置，反冲洗时启动搅拌装置。

（2）检查、维修集水或配水装置，消除死角。

（3）适当增加反冲洗次数，并按规程进行反冲洗操作。

4. 过滤罐压力异常的故障原因及处理方法

1）反洗或过滤时压力高，进出口压差大

原因：

（1）反冲洗时或过滤时，进出口自动调节阀门故障，未打开。

（2）滤罐的布水头、集水或配水筛管因结垢堵塞。

（3）滤罐内因滤料污染结垢膨胀阻力增加。

处理方法：

（1）对阀门进行维修。

（2）检修布水头、集配水筛管，清理结垢物。

（3）酸洗或更换滤料。

2）过滤罐运行时，进出口压差逐渐降低

原因：集水筛管损坏，造成滤料漏失。

处理方法：检修或更换集水筛管。

二、技能要求

（一）准备工作

1. 设备

压力过滤罐 1 座及配套工艺、回收水池（罐）1 座。

2. 材料、工具

500mm F 形扳手 1 把、250mm 活动扳手 1 把、300mm 活动扳手 1 把、22 ～ 32mm 梅花板手 1 套、筛管及不锈钢丝网若干、滤料若干、放空桶 1 个、250mL 取样量筒 1 支、擦布适量、记录纸、笔。

3. 人员

穿戴好劳动保护用品，与相关岗位做好联系，互相配合。

（二）操作步骤

1. 准备工作

（1）准备好工用具。

（2）与水质化验人员联系，做好水质化验的准备。

（3）与其他岗位联系，做好停罐的准备工作。

2. 过滤罐的运行检查

（1）检查过滤罐的进、出口压力是否正常，进口压力是否降低，压力差是否减小、甚至无压差。

（2）多组滤罐同时运行时，检查各组滤罐的出水温度是否一致，温度低的，说明滤料污染或板结；温度高的，可能有滤料漏失。

（3）对过滤罐进行取样，初步观察水样中是否有滤料。

（4）对水样进行化验分析，出水水质是否变差。

3．对过滤罐进行反冲洗检查

（1）按操作规程进行滤罐的反冲洗。

（2）观察反冲洗压力是否降低、进出口压差变小，甚至无压差。

（3）反洗水量是否增加。

（4）对反冲洗出口进行取样，观察水样是否有滤料存在。

4．停运、开罐检查

（1）确定滤罐滤料漏失后，按停运操作规程进行停运。

（2）打开排污阀，打开排气阀，彻底排掉罐内污水。

（3）向相关部门申请办理开罐手续。

（4）打开人孔盖，检查滤料是否破碎，滤径是否变细、变小。

（5）将罐内滤料取出，并清理罐内污物。

（6）检查垫层是否正常。

（7）检查滤罐配水、集水构件、干管是否腐蚀、损坏。

5．维修滤罐

（1）发现滤罐内部构件损坏后，向相关部门申请滤罐维修。

（2）更换、维修损坏的滤罐构件。

6．填加滤料

（1）按要求填装垫层。

（2）如果原滤料没有破碎、污染，可重新填加进去。

（3）对于缺少部分进行补充。

（4）如果滤料不可再用，按技术要求更换相同规格的新滤料。

7．更换后的检查

（1）滤罐更换滤料后，封罐。

（2）按投产操作规程，投运过滤罐。

（3）观察压力及压力差是否正常。

（4）对水质进行加密取样化验，判断处理效果。

8．清理现场

清理现场，回收工用具。

9．记录

做好相关过滤罐的大事记录。

（三）技术要求

（1）取出滤料及垫层时，按各层高度做好标记。

（2）补充滤料前，需要对表面污染的滤料进行清除。

（3）填加的滤料符合设计要求，经质检部门检验，确认合格。

（4）垫层及滤层严格执行级配要求。

（5）滤罐运行30h后，进行开罐检查滤料有无污染和流失。

（6）开罐、维修做好相关资料的存档。

（四）注意事项

（1）过滤罐的反冲洗、停运、投产严格执行相关操作规程。

（2）停运、开罐之前，必须进行彻底反冲洗。

（3）开罐检查、滤罐维修严格执行审批手续；罐内作业执行受限空间作业制度。

（4）更换和补充过程中产生的废物的处理应符合环保要求。

（5）在填装滤料过程中，严禁将任何杂物遗留在过滤罐内。

项目二 分析控制污水处理站的水质指标

JBD008污水处理站水质运行过程的控制措施
JBD010影响污水水质处理指标的因素

一、相关知识

（一）污水处理站水质运行过程的管理与控制

根据生产工艺特点，污水处理站的水质运行过程控制主要由来水、自然除油、混凝沉降、缓冲、过滤等环节组成。为保证水质达标，各级应加强水质监督管理。现场主要是监测含油和悬浮物，当运行指标出现偏差时，查找问题并进行有针对性的解决，及时处理影响水质的各种问题，实现外输水水质达标。

1. 来水的控制

（1）控制联合站沉降罐的油层厚度，及时调整进入污水处理站的水量；按照清淤周期及时对沉降罐进行清淤。

（2）对于联合站三相分离器放水直接进污水处理站的工艺，需要检查油气分离器运行情况，防止压力波动过大，出现窜气现象。

（3）对于联合站脱水系统放水直接进污水处理站的生产工艺，通过调整破乳剂投加，观察破乳效果，保证放水含油不超标。

（4）对于含聚合物的沉降罐，如果油水中间混层影响沉降罐出水和出油指标时，要及时消除中间过渡层。

（5）控制好污水处理站的回收水泵的排量，保证均匀打水，减少对污水处理系统的冲击。

（6）均匀回收污水处理站的污油，避免对脱水系统造成冲击，影响脱水系统的放水指标。污油罐的容积宜按储存 $2 \sim 5d$ 计算，保证均匀回收污油。

污水处理站回收的污油量可按式（2-2-3）进行核算。

$$Q_{油} = \frac{Q(C_1 - C_2)\rho \times 10^{-6}}{1 - \eta} \qquad （2-2-3）$$

式中　$Q_{油}$——污水站的污油回收量，t；

　　　Q——污水站每天的来液量，m^3；

　　　C_1——污水站来液含油，mg/L；

　　　C_2——污水站外输水含油，mg/L；

　　　ρ——污油的密度，t/m^3；

η——回收污油的含水率，%。

污油罐的容积可按式（2-2-4）校核。

$$W_{油} = \frac{tQ_{油}}{\rho} \qquad (2\text{-}2\text{-}4)$$

式中　$W_{油}$——污油罐的容积，m^3；

　　　T——污油储存天数，可取 3d；

　　　$Q_{油}$——污水站的污油回收量，t；

　　　ρ——污油的密度，t/m^3。

2. 自然除油罐的控制

（1）当自然除油罐处理指标超标时，首先检查联合站来水指标的运行情况并及时进行调整。

（2）保证自然除油罐的正常液位，及时收油，油层厚度不超过规定要求。

（3）控制好回收水泵的排量，保证均匀打水，污水回收时间宜大于 16h，减少对污水处理系统的冲击。

（4）当反冲洗排水水质较差时，可先进排泥水系统处理，处理后接近原水时再回收处理，避免水质的恶性循环。

（5）定期对除油罐进行清淤，排泥，保证淤泥厚度不超过 0.5m。

3. 混凝沉降罐的控制

（1）当混凝除油罐出口指标超标时，首先检查自然除油罐水质控制指标的运行情况并及时进行调整。

（2）保证混凝除油罐的正常液位，及时收油，油层厚度不超过 0.2m。

（3）定期对混凝除油罐进行清淤，排泥，保证淤泥厚度不超过 0.5m。

（4）检查絮凝剂和混凝剂的投加情况，及时分析化验药剂效果。

4. 气浮设备的控制

（1）根据采出水中悬浮物和油的含量等，严格控制混凝剂投加量，同时要经常检查加药设备的运行情况，保证出水水质指标控制在标准内。

（2）控制好溶气罐的水位，以免影响溶气效果。

（3）要经常保持释放器的清洁，防止释放器堵塞或脱落，影响处理效果，保证气泡直径控制在 20 ~ 100μm 范围内。

5. 污水缓冲罐的控制

（1）当缓冲罐出口指标超标时，首先检查混凝除油罐或气浮装置水质控制指标的运行情况并及时进行调整。

（2）保证正常液位，波动控制在 ±0.5m 左右。

（3）定期排污、收油，罐内存泥低于 0.2m，油层厚度低于 0.1m。

6. 过滤系统的控制

（1）提高滤前水质：过滤罐出口水质指标超标时，首先检查滤前水水质控制指标的运行情况。一般进入过滤罐装置水中的含油量、悬浮物含量不大于 50mg/L；滤后水中的油含量不大于 15mg/L，悬浮物固体含量不大于 5mg/L。

（2）定期进行反冲洗，提高反冲洗效果、按要求对过滤罐进行排油、排污等。果壳类等轻质滤料，反冲洗采用增加机械翻洗，石英砂过滤装置采取表面冲洗，气体吹洗等措施适应油田采出水处理的需要。

（3）提高操作自动化水平：实现自动化不仅减轻操作人员劳动强度，也是提高处理水质不可缺少的措施。

（4）保证过滤罐正常运行的压力，当出现过滤罐前后压差突然增大时，判断是否滤料污染严重板结堵塞；当出现过滤罐前后压差突然减小时，判断是否是滤料漏失严重。对过滤罐及时清洗、补充、更换滤料。

通过对污水处理过程中的水质管理控制，可保障污水外输水质指标稳定达标，当污水处理环节出现超标时，可进行各环节影响因素的分析，并做出调整。水质指标的影响因素见表2-2-4。

表2-2-4　工艺及设备影响水质的因素

名称	影响因素分析		
自然除油罐或沉降罐出口水质超标	沉降罐的液位控制过低，罐内存油、淤泥太多	液位低使沉降时间变短，影响沉降效果	
		浮油、淤泥太多，降低沉降空间，影响沉降效果	
	回收水水质太差	反冲洗回收水罐（池）排泥、清淤不及时，沉降空间降低	
		回收水未经过充分沉降、回收时排量过大或间歇回收都会影响沉降效果	
混凝除油罐出水水质超标	罐内存油、淤泥太多	收油、排泥、清淤不及时	
	加药问题	加药设备故障、加药方式及配方等原因未保证加药质量	
		絮凝剂加药浓度不合理	
过滤罐出水水质超标	滤料过滤效果差	反冲洗周期、时间、强度、方法不对，滤料再生效果差	
		来水水质长期超标造成滤料污染	
		滤料漏失，发现不及时或补充不及时	
外输水（注水）罐水质超标	罐内浮油、淤泥太多	未及时收油、清淤	
	硫酸盐还原菌超标	紫外线杀菌装置未正常使用	
		杀菌剂未加或杀菌效果不好	

（二）污水处理站水质指标的控制

进行水质指标监测的项目主要有：①含油量；②悬浮物含量；③铁含量；④溶解氧含量；⑤pH值；⑥H_2S含量；⑦腐生菌含量等。

1. 悬浮物指标的控制措施

（1）对混凝沉降罐及时投加混凝剂，除去水中小颗粒的悬浮物。

（2）确保混合反应器的混合效果，必须定期清理，根据加药工艺的pH值和结垢的速度不同具体选择最佳的清洗周期。

JBD010影响污水水质处理指标的因素JD

（3）按时对自然除油罐、混凝沉降罐、气浮设备、缓冲罐、压力过滤罐、反冲罐、反冲洗回收水罐（回收水池）底部的积泥、杂质进行回收处理。

（4）对各种污水处理罐及时清罐，一般情况下每年要求清罐一次，清罐时要对罐的进出口管线、配水管、集水管、斜板等构件完好情况进行彻底检查，确保各管路畅通无阻、斜板构件完好无损。

（5）确保压力过滤罐的过滤效果，合理制定压力过滤罐的反冲洗周期和强度，严格执行反冲洗操作规程，对压力过滤罐进行反冲洗，定期对滤料进行酸洗和更换滤料等保养工作，保证压力过滤罐出水的悬浮物含量控制在要求范围（根据注水要求）。

2. 水中含油指标的控制

（1）应经常掌握脱水站来水水质，按时取样分析，一次除油罐（自然除油罐）来水含油不能超过 1000mg/L，如含油量太大，应通知脱水站采取措施，降低含油量。

（2）对自然除油罐（包括立式的和斜板的），要及时回收污油，出水含油不超过 500mg/L。

（3）对混凝沉降罐及时回收污油，及时投加混凝剂或絮凝剂，保证混凝沉降罐出水中的含油降至 50～100mg/L。

（4）对压力过滤罐及时反冲洗，及时对压力过滤罐收油，一般每月收油一次，压力过滤罐出水含油一般降到 20mg/L 以下。

3. 水中细菌指标的控制

1）选择合适的杀菌剂

（1）根据不同的水质及细菌种类，选择不同的杀菌剂。

（2）所选择的杀菌剂与混凝剂、阻垢剂、缓蚀剂等其他助剂有好的配伍性，即不互相降低各自的效果，水质要稳定。

（3）杀菌剂使用一定时间后，细菌往往有抗药性，杀菌效果降低，这时应用另一种杀菌剂，因此每种水应筛选两种杀菌剂。

（4）选择价格便宜、运输方便、使用方便的杀菌剂。

（5）应选择无二次污染的杀菌剂，加入的杀菌剂不能增加水中的胶体颗粒数。

2）杀菌剂投加

（1）投药设施与投加方式。

杀菌剂可采用连续式投加或间歇式投加方式，也可以两种方式结合使用。用大剂量冲击式投加来杀灭大量细菌，用连续投加来控制细菌数量的增加。

（2）投加点的选择。

加药点根据污水处理过程的含菌量确定，如来水含菌量大则在来水管线上设置加药点，如净化水含菌量大则在外输管线上设置加药点。

①缓冲罐后，要经常投药。

②缓冲罐前，用以杀缓冲罐的细菌，1～2d 投药一次。

③滤罐前，用以不定期地杀滤层的细菌。

（3）加药量：连续式投加要求开始浓度高，细菌数量控制下来后，再采用相对较低的加药浓度。间歇式冲击加药，是定期使用较高浓度的杀菌剂通过污水处理系统杀灭细菌，其加药量、加药周期和加药时间要根据室内评价和现场细菌分析而定。

4. 水中溶解氧指标的控制

因污水从集输系统来时基本不含氧，对氧要求严格的污水处理站可采用密闭措施控制氧的含量。油田水中的溶解氧是产生腐蚀的一个重要因素。当污水处理装置没有采取密闭时，可能会使溶解氧上升，造成水质的腐蚀率超标。除了采用密闭措施外，还可加入还原剂消除水中的溶解氧。

5. 含铁指标的控制

（1）对污水罐的腐蚀情况经常进行检查，要根据腐蚀情况采取防腐蚀措施。

（2）对污水罐进行牺牲阳极保护的，要对阳极每年检查一次，发现损失过大时要及时更换。

（3）及时投加防腐药剂。

6. pH 值指标控制

由于 pH 值低而引起严重腐蚀的情况下，宜调节 pH 值。

（1）油田含油污水处理中常用烧碱和石灰水调节 pH 值，pH 值调节剂的用量依各油田含油污水 pH 值不同，其用量也差别很大。

（2）应首先对注入区块地层估岩心碱敏性试验，确定注入水临界 pH 值。

（3）pH 值调节范围宜为 7.0 ～ 8.0，不宜大于 8.5。

（4）筛选出的 pH 值调节药剂应与混凝剂、絮凝剂等水处理药剂配伍性能好，产生的沉淀物量应最少，并应易于投加。

（5）pH 值调节剂采用连续投加的方法进行。

7. H_2S 含量指标控制

（1）当水为酸性或中性时，H_2S 大部分离解成 S^{2-}，S^{2-} 与 Fe^{2+} 反应生成黑色不溶于水的 FeS 沉淀物，促使阳极反应不断进行，引起比较严重的腐蚀。

（2）在碱性条件下水中 H_2S 主要以分子形式存在，对腐蚀影响不大。

（3）高含硫气田的污水处理中，除硫方式主要为汽提脱硫、气浮脱硫以及强氧化剂除硫等，将污水中的 S^{2-} 去除，达到除硫的效果。

油田采出水处理站的设计规模可由式（2-2-5）、式（2-2-6）求得。

$$Q=Q_1+Q_y \qquad (2-2-5)$$

$$Q_1 = \frac{\eta}{(1-\eta)\rho}Q_{油} \qquad (2-2-6)$$

式中　Q——水处理站的设计处理规模，m^3/d；

　　　Q_1——油田的产水量，m^3/d；

　　　Q_y——其他来水量，m^3/d；

　　　$Q_{油}$——油田年产原油量；t；

　　　η——油田综合含水，%；

　　　ρ——油田采出水原水的密度，t/m^3。

（三）水质稳定措施

对于高矿化度的采出水，氧是造成腐蚀的一个重要因素。氧会急剧加速腐蚀，在有硫化氢存在的采出水系统中，氧又加剧了硫化物引起的腐蚀。

JBD009污水处理站密闭系统的管理规定JD

原水水质腐蚀严重时，应根据技术经济比较采用相应的水质稳定工艺。由于溶解氧的存在而引起严重腐蚀的情况下，宜采用密闭处理流程；在处理过程中投加适量的缓蚀剂、阻垢剂、杀菌剂和脱氧剂，防止采出水对金属的腐蚀。

溶解氧存在的原因：

（1）开式的原油集输流程中有微量的氧进入采出液中。

（2）在采出水处理过程中，采取的曝氧处理工艺。

（3）采出水应用的提升增加泵的密封圈不严吸进空气。

（4）采出水处理工艺不密闭，如排污水及反冲洗水的回收工艺流程等。

采用密闭处理流程时，应按下列规定执行：

（1）常压罐宜采用氮气作为密闭气体。采用天然气密闭时宜采用干气；若采用湿气时应采取脱水、防冻措施。

（2）密闭气体进入处理站，应设气体流量计及调压装置，密闭气体运行压力不应超过常压罐的设计压力。

（3）所有密闭的常压罐与大气相通的管道应设水封，水封高度不应小于250mm。

（4）通向常压罐的密闭气体应设置控制阀，需要采取防止气体在管道内积水的措施，并应设置放水阀。

（5）常压罐的气相空间系统应设置压力上、下限报警，压力下降至设定值时应联锁停泵，同时信号应传至值班室。

（6）要求密闭气体隔层必须随液位变化而变化，以保持规定的压力范围。

（7）天然气密闭流程中，要注意防止天然气与空气混合，否则易引起爆炸。

（8）为了尽可能彻底置换空气，各罐的空气排出口应与天然气进口对称布置，并采用最大距离。

二、技能要求

（一）准备工作

1. 设备

化验仪器1套。

2. 材料、工具

500mm F形扳手1把、250mm活动扳手1把、500mL容量瓶3只、天平1台、50mL无菌取样杯5只、试验箱1个、1mL无菌注射器10只、金属试件1个、定性滤纸若干、2B铅笔1支、放空桶1个、擦布适量、污水处理药剂若干。

3. 人员

穿戴好劳动保护用品，与相关岗位做好联系，互相配合。

（二）操作步骤

1. 准备工作

与水质化验人员联系，做好水质化验前的准备工作。

2. 在污水处理站的各个处理环节进行水质取样

（1）在自然除油罐进、出口处进行取样。

（2）在混凝沉降罐的出口处进行水质取样。

（3）对气浮选装置的出口进行水质取样。

（4）在过滤罐的进、出口处分别进行水质取样。

（5）在净化水罐的出口处进行水质取样。

3. 根据化验结果进行分析，找出水质异常点

（1）根据水质化验结果进行分析，对照污水处理站各个环节对水质指标的要求，查找水质指标超高的异常点。

（2）针对水质异常点，分析判断并找出水质异常的原因。

4. 对水质指标异常的处理

1）含油指标超高的处理

（1）通知上游加强脱水系统放水含油的控制，保证污水处理系统来水不超标。

（2）对除油罐、回收水池及时进行污油的回收。

（3）检查调整气浮选溶气量，保证气浮效果。

（4）对过滤罐加强反冲洗。

2）悬浮物指标异常的处理

（1）加强混凝沉降罐的药剂投加，并观察投加效果。

（2）对混凝沉降罐定期排泥，保证淤泥厚度不超过 0.5m。

（3）检查调整气浮选装置的刮渣机及排泥电动阀的运行情况。

（4）加强对回收水池的污泥回收。

（5）定期对各个处理罐进行清淤。

3）水中细菌指标异常的处理

（1）采用大剂量冲击式投加杀菌剂来杀灭细菌。

（2）按照规定选择合适的加药量、加药周期、加药地点进行加药。

（3）用连续投加来控制细菌数量的增加。

（4）检查维修紫外线杀菌装置，保证杀菌效果。

4）pH 值过低的处理

采用连续投加烧碱和石灰水调节 pH 值，但不宜大于 8.5。

5. 记录

针对水质指标的处理过程，做出结论并记录。

（三）注意事项

（1）严格按照操作规程进行水质化验。

（2）加入的 pH 值调节药剂应与水处理药剂配伍性能好，产生的沉淀物量应最少，防止产生二次污染。

（3）为了保证杀菌效果，应定期更换杀菌剂，投加的杀菌剂不能增加水中悬浮物颗粒。

（4）投加药剂时，严格执行相关规定，避免化学药剂对人体产生的伤害。

（5）进行水处理系统污油回收及排泥操作时，要保证系统的平稳，不能影响下游水质。

项目三　处理二氧化氯杀菌装置常见的故障

一、相关知识

JBD011二氧化氯发生装置常见故障的原因
JBD012二氧化氯发生装置常见故障的排除方法

（一）不产气或产气少的原因及处理方法

1. 故障原因

（1）原料（盐酸或氯酸钠）不符合要求。

（2）原料配比不符合标准或者原料浓度低。

（3）原料罐出口软管不畅通或有气塞现象。

（4）原料罐的过滤器堵塞。

（5）水射器堵塞或损坏。

（6）安全塞开启。

（7）计量泵不供料，或供料不平衡。

（8）反应器温度低。

（9）设备有堵塞故障。

（10）背压阀老化或损坏，导致进药量不平衡。

2. 处理方法

（1）更换符合要求的原料。

（2）按标准要求配比原料或提高原料浓度。

（3）清洗疏通软管，排气消除气塞现象。

（4）清洗过滤器。

（5）清洗堵塞的水射器，损坏的及时更换。

（6）查找安全塞开启原因，将安全塞复位。

（7）检查、维修计量泵，保证计量泵正常供液。

（8）检查设备加热系统。

（9）检查清洗堵塞设备。

（10）校正、清洗、更换背压阀。

（二）计量泵虽然运行，但不能输出液体

1. 故障原因

（1）冲程长度设置为0或过低。

（2）原料罐无液位或过低。

（3）泵的吸入管线和泵头有气泡存在。

（4）原料罐出料口或管道过滤器堵塞。

（5）计量泵进口堵塞。

（6）计量泵隔膜老化或损坏。

（7）背压阀不通。

2. 处理方法

（1）提高冲程长度。

（2）原料罐加满后，重新启泵。

（3）对泵的吸入管线、泵头进行排气处理。

（4）清洗原料罐出口和管道过滤器。

（5）冲洗计量泵进口和过滤器。

（6）更换计量泵的隔膜片。

（7）检查、冲洗背压阀。

（三）控制器温度显示为 0，故障灯亮，同时有声音报警

1. 故障原因

温度传感器没接好、电线短路、损坏。

2. 处理方法

接好温度传感器、检修温度传感器、更换温度传感器。

（四）控制器显示加热，但水温不上升

1. 故障原因

（1）加热管电源线没接好。

（2）加热管损坏。

（3）固态继电器损坏。

2. 处理方法

（1）重新接好电源线。

（2）更换加热管。

（3）更换固态继电器。

（五）控制器显示超温，但温度继续上升

1. 故障原因

（1）固态继电器损坏。

（2）控制器故障。

2. 处理方法

（1）更换固态继电器。

（2）检查热电阻和控制器。

（六）进气口有液体溢出

1. 故障原因

（1）动力水压不足，水射器后压力过高，压差过小，水射器抽力不足。

（2）设备在停机时，过高投加的管道水回流。

（3）水射器堵塞，反水造成反应器水位上升。

2. 处理方法

（1）检查动力水泵及动力水管线，降低水射器后的压力。

（2）水射器出口加装控制阀，停机后，关闭此阀。

（3）清洗水射器。

（七）设备的进气口无负压

1. 故障原因

（1）动力水达不到设定要求。

（2）水射器损坏。

（3）单向阀堵塞。

（4）安全塞打开。

（5）设备进气口有结晶堵塞。

（6）设备进气口管道室外部分堵塞。

2. 处理方法

（1）无负压或进气少时，可提高动力水压力。

（2）更换水射器。

（3）清洗单向阀。

（4）检查并复位安全塞。

（5）冲洗进气口。

（6）清理管路。

二、技能要求

（一）准备工作

1. 设备

二氧化氯杀菌装置1套。

2. 材料、工具

500mm F形扳手1把、正压式空气呼吸器2台、耐酸碱工作服1套、手套1副、雨鞋1双、防护口罩1个、防护眼睛1副、擦布适量。

3. 人员

穿戴好劳动保护用品，与相关岗位做好联系，互相配合。

（二）操作步骤

1. 诊断二氧化氯杀菌装置的运行状态

观察水射器的出水颜色是否出现异常，确定产气故障的发生。

2. 分析判断产气异常故障的原因

（1）检查盐酸及氯酸钠质量是否符合。

（2）检查盐酸及氯酸钠的浓度配比是合理。

（3）检查盐酸及氯酸钠溶液消耗是否正常。

（4）检查发生器是否漏气。

（5）检查水射器运行是否正常。

（6）检查安全阀是否完好。

（7）检查温度是否符合要求。

3. 处理产气异常故障的方法

（1）更换过期、质量不合格的原料药。

（2）按设计要求重新配比氯酸钠溶液的浓度。

（3）检查并排除计量泵故障，按设计要求调整计量泵的排量，保证计量泵正常运行。

（4）清洗原料罐过滤器、疏通管路系统，保证供液正常。

（5）维修处理漏气的发生器。

（6）清洗水射器，损坏的需要进行更换。

（7）适当提高动力水压力，保证水射器进出口压差。

（8）维护更换安全阀。

（9）查找并处理反应器温度低的故障。

（三）注意事项

（1）对二氧化氯杀菌装置巡检时，操作人员穿戴好防护用品，当心中毒。

（2）动力水源突然停止时，应立即停止供料。

（3）供料停止时，要使水射器继续工作 1h 以上。

（4）为了保证杀菌装置运行安全，要注意通风，防止气体腐蚀。

（5）装置运行前设备内应该装入足够多的清水。

（6）要定期清理反应器内的沉淀物，否则会影响原料的转化率；经常检查原料的质量。

（7）每个班次都要对发生器的运行情况进行检查。

（8）严禁明火，在擦洗时注意防止触电。

（9）二氧化氯装置运行时，冬季注意防冻。

（10）原料药要单独存放，不能和其他污水药剂混放。

（11）定期对原料罐的过滤器进行冲洗。

项目四　处理离心泵转子常见故障

一、相关知识

（一）离心泵转子常见故障的分析处理

1. 离心泵转子不动的原因及处理

1）原因

（1）控制电源刀闸未合上或熔断器熔断。

（2）轴承过热磨损严重。

（3）异物堵塞叶轮流道，造成叶轮卡死。

（4）电源电压过低。

（5）平衡盘严重磨损或破裂。

（6）泵轴刚性太差，造成泵轴折断。

（7）新加的填料太紧。

2）处理

（1）更换熔断器，合上控制电源刀闸。

（2）更换轴承。

（3）清除叶轮内的堵塞物。

（4）检查线路电压进行倒闸操作，通知电工处理。

（5）检修平衡盘。

（6）更换泵轴。

（5）调整填料的松紧度，保证合适的漏失量。

JBE001离心泵转子不动的原因

2. 离心泵窜量大的原因及处理

JBE002离心泵轴窜量大的故障处理

1）原因

（1）泵的流量控制不合理。

（2）定子或转子累积误差过大。

（3）装上平衡盘后，没有进行适当调整就投入运行。

（4）由于叶轮、挡套尺寸精度不高，或转子组装质量不高造成轴窜量大。

（5）转子固定螺母没拧紧，在运行中倒扣使平衡盘等部件向后滑动。

（6）平衡盘或平衡套材质差，磨损快，会使泵轴窜量增大。

2）处理

（1）调整出口阀门，控制流量在允许范围内。

（2）测量轴窜量，根据测得的数值制作垫子，垫入轴承内圈和轴承盖之间。

（3）拆检平衡盘，在平衡环后背垫铜皮或铁皮。

（4）提高叶轮、挡套的尺寸精度，提高转子组装质量。

（5）紧固转子螺母，防止运行中倒扣。

（6）更换符合技术要求的平衡盘。

3. 消除离心泵泵轴窜量大的方法

由于设计的不合理，往往泵轴产生很大的窜量，对机械密封的使用是非常不利的。这种现象往往出现在多级离心泵中，尤其是在泵启动过程中，窜量比较大。合理地设计轴向力的平衡装置，消除轴向窜量，为了满足这一要求，对于多级泵，比较理想的设计方案有：

（1）平衡盘加轴向止推轴承，由平衡盘平衡轴向力，由轴向止推轴承对泵轴进行轴向限位。

（2）平衡鼓加轴向止推轴承，由平衡鼓平衡掉大部分轴向力，剩余的轴向力由止推轴承承担，同时轴向止推轴承对泵轴进行轴向限位。

第二个方案的关键是合理设计平衡鼓，使之能够真正平衡掉大部分轴向力。对于其他单级泵、中开泵等产品，在设计时采取一些措施保证泵轴的窜量在机械密封所要求的范围内。

机泵的窜量一般在 2～4mm 范围内时，拆下平衡盘，总窜量应为 4～8mm。离心泵泵轴窜量过大的故障可以用缩短平衡盘前面长度的办法来调整。

4. 离心泵泵轴损坏的形式

JBE006离心泵泵轴损坏的形式

泵轴的常见的损坏形式包括：弯曲、磨损（静配合表面磨损、动配合轴径磨损）、腐蚀（轴的表面腐蚀磨损）、断裂。泵轴长期处于污水、盐水等腐蚀性介质中工作时，极易发生腐蚀，如表面点蚀电极腐蚀等。离心泵运转中，出现剧烈震动、严重撞击、扭矩突然变大能使泵轴造成弯曲或断裂现象。离心泵泵轴弯曲可能是由于离心泵对中偏离引起的振动造成的；离心泵转子上下部分温差可造成离心泵泵轴弯曲；泵轴弯曲变形后使泵轴抖动、叶轮晃动，促使泵的许多部位偏磨且形成恶性循环，以至造成事故。泵轴弯曲变形的校直方法可以用螺杆拉直校直法。

5. 离心泵泵轴损坏的故障处理

JBE003离心泵泵轴损坏的故障处理

1）原因

（1）轴弯曲的原因：转子动不平衡过大，转子振动、泵基础水平度差。

（2）磨损的原因：偏磨多是伴随轴弯曲而产生的，另外在轴承轴径部位由于轴承内圈过松或轴承损坏而引起的磨损也经常出现。

2）处理

解决轴弯曲的主要办法是冷校、热校、微机控制的校轴法等。

（1）弯曲泵轴的修理：泵轴的弯曲方向和弯曲量被测量出来后，如果弯曲量超过允许范围时，则可利用矫直的方法对泵轴进行处理，矫直时采用压力机和手动螺纹矫正器进行直轴。泵轴矫直的方法有两种，即冷矫法和热矫法，可根据泵轴的弯曲量大小来选择矫直方法。离心泵冷直轴法就是利用捻棒来冷打轴弯曲上凸处。当离心泵轴的弯曲为轴长的 1% 以下时，可以在冷态下用螺旋千斤顶矫直。

（2）泵轴磨损的修理：离心泵泵轴磨损的处理方法有堆焊、镀铬、热喷涂、镶套等。对局部磨损的泵轴，如果磨损深度不太大时，可将磨损的部位用堆焊法进行修理。堆焊后应在车床上车削到原来的尺寸。如果磨损深度较大时，可用补充零件法进行修理，修理的方法是，先在车床上车去泵轴的磨损层，另外车削一件套筒，使套筒与泵轴镶配在一起，并使套筒的内径与泵轴上车光层的外径形成过盈配合，其过盈值可根据泵轴直径的大小而定，通常情况下，过盈量为 0 ～ 0.03mm。套筒往泵轴上装配时，可以用大锤打入，也可以用压力机压入，过盈量较大时，可以用"热装法"进行装配，即将套筒加热，使其受热膨胀，然后将套筒套在泵轴上，令其自然冷却。最后，将泵轴的镶套部位车削到原来的尺寸。

对于磨损严重或出现裂纹的泵轴，一般不进行修理，而用备品配件进行更换。对泵轴应进行磁力探伤，不允许存在任何缺陷，新更换的泵轴应符合图纸要求。

JBE004离心泵叶轮损坏的处理方法

6. 离心泵叶轮损坏的处理方法

叶轮经过一段时间使用后，会产生正常的磨损或腐蚀，也可能会因意外的情况而出现裂纹或破损。因此，应视不同情况予以修复或更换。

叶轮与其他零部件相摩擦产生的偏磨损，可用"堆焊法"来修理。对于不同材质叶轮，其堆焊方法不同。对于铸钢叶轮可用普通结构刚焊条；对于不锈钢，应选用不锈钢焊条，采用电弧焊的方法堆焊。对于铸铁叶轮，可用铸铁焊条，采用氧－乙炔气焊进行堆焊。铸铁叶轮堆焊时，应先进行预热，预热温度为 650 ～ 750℃。堆焊后，应在车床上将堆焊层车光到原来的尺寸。对于玻璃钢或塑料叶轮的磨损，一般不进行修复，而用备件更换。

叶轮受酸、碱、盐的腐蚀或介质的冲刷，所形成的厚度减薄、铸铁叶轮的气孔或夹渣，以及由于振动或碰撞所产生的裂纹或变形，一般情况下是不进行修理的，可用新的备件来更换。但是必须进行修理的，可用"补焊法"来进行修复。补焊时，可根据叶轮的材质不同，采用不同的补焊方法。如果非金属叶轮出现裂纹或破损，可用环氧树脂粘接，粘接后应恢复原状，且 24h 后才能使用。离心泵叶轮损坏中有针孔状汽蚀时，可用紫铜丝打入针孔，再用锉刀锉光即可。叶轮止口部分，如果磨损不严重（0.20mm 以内）可以不修，安装时配上合适的密封环即可。

大型化工用泵，叶轮流道较宽，当它被腐蚀时，除了可以用补焊修复外，还可用环氧黏结剂修补。

7. 离心泵平衡装置故障的原因及处理

1）原因

（1）相邻两级叶轮间的级差增大，造成级间泄漏量增加。

（2）与吸入室连接的平衡管堵塞，造成平衡鼓或平衡盘磨损严重。

（3）平衡盘与平衡环轴向间隙大或磨损严重。

（4）平衡盘与平衡环轴向间隙过小，造成平衡盘卡死。

2）处理

（1）调整相邻两级叶轮的级差，减小级间压差，从而减少级间泄漏量。

（2）清除平衡管内堵塞物。

（3）调整平衡盘间隙或更换平衡盘。

离心泵平衡机构失灵后，泵的轴向力无法平衡，使叶轮与密封环产生摩擦，造成卡泵。导致多级离心泵转子轴向指示位置变动过大的原因是平衡盘磨损。多级离心泵转子轴向位置变动大的排除方法是调整平衡盘轴向间隙。

（二）离心泵窜量的测定

1. 用百分表测量离心泵转子总窜量

（1）拆卸联轴器的连接螺栓，离心泵的后轴承端盖，将拆卸的泵零部件按顺序清洗检查并摆放在青稞纸上。

（2）装上平衡盘工艺轴套、密封填料轴套、轴承挡套、轴承工艺轴套和锁紧螺母。

（3）用撬杠把泵联轴器撬动到后止点。

（4）架设百分表：检查百分表，保证百分表动作灵活，无卡滞现象。擦拭泵轴端面，把百分表架设到轴端面，使测量头与测量面垂直接触并下压 1/2 量程，转动表盘使百分表的大针指到"0"位。

（5）用撬杠把泵联轴器轻轻撬动到前止点。

（6）记录百分表所显示的数值，即离心泵转子总窜量。

（7）把泵轴按泵旋转方向转动180°，按上述步骤再次测量离心泵转子总窜量。

（8）将两次测量结果进行对比，数值小的为离心泵转子总窜量。泵的总窜量一般为 4～6mm。

（9）组装所有部件。按照拆卸相反的顺序安装好所有的部件。

2. 用百分表测量离心泵平衡盘窜量（工作窜量）

（1）用撬杠把泵联轴器撬动到后止点。

（2）平衡盘的端面上架设百分表：检查百分表，保证百分表动作灵活，无卡滞现象。擦拭平衡盘端面，把百分表架设到平衡盘端面上，使测量头与测量面垂直接触并下压 1/2 量程，转动表盘使百分表的大针指到"0"位。

（3）用撬杠把泵联轴器轻轻撬动到前止点。

（4）记录百分表所显示的平衡盘窜量（工作窜量）。

（5）把泵轴按泵旋转方向转动180°，按上述步骤再次测量平衡盘窜量。泵的平衡盘窜量应为总窜量的 1/2 再留出 0.5mm。

（6）组装所有部件。按照拆卸相反的顺序安装好所有的部件。

二、技能要求

（一）准备工作

1. 设备

多级低压离心泵机组 1 台。

2. 材料、工具

百分表及百分表架 1 套，8～27mm 梅花扳手 1 套，200mm、300mm 活动扳手各 1 把，250mm 密封填料钩 1 把，45～52mm 勾型扳手 1 把，500mm 撬杠 1 根，200mm 拉力器 1 个，与轴承相同宽度的工艺轴套 1 个，与平衡盘长度相同的工艺套 1 个，ϕ30mm×200mm 紫铜棒 1 根，不同厚度的紫铜皮各 4 张，150mm 钢板尺 1 把，擦布 0.02kg。

3. 人员

2 人操作，持证上岗，劳保用品穿戴齐全。

（二）操作程序

序号	工序	操作步骤
1	准备工作	选择工用具
		断开电源闸刀或开关，挂上停运警示牌
2	拆卸泵	拆卸联轴器的连接螺栓，拆卸后轴承端盖、用勾头扳手松开后轴承锁紧螺母，用拉力器拉下轴承，取出后轴承内压盖、轴承挡套、挡水环
		拆卸填料或机封装置，取出轴套密封胶圈，拆卸轴套，拆卸尾盖，拆卸平衡盘
		将代替平衡盘的工艺套装在平衡盘位置，装上轴套，轴承锁紧螺母，并用勾头扳手紧固好
3	测量总窜量	用撬杠把泵联轴器撬动到后止点，把百分表架设到轴端面，使测量头与测量面垂直接触并下压 1/2 量程，转动表盘使百分表的大针指向 "0" 位
		用撬杠把泵联轴器轻轻撬动到前止点，记录百分表所显示的数值，即离心泵转子总窜量，把泵轴按泵旋转方向转动 180°，按上述步骤再次测量离心泵转子总窜量
		将两次测量结果进行对比，数值小的为离心泵转子总窜量
4	测量工作窜量	取下轴承、轴套、工艺套，将平衡盘、轴套、轴承、锁紧螺母装好，测量平衡盘间隙
		用撬杠把泵联轴器撬动到后止点，把百分表架设到轴端面，使测量头与测量面垂直接触并下压 1/2 量程，转动表盘使百分表的大针指向 "0" 位
		用撬杠把泵联轴器轻轻撬动到前止点，记录百分表所显示的数值，即离心泵转子工作窜量，把泵轴按泵旋转方向转动 180°，按上述步骤再次测量离心泵转子工作窜量
5	计算	平衡盘轴向间隙为总窜量的二分之一减 0.5mm
6	调整	平衡盘轴向间隙小于标准规定，可在平衡盘与轴配合触的内孔前端面加紫铜皮垫子进行调整，如果大于标准规定，可将平衡盘内孔前端进行车削的方法进行调整

（三）注意事项

（1）使用活动扳手时，转动活动扳手调节螺母使固定扳唇和活动扳唇夹紧螺母，防止扳手滑脱伤人。拆装螺母时，活动扳唇在前，固定扳唇在后，使力量大部分承担在固定扳唇上，若反方向用力，扳手应翻转 180°。

（2）使用扳手时，最好是拉动而不要推动。如果非推不可时，伸开手指，用手掌推，以防撞伤关节。

（3）拆卸泵件时，要轻拿轻放，轴承拆卸安装时，严格按操作规程操作。

项目五　判断处理机械密封装置常见故障

一、相关知识

（一）机械密封失效的原因

对机械密封失效原因及故障原因进行正确分析，有助于找到排除故障的最佳方案，从而提高机械密封的使用寿命。这里简单介绍机械密封失效分析和故障分析。

1. 腐蚀失效

机械密封因腐蚀引起的失效为数不少，常见的腐蚀类型有如下几种：

（1）表面腐蚀。由于腐蚀介质的侵蚀作用，机械密封件会发生表面腐蚀，严重时也可发生腐蚀穿孔，弹簧件更为明显，采用不锈钢材料，可减轻表面腐蚀。

（2）点腐蚀。金属材料表面各处产生的剧烈腐蚀点叫作点腐蚀。弹簧套常出现大面积点蚀或区域性点蚀，有的导致穿孔，点腐蚀的作用要比表面均匀腐蚀更危险。

（3）晶间腐蚀。是仅在金属的晶界面上产生的剧烈腐蚀现象。碳化钨环不锈钢环座以铜焊连接，使用中不锈钢座易发生晶间腐蚀，为防止这种腐蚀，不锈钢应在高温下进行热处理，使铬固熔化而均匀分布在不锈钢中。

（4）应力腐蚀。是金属材料在承受应力状态下处于腐蚀环境中产生的腐蚀现象。金属焊接波纹管、弹簧等在硫化氢、盐水、碱液等介质中极易产生应力腐蚀破坏。应力腐蚀临界应力强度因子 KIscc 偏低，在应力与介质腐蚀的共同作用下，往往会发生断裂，由于弹簧的突然断裂而使密封失效，解决的方法是正确选材，热处理消除内应力，选择合适的弹簧比压。

（5）缝隙腐蚀。当介质处于金属与金属或非金属之间狭小缝隙内而呈停滞状态时，会引起缝隙内金属的腐蚀加剧，这种腐蚀形态称为缝隙腐蚀。动环的内孔与轴套表面之间、螺钉与螺孔之间，O形环与轴套之间，陶瓷镶环与金属环座间也会发生缝隙腐蚀，一般在轴（轴套）表面喷涂陶瓷，镶环处表面涂以黏结剂可以减轻缝隙腐蚀。

（6）电化学腐蚀。摩擦副中不同的金属材料处在电解质溶液中，由于各材料的腐蚀电位不同，接触时产生电偶效应所引起的腐蚀情况。因此，最好选择电位相近的材料或陶瓷与填充玻璃纤维聚四氟乙烯组对。

2. 热损伤失效

机械密封件因过热而导致的失效，即为热损伤失效。最常见的热损伤失效有热裂、疤疤、炭化、弹性元件的失弹，橡胶件的老化、永久变形、龟裂等。

（1）热裂。由于密封面处于干摩擦、冷却突然中断、杂质进入密封面、抽空等，端面出现径向裂纹，从而使密封面泄漏量迅速增加，对偶件急剧磨损，碳化钨环热裂现象较常见。

（2）发泡、炭化。在高温环境下的机械密封，常会发现石墨环表面出现凹坑、疤块。这是因为当浸渍树脂石墨环超过其许用温度时，树脂会炭化分解形成硬粒和析出挥发物，形成疤痕，从而极大增加摩擦力，并使表面损伤，泄漏量增大。

（3）橡胶件老化、龟裂、永久变形。高温是橡胶件老化、龟裂、永久变形的重要原因之一。橡胶超过许用温度继续使用，将迅速老化、龟裂、变硬失弹。严重时还会出现开裂，致使密封性能丧失。因此，应注意各种胶种的使用温度，避免长时间在极限温度下使用。

3. 磨损失效

摩擦副使用材料耐磨性差、摩擦因数大、端面比压（包括弹簧比压）过大、密封面进入固体颗粒等均会使密封面磨损过快而引起密封失效。采用平衡型机械密封以减少端面比压及安装中适当减少弹簧压力，有利于克服因磨损引起的密封失效。

（二）机械密封失效的外部症状

JBE010离心泵密封失效的外部症状

1. 密封失效的定义

被密封的介质通过密封部件并造成下列情况之一者，则认为密封失效。

（1）从密封系统中泄漏出的介质超标。

（2）密封系统压力降低的值超标。

（3）加入到密封系统的阻塞流体或缓冲流体的量超标。

2. 密封失效的外部症状

1）密封持续泄漏

泄漏是密封最易发现和判断的密封失效症状。不同结构形式的机械密封判断密封泄漏失效的准则可以不同，但在实践中，往往还依赖于工厂操作人员的目测。

机械密封出现持续泄漏的原因主要有：密封端面问题，如端面不平、端面出现裂纹、破碎，端面发生严重的热变形或机械变形；辅助密封问题，如安装时辅助密封被压伤或擦伤、介质从轴套间隙中漏出、O形圈老化、辅助密封屈服变形、辅助密封出现化学腐蚀；密封零件问题，如弹簧失效、零件发生腐蚀破坏、传动机构发生腐蚀破坏。

2）机械密封周期性泄漏

（1）由于泵转子轴向窜动，动环来不及补偿位移。

（2）操作不平稳，密封腔内压力变化大。

（3）转子周期性振动，引起漏液。

3）工作时密封尖叫

密封端面润滑状态不佳时，可能产生尖叫，在这种状态下运行，将导致密封端面磨损严重，并可能导致密封环裂、碎等更为严重的失效。

4）密封面外侧有石墨粉尘积聚

可能是密封端面润滑状态不佳，或者密封端面液膜汽化或闪蒸，此时应考虑改善润滑或尽量避免闪蒸出现。

5）工作时密封发出爆鸣声

有时可以听到密封在工作时发出爆鸣声，这可能是由于密封端面间介质产生汽化或闪蒸。改善的措施主要是为介质提供可靠的工作条件，包括在密封的许可范围内提高密封腔压力；安装或改善旁路冲洗系统，降低介质温度，加强密封端面的冷却。

6）泵和轴振动

原因是未对中或叶轮和轴不平衡、汽化或轴承问题。这些问题虽然可能不会立刻使密封失效，但会降低密封的使用寿命。

二、技能要求

（一）加水或静压试验时发生泄漏

原因：由于安装不良，机械密封加水或静压试验时会发生泄漏。

安装不良有下述几方面：

（1）动、静环接触表面不平，安装时有碰伤、损坏。

（2）动、静环密封圈尺寸有误、损坏或未被压紧。

（3）动、静环表面有异物夹入。

（4）动、静环 V 形密封圈方向装反，或安装时反边。

（5）紧定螺钉未拧紧，弹簧座后退。

（6）轴套处泄漏，密封圈未装或压紧不够。

（7）如用手转动轴泄漏有方向性则有以下原因：弹簧力不均匀，单弹簧不垂直，多弹簧长短不一或个数少；密封腔端面与轴垂直不够。

（8）静环压的松紧不均匀。

（二）由安装、运转等引起的周期性泄漏

原因：运转中如泵叶轮轴向窜动量超过标准、转轴发生周期性振动及工艺操作不稳定，密封腔内压力经常变化均会导致密封周期性泄漏。

（三）经常性泄漏

JBE009机械密封经常性泄漏的原因

原因：

（1）动环、静环接触端面变形会引起经常性泄漏。如端面比压过大，摩擦热引起动、静环的热变形；密封零件结构不合理，强度不够产生变形；由于材料加工原因产生的残余变形；安装时零件受力不均等，均是密封端面发生变形的主要原因。

（2）镶装或黏接的动、静环接缝处泄漏造成泵的经常性泄漏，由于镶装工艺不合理引起残余变形、用材不当、过盈量不合要求、黏结剂变质均会引起接缝泄漏。

（3）摩擦副损伤或变形而不能接合引起泄漏。

（4）摩擦副夹入颗粒杂质。

（5）弹簧比压过小。

（6）密封圈选材不正确，溶胀失效。

（7）V 形密封圈装反。

（8）动、静环密封面对轴线不垂直度误差过大。

（9）密封圈压紧后，传动销、防转销顶住零件。

（10）大弹簧旋向不对。

（11）转轴振动。

（12）动、静环与轴套间形成水垢不能补偿磨损位移。

（13）安装密封圈处轴套部位有沟槽或凹坑腐蚀。

（14）端面比压过大，动环表面龟裂。

（15）静环浮动性差。

（四）突发性泄漏

由于以下原因，泵密封会出现突然泄漏。

（1）泵强烈震动、抽空破坏了摩擦副。

（2）弹簧断裂。

（3）防转销脱落或传动销断裂而失去作用。

（4）辅助装置有故障使动、静环冷热骤变导致密封面产生变形或裂纹。

（5）由于温度变化，摩擦副周围介质发生冷凝、结晶影响密封。

JBE008机械
密封突然性泄
漏的原因

（五）停泵一段时间再启动时发生泄漏

原因：摩擦副附近介质的凝固、结晶，摩擦副上有水垢；弹簧锈蚀、堵塞而丧失弹性，均可引起泵重新启动时发生泄漏。

模块三　综合能力

项目一　编制污水处理站试运及投产方案

一、相关知识

（一）编制施工计划

计划是管理的一项重要内容。编制计划的过程对任务的完成、提高管理效率起着重要的作用。

编制施工计划必须以油田基本建设计划、产能计划指标为依据。根据采油厂污水处理量计划、油田公司污水处理系统改造计划，收集、分析、综合其他方面的信息、情报（施工图出图时间；材料供货期；设备、构件供货期；各项施工的配合能力、完成时间等），确定各个单项工程、主要单位工程和全部工程的施工顺序、施工期限及开工投产和竣工日期，制定施工队伍、管理人员安排计划，制定物资、投资的准备计划，各工序、各工程、各管理部门工作衔接的日程计划。

编制施工计划时，要有明确的目的，要掌握为了完成工程任务所要采取的措施和工作方法，要考虑各项工作条件不具备而被限制的程度和某一措施、方法所需的条件，要根据各项计划和计划指标相互依存的关系进行全面、系统的综合平衡，做出最优选择。

通过编制施工计划，掌握工作的全貌，并在工作前就能够清楚今后可能出现的问题，使管理从预测未来开始。

（二）施工过程的质量验收

对施工过程进行质量监督和严格验收把关，是控制工程建设质量的有效手段。这个过程要做三项工作。

1. 参加技术交底

工程建设开工前要组织本系统有关人员，会同设计部门参加对施工和使用单位的技术交底。做到设计内容、关键环节、质量标准和检测方法四个清楚。

2. 进行施工监督

在工程施工阶段，要有专人负责，协同基建部门质检员进行现场施工的质量监督，特别是重要部位和隐蔽部分要认真检查把关，对质量问题及时提出整改。其次是做施工中和生产有关的协调衔接工作，如停产，倒换流程，供水等，保证工程的正常进行；尤其是管理人员和岗位工人要在施工过程中学习了解设备、仪表和工艺流程，特别是新工艺、新技术，做到图纸实物能对口，流程阀门位置清。

3. 参加施工验收

工程验收是使用单位质量管理的一道重要把关口，验收工作由厂统一组织，油（气）田水处理系统要会同有关专业部门，充分发挥甲方作用，严格把关，质量问题不放过，不合格的项目绝不验收。

竣工验收包括资料验收和现场验收两部分。资料验收由各专业对本专业施工检定单、工序质量验收单、施工过程的变更会签手续及竣工图纸等资料，逐项检查验收，保证资料齐全准确，手续完备；现场验收由甲乙两方人员，按专业对口现场检查交接，确定实际施工与设计图纸吻合，符合设计技术规范要求，达到质量标准，方可交接，转入生产单位管理。但工程的全面验收，还要通过试运投产的动态考核，合格后，才能正式签字验收。

（三）工艺管线质量检验

1. 工艺管线安装焊接质量检验

（1）使用前检查管子、管件、阀门应按设计要求核对规格、型号、材质。

（2）管子、管件、阀门从外观检查，应无裂纹、缩孔、夹渣、折叠、重皮等缺陷。

（3）焊接前检查管线的坡口是否符合设计图纸标准。焊接坡口应无油、漆、锈、毛刺等杂物，有杂物应清理干净，应检查管子对口平直度，允许偏差为 1mm/m，对直后方可焊接。

（4）检查焊缝焊接质量，从外观检查，应无裂纹、气孔、夹渣、熔合性飞溅、凹陷、咬边、坡口、销位。焊接表面强度：Ⅰ～Ⅱ级为最大不超过 3mm；Ⅲ～Ⅳ级为最大不超过 5mm。

（5）检查管线走向是否符合设计图纸规定。

（6）检查管子、管件、阀门安装位置、尺寸是否符合安装图纸要求。

（7）对于设计规定进行超声波探伤检查焊接质量的管线，按超声波探伤检查规定执行。

（8）管线焊接后要进行严密性和强度试验，检查严密性试验时，稳压 24h，无降压、无渗漏为合格。强度试验用水压，在试验前管内进行清扫，一般用清管器或投球，要求管内无杂物。强度试压为工作试压的 1.5 倍，稳压 6h，降压不超过 1% 为合格。

（9）管子试压应在回填土和保温前进行，试压后的管道应填写隐蔽工程记录。

（10）管线质量检验合格后，应进行签字验收交接。

2. 管线防腐质量检验

（1）埋地管线采取沥青防腐时，要根据设计要求检查防腐质量。

（2）检查防腐管线除锈情况。管线除锈后，必须去浮鳞屑、铁锈及其他物质，表面清洁干净，见钢灰色。

（3）检查使用的沥青是否符合设计的三项指标（针入度、延度、软化点）。

（4）检查底漆。管线刷底漆时，检查是否均匀，要求无气泡、流痕、空白等缺陷。

（5）检查沥青防腐涂层是否安设计图纸要求进行。沥青涂层厚度为 1.5mm，包括玻璃布一层。例如："四油四布"防腐时，每层都要进行严密检查。包扎玻璃布时，压边是否在 10～15mm，搭头长为 50～80mm，玻璃布渗透率为 95% 以上，严禁出现 50mm×50mm 以上的空白。

JBF002施工过程的质量验收

（6）防腐外层聚氯乙烯工业膜的检查，要求无折皱、脱壳，压力均匀，一般为15～20mm 的压边，搭接头长 100～150mm。

（7）沥青防腐层的厚度要符合设计要求允许误差为 ±（1.0～0.5）mm。

（8）管线有阴极保护测量点的铜导线，要求焊接牢固，防腐绝缘程度高。

（9）管线要回填土前再次检查防腐层是否有局部损坏，填土时先填软土。

3. 阀门安装质量检查

（1）安装在工艺管路和设备上的阀门要有产品合格证书。

（2）检查管路及设备所安装阀门的型号、规格、压力等级是否符合图纸要求。

（3）检查阀门外壳有无裂纹、气孔、砂眼等缺陷，阀门安装方向是否符合工艺要求。

（4）检查阀门行程是否畅通平稳，开关自如，有驱动装置的应灵活可靠。

（5）阀门在管路上试压时，应不渗漏。并要在开关状态下试水压。DN ≤ 150mm 阀门试压 5min 无渗漏为合格，DN > 150mm 阀门试压 10min 无渗漏为合格。

对于安装驱动装置的阀门（如电、气、液动阀），除用手动外，还应在使用驱动装置情况下进行严密性试验，并调试合格。

JBF003工艺管线质量检验

（四）油田专用容器检验

油田使用专用容器（游离水脱出器、污水缓冲罐、电脱水器、原油含水缓冲罐、各种油水分离沉降罐）的单位，必须进行定期检验工作。

1. 专用容器的检验

专用容器使用单位，必须认真安排定期检验工作，定期检验的年度计划应由使用单位报送主管部门和安全部门，安全部门应对检验计划的执行情况和质量检验情况进行检查。专用容器的定期检验分为外部检验和全面检验。

外部检验是容器检验员在容器运行中的定期检查，每年至少一次。全面检验是容器检验员在容器停运时对容器内外进行的整体检验，检验项目见《在用容器检验规程》，其期限为：

（1）因结构原因不能进行内部检验的专用容器，可只进行耐压试验和外壁进行无损检验，一般每隔 3 年一次。

（2）介质为含水 70% 以上的原油时，每隔 6 年检查一次。

（3）介质对材料腐蚀速率低于 0.1mm/a 的或有可靠防腐层的，每隔 10 年检验一次。

（4）压力试验：是指专用容器停机时，内部检验合格后，所进行的超过最高工作压力的液压试验或气压试验，其周期每 10 年至少一次。

2. 有下列情况之一的专用容器，内外部检验期限予以适当缩短

（1）使用期超过 15 年，经技术鉴定，确定不能按正常检验周期进行的。

（2）检验员认为应该缩短周期的。

（3）有下列情况之一的容器，内外部检验合格后，或者无法进行内部检验的必须进行耐压试验：

①用焊接方法修理或更换主要受压元件的。

②停止使用两年后，重新使用的，原油含硫腐蚀严重的，环境条件恶劣的。

③移装的。

④无法进行内部检验的。

⑤使用单位对专用容器的安全性能有怀疑的。

⑥因本身发生故障而紧急停用的。

（4）因情况特殊不能按期进行内外部检验或耐压试验的，使用单位必须申明理由，提前3个月提出申请，经单位技术负责人批准，报局安全部门审查同意后，方可延长。

（5）在用专用容器，确需进行缺陷评定的，应按以下规定办理：

①由局安全部门组织专业评定单位及油罐单位的工程技术人员参加，参照CVDA—84进行评定。确认有足够的安全可靠性的，经局主管部门同意和安全部门批准，方可继续使用。

②负责缺陷评定的单位，必须对缺陷的检验结果、缺陷评定结论和专用容器的安全性能负责。

（6）专用容器检验工作由取得中国石油天然气集团有限公司技术监督局认可的专业容器检验单位授予的检验员及无损探伤员资格证书的人员担任。

（五）油田专用容器安装与验收

[JBF004油田专用容器检验]

1. 专用容器的安装

（1）专用容器的安装由企业的工程质量监督机构负责监督，业务上接受主管和安全部门的监督指导。

（2）专用容器安装时，企业基建部门应组织进行安装的中间质量检查，并做好专用容器内件安装质量检查验收，填好记录备查。

（3）专用容器安装完毕后，企业的基建部门负责组织，由安全部门等有关单位参加的按设计图样和油罐技术文件规定的要求，对专用容器安装工程进行全面的检查验收。验收包括以下内容：

①出厂技术资料是否齐全、准确，发现不全或有疑问时，应由制造单位提出补充报告。

②保温、防腐（包括内部）、涂漆和静电接地等项目按图样要求完成。

③容器安装质量检查记录。

④安全附件调校记录。

⑤专业检验单位的检验报告包含的主要项目：竣工图、质量证明书、容器外观质量、焊接外观质量、支座质量、基础质量、防腐保温质量、接地质量、内件安装质量、安全附件鉴定情况等。

⑥经主管压力容器的技术人员签字的验收文件。

（4）专用容器试运合格后，安装单位和使用单位应履行移交签字手续，所有安装资料应移交使用单位保管。

2. 专用容器移装后的安装

移装的专用容器，必须由专业检验单位进行内外部检验合格后，方可进行安装。

[JBF005油田专用容器安装与验收]

3. 专用容器的检验

专用容器到货后，必须经安装部门、订货部门联合开箱检验，合格后方可入库。检验的主要内容：

（1）按装箱单清点箱数或总件数。

（2）每个包装箱的实物和数量是否与该包装箱单相符。

（3）专用容器及零部件有无损坏。

（4）出厂技术资料是否齐全。

（六）污水站的试运与投产

1.投产前的准备工作

油（气）田污水处理站联合投产、试运，是一项艰巨和严密组织的工作。

（1）水源必须充足，供水系统有保证各过滤罐必须试验合格。

（2）各种机泵安装试运检查合格。

（3）各种水罐安装检查合格。

（4）站内外及水源管线试压合格。

（5）供电系统、仪表系统能满足投产需要。

（6）有经培训、懂流程，会操作的工人。

（7）成立投产领导小组，分工明确，统一指挥，而每小部位都要专人负责。

2.制定试运和投产方案

根据设计要求，制定单位试运和整体试运方案和投产方案，内容包括：

（1）明确组织领导和各成员的职责、任务。

（2）顶岗工人技术水平和操作技能的要求。

（3）各种设备和仪表等操作规程及投产的技术要求。

（4）各系统工艺流程、各种设备、各种阀门及工艺走向要有明确标志。

（5）制定试运、投产使用的工艺流程、所选用的容器、设备等。

（6）制定投产时及其易发生的故障及处理措施，并根据情况准备好抢修队。

3.供水系统试运

（1）水源井管网和污水管网试压，管线试验压力应为工作压力的1.5倍。管线的严密性试压合格（有试验质量合格证书），工艺管网系统中各种阀门试验无渗漏。

（2）深井泵检查和试运。

（3）过滤泵检查和试运。

（4）清水、污水过滤罐试压和投产，反冲强度必须达到设计要求。

（5）清水罐、污水罐试水压和投产。

4.注水系统试运

（1）注水泵机组检查和试运。

（2）注水管线试压，应为使用压力的1.5倍。

（3）注水水质化验必须达到设计要求。

5.各系统及单机均试运合格后，要组织联合试运

清水试运流程如图2-3-1所示。

图2-3-1　清水试运流程

污水试运流程如图2-3-2所示。

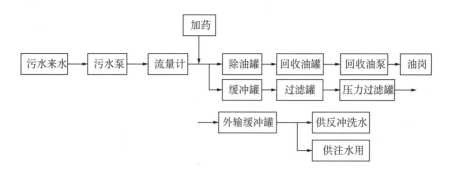

图2-3-2　污水试运流程

在投产试运后，必须达到各种工艺要求指标。

二、技能要求

（一）准备工作

1. 设备

污水处理站1座。

2. 材料、工具

300mm活动扳手1把，200mm活动扳手2把，500mm F形阀门扳手1把，450mm管钳1把，ES2000T可燃气体检测器，0～100℃玻璃管温度计2支，记录纸2张，记录笔1支，擦布0.02kg。

3. 人员

正确穿戴劳动保护用品，与有关岗位取得联系。

（二）操作规程

序号	工序	操作规程
1	准备工作	先启用压风机对所有管线进行扫线
		对管线进行试压、试漏
		将所有罐池清扫干净
		所有机泵完好待运行
2	试运操作	向污水池注入清水，清水注满后，用污水泵向自然沉降罐、混凝除油罐、气浮选进液；当缓冲罐液面达到启泵条件后，启增压泵向压力过滤罐进水，滤后水从反冲洗水罐放回污水池循环流动直到试运合格为止
		在试运时，要对过滤罐的反冲洗强度和滤层的膨胀高度进行测定，过滤罐反冲洗强度必须从小到大进行试验
		在整个试运期间，应对管线、水泵、除油罐、沉降罐、过滤罐及污水处理设备逐个进行详细地检查，检查管线连接是否有误，水泵运行是否正常，除油罐、沉降罐是否有下沉和倾斜
		试运由生产单位和施工单位联合进行
		试运全面合格后即可进行交接，生产单位即可组织投产，施工单位应将一切资料和设备移交给生产单位
		试运后，打开来水阀门进行投产
		投产正常后，及时对各节点进行取样，分析是否正常
3	清理现场	清理操作现场

三、注意事项

（1）投产前需要与相关岗位取得联系。

（2）开关阀门时，人应侧身操作避免丝杠飞出伤人。

（3）流程切换时，先导通再切断；系统进液时，要缓慢均衡，当心憋压或溢罐。

（4）正常运行时，凡与中心筒相连的排污阀，一定要关严，防止反应筒被挤扁压坏。

（5）要穿戴好劳动用品。

项目二　编制培训方案

一、相关知识

（一）选定培训目的原则

（1）消除发展短板的培训填平补齐，缺什么补什么，急用先学立竿见影。主要是技能类、管理方法类培训。采用组织提供和个人自学相结合的培训方式。

（2）巩固发展基础的培训系统学习，应该什么学习什么，不断学习保持能力的不断丰富和更新。主要是知识、技能、经验、方法类的学习。采用自学自修方式。

（3）建立发展优势的培训拔高，期望什么增加什么，促进增长脱颖而出。主要是技能类、管理方法类培训。采用组织提供和个人自学相结合的培训方式。

（4）把握发展方向的培训为我所用，需要什么教育什么，宣传灌输洗脑育人。主要是思想教育和企业文化建设。采用组织提供的培训方式。

（二）编写培训方案

JBF006选定培训目的原则

培训方案是培训工作的重要组成部分，具体反映培训的内容。它决定着培训内容的方向和总体结构。它是实施上级领导机关向所属单位布置一定时期培训工作的指导说明书。教学计划制定合理，能使授课人和被培训者目标明确，便于统一行动，使培训工作进行得有条不紊，领导可以随时掌握培训进程，检查培训任务的完成情况。制定好教学计划是一种科学的工作方法。

技师对于初、中、高级操作工的理论和技能的培训是应尽的职责，同时又是做好技术上传、帮、带的重要措施。

JBF007编写培训方案

1. 制订教学计划的指导思想

指导思想是以《国家职业标准》中有关油（气）田水处理工知识为依据，以培训一支技术素质过硬的员工队伍为目标，达到操作者管理好油（气）田水处理工艺、设备，完成上级下达的各项生产指标为目的。教学计划在培训中起着先导的作用。因此，在教学计划中，就要体现国家职业标准的要求，使标准具体化。理论知识的培训要以标准中基本要求的基础知识为基本内容，注意在同一课时的培训内容中尽可能地侧重有关方面的知识点，配合技能操作的培训。操作技能的培训要求联系现场生产实际。

JBF008制订教学计划的指导思想

2. 制订教学计划要有明确的要求

教学计划的要求是在培训期间内完成培训任务，达到培训目标。"培训内容"要写得具体，提出学习任务应突出知识点，主次分明。明确的要求要根据技能项目中涉及的质量、标准、操作步骤和工时总额写清楚，让员工做起来心中有数。

3. 要及时对教学计划进行调整、修改或补充

应该说教学计划是为完成培训目标而定的，在实施过程中，随着时间的推移，培训进度的发展深入，应经常对照检查，如培训情况有较大的变化时，对其中某些不符合或不适应培训工作的地方应及时修改、调整或补充。

4. 教学计划的制订过程

1）准备阶段

准备阶段要深入调查，掌握员工的理论和基本知识，技能操作的水平及从事本职业的时间，有何特长和不足。尊重客观实际，不能带偏见，调查要周密细致、系统全面。

（1）对上期或以往培训工作的结果进行分析、总结经验、找出问题，制定相应的师资力量搭配措施。

（2）审定培训所用教材、设施及工具用具、材料等。

2）第二阶段——模拟量化实施阶段

在上级领导和教务的带领下，以教研组为主，组织有关教师，现场施教的单位领导及有关人员，共同进行模拟量化培训工作。所谓模拟量化，这里说明的是该培训工作的量化指标能否实现的预演。

3）第三阶段——确定总教学计划，进入具体制订阶段

（1）制定提纲。

把通过上述两个阶段得出的结果和想法，以文字形式固定下来，写成提纲，这样会使我们考虑得更周密、更加条理化。

（2）注意格式。

制订教学计划没有严格的固定形式，可以采用条款式、表格式，也可以二者合用，这都根据需要来决定。但是，不论采用什么格式的教学计划，一般都要写清以下几个项目。

第一项：标题，也就是教学计划的名称，写在第一行正中，凡属本单位使用的，标题要写明制定的单位名称、计划的内容和期限。

第二项：正文，从第二行空两格写起。可以分项写也可以不分项，一般包括以下5方面内容：

首先，写前言，对前段工作的基本情况，培训工作的成绩、经验和主要问题做简单的总结和分析，交代上级总的要求，阐明培训的指导思想，培训内容或培训定义，这是计划的灵魂，也是计划的总纲。有些计划由于大家对本单位或本项工作经常分析，具体情况很熟悉，就可以把基本情况省略或概括地提一下。其他内容不可缺少。

其次，点出本次培训工作的重点，培训中要抓住的主要问题和培训目标，这一点要简单明确。

再次，提出培训工作的具体措施，培训的方法、方式。这部分要针对培训目标、任务写清楚怎样去做，做到什么程度，怎样分工，由谁负责，实施方案的具体检查评比和奖惩办法等都应在这一部分写清。

培训的日程安排和培训的组织领导。

最后，教学计划制订者（可以是单位，也可以是个人）、日期应写在正文的右下方。

如开头已说明单位名称，只要写上"× 年 × 月 × 日"即可。

5. 制定教学大纲

教学大纲的基本结构主要是由说明和正文两部分组成的。

"说明"是教学大纲的开头部分，简要地叙述培训的目的、任务，培训的基本要求，培训内容选编的基本依据和有关教学方法上的原则性建议。

"正文"是教学大纲的基本部分。正文系统地列出培训内容的标题、讲授要点、学习时数以及实际作业的内容和时数，其他的培训活动，如参观、考试内容和时数。这些内容的规定是以教学计划和培训内容的特点为依据的。

详细的教学大纲还给予教学参考书目、教学仪器、直观教具（现代化的教学手段）的提示。

6. 教学手段

1）理论知识的培训方法

（1）明确《油气输送工国家职业标准》中对于初、中、高级油（气）田水处理工的工作要求。并且参照标准中理论知识，技能操作的比重进行培训。标准中列出了对初、中、高级工的理论知识要求。

（2）培训理论知识方法要多样化

培训理论知识如完全依靠传统的授课方式，培训起来难度较大。培训教师需要利用现代化的教学手段，来完成传统授课方式所不能达到的培训效果。例如：使用印刷材料、投影机、视听设施等多种媒体形式。根据不同的设备、设施和工艺流程采用不同的授课方法，这在于培训过程中需要不断地摸索与总结。

①讲授法：传统的培训方式。优点：运用起来方便，便于培训者控制整个过程。缺点：单向信息传递，反馈效果差，教师和学员的互动少。多用于一些理念性知识的培训。

②视听技术法：通过现代视听技术，对学员进行培训。优点：直观鲜明。但学员的反馈与实践较差，且制作和购买的成本高，内容易过时。

③讨论法：一般可分成一般小组讨论与研讨会两种方式。研讨会：专题演讲为主，中途或会后允许学员与演讲者进行交流沟通。优点：信息可以多向传递。缺点：费用较高。而小组讨论法的特点是信息交流时方式为多向传递，学员的参与性高，费用较低。多用于巩固知识，训练学员分析、解决问题的能力与人际交往的能力，但运用时对培训教师的要求较高。

④案例研讨法：这一方式使用费用低，反馈效果好，可以有效训练学员分析解决问题的能力。另外案例、讨论的方式也可用于知识类的培训，且效果更佳。

⑤角色扮演法：授训者在培训教师设计的工作情况中扮演其中角色，其他学员与培训教师在学员表演后作适当的点评。由于信息传递多向化，反馈效果好、实践性强、费用低，因而多用于人际关系能力的训练。

⑥互动小组法：也称敏感训练法。此法主要适用于管理人员的人际关系与沟通训练。让学员在培训活动中的亲身体验来提高他们处理人际关系的能力。其优点是可明显提高人际关系与沟通的能力，但其效果在很大程度上依赖于培训教师的水平。

⑦网络培训法：是一种新型的计算机网络信息培训方式，投入较大。但由于使用灵活，符合分散式学习的新趋势，节省学员集中培训的时间与费用。这种方式信息量大，

新知识、新观念传递优势明显，更适合成人学习。因此，特别为实力雄厚的企业所青睐，也是培训发展的一个必然趋势。

⑧项目教学法：教师的指导下亲自处理一个项目的全过程，在这一过程中学习掌握教学计划内的教学内容。学生全部或部分独立组织、安排学习行为，解决在处理项目中遇到的困难，提高了学生的兴趣，自然能调动学习的积极性。因此"项目教学法"是一种典型的以学生为中心的教学方法。

JBF010理论知识的培训方法

2）技能操作的培训方法

全面掌握初、中、高级油（气）田水处理工的技能操作知识，是从事油田生产的前提。因此《油气输送工国家职业标准》中对技能操作要求也划分了不同的比重。

技能操作的训练，是理论知识指导下的实践过程。在掌握了理论知识、操作要领的前提下，要安排所有的学员亲自动手操作，反复练习，尽可能避免不求甚解，使学员在实际操作中加深理解学到的知识。

技能操作过程中，还要考虑到的一个方面是不留死角。我国各油田的污水处理站大部分包括了标准中的作业内容，但是具体到每一个员工，不见得有机会在所有的岗位上都进行过操作，这就是员工培训要考虑的问题。培训要兼顾到全面，即使你从一个岗位上来进行培训，掌握的是一个生产环节的技能，来到培训班里，就要让你对于标准中的内容都能学会。通过培训，使得你回到生产实际中，还能到别的岗位去操作，一专多能。这里面自然就引出了因人施教的方法。由于受训者来自不同的生产岗位，有些项目操作可能熟练一些，有些则生疏。要让那些平时对于操作项目见得少的员工全面学习，培训就是一个极好的机会，使他们在培训过程中互帮互教、相互交流，再根据学员的特长和不足，进行重点培训，因人施教，可以取得良好的培训效果。操作技能的培训也可以采取走出去、请进来的方法。总的来说，技能培训要突出实际操作动手的特点。

（三）编写技术论文

论文是指用抽象思维的方法，通过说理辨析，阐明客观事务本质、规律和内在联系的文章。

JBF011技能操作知识的培训方法

1.常用的几种判断、推理、归纳方法

1）判断

简单地说判断是对思维对象有所断定地一种思维形式。可分为简单判断和复合判断。

2）推理

推理是根据一个或几个已知判断，推出一个新判断地思维形式。根据思维进程方式不同，可分为演绎推理、归纳推理和类比推理三大类。技术论文中常用的有科学归纳推理、统计归纳推理。

科学归纳推理：是通过考察某类事物中的部分现象，发现客观事物间的必然联系，概括出关于这类事务的一般性结论；统计归纳推理：采用样本或典型事物的资料对总体的某些性质进行估计或推断。

2.怎样写好论文

写作是一门综合技能，需要多方面的知识。

（1）要具备一定的逻辑知识。作者需懂得什么是概念和判断，学会运用各种推理。

（2）要具备一定的写作知识。作者应该明确论文的特征，把握住常见科技文体结构特点。

（3）要具备一定的驾御语言文字的能力。作者应该掌握一定的语法、修辞知识，学会正确使用标点符号。

（4）应了解科技论文的文稿规范。如科技论文的题目、提要、主题词、注释、参考文献的写法，图表的画法，计量单位的用法。

（5）要学会积累材料。作者应该学会检索、作文摘以及对积累起来的材料进行归纳整理。

3. 论文中常用术语

1）概念

概念是反映事物特有属性或本质属性的思维形式。根据概念在内涵和外延方面的逻辑特征，概念可分为很多种。技术论文中常用的概念有单独概念和普遍概念，集合概念和非集合概念，具体概念和抽象概念，正概念和负概念等。

（1）单独概念。

单独概念是反映单个对象的概念。它的外延是特指一个独一无二的对象。例如：长江、达尔文等。

（2）普遍概念。

普遍概念是反映一类对象的概念。它的外延是指一类对象中的每一个分子。例如：花，学生等。

（3）集合概念。

集合概念亦称群体概念，它是反映一定数量的同类对象集体的概念。它是把一些同类对象的集合体当作一个独立对象来思考的，而不反映组成群体的个体。例如：森林，舰队等。

（4）非集合概念。

非集合概念是相对于集合概念而言的。除集合概念以外的概念均为非集合概念。例如：树，军舰等。

（5）具体概念。

具体概念是反映对象本身的概念，亦称实体概念。例如：教师，科学知识等。

（6）抽象概念。

抽象概念是反映对象属性的概念，因此又称为属性概念。例如：美丽，价值等。

（7）正概念。

正概念是反映事物具有某种属性的概念，因此又称为肯定概念。例如：红，坚定等。

（8）负概念。

负概念是反映事物不具有某种属性的概念，因此又称为否定概念。例如：不红，不坚定等。

上述关于概念的不同分类，是从不同角度按不同标准划分的，因此，一个概念从不同角度来看，可以分属不同的种类。

2）定义

定义是明确概念内涵的一种逻辑方法。给概念下定义就是用简洁的语言精确地揭示概念的内涵。定义的规则：

（1）定义必须是相应相称的。

所谓定义相应相称，就是指定义概念与被定义概念的外延是相等的。否则要犯"定义过宽"或"定义过窄"的逻辑错误。

（2）定义的概念不应该直接或间接地包含被定义的概念。

如果定义概念直接或间接地包含被定义的概念，就等于用被定义概念去解释定义概念。这样，被定义概念内涵不能被明确。违反这条规则，常常会出现"同语反复"或"循环定义"。

（3）定义一般不应当是否定的。

下定义的目的是说明概念所反映的事物本质属性是什么，如果是否定的，则只能说明被定义不是什么，而不能说明其是什么。违背这条规则常常犯"定义否定"的逻辑错误。

（4）下定义必须用清楚确切的概念，不能用隐喻或含混的概念。

4. 论文的三要素

论文的三要素是论点、论据、论证。论点是所要阐述的观点，说明论点的过程叫论证，说明论点的根据、理由叫论据。论点是作者要表达的主题，必须正确、鲜明、集中；论据是证明论点的理由，一般可采用理论论据、事实论据（包括典型实例、数据），要求论据准确、充分、典型、新鲜；论证是论述证明论点的过程，要求逻辑严密，方法灵活。

常用的论证方法有以下几种：

1）例证法

例证法是用典型的具体事实作论据来证明论点的方法，也就是通常所说的"摆事实"。它运用的是归纳推理的逻辑形式，因此又叫归纳法。

2）引证法

引证法是一种用已知的事理作论据来证明论点的方法。人们习惯上把它叫作"从理论上论述"。它运用演绎推理的逻辑形式，又称演绎法。

3）对比法

对比法实际上也是一种例证法，区别在于对比法除举例外还要用事例加以比较。

4）反证法

反证法是一种间接的证明方法。特点是要证明此论点正确，先要证明与此相反的论点的错误，非此即彼，进而确立此论点。

5. 技术论文的文稿规范

技术论文是对生产、科研中新发现的事实及研究过程进行报道；是向科研资助和主管部门汇报的文献。技术论文的结构内容为：标题、摘要、前言、正文、结尾（结论）、参考文献、谢词和附录。

1）拟定标题

按照标题应具备的准确性、简洁性和鲜明性的原则，先拟定出一个标题，即标题用词要恰如其分地反映实质，表达出自己所研究（改革）的范围和进行的深度；而且在表达清楚的前提下，所用词句越短越好，便于记忆，使之一目了然，不费解，无歧义，便于引证分类。

2）编写正文

即写文章的主体部分，通用的格式为：

（1）概况交待，就是把情况做一个整体轮廓性的介绍。

（2）把所做的准备工作及过程写出。

（3）详细描述整个过程中都实施了哪些手段，采用了什么方法等。

（4）主次分明，数据准确地列出所取得的成果以及分析过程等。

3）整理草稿

把正文草稿每部分内容和用途、引用公式等逐一核实，对结果及表格数据前后都要核实一次，确认无误。对正文和所做的过程及结果关系不大的，能略去的要坚决略去，不能滥竽充数。

4）正式写论文（报告）的摘要

即文章主要内容的摘录，一定要达到简短、精粹、完整；这关系到整篇文章给读者的最初印象。

5）撰写前言

前言又叫文章的绪言，即把所论的技术（问题）的来龙去脉写出来，简述为什么要写该文，以提醒读者注意；其主要内容为背景、目的、范围、方法和取得的成果等。

6）认真写好正文

正文是文章的主体核心内容，一般是首先提出论点，即研究分析课题的准备过程。

7）精心写好结尾

结尾是文章正文之后的结论或总结，它是整个论文（报告）事实的结晶，是全文章的精髓，是向读者最终交待的关键点。

8）写全写准参考文献

参考文献是作者（研究者）引用别人的成果，它也是所写技术报告的一部分；一般都要认真把所引用的文献附录在结尾之后，说明成果归属是谁，即哪些是引用他人的，到哪去找，是否可信等。

6.论文编写注意事项

（1）格式要正确，文字公式、图表要清晰；语言准确、引用文献要标注；不能出现"大概、可能、差不多"之类的词句。

（2）文章前后相同的内容尽量避免重复。

（3）不能出现跑题现象，更不能喧宾夺主。

项目三　制作常见电子表格

一、准备工作

（一）设备

考场提供计算机 1 台、打印机 1 台。

（二）材料、工具

现场提供资料 1 份、现场指定打印纸若干。

（三）人员

穿戴好劳动保护用品。

二、操作规程

序号	工序	操作步骤
1	准备工作	检查计算机各种设备齐全好用；整理相关资料
2	录入前操作	按操作程序开机
		进入相应的软件程序
		选定"新建"
		创建表格
3	制作表格录入数据	按照文本的要求录入表格中的数据、符号、文字
		按要求在 Excel 表格中进行函数计算
4	对表格进行排版	按照文本要求设置纸张的大小、方向、页边距以及其他的要求
		按照文本要求对表格内的数字、对齐方式、边框、图案等要求进行设置
		按照文本要求设置正文的字体、字号、文字的对齐方式
5	保存、打印文件	将完成的文档按要求命名，然后保存到指定的文件夹、盘符内
		打印输出或保存
6	退出、关机	退出 Excel 按正常操作关机

三、注意事项

（1）操作过程中，不要插拔电源。

（2）操作过程中，随时注意文件的保存。

（3）注意英文字母的大小写和中文字符的半角和全角。

（4）需要用输入法输入汉字时不能使用快捷键和工具栏。

项目四　用计算机录入文字并排版

一、准备工作

（一）设备

考场提供计算机 1 台、打印机 1 台。

（二）材料、工具

现场提供资料 1 份、现场指定打印纸若干。

（三）人员

穿戴好劳动保护用品。

二、操作规程

序号	工序	操作步骤
1	准备工作	检查计算机各种设备齐全好用；整理相关资料
2	录入前操作并创建文档	按操作程序开机
		进入相应的软件程序
		选定"新建"，创建文档

续表

序号	工序	操作步骤
3	录入文字	选择合适的输入法，按试卷要求录入文字、数据、符号，要求录入的准确无误
4	排版	按试卷要求设置纸张的大小、方向、页边距以及其他文档页面要求
		按试卷要求设置文档的字体、字号、字符间距以及文字效果
		按试卷要求设置文档段落的缩进、行间距、换行、分页、版式等内容
		按要求设置艺术字、图片、页眉页脚、图表、底纹、分栏等内容
5	保存打印文件	将文件保存到指定位置,将完成的文档按要求命名,然后保存到指定的文件夹、盘符内
		打印输出或保存
6	退出、关机	退出 Word 按正常操作关机

三、注意事项

（1）操作过程中，不要插拔电源。

（2）操作过程中，随时注意文件的保存。

（3）注意英文字母的大小写和中文字符的半角和全角。

（4）需要用输入法输入汉字时不能使用快捷键和工具栏。

（5）开始使用计算机时，先开显示器等外部设备，后开主机。关闭计算机时，先关闭主机，然后再关闭外部设备。

项目五　用计算机绘制工艺流程图

一、相关知识

JBG012office
办公软件绘图
工具的使用方法

（一）绘制图形

单击"常用"工具栏上的"绘图"按钮，即可显示如图 2-3-3 所示的"绘图"工具栏。利用"绘图"工具栏上的绘图工具，用户可轻松、快速地绘制出各种外观专业、效果生动的图形。对绘制出来的图形，可以重新调整其大小，进行旋转、翻转、添加颜色等修改，还可以将绘制的图形与其他图形组合，制作出各种更复杂的图形。

图2-3-3　绘图工具栏

如要绘制直线、箭头、矩形或椭圆等简单图形，只需单击"绘图"工具栏上的相应按钮，然后在工作表中单击并拖动鼠标，当释放鼠标后即可绘制出上述基本图形。绘制图形时按住 Shift 键，可保持图形的宽与高成比例变形，使图形不扭曲失真。若要绘制对称图形，可在拖动时按住 Ctrl 键。此外，Excel 还提供了大量的自选图形，可以让用户直接插入到文档中，如图 2-3-4 所示。

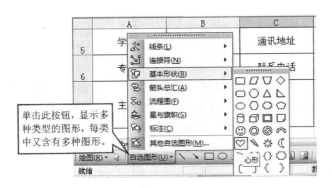

图2-3-4 插入自选图形

在个人简历中为增加对阅读者的吸引力，我们可以在简历中增加一些装饰图形，绘制步骤如图 2-3-5 所示。

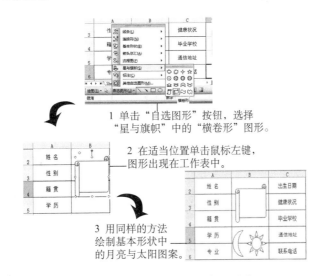

图2-3-5 绘制多种样式自选图形

1. 调整图形的尺寸

当选中图形，使它处于激活状态时，在其周围将出现 8 个小圆点——尺寸控制点，用来调整图形大小。

选中图形后，将鼠标指针移至图形周围的尺寸控制点上，鼠标指针将呈"或"形状。此时，单击并拖动鼠标即可调整图形对象的大小，如图 2-3-6 所示。

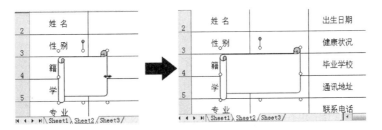

图2-3-6 自选图形尺寸调整

在使用鼠标调整图形大小时，还可参考以下规则。

（1）用鼠标拖动上、下边的尺寸控制点，仅改变图形的高度。

（2）用鼠标拖动左、右边的尺寸控制点，仅改变图形的宽度。

（3）用鼠标拖动角落上的尺寸控制点，可同时改变图形的高度和宽度。

（4）按住 Shift 键并用鼠标拖动角落上的尺寸控制点，可从顶点开始按比例缩放图形。

（5）按住 Ctrl 键并用鼠标拖动尺寸控制点，可从中心向外沿上下、左右或对角线方向缩放图形。

（6）按住 Shift+Ctrl 组合键并拖动角落上的尺寸控制点，可从中心向外按比例缩放图形。

此外，如要按指定的比例调整所选图形对象的大小，可按图 2-3-7 所示步骤进行操作。

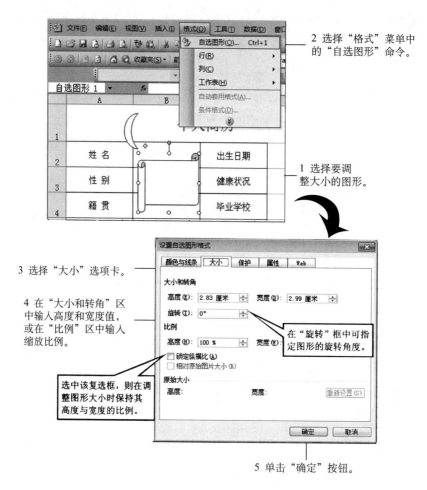

图2-3-7　压力表结构示意图

1—表针；2—刻度盘；3—表壳；4—铅封；5—表接头；6—针形阀

2. 工艺流程图常用图例

工艺流程图中常用的图例如图 2-3-8 所示。

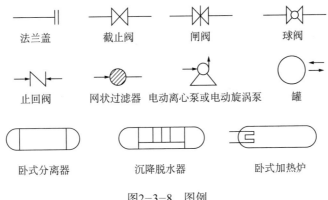

图2-3-8 图例

二、技能要求

（一）准备工作

1. 设备

考场提供计算机1台、打印机1台。

2. 材料、工具

现场提供资料1份、现场指定打印纸若干。

3. 人员

穿戴好劳动保护用品。

（二）操作规程

序号	工序	操作步骤
1	准备工作	检查计算机各种设备齐全好用；整理相关资料
2	录入前操作	按操作程序开机；进入相应的软件程序；选定"新建"，创建文档
3	基本设置	设置A4图幅、线与图框线
		设置标题栏
		设置管线、配件名称、颜色及规格
4	流程图绘制	流程图布局
		阀门、配件、管线的位置及方向，各条管线的来龙去脉
5	尺寸标注	标注位置
		尺寸标注
6	技术要求	文字说明
7	保存、打印文件	将文件保存到指定位置
		打印输出或保存
8	退出、关机	退出应用程序，按正常操作关机

（三）注意事项

（1）开始使用计算机时，先开显示器等外部设备，后开主机。关闭计算机时，则相反，先关闭主机，然后再关闭外部设备。

（2）操作过程中，不要插拔电源。

（3）操作过程中，随时注意文件的保存。

（4）注意英文字母的大小写和中文字符的半角和全角。

（5）需要有输入法输入汉字时不能使用快捷键和工具栏。

理论知识练习题

高级工理论知识练习题及答案

一、单项选择题（每题 4 个选项，只有 1 个是正确的，将正确的选项号填入括号内）

1.AA001　一个物体的两部分如果温度不同，热就要从高温部分向低温部分传递，直到各部分温度相等为止，这个过程称为（　　）。
　　A. 热传导　　　　　　B. 热对流　　　　　　C. 热辐射　　　　　　D. 热交换

2.AA001　温度较高物体的分子具有较大的（　　）。
　　A. 势能　　　　　　　B. 位能　　　　　　　C. 动能　　　　　　　D. 机械能

3.AA002　工程实际中静压力的单位 1MPa=（　　）Pa。
　　A.10^3　　　　　　　B.10^6　　　　　　　C.10^2　　　　　　　D.10^5

4.AA002　静压力（　　）永远沿着作用面内法线方向。
　　A. 方向　　　　　　　B. 大小　　　　　　　C. 去向　　　　　　　D. 流向

5.AA003　流体沿均匀直径的直管段流动时产生的的阻力称为（　　）。
　　A. 局部阻力　　　　　B. 沿程阻力　　　　　C. 沿程水头损失　　　D. 局部水头损失

6.AA003　克服沿程阻力所产生的水头损失称为（　　）。
　　A. 局部阻力　　　　　B. 沿程阻力　　　　　C. 沿程水头损失　　　D. 局部水头损失

7.AA004　h_f 表示整个流程中的（　　）水头损失。
　　A. 沿程　　　　　　　B. 总　　　　　　　　C. 局部　　　　　　　D. 容积

8.AA004　液流在管道中流过各种局部障碍时，由于（　　）的产生和流速的重组，引起的水头损失，称局部水头损失。
　　A. 流量　　　　　　　B. 压力　　　　　　　C. 阻力　　　　　　　D. 涡流

9.AA005　整个管路的沿程水头损失（　　）不同径的管路沿程水头损失之和。
　　A. 等于　　　　　　　B. 大于　　　　　　　C. 小于　　　　　　　D. 区别于

10.AA005　产生沿程水头损失的内在因素是（　　）。
　　A. 温度　　　　　　　B. 液体的密度　　　　C. 管壁的粗糙度　　　D. 液体的黏滞力

11.AA006　单位时间内，流体流动所通过的距离称为（　　）。
　　A. 密度　　　　　　　B. 水力坡降　　　　　C. 流速　　　　　　　D. 流量

12.AA006　流量（　　）流速与过流断面面积的乘积。
　　A. 小于　　　　　　　B. 等于　　　　　　　C. 大于　　　　　　　D. 小于或等于

13.AA007　雷诺数是一种可用来表征流体流动情况的无量纲数，其公式可表述为（　　）。
　　A.$Re=\rho v/\upsilon d$　　　B.$Re=\rho d/\upsilon v$　　　C.$Re=vd/\upsilon$　　　　D.$Re=\rho vd\mu$

14.AA007　在工程计算中，雷诺数 Re 取（　　）值时，作为判断液流状态的标准。
　　A.2000　　　　　　　B.2300　　　　　　　C.2620　　　　　　　D.3000

15.AA008 流体内部任一对相互接触的表面上彼此间相互作用的表面力是（　　）。

  A. 大小不等   B. 成正比   C. 大小相等   D. 成反比

16.AA008 相互抵消的表面力又可分为垂直于作用面的（　　）和平行于作用面的切力。

  A. 重力   B. 摩擦力   C. 拉力   D. 压力

17.AA009 水静压强计算公式 $p = p_0 + \gamma \cdot h$ 表明静止液体中，压强随深度按（　　）增加。

  A. 线性规律   B. 指数规律   C. 递减规律   D. 平衡原理

18.AA009 用绝对标准和表压标准测量的压强，两者（　　）。

  A. 相差 1MPa   B. 相等   C. 相差一个大气压   D. 无多大差别

19.AA010 相通的大小两容器中液体的重度相同，液面上的压强（　　）。

  A. 容器大压强大   B. 容器小压强大   C. 亦相同   D. 不相同

20.AA010 两容器中注入不同液体，但液面上的压强相同，其表达式为（　　）。

  A. $\gamma_1 \cdot h_1 = \gamma_2 \cdot h_2$ B. $p_{01} + \gamma_1 \cdot h_1 = p_{02} + \gamma_2 \cdot h_2$

  C. $\gamma_1 \cdot h_2 = \gamma_2 \cdot h_1$ D. $p_{01} + \gamma_1 \cdot h_2 = p_{02} + \gamma_2 \cdot h_1$

21.AB001 《中华人民共和国计量法》于（　　）第六届人大常委会第十二次会议通过。

  A.1985 年 9 月 6 日   B.1985 年 6 月 6 日

  C.1985 年 7 月 6 日   D.1985 年 8 月 6 日

22.AB001 要知道一个未知量的数值，就必须与另一个已知的定为标准的同类量进行（　　）。

  A. 推算   B. 计量   C. 比较   D. 计算

23.AB002 计量是利用法制和技术手段实现（　　）的统一和量值准确可靠的测量。

  A. 计算   B. 数值   C. 单位   D. 量值

24.AB002 计量的（　　）决定了计量的法制性。

  A. 准确性   B. 统一性   C. 真实性   D. 社会性

25.AB003 随着生产的发展和科学技术的进步，计量的（　　）将有所变化和发展。

  A. 分类   B. 应用   C. 约束   D. 改进

26.AB003 计量根据（　　）领域可分为工业计量、天文计量、商业计量、医学计量等。

  A. 技术   B. 商业   C. 应用   D. 计量

27.AB004 计量工作的任务是确定物理常数和各种物质特性的（　　）。

  A. 基础   B. 目标   C. 标准   D. 单位

28.AB004 计量工作的任务是制定计量法律和计量监督管理所需要的各种（　　）。

  A. 测量数据   B. 规章制度   C. 操作规程   D. 计量单位

29.AB005 时间的基本单位是（　　）。

  A. 秒   B. 分   C. 小时   D. 天

30.AB005 国际单位制中质量的基础单位是（　　）。

  A.g   B.kg   C.N   D.s

31.AB006 国际上有争议或只为部分国家所采用的单位，不列为我国的（　　）计量单位。

  A. 基本   B. 区域   C. 法定   D. 民族

32.AB006 我国选定的非国际单位制单位作为（　　）计量单位的数目只有 15 个。

  A. 非法定   B. 企业   C. 基本   D. 法定

33.AB007 法制计量组合单位的中文名称与其（　　）的顺序一致。

  A. 符号   B. 字母   C. 单位   D. 数字

34.AB007 法制计量单位用符号表示，来源于人名时，则字母（　　）写。
　　A. 一般为小　　　　　　B. 用符号A　　　　　　C. 第一个大　　　　　　D. 全部正体大

35.AB008 国际单位制的实用性表现在国际单位制的全部（　　）单位和大多数导出单位的大小都很适用。
　　A. 法制　　　　　　　　B. 基本　　　　　　　　C. 计量　　　　　　　　D. 质量

36.AB008 国际单位制是在（　　）基础上发展起来的。
　　A. 米制　　　　　　　　B. 法制　　　　　　　　C. 生产　　　　　　　　D. 质量

37.AB009 用以确定被测（　　）的量值或量的特性、状态的仪表叫测量仪表。
　　A. 数值　　　　　　　　B. 变量　　　　　　　　C. 物质　　　　　　　　D. 参数

38.AB009 仪表安装在现场控制室外，在被测对象和被控对象（　　）的，叫就地仪表。
　　A. 距离相加　　　　　　B. 中间　　　　　　　　C. 上方　　　　　　　　D. 附近

39.AB010 灵敏度是指仪表对被测（　　）变化的灵敏程度。
　　A. 参数　　　　　　　　B. 压力　　　　　　　　C. 物质　　　　　　　　D. 介质

40.AB010 在规定工作条件内，仪表某些性能随（　　）保持不变的能力称为稳定性（度）。
　　A. 温度　　　　　　　　B. 时间　　　　　　　　C. 介质　　　　　　　　D. 环境

41.AB011 在测量、控制系统中，构成一个（　　）的每一个仪表都有自己的仪表位号。
　　A. 断路　　　　　　　　B. 系统　　　　　　　　C. 回路　　　　　　　　D. 连接

42.AB011 仪表位号第一个字母表示被测变量，后继字母表示仪表的（　　）。
　　A. 功能　　　　　　　　B. 单位　　　　　　　　C. 顺序号　　　　　　　D. 工序号

43.AB012 热电阻的主要特点是测量精度高，（　　）稳定。
　　A. 测量　　　　　　　　B. 电压　　　　　　　　C. 电流　　　　　　　　D. 性能

44.AB012 辐射式温度测量仪表不仅可以测量运动中的物体温度，还可以通过（　　）方法测量表面温度分布。
　　A. 传感　　　　　　　　B. 转换　　　　　　　　C. 扫描　　　　　　　　D. 传导

45.AB013 弹性式压力表在测波动压力时，最大压力值不应超过满量程的（　　）。
　　A.1/2　　　　　　　　　B.1/3　　　　　　　　　C.2/3　　　　　　　　　D.3/4

46.AB013 压力计是根据生产允许的（　　）测量误差，来确定仪表的精度等级。
　　A. 最小　　　　　　　　B. 最大　　　　　　　　C. 给定　　　　　　　　D. 范围

47.AB014 电容式物位计的工作原理是把物位的变化，变换成相应电容量的变化，然后测量此（　　）的变化从而得到物位变化的。
　　A. 电流　　　　　　　　B. 电量　　　　　　　　C. 电压　　　　　　　　D. 电容量

48.AB014 核辐射液位计是通过放射源发出射线，穿过被测物料后由（　　）接收。
　　A. 传感器　　　　　　　B. 探测器　　　　　　　C. 显示器　　　　　　　D. 感应器

49.AB015 流量计中应用非常广泛约占流量测量仪表总数的70%的是（　　）流量计。
　　A. 差压　　　　　　　　B. 电磁式　　　　　　　C. 容积式　　　　　　　D. 涡轮

50.AB015 变面积式流量计的主要形式是（　　）流量计，是由锥形玻璃管和浮子组成。
　　A. 容积　　　　　　　　B. 数字　　　　　　　　C. 防腐　　　　　　　　D. 转子

51.AB016 模拟显示仪表是以仪表指针的线位移或角位移来模拟显示被测参数（　　）的仪表。
　　A. 模式　　　　　　　　B. 数字　　　　　　　　C. 固定值　　　　　　　D. 连续变化

52.AB016　数字式显示仪表由前置放大器、模—数转换器和（　）等部分组成。

A. 显示装置　　　　　B. 转换器　　　　　C. 输出装置　　　　　D. 传感器

53.AB017　常用的控制仪表有（　）控制仪表和电动控制仪表。

A. 压力　　　　　　　B. 气动　　　　　　C. 温度　　　　　　　D. 流量

54.AB017　控制仪表按（　）类型可分为模拟式和数字式两类。

A. 结构　　　　　　　B. 模拟　　　　　　C. 信号　　　　　　　D. 生产

55.AB018　气动薄膜执行机构中（　）调节阀都采用正作用式执行机构。

A. 进口　　　　　　　B. 出口　　　　　　C. 较大口径　　　　　D. 较小口径

56.AB018　气动活塞式（无弹簧）执行机构的活塞随气缸（　）而移动。

A. 气量　　　　　　　B. 一侧　　　　　　C. 缸壁　　　　　　　D. 两侧压差

57.AB019　阀门定位器接受（　）输出的控制信号去驱动调节阀动作。

A. 机泵　　　　　　　B. 电机　　　　　　C. 调节器　　　　　　D. 电容器

58.AB019　电—气阀门定位器在易燃易爆场所必须选用（　）产品。

A. 防爆　　　　　　　B. 纯铜　　　　　　C. 密封　　　　　　　D. 节能

59.AB020　变频器可以实现（　）用来克服直接启动时存在的启动电流过大而造成的机械冲击和电器保护特性差等缺点。

A. 远程启动　　　　　B. 遥控启动　　　　C. 间接启动　　　　　D. 软启动

60.AB020　变频器原理是基于正弦脉宽调制交流变频（　）技术的原理，直接将有效值和频率均固定的交流电压变换为两者均可调的交流电压。

A. 调速　　　　　　　B. 变压　　　　　　C. 省电　　　　　　　D. 调压

61.AB021　变频器输出由 0 直接变化为启动频率对应的交流电压，而后在此基础上按照加速曲线逐步提高输出频率和输出电压直到设定频率到达是（　）启动方式。

A. 转速跟踪　　　　　B. 从启动频率　　　C. 先制动后从启动频率　　D. 工频

62.AB021　变频器先给电动机通脉冲直流，使电动机保持在停止状态，然后再按照从启动频率方式直接启动是（　）启动方式。

A. 转速跟踪　　　　　B. 从启动频率　　　C. 先制动后从启动频率　　D. 工频

63.AC001　在绘制机械图样时，机件向（　）投影所得的图形称为视图。

A. 投影面　　　　　　B. 平面　　　　　　C. 上面　　　　　　　D. 侧面

64.AC001　为了便于读图，按（　）配置的视图必须进行标注。

A. 三视图　　　　　　B. 向视图　　　　　C. 六视图　　　　　　D. 俯视图

65.AC002　局部视图是为了将机件部分结构形状表达清楚，因此局部视图相当于（　）的一部分。

A. 基本视图　　　　　B. 剖面图　　　　　C. 剖视图　　　　　　D. 斜视图

66.AC002　局部视图可以按照（　）的配置形式配置并标注。

A. 主视图　　　　　　B. 向视图　　　　　C. 剖视图　　　　　　D. 旋转视图

67.AC003　假想用剖切平面剖开机件，将处在观察者和剖切平面之间的部分移去，而将留下部件向投影面投影所得的图形称为（　）。

A. 斜视图　　　　　　B. 局部视图　　　　C. 剖视图　　　　　　D. 旋转视图

68.AC003　国标规定用简明易画的平行细实线作为剖面符号，且特称为（　）。

A. 剖面线　　　　　　B. 剖面符号　　　　C. 剖面区域　　　　　D. 假想线

69.AC004 画剖视图时，将视图改为剖视图，（ ）改为实线，擦去视图上的多余线条。

A. 虚线　　　　　　　　B. 点划线　　　　　　　C. 波浪线　　　　　　　D. 细实线

70.AC004 画剖视图时，移出剖面的轮廓线用（ ）绘制，并用剖切符号表示剖切位置，用箭头表示投影方向，注上字母"×—×"。

A. 虚线　　　　　　　　B. 点划线　　　　　　　C. 粗实线　　　　　　　D. 细实线

71.AC005 为便于读图和标注尺寸，对内部结构形状复杂的机件常用（ ）来表达机件不可见的内部结构形状。

A. 三视图　　　　　　　B. 基本视图　　　　　　C. 剖视图　　　　　　　D. 剖面图

72.AC005 用（ ）于任何基本投影面的剖切平面剖开机件，所得的视图称斜剖视图。

A. 不平行　　　　　　　B. 不相交　　　　　　　C. 不垂直　　　　　　　D. 不重叠

73.AC006 画剖视图时，一般应在剖视图的（ ）用大写的拉丁字母标注出视图的名称。

A. 上方　　　　　　　　B. 下方　　　　　　　　C. 左边　　　　　　　　D. 右边

74.AC006 当（ ）按投影关系配置，中间又无其他图形隔开时，可省略箭头。

A. 剖面图　　　　　　　B. 剖视图　　　　　　　C. 斜视图　　　　　　　D. 基本视图

75.AC007 机件上被剖切平面剖到的实体部分叫（ ）。

A. 断面　　　　　　　　B. 剖面图　　　　　　　C. 局部视图　　　　　　D. 基本视图

76.AC007 画在视图之外的断面图称为（ ）。

A. 断面图　　　　　　　B. 移出断面图　　　　　C. 重合断面图　　　　　D. 剖视图

77.AC008 配置在视图中断处的对称（ ）不加任何标注。

A. 重合断面图　　　　　B. 断面图　　　　　　　C. 移出断面图　　　　　D. 基本视图

78.AC008 当剖切平面通过非圆孔，会导致出现完全分离的两个断面时，则这些结构按（ ）绘制。

A. 移出断面图　　　　　B. 剖视图　　　　　　　C. 重合断面图　　　　　D. 断面图

79.AD001 加强通风，可降低形成爆炸混合物的（ ），达到防爆的目的。

A. 物理反应　　　　　　B. 化学反应　　　　　　C. 浓度　　　　　　　　D. 热量

80.AD001 通过各种技术措施改变（ ）条件，可以防止爆炸。

A. 爆炸　　　　　　　　B. 燃烧　　　　　　　　C. 温度　　　　　　　　D. 爆炸极限

81.AD002 硫化氢在空气中的最高允许浓度是（ ）。

A.1 毫克 / 米 ^{3}　　　B.10 毫克 / 米 ^{3}　　　C.20 毫克 / 米 ^{3}　　　D.30 毫克 / 米 ^{3}

82.AD002 硫化氢燃烧时带蓝色火焰，能产生（ ）危害人的眼睛和肺部。

A. 氰化氢　　　　　　　B. 一氧化碳　　　　　　C. 二氧化碳　　　　　　D. 二氧化硫

83.AD003 在有毒有害场所产生或使用油蒸气的生产过程中应尽量（ ）。

A. 密闭　　　　　　　　B. 回收　　　　　　　　C. 挥发　　　　　　　　D. 圈闭

84.AD003 在油蒸气存在的场所进行作业时，应佩戴个人（ ）且必须有人监护。

A. 防护罩　　　　　　　B. 耳塞　　　　　　　　C. 眼罩　　　　　　　　D. 防毒面具

85.AD004 在低压配电箱上的工作，应至少由（ ）人共同进行。

A.4　　　　　　　　　　B.3　　　　　　　　　　C.2　　　　　　　　　　D.1

86.AD004 低压设备检修时，其刀闸操作把手上挂（ ）标识牌。

A. 禁止合闸，有人操作　　　　　　　B. 在此工作

C. 止步高压危险　　　　　　　　　　D. 禁止靠近

87.AD005　一个灭火器配置场所内的灭火器不应少于 2 具，每个设置点的灭火器不宜多于（　　）具。

A.6　　　　　　　　B.5　　　　　　　　C.4　　　　　　　　D.3

88.AD005　在同一灭火器配置场所，当选用两种或两种以上类型灭火器时，应采用灭火剂（　　）的灭火器。

A. 相同　　　　　　B. 不同　　　　　　C. 相似　　　　　　D. 相容

89.AD006　手提干粉灭火器如发现灭火器结块或贮气瓶内气量不足，应更换灭火剂或补足（　　）。

A. 氧气　　　　　　B. 气量　　　　　　C 氢气　　　　　　D. 重量

90.AD006　手提干粉灭火器再次充装的贮气瓶，应按规定进行（　　）性能试验，不合格者不得使用。

A. 气密　　　　　　B. 机械强度　　　　C 操作　　　　　　D. 灭火

91.AD007　单独导除静电装置的接地回路电阻值不得大于（　　）。

A.5Ω　　　　　　　B.10Ω　　　　　　C.100Ω　　　　　　D.1000Ω

92.AD007　自动化测量、罐装等装置防静电接地回路电阻不得大于（　　）。

A.1000Ω　　　　　B.100Ω　　　　　　C.10Ω　　　　　　D.5Ω

93.AD008　在易燃易爆场所，人员不宜坐用人造革之类的（　　）材料制做座椅等，以防人体带电量的增加。

A. 高防电　　　　　B. 高电阻　　　　　C. 高电压　　　　　D. 高电流

94.AD008　工作导电地面的泄漏电阻越小，则导电性能（　　）。

A. 越低　　　　　　B 越差　　　　　　C. 一般　　　　　　D. 越好

95.BA001　百分表不能单独测量零件的（　　）。

A. 同心度　　　　　B. 长度　　　　　　C. 平直度　　　　　D. 内径

96.BA001　百分表要与（　　）接触测量。

A. 粗糙表面　　　　B. 光滑表面　　　　C. 高温工件　　　　D. 高速旋转零件

97.BA002　百分表为了消除齿轮啮合间隙对回程误差的影响，由片齿轮在游丝产生的扭力矩的作用下与（　　）啮合，使整个传动机构中齿轮在正、反转时均为单面啮合。

A. 轴齿轮　　　　　B. 传动齿轮　　　　C. 片齿轮　　　　　D. 中心齿轮

98.BA002　百分表是利用机械机构将被测工件的尺寸数值放大后，通过（　　）标示出来的一种测量工具。

A. 放大机构　　　　B. 读数装置　　　　C. 表盘　　　　　　D. 测量头

99.BA003　百分表测量时，不要使测量杆的行程（　　）它的测量范围。

A. 超过　　　　　　B. 等于　　　　　　C. 小于　　　　　　D. 小于或等于

100.BA003　用百分表测量时，被测表面的表面粗糙度不应大于（　　）。

A.1.0μm　　　　　B.1.6μm　　　　　　C.2.0μm　　　　　　D.2.5μm

101.BA004　百分表的分度值为（　　）。

A.0.01mm　　　　　B.0.02mm　　　　　C.0.03cm　　　　　　D.0.04m

102.BA004 百分表的表面刻度盘上共有100个等分格，当指针偏转1格时，量杆移动距
离为（ ）。

  A.0.001mm   B.0.005mm   C.0.01mm   D.0.02mm

103.BA005 水平仪主水准器的气泡位于（ ）时，表示平面水平。

  A.中间   B.左边   C.右边   D.上边

104.BA005 常用框式水平仪的平面长度为200mm，读数精度为0.02mm/m，当气泡在玻
璃管内移动一格时，测量面两端高低差是（ ）。

  A.0.1 mm   B.0.02 mm   C.0.01 mm   D.0.004 mm

105.BA006 使用塞尺时，可以将数片厚度（ ）插入间隙进行测量。

  A.必须相同的钢片重叠后同时   B.必须相同的钢片分别
  C.不同的钢片重叠后同时   D.不同的钢片分别

106.BA006 使用塞尺塞满间隙后，取出测量片，将各测量片的数值（ ），即为所测间
隙的数值。

  A.相减   B.相加   C.相乘   D.相除

107.BA007 生产维修使用的铜棒宜为（ ）。

  A.黄铜棒   B.紫铜棒   C.青铜棒   D.磷铜棒

108.BA007 铜棒规格 $\phi 30 \times 500$ 中的数字分别表示（ ）。

  A.半径和长度   B.半径和宽度   C.直径和长度   D.直径和宽度

109.BA008 用来表示零件在加工完毕后的形状、大小和应达到技术要求的图样称为（ ）。

  A.零件图   B.三视图   C.测绘图   D.装配图

110.BA008 零件图中的标题栏，应放在图框的（ ）。

  A.上方   B.下方   C.左下角   D.右下角

111.BA009 机件的每一尺寸，一般要求标注一次，要标注在反映该（ ）最清晰的图形上。

  A.结构   B.视图   C.尺寸   D.配合公差

112.BA009 零件图尺寸的布置要整齐清晰，便于（ ）。

  A.检测   B.看图   C.加工   D.装配

113.BA010 标注零件图设计尺寸的起点称为（ ）。

  A.尺寸基准   B.工艺基准   C.设计基准   D.加工基准

114.BA010 零件在制造时用以加工定位和检验而选定的基准称为（ ）。

  A.设计基准   B.工艺基准   C.尺寸基准   D.加工基准

115.BA011 尺寸标注应符合加工顺序、加工方法的要求，要便于（ ）。

  A.识读   B.计算   C.绘制   D.测量

116.BA011 标注零件图时，要求封闭尺寸链首尾相接，绕成一整圈的（ ）尺寸。

  A.一组   B.两组   C.三组   D.四组

117.BA012 调整卡钳的开度，要轻敲卡钳（ ）。

  A.内侧   B.外侧   C.口   D.脚

118.BA012 测量工件外径时，工件与卡钳应（ ），中指、食指捏住卡钳股，卡钳的松
紧程度适中。

  A.成45°角   B.成60°角   C.成直角   D.水平

119.BA013 切削管子外螺纹的专用工具是（　　）。

  A. 手钢锯   B. 管子割刀   C. 管钳   D. 管子铰板

120.BA013 常用的管子板牙有圆板牙和（　　）两种。

  A. 方柱板牙   B. 锥柱板牙   C. 圆柱管板牙   D. 方板牙

121.BA014 管子铰板套扣，套制过程中要（　　），遇到硬点时，应立即停止，处理后再进行。

  A. 上紧手柄   B. 上紧牙块   C. 上紧扶正器   D. 浇注润滑油

122.BA014 管子板牙套丝时，应使板牙端面与圆管轴线（　　），以免套出不合规格的螺纹。

  A. 成45°角   B. 垂直   C. 水平   D. 平行

123.BA015 管子铰板在套制有焊缝钢管时，要对凸起部分（　　）后再套。

  A. 断开   B. 隔开   C. 加劲   D. 铲平

124.BA015 套扣过程中，每板至少加机油（　　）。

  A. 至少一次   B. 一次   C. 两次   D. 无数次

125.BA016 管子割刀的型号是按（　　）划分的。

  A. 管子的直径   B. 重量

  C. 刀型（号）   D. 夹持管子的最大外径

126.BA016 使用时，管子割刀各活动部分和被割管子表面，均需加少量的（　　），以减少摩擦。

  A. 柴油   B. 水   C. 汽油   D. 润滑油

127.BB001 污水中乳化油含量较高时，进入气浮机之前需要加（　　）进行破乳，便于气泡黏附油滴。

  A. 混凝剂   B. 杀菌剂   C. 破乳剂   D. 阻垢剂

128.BB001 气浮法利用（　　）的微小气泡作为载体来黏附污水中的污染物。

  A. 高度集中   B. 高度分散   C. 低密度   D. 杂散

129.BB002 溶气的原水从溶气罐经（　　）后进入气浮选罐。

  A. 加压   B. 减压   C. 提速   D. 减速

130.BB002 为了提高气浮的处理效果，一般由（　　）来确定向污水中加入化学药剂的种类及数量。

  A. 水量   B. 设计   C. 实验   D. 水质

131.BB003 斜板溶气浮选机的（　　）装有先进的防堵释放器，溶气的压力水通过释放器，均匀地释放气泡。

  A. 底部   B. 中部   C. 侧面   D. 进口

132.BB003 斜板溶气浮选机的上部有自动刮渣机，底部还有（　　）排泥阀，随时排走产生的沉淀物。

  A. 手动   B. 自动   C. 电动   D. 气动

133.BB004 喷射浮选装置在喷射器内的（　　）处形成低气压，气体被吸入，产生气泡随着流体进入浮选机。

  A. 喉管   B. 喷嘴   C. 进口   D. 出口

134.BB004 在射流器内，气体被剪切成微小气泡，与污水混合后在扩散管内降低（　　），压力升高，进入溶气罐。

  A. 压力   B. 流量   C. 浓度   D. 速度

135.BB005 加压溶气气浮机投产时,待溶气罐的压力为( )时,启动溶气泵。

A.0.2MPa B.0.35MPa C.0.40MPa D.0.45MPa

136.BB005 气浮选设备投产时,要先试运( )。

A. 溶气罐 B. 加药系统 C. 释放系统 D. 管式反应器

137.BB006 溶气气浮选机运行时,发现接触区渣面不平,局部冒出大量气泡的原因是( )。

A. 加气量过大 B. 释放器堵塞 C.加气量过少 D. 空压机压力大

138.BB006 溶气气浮机运行中,按照最佳的浮渣堆积厚度及浮渣的( )进行定期刮渣。

A. 颜色 B. 含油率 C. 含水率 D. 成分

139.BB007 在油田污水处理站中,空气压缩机主要是为自动控制系统中的( )等提供气源。

A. 气动阀门 B. 电动阀门 C. 构筑物通风 D. 曝气池

140.BB007 空气压缩机是将原动机的( )转换为气体的压力能的装置。

A. 电能 B. 机械能 C. 速度能 D. 电磁能

141.BB008 活塞式空气压缩机运行时,气缸盖排气口部位温度不得高于( )。

A.100℃ B.200℃ C.300℃ D.400℃

142.BB008 污水处理站应用空气压缩机时,存在许多易燃气体与空气混合,所以必须注意可燃气体的( ),防止发生事故。

A. 浓度 B. 成分 C. 爆炸极限 D. 温度

143.BB009 对污水罐的排污阀、收油阀以及罐的出、入口阀门等要( )检查保养。

A. 不定期 B. 定期 C. 随时 D. 定人

144.BB009 禁止穿带钉子鞋上污水储罐,禁止在罐顶开关( )。

A. 非防爆型手电筒 B. 普通照明灯 C. 打火机 D. 防爆手电筒

145.BB010 为了确保反冲洗效果,净化水罐兼做反冲洗罐的宜做( )处理。

A. 密闭 B. 保温 C. 升压 D. 防腐

146.BB010 净化储罐水质必须合格,不合格必须( )处理。

A. 排放 B. 外排 C. 返回重新 D. 重新沉降

147.BB011 进行大罐溢流高度测算时,给压力表缠密封带要以( )方向缠绕,且缠绕层数适当。

A. 逆时针 B. 顺时针 C. 向左 D. 向右

148.BB011 进行大罐溢流高度测算时,首先打开取压阀门,然后再关闭的目的是( )。

A. 检测阀门是否灵活好用 B. 检测阀门是否严密

C. 放掉阀内死水 D. 泄压

149.BC001 油田污水中碳酸钙随温度的升高其溶解度会( )。

A. 增大 B. 减小 C. 不变 D. 迅速增大

150.BC001 油田采出水中碳酸钙的溶解度随压力的增加而( )。

A. 增大 B. 减少 C. 不变 D. 降为零

151.BC002 把样品放入15%的盐酸溶液中,如反应强烈并有大量气泡产生,证明是( )。

A. 氯化钙 B. 碳酸钙 C. 硫酸钡 D. 硫酸钙

152.BC002　在油田现场垢质分析中，把样品放在质量分数为 15% 盐酸溶液中，如果有 H_2S 气体，说明样品中含有（　　）。

A.FeS　　　　　　　　B.Fe_2S　　　　　　　C.FeS_2　　　　　　　D.S_1

153.BC003　油田污水中的微溶盐类形成的结晶体一般都是比较（　　）的。

A. 规则　　　　　　　B. 整齐　　　　　　　C. 致密　　　　　　　D. 疏松

154.BC003　碳酸钙垢是按一定的方向，具有严格的（　　）的硬垢。

A. 次序排列　　　　　B. 杂乱排列　　　　　C. 整齐排列　　　　　D. 无规则排列

155.BC004　对油（气）田含油污水来讲，当污水 pH 值为（　　）时，二氧化碳与铁反应时最易生成碳酸铁垢。

A.4　　　　　　　　　B.5　　　　　　　　　C.6　　　　　　　　　D.7

156.BC004　在油（气）田水处理技术上，所有判断不同类型结垢的指数是以不同内容的（　　）作为基础的。

A.pHs　　　　　　　　B.PH　　　　　　　　C.HS　　　　　　　　D.PS

157.BC005　通过控制 pH 值来防止油田水结垢，必须做到精确控制，否则会引起油田水结垢和对（　　）的严重腐蚀。

A. 非金属　　　　　　B. 金属　　　　　　　C. 容器　　　　　　　D. 储罐

158.BC005　预防油田水结垢的方法很多，只有在（　　）时，才可能用控制 pH 值的方法预防结垢。

A.pH 值改变很小　　　B.pH 值改变很大　　　C.pH 值很小　　　　　D.pH 值很大

159.BC006　在清除金属管线中的硫酸钙垢时，通常使用（　　）与硫酸钙发生反应后再用盐酸溶解。

A. 氯化物　　　　　　B. 碳酸盐　　　　　　C. 氧化物　　　　　　D. 硝酸

160.BC006　通常使用盐酸来溶解铁化合物，同时还需加铁的（　　），以防止铁的化合物沉淀。

A. 还原剂　　　　　　B. 氧化剂　　　　　　C. 稳定剂　　　　　　D. 单质

161.BC007　在氨基磺酸中溶解度差的是（　　）。

A. 碳酸盐垢　　　　　B. 氢氧化物垢　　　　C. 铁氧化物垢　　　　D. 钙盐垢

162.BC007　温度在（　　）以上时，氨基磺酸分解生成硫酸，所以除去以钙为主要成分的垢物以及清洗不锈钢设备时需加以注意。

A.30℃　　　　　　　B.40℃　　　　　　　C.50℃　　　　　　　D.60℃

163.BC008　在有机酸中草酸对（　　）的溶解能力极强，且可在低温下使用。

A. 氧化铁　　　　　　B. 氧化铜　　　　　　C. 氧化钙　　　　　　D. 氧化镁

164.BC008　EDTA 的优点是：因为（　　），可在高温下进行处理。

A. 分解温度较低　　　B. 分解温度较高　　　C. 溶解能力强　　　　D. 溶解能力差

165.BC009　碳酸钠常与（　　）合用，用来碱煮锅炉。

A. 氧化钠　　　　　　B. 氢氧化钠　　　　　C. 氯化钠　　　　　　D. 硫酸钠

166.BC009　氢氧化钠具有溶解（　　）的能力。

A. 碳酸钙　　　　　　B. 硫酸钡　　　　　　C. 碳酸钡　　　　　　D. 二氧化硅

167.BC010　水中悬浮物颗粒的多少和对光产生（　　）的强度成正比关系。

A. 折射　　　　　　　B. 反射　　　　　　　C. 散射　　　　　　　D. 汇聚

168.BC010　光电传感器将不同（　　）的光转换成电信号，经过信号处理运算、数字显示，得出水中悬浮物含量测量结果。

A. 大小　　　　　　　　B. 强度　　　　　　　　C. 比例　　　　　　　　D. 能量

169.BC011　使用浊度法测污水悬浮物时，首先要配置或选择在有效期内的（　　）。

A. 母液　　　　　　　　　　　　　　B.4000 单位的标准液

C.400 单位的标准液　　　　　　　　D.40 单位的标准液

170.BC011　激光浊度仪测量污水悬浮物时，测量瓶口红刻线与浊度仪测量槽红刻线（　　）。

A. 平行　　　　　　　　B. 对齐　　　　　　　　C. 成180°角　　　　　D. 垂直

171.BC012　样品采集后应立即分析，从取样至检测时间不应超过（　　），否则重新取样分析。

A.30min　　　　　　　B.20min　　　　　　　C.15min　　　　　　　D.10min

172.BC012　浊度法测悬浮物时，浊度计应用（　　）进行仪器调零。

A. 标准液　　　　　　　B. 蒸馏水　　　　　　　C. 清水　　　　　　　D. 原水

173.BC013　采用分光光度法测含油量时，萃取液颜色深浅与含油量在一定浓度范围内呈（　　）关系。

A. 线性　　　　　　　　B. 正比　　　　　　　　C. 反比　　　　　　　D. 相等

174.BC013　分光光度法测吸光度时，要将萃取液在分光光度计上进行（　　）。

A. 测量　　　　　　　　B. 比色　　　　　　　　C. 分析　　　　　　　D. 比较

175.BC014　采用分光光度计比色法测污水中的含油量时，用来萃取水样的液体是（　　）。

A. 破乳剂　　　　　　　B. 汽油　　　　　　　　C. 柴油　　　　　　　D. 草酸

176.BC014　分光光度计比色法测污水中的含油量时，取水样要（　　）完成。

A. 一次　　　　　　　　B. 两次　　　　　　　　C. 三次　　　　　　　D. 三次以上

177.BC015　使用分光光度计测量污水含油量时，吸光度最好在（　　）范围内。

A.0.01 ～ 0.03　　　　B.0.03 ～ 0.05　　　　C.0.05 ～ 0.07　　　　D.0.07 ～ 0.09

178.BC015　使用分光光度计测量污水含油量时，比色波长应为（　　）。

A.220nm　　　　　　　B.248nm　　　　　　　C.320nm　　　　　　　D.430nm

179.BC016　测定污水含油时使用汽油萃取水样，若上层萃取液浑浊，应加入（　　），脱水后再进行比色测定。

A. 石油醚　　　　　　　B. 盐酸　　　　　　　　C. 无水硫酸钠　　　　D. 乙醇

180.BC016　分光光度比色法测含油量时，各平行样的相对偏差不超过（　　）。

A.15%　　　　　　　　B.20%　　　　　　　　C.25%　　　　　　　　D.30%

181.BD001　在生产运行过程中，要检查过滤罐的（　　）是否关严。

A. 反冲洗阀门　　　　　B. 放空阀门　　　　　　C. 取样阀门　　　　　D. 收油阀门

182.BD001　在压力过滤罐运行过程中，如果确认滤层结垢或被油污染，应当进行（　　）滤料。

A. 加热后冲洗　　　　　B. 更换　　　　　　　　C. 反冲洗　　　　　　D. 酸洗

183.BD002　压力过滤罐进水含油一般不应超过（　　）。

A.30mg/L　　　　　　B.50mg/L　　　　　　C.100mg/L　　　　　D.200mg/L

184.BD002　多层滤料的压力过滤器的滤速宜为（　　）。

A.5 ～ 10　　　　　　B.10 ～ 15　　　　　　C.15 ～ 20　　　　　D.20 ～ 25

185.BD003 为了减缓酸液对罐体的损害，在进行酸洗压力过滤罐时，还要加入（　　）。

A. 缓蚀剂　　　　　　B. 阻垢剂　　　　　　C. 清洗剂　　　　　　D. 保护剂

186.BD003 酸洗压力过滤罐时，要求滤料在酸液中浸泡（　　）以上。

A.8h　　　　　　　　B.24h　　　　　　　　C.36h　　　　　　　　D.48h

187.BD004 酸洗压力过滤罐操作时，要把（　　）连接到酸泵出口管线上。

A. 放空阀　　　　　　B. 放气阀　　　　　　C. 进水取样阀　　　　D. 出水取样阀

188.BD004 压力过滤罐酸洗浸泡后，要把废酸液排净，用（　　）以上的水进行冲洗，直至酸液冲洗干净为止。

A.30℃　　　　　　　B.40℃　　　　　　　C.55℃　　　　　　　D.60℃

189.BD005 清洗或酸洗压力过滤罐时，应在过滤罐（　　）进行。

A. 反冲洗后　　　　　B. 泄压后　　　　　　C. 放空后　　　　　　D. 开罐后

190.BD005 使用盐酸酸洗滤罐时，要在酸液中加入 1% 浓度的（　　）溶液。

A. 若丁　　　　　　　B. 甲醛　　　　　　　C. 兰 −5 缓蚀剂　　　D. 乌洛托品

191.BD006 阀门安装使用的（　　）必须便于操作和维修。

A. 方向　　　　　　　B. 位置　　　　　　　C. 压力　　　　　　　D. 地点

192.BD006 阀门法兰螺栓孔中心偏差不应超过孔径的（　　），以保证螺栓自由穿入，防止损伤螺纹。

A.2%　　　　　　　　B.3%　　　　　　　　C.4%　　　　　　　　D.5%

193.BD007 立式升降式止回阀和底阀必须安装在垂直管路上，并保证介质（　　）流动。

A. 自下而上　　　　　B. 自上而下　　　　　C. 自左而右　　　　　D. 自右而左

194.BD007 止回阀关闭时，会在管路中产生水击效应，引起管路中介质（　　）瞬时增加。

A. 流量　　　　　　　B. 流速　　　　　　　C. 压力　　　　　　　D. 能量

195.BD008 法兰阀门安装后试压时，要待压力（　　）后再检查渗漏。

A. 下降　　　　　　　B. 上升　　　　　　　C. 最大　　　　　　　D. 稳定

196.BD008 更换阀门倒流程操作时，要先导通（　　），再切断原流程，防止憋压。

A. 连通阀　　　　　　B. 进口阀　　　　　　C. 出口阀　　　　　　D. 放空阀

197.BD009 在流程切换之前，必须与（　　）人员联系，根据作业计划，提前做好准备。

A. 班长　　　　　　　B. 安全员　　　　　　C. 调度　　　　　　　D. 值班

198.BD009 流程切换应实行（　　）作业，实施切换作业的人员应从值班室取牌，并经班组长确认后方可进行切换。

A. 挂牌　　　　　　　B. 指令　　　　　　　C. 警告　　　　　　　D. 示范

199.BD010 紫外线杀菌的效果是以照射后（　　）的菌体数量来衡量的。

A. 死亡　　　　　　　B. 存活　　　　　　　C. 再生　　　　　　　D. 繁殖

200.BD010 紫外线杀菌灯所产生的光波（　　）正好位于微生物细胞中核酸所吸收的光谱之中。

A. 强度　　　　　　　B. 剂量　　　　　　　C. 波长　　　　　　　D. 颜色

201.BD011 紫外线杀菌设备腔体外壁温度过热时，要及时调整来水（　　）。

A. 温度　　　　　　　B. 流量　　　　　　　C. 压力　　　　　　　D. 流速

202.BD011 在拆卸紫外线灯管、石英套管时，应先（　　），使系统处于非工作状态。

A. 关闭进出口　　　　B. 进行排污　　　　　C. 倒通备用流程　　　D. 切断电源

203.BD012　紫外线杀菌设备投产前，必须对（　）冲洗干净。

　　A. 进出口管线　　　　B. 石英套管　　　C. 紫外线灯管　　　D. 过滤器

204.BD012　紫外线灯应持续处于开户状态，严禁频繁启动紫外线杀菌设备，以确保灯管的（　）。

　　A. 照射剂量　　　　B. 杀菌效果　　　C. 使用寿命　　　D. 照射强度

205.BD013　油田采出水处理的主流程中，回注处理工艺流程主要以去除水中（　）为主，使回注油层的采出水不产生堵塞油层为目的。

　　A. 悬浮杂质　　　　B. 原油　　　C. 有机污染物　　　D. 溶解氧

206.BD013　油田采出水外排处理工艺除了达到回注标准外，还要去除采出水中的（　）。

　　A. 溶解杂质　　　　B. 油滴　　　C. 有机污染物　　　D. 溶解氧

207.BD014　污水处理站的回收水罐内的污水回收之前，应先（　），然后保持均衡的连续回收到除油罐或联合站。

　　A. 排泥　　　　B. 排污　　　C. 放空　　　D. 收油

208.BD014　污水处理站的自然除油罐应每天测量一次油厚，及时收油，保证除油罐、回收水池的油层厚度控制在（　）以内。

　　A.100mm　　　　B.200mm　　　C.300mm　　　D.400mm

209.BD015　污水处理站的设备运行管理是指（　）的设备管理。

　　A. 生产运行全过程　　　　B. 设备操作使用过程
　　C. 设备维护保养过程　　　　D. 设备设计选配过程

210.BD015　在实际工作中，设备的维护保养和修理同等重要，但还是以（　）为主。

　　A. 操作　　　　B. 预防　　　C. 检查　　　D. 修理

211.BD016　进行污水处理系统检查时，要求各类罐、池要有（　）。

　　A. 维修记录　　　　B. 清淤记录　　　C. 保养计划　　　D. 维修计划

212.BD016　进行污水处理系统的检查时，在设备维修、故障处理或流程切换时，现场要有（　）。

　　A. 专人看管　　　　B. 护栏　　　C. 消防设施　　　D. 安全警示标志

213.BD017　污水处理罐区的照明开关要采用（　）。

　　A. 空气开关　　　　B. 隔离开关　　　C. 防爆开关　　　D. 压力开关

214.BD017　除油罐的容积大于（　），应设空气泡沫发生器或烟雾灭火器。

　　A.100m³　　　　B.200m³　　　C.300m³　　　D.500m³

215.BD018　污水处理站内存在的风险因素之一是指挥错误，属于（　）性危害和有害因素。

　　A. 心理　　　　B. 物理　　　C. 行为　　　D. 生理

216.BD018　有毒物质是污水处理站内（　）性危害和有害因素。

　　A. 物理　　　　B. 化学　　　C. 生物　　　D. 行为

217.BD019　油田采出水处理时，协调好上一工序，做好原油的（　），减少本工序气体排放量，可以避免空气污染。

　　A. 密闭输送　　　　B. 三相分离　　　C. 加热处理　　　D. 脱水处理

218.BD019　油田采出水处理时，完善泄漏污水的（　）流程，杜绝未达标液体外排，可以有效防止水体污染。

　　A. 回收　　　　B. 净化　　　C. 脱水　　　D. 排放

219.BE001 检查单级离心泵时，应检查离心泵叶轮流道是否畅通，入口与（　）接触是否有磨损，平衡孔是否堵塞。

A. 口环　　　　　　　　B. 轴承　　　　　　　　C. 轴套　　　　　　　　D. 压盖

220.BE001 检查单级离心泵时，应检查泵轴是否弯曲变形，与（　）接触处是否有过热，是否有磨内圆的痕迹。

A. 叶轮　　　　　　　　B. 轴承　　　　　　　　C. 轴套　　　　　　　　D. 压盖

221.BE002 泵轴直径 18～50mm 时，泵轴中段的径向圆跳动允许误差为（　）。

A.0.04mm　　　　　　B.0.03mm　　　　　　C.0.02mm　　　　　　D.0.01mm

222.BE002 检测离心泵轴时，以两轴颈为基准，需要测联轴器部位和轴中段的（　）。

A. 径向跳动　　　　　　B. 轴向跳动　　　　　　C. 粗糙度　　　　　　D. 同心度

223.BE003 离心泵机组安装时，要根据工艺要求和泵的（　）条件进行安装高度校核及地基土建工程。

A. 汽蚀　　　　　　　　B. 吸入扬程　　　　　　C. 管路扬程　　　　　　D. 饱和蒸汽压

224.BE003 根据离心泵输送介质的属性，确定法兰连接处垫片的（　）并加工垫片。

A. 厚度　　　　　　　　B. 材质　　　　　　　　C. 规格　　　　　　　　D. 大小

225.BE004 用（　）泵轴的方法进行修理，消除叶轮的径向圆跳动。

A. 校直　　　　　　　　B. 车削　　　　　　　　C. 补焊车削　　　　　　D. 打磨

226.BE004 由于叶轮受介质的腐蚀或冲刷造成的（　），一般应进行修复或更换。

A. 夹渣　　　　　　　　B. 结垢　　　　　　　　C. 壁厚减薄　　　　　　D. 裂纹

227.BE005 加热拆卸叶轮时，工作人员必须戴（　）手套。

A. 石棉　　　　　　　　B. 棉　　　　　　　　　C. 皮　　　　　　　　　D. 布

228.BE005 新叶轮或修复的叶轮由于铸造或加工时可能产生偏重，因此必须进行（　），以消除或减少偏重现象。

A. 称重实验　　　　　　B. 静平衡试验　　　　　C. 动平衡实验　　　　　D. 校直实验

229.BE006 平键的两个侧面应该与泵轴上键槽的侧面有少量的（　）。

A. 过渡配合　　　　　　B. 过盈配合　　　　　　C. 间隙　　　　　　　　D. 紧配合

230.BE006 离心泵轴套的磨损会导致离心泵在运转时（　）或漏失。

A. 轴弯　　　　　　　　B. 振动　　　　　　　　C. 压力不足　　　　　　D. 声音异常

231.BE007 可采用"压铅丝法"检查测量离心泵轴承的（　）是否符合要求。

A. 径向间隙　　　　　　B. 滚子　　　　　　　　C. 转动　　　　　　　　D. 配合间隙

232.BE007 单级离心泵轴承箱的轴承孔与滚动轴承的外环形成（　），它们之间的配合公差为 0～0.02mm。

A. 尺寸配合　　　　　　B. 过渡配合　　　　　　C. 过盈配合　　　　　　D. 间隙配合

233.BE008 离心泵的填料环在填料的（　），正好对准水封口。

A. 最前端　　　　　　　B. 正中间　　　　　　　C. 最后端　　　　　　　D.1/3 处

234.BE008 离心泵密封填料压盖的深度一般为（　）密封填料的高度。

A.1/3 圈　　　　　　　B.1/2 圈　　　　　　　C.1 圈　　　　　　　　D.1.5 圈

235.BE009 滑动轴承按其承受载荷方向的不同，可分为向心滑动轴承和（　）滑动轴承。

A. 推力　　　　　　　　B. 中分式　　　　　　　C. 球　　　　　　　　　D. 滚子

236.BE009 推力滑动轴承可承受（　　）载荷。

　　A. 径向　　　　　　　B. 轴向　　　　　　　C. 周向　　　　　　　D. 旋转

237.BE010 滚动轴承保持架的作用是（　　）。

　　A. 把内外圈和外圈分开　　　　　　B. 把滚动体均匀地隔开

　　C. 支撑轴承　　　　　　　　　　　　D. 和轴承配合

238.BE010 滚动体是指装在内圈和外圈中间的（　　）或滚子，起传递动力的作用。

　　A. 柱形　　　　　　　　B. 球形　　　　　　　C. 圆球　　　　　　　D. 圆柱

239.BE011 圆珠形轴承滚动体的形状为（　　）。

　　A. 球形　　　　　　　　B. 圆柱形　　　　　　C. 圆锥形　　　　　　D. 菱形

240.BE011 滚动轴承按其在工作中能否调心分非调心轴承和（　　）。

　　A. 球轴承　　　　　　　B. 可调心轴承　　　　C. 推力轴承　　　　　D. 向心轴承

241.BE012 轴承代号207中"07"的意义是（　　）。

　　A. 轻系列　　　　　　　B. 轴承内径　　　　　C. 轴承外径　　　　　D. 精度值

242.BE012 在滚动轴承的精度等级中（　　）级精度最低。

　　A.C　　　　　　　　　　B.D　　　　　　　　　C.E　　　　　　　　　D.G

243.BE013 滚动轴承是标准件，所以轴承的内圈与轴颈的配合为（　　）。

　　A. 基孔制　　　　　　　B. 基轴制　　　　　　C. 紧配合　　　　　　D. 松配合

244.BE013 滚动轴承与轴的配合不能太紧，否则内圈的弹性膨胀和外圈的收缩将使轴承（　　）减少以至完全消除。

　　A. 轴向游隙　　　　　　B. 径向游隙　　　　　C. 径向力　　　　　　D. 轴向力

245.BE014 滚动轴承的整个（　　）的结构和维护相对较为简单。

　　A. 操作系统　　　　　　B. 润滑系统　　　　　C. 生产系统　　　　　D. 冷却系统

246.BE014 由于滚动轴承体积小，重量轻，构造简单，所以（　　）。

　　A. 造成价低　　　　　　B. 质量有保证　　　　C. 维修成本高　　　　D. 安装拆卸方便

247.BE015 滑动轴承整体式轴承与机体一般采用过盈配合，其过盈量一般为（　　）。

　　A.0.05～0.10mm　　　B.0.10～0.15mm　　C.0.15～0.20mm　　D.0.20～0.25mm

248.BE015 轴承检修是要检查轴瓦接触是否占总面积的（　　）以上。

　　A.40%　　　　　　　　B.50%　　　　　　　C.60%　　　　　　　D.70%

249.BE016 装配（　　）量较大的滚动轴承时，应用加温的方法进行。

　　A. 过渡　　　　　　　　B. 过盈　　　　　　　C. 间隙　　　　　　　D. 压紧

250.BE016 滚动轴承安装时，使用轴承加热装置加热轴承至（　　）以内。

　　A.40℃　　　　　　　　B.50℃　　　　　　　C.80℃　　　　　　　D.100℃

251.BE017 三相异步电动机应避免频繁启动或尽量减少启动（　　）。

　　A. 次数　　　　　　　　B. 频率　　　　　　　C. 操作　　　　　　　D. 时间

252.BE017 三相异步电动机一般空载连续启动不得超过（　　）次。

　　A.1～2　　　　　　　　B.2～3　　　　　　　C.3～5　　　　　　　D.5～6

253.BE018 轴承端盖可以保护（　　）并防止润滑油脂外流。

　　A. 转子　　　　　　　　B. 轴承　　　　　　　C. 定子　　　　　　　D. 绕组

254.BE018 三相异步电动机的转动部分即转子，它得到一个（　　）而旋转。

　　A. 转动磁场　　　　　　B. 转动电流　　　　　C. 转动力矩　　　　　D. 转动功率

255.BE019 额定电压表示电动机（　　）所承受的线电压值。

A. 转子绕组　　　　　B. 定子绕组　　　　　C. 定子铁芯　　　　　D. 电源

256.BE019 电动机从电源吸取的（　　），称为电动机的输入功率。

A. 有功功率　　　　　B. 无功功率　　　　　C. 轴功率　　　　　D. 电量

257.BE020 大中型的防爆电动机拆卸转子时，应用（　　），再进行轴承拆卸。

A. 撬杠　　　　　B. 起吊工具　　　　　C. 千斤顶　　　　　D. 大锤

258.BE020 拆卸电动机的防爆接合面时，严禁用（　　）作撬杠的支点。

A. 外壳　　　　　B. 基础　　　　　C. 防爆面　　　　　D. 底座

259.BE021 拆卸防爆电机轴承时，应使用接力器，拉力器的拉爪应紧扣轴承（　　）拉出。

A. 内轨　　　　　B. 外轨　　　　　C. 珠架　　　　　D. 套

260.BE021 为了避免防爆电动机转子表面与（　　）碰伤，转子穿芯时，可在定子下半部用青稞纸垫上。

A. 端盖　　　　　B. 定子绕组　　　　　C. 接线盒　　　　　D. 轴

261.BE022 可以安全运行于爆炸危险场所的电动机是（　　）。

A. 隔爆型电动机　　　B. 增安型电动机　　　C. 三相电动机　　　D. 安全火花型

262.BE022 在正常运行条件下不会产生电弧、火花或危险高温的防爆电动机是（　　）。

A. 隔爆型　　　　　B. 安全火花型　　　　　C. 增安型　　　　　D. 充油型

263.BE023 允许火花产生，但限制火花能量，使之低于爆炸所需的最小能量的防爆电动机是（　　）。

A. 增安型　　　　　B. 安全火花型　　　　　C. 隔爆型　　　　　D. 充油型

264.BE023 隔爆电动机的外壳指能承受（　　）的爆炸力，并能阻止爆炸火焰向周围环境传播的外壳。

A. 外部　　　　　B. 内部　　　　　C. 周边　　　　　D. 外界

265.BE024 防爆电动机接线盒内弹性密封垫内孔的大小，应按电缆外径切割，其剩余径向厚度最小不得小于（　　）。

A.2 mm　　　　　B.4 mm　　　　　C.6 mm　　　　　D.8 mm

266.BE024 防爆电动机的电缆保护管也要用密封胶泥填塞，其高度不少于（　　）。

A.20 mm　　　　　B.30 mm　　　　　C.40 mm　　　　　D.50 mm

267.BF001 溶气气浮机在运行过程中，气体量应根据计算决定，一般保证气体量是污水体积的（　　）

A.1% ~ 3%　　　　　B.3% ~ 5%　　　　　C.6% ~ 11%　　　　　D.10% ~ 20%

268.BF001 根据溶气气浮机的浮渣生成情况，控制（　　），调整液位至刮渣机要求，启动刮渣机进行刮渣。

A. 出水闸板　　　　　B. 刮渣时间　　　　　C. 刮渣周期　　　　　D. 进水闸板

269.BF002 溶气气浮设备在运行时，要及时调整（　　）内的水位，防止大量气体窜入气浮池。

A. 溶气罐　　　　　B. 加药箱　　　　　C. 污水罐　　　　　D. 反应室

270.BF002 在进溶气气浮机之前，应设（　　）设施，并且投加化学药剂，保证气浮机除油效果。

A. 降黏　　　　　B. 混合反应　　　　　C. 加压　　　　　D. 混凝沉降

271.BF003 水中空气的溶解量、饱和度以及气泡的（　　）直接影响气浮效果的好坏。

A. 数量　　　　　　B. 分散度　　　　　　C. 大小　　　　　　D. 黏性

272.BF003 气泡尺寸的大小直接影响气浮机的净水效果，气泡直径控制在（　　）范围内，才是有效的。

A.100 ~ 200μm　　B.20 ~ 100mm　　C.20 ~ 50cm　　D.20 ~ 100μm

273.BF004 采出水中一部分亲水性的颗粒阻碍气泡同颗粒的黏附，必须在气浮前加入适量的（　　），提高气浮效果。

A. 杀菌剂　　　　　B. 混凝剂　　　　　C. 盐酸　　　　　D. 活性碳

274.BF004 如果气泡正常，出水水质变差，就需要调整加药量或改变（　　）的种类。

A. 缓蚀剂　　　　　B. 阻垢剂　　　　　C. 杀菌剂　　　　　D. 浮选剂

275.BF005 如果混凝沉降罐出水悬浮物经常超标，原因之一是罐底污泥不及时排出，污泥厚度达到（　　）附近。

A. 集水口　　　　　B. 收油口　　　　　C. 配水口　　　　　D. 水箱出口

276.BF005 沉降罐内置混凝反应器腐蚀后，会破坏罐内（　　），悬浮物难以沉降。

A. 水体压力　　　　B. 水体流向　　　　C. 水体流量　　　　D. 水体温度

277.BF006 斜板沉降罐的斜板(管)构件污染后，不但造成斜板(管)通道堵塞，还会(　　)，影响水质。

A. 损坏罐体　　　　B. 溢流　　　　　C. 滋生细菌　　　　D. 引起构件倒塌

278.BF006 为保证沉降效果，混凝沉降罐需要定期清理并检查，要求清理周期为每年(　　)。

A.1 次　　　　　　B.2 次　　　　　　C.3 次　　　　　　D.4 次

279.BF007 当混凝沉降罐液位上升很快，已至液位上限时，要及时降低来水排量，必要时进行（　　）操作，防止冒顶事故。

A. 排污　　　　　　B. 停罐　　　　　C. 倒罐　　　　　D. 关闭进口阀

280.BF007 当自然沉降罐发生溢流时，要及时加大处理量，必要时可进行（　　）的操作。

A. 加大上游处理量　B. 收油　　　　　C. 关小进口阀　　　D. 提高来水量

281.BF008 悬浮物颗粒中，角形颗粒的（　　）大，其去除效率比球形悬浮颗粒高。

A. 面积　　　　　　B. 比表面积　　　　C. 密度　　　　　D. 体积

282.BF008 角形滤料的孔隙率取决于（　　）及其分布，一般为 0.48 ~ 0.55。

A. 面积　　　　　　B. 比表面积　　　　C. 粒径　　　　　D. 体积

283.BF009 如果判定滤罐的滤料层失效，则应（　　）后再进一步鉴定滤料。

A. 加强反洗　　　　B. 停产放空　　　　C. 更换　　　　　D. 补充

284.BF009 失效的核桃壳滤料往往已被污染成（　　）。

A. 深黄色　　　　　B. 黄色　　　　　C. 黑褐色　　　　　D. 褐色

285.BF010 即使反冲洗强度合适，但反冲洗（　　）时，不能完全将滤料冲洗干净，会造成滤后水质达不到要求。

A. 周期短　　　　　B. 压力低　　　　　C. 时间短　　　　　D. 流量小

286.BF010 压力过滤罐的（　　）损坏，会使滤料部分被水冲走，造成滤后水质不合格。

A. 垫层　　　　　　B. 支撑系统　　　　C. 配水系统　　　　D. 格栅

287.BF011 如果发现过滤罐滤层顶部结油帽造成过滤效果变差,采取的措施应该是(　　)。

A. 延长反冲洗时间　　　　　　　B. 提高反冲洗水温

C. 缩短反冲洗周期　　　　　　　　　　D. 加大反冲洗强度

288.BF011　根据水质和水量的要求制定出合适的(　　)，并根据来水情况适当加强反冲洗。

A. 冲洗水量　　　　B. 反冲洗强度　　　　C. 反冲洗周期　　　　D. 反冲洗时间

289.BF012　采用双向流工艺，通过对料液的进出方向进行周期性的(　　)，可以减少膜过滤器膜孔的堵塞。

A. 倒换　　　　　　B. 化学清洗　　　　　C. 物理清洗　　　　　D. 反冲洗

290.BF012　防止滤膜污染最根本的方法是开发(　　)的膜组件。

A. 耐低温　　　　　B. 耐老化　　　　　　C. 耐高温　　　　　　D. 耐油

291.BF013　当膜过滤器装置的产水量下降(　　)，应立即进行化学清洗。

A.5% ～ 10%　　　　B.10% ～ 15%　　　　C.15% ～ 20%　　　　D.20% ～ 30%

292.BF013　滤膜清洗时，选择清洗剂要考虑膜的(　　)和污染物的特性。

A. 化学特性　　　　B. 结构　　　　　　　C. 材质　　　　　　　D. 物化特性

293.BF014　加药罐搅拌机启动时，要保证罐内无(　　)，周围无妨碍运行的障碍。

A. 浮渣　　　　　　B. 泡沫　　　　　　　C. 水　　　　　　　　D. 杂物

294.BF014　滤罐搅拌机需要在滤料被(　　)充分膨胀后启动。

A. 清水　　　　　　B. 过滤水　　　　　　C. 来水　　　　　　　D. 反冲洗水

295.BG001　Y 系列电动机接线盒内接线端子的标志"U"表示(　　)。

A. 第一绕组　　　　B. 第二绕组　　　　　C. 第三绕组　　　　　D. 绕组

296.BG001　电动机只引出三根线，接线时只要将引出的三根线分别与(　　)相接即可。

A. 二根火线　　　　B. 三根火线　　　　　C. 三根零线　　　　　D. 两根零线

297.BG002　造成电动机绝缘下降的原因是(　　)。

A. 电动机轴承缺油　　　　　　　　　　B. 电动机绕组受潮

C. 电源缺相　　　　　　　　　　　　　D. 电动机定子绕组破损

298.BG002　三相异步电动机外壳带电的原因是(　　)。

A. 接线盒接地　　　B. 电动机绕组断路　　C. 电动机绕组受潮　　D. 绕组匝间短路

299.BG003　绕组断路造成电动机不能启动的处理方法是(　　)。

A. 专业人员拆机检修　B. 检查开关　　　　C. 检查触点　　　　　D. 换熔断丝

300.BG003　引出线与接线盒接地造成电动机外壳带电的处理方法是(　　)。

A. 纠正接线　　　　B. 修理接线盒　　　　C. 检查触点　　　　　D. 检查线圈接地

301.BG004　在运行过程中，电动机发热，温度上升很快，表明电动机故障原因是(　　)。

A. 泵机组不同心　　B. 缺相运行　　　　　C. 震动过大　　　　　D. 不能启动

302.BG004　电动机(　　)时，转子左右摆动，有较大嗡嗡声。

A. 机座振动　　　　B. 绝缘损坏　　　　　C. 缺相运行　　　　　D. 轴承过热

303.BG005　电动机接线错误是造成电动机(　　)的原因。

A. 电路故障　　　　B. 缺相运行　　　　　C. 外壳接地　　　　　D. 超负荷运行

304.BG005　在启动电动机时，如果电压过低，则应检查(　　)。

A. 系统电压　　　　B. 系统电网电压　　　C. 电动机接线　　　　D. 电动机绝缘

305.BG006　对于切割过的离心泵叶轮，若流量、扬程不够时，可利用切割定律进行适当(　　)。

A. 缩小　　　　　　B. 放大　　　　　　　C. 更换　　　　　　　D. 切割

306.BG006　离心泵叶轮外径的（　）切割量有一定的范围，否则效率会下降很多。
　　A. 平均　　　　　　　　B. 最小允许　　　　　C. 最大允许　　　　　D. 允许

307.BG007　离心泵在装配时，严格按照设计要求控制（　），否则会造成流量不足。
　　A. 容积损失　　　　　　B. 机械损失　　　　　C. 水力损失　　　　　D. 圆盘摩擦

308.BG007　在（　）运行中，由于级间隔板两侧压力不等，因而存在着泄漏损失。
　　A. 管道泵　　　　　　　B. 双吸离心泵　　　　C. 单级离心泵　　　　D. 多级离心泵

309.BG008　离心泵过流零件所采用的材料不同，会产生电化学势差，引起（　）。
　　A. 物理化学腐蚀　　　　B. 电化学腐蚀　　　　C. 电腐蚀　　　　　　D. 化学腐蚀

310.BG008　对离心泵的过流零件采用镀膜防腐处理可避免叶轮（　）。
　　A. 容积损失　　　　　　B. 冲蚀　　　　　　　C. 电化学腐蚀　　　　D. 汽蚀

311.BG009　离心泵的使用性能超过规定，会引起轴承上（　）过大。
　　A. 径向力　　　　　　　B. 轴向力　　　　　　C. 内应力　　　　　　D. 合力

312.BG009　离心泵双吸叶轮两侧不对称，引起（　），会影响轴承寿命。
　　A. 径向力过大　　　　　B. 轴向力过大　　　　C. 轴向力过小　　　　D. 径向力过小

313.BG010　离心泵启泵后不出水，泵压过低，电流小，吸入压力正常，其原因是（　），磨损严重，造成级间窜水。
　　A. 出口阀门未打开　　　　　　　　　　B. 泵内各部间隙过大
　　C. 进口阀门闸板脱落　　　　　　　　　D. 泵抽空

314.BG010　造成离心泵启动后有压头，但却不见水打出的原因可能是（　）。
　　A. 轴弯曲　　　　　　　B. 轴承磨损　　　　　C. 排出管线堵塞　　　D. 泵转速太高

315.BG011　离心泵输送的液体（　）超过设计指标，可造成轴功率过高。
　　A. 密度或黏度　　　　　B. 质量　　　　　　　C. 压力　　　　　　　D. 酸碱度

316.BG011　离心泵的出口阀门开度过小是（　）过低的原因之一。
　　A. 电压　　　　　　　　B. 轴功率　　　　　　C. 电动机效率　　　　D. 泵压

317.BG012　离心泵流量不足，达不到额定排量可能是由于（　）造成的。
　　A. 轴套磨损　　　　　　B. 介质黏度超标　　　C. 水封环磨损　　　　D. 填料漏失

318.BG012　长期运行的离心泵如果排量下降，可能存在的原因为（　）。
　　A. 平衡管堵塞　　　　　B. 出口压力低　　　　C. 叶轮流道粗糙　　　D. 叶轮中有异物

319.BG013　离心泵的进口阀堵塞，造成流量不足达不到（　）的处理方法是清理堵塞物。
　　A. 额定排量　　　　　　B. 额定效率　　　　　C. 工况点　　　　　　D. 额定流速

320.BG013　如果离心泵的吸入口压力低，造成离心泵的流量不足达不到额定排量的处理方法是（　）。
　　A. 降低储罐液位　　　　B. 提高储罐液位　　　C. 开大进口阀　　　　D. 开大出口阀

二、多项选择题（每题有4个选项，有2个或2个以上是正确的，将正确的选项号填入括号内）

1.AA001　热量传递的三种基本方式（　）。
　　A. 导热　　　　　　　　B. 对流　　　　　　　C. 热辐射　　　　　　D. 流动

2.AA002　静压力与容器形状无关，与液体（　）有关。
　　A. 深度　　　　　　　　B. 密度　　　　　　　C. 质量　　　　　　　D. 流态

3.AA003　流体流过（　　）时会产生局部阻力。

　　A. 直管段　　　　　　B. 弯头　　　　　　C. 阀门　　　　　D. 变径

4.AA004　由于沿程阻力引起的机械能损失称为（　　）。

　　A. 沿程损失　　　　　B. 沿程能量损失　　C. 长度损失　　　D. 摩擦损失

5.AA005　管道沿程阻力的大小与下列因素无关的是（　　）。

　　A. 压力　　　　　　　B. 液体的黏滞力　　C. 流量　　　　　D. 管壁厚度

6.AA006　以沿程损失为主、（　　）可以忽略的管道称为长管。

　　A. 局部水头损失　　　B. 流速水头　　　　C. 压力水头　　　D. 压降

7.AA007　雷诺数是由（　　）参数组成的一个无因次数。

　　A. 流速　　　　　　　B. 管径　　　　　　C. 流体运动黏度　D. 体积

8.AA008　作用在流体表面的力包括（　　）。

　　A. 外表面力　　　　　B. 内表面力　　　　C. 重力　　　　　D. 阻力

9.AA009　相对压力与真空度的关系是（　　）。

　　A. 数值相等　　　　　B. 符号相反　　　　C. 数值不等　　　D. 符号相同

10.AA010　连通器中液面保持一致的必要条件是（　　）。

　　A. 同种液体　　　　　B. 液体静止　　　　C. 相同体积　　　D. 相同质量

11.AB001　量值是由（　　）的乘积所表示的量的大小。

　　A. 计量单位　　　　　B. 数值　　　　　　C. 数字　　　　　D. 重量

12.AB002　测试是测量的（　　），是测量的一种特殊形式。

　　A. 扩展　　　　　　　B. 先导　　　　　　C. 外延　　　　　D. 引入

13.AB003　计量根据涉及的专业可分热学计量、（　　）、电磁计量、时间频率计量、光学计量、声学计量、化学计量、电离辐射计量等。

　　A. 力学计量　　　　　B. 几何计量　　　　C. 无线电计量　　D. 质量计量

14.AB004　计量工作的任务是建立复现单位量值的计量（　　）器具。

　　A. 使用　　　　　　　B. 基准　　　　　　C. 标准　　　　　D. 质量

15.AB005　国际单位制的量的名称（　　）是辅助单位。

　　A.（平面）角　　　　B. 立体角　　　　　C. 光通量　　　　D. 剂量当量

16.AB006　组合形式的法定计量单位是指由两个或两个以上单位用（　　）的形式组合而成的新单位。

　　A. 相乘　　　　　　　B. 相除　　　　　　C. 相加　　　　　D. 相减

17.AB007　法制计量单位书写名称时不加任何表示（　　）的符号。

　　A. 名称　　　　　　　B. 数字　　　　　　C. 乘　　　　　　D. 除

18.AB008　国际单位制的统一性表现在（　　）的单位统一。

　　A. 国际间　　　　　　B. 科学技术之间　　C. 各行各业之间　D. 计量之间

19.AB009　在被测对象上，为安装连接测量元件所设置的（　　）等元件叫取源部件。

　　A. 专用管件　　　　　B. 引出口　　　　　C. 连接阀门　　　D. 电子元件

20.AB010　选用仪表时，应考虑到（　　）所以其可靠性尽可能地高。

　　A. 生产安全　　　　　B. 人身安全　　　　C. 灵敏度　　　　D. 稳定性

21.AB011　仪表的位号由（　　）组成。

　　A. 字母代号　　　　　B. 数字代号　　　　C. 符号　　　　　D. 回路编号

22.AB012　热电偶种类包括（　　）热电偶。

    A. 普通型　　　　　　　B. 隔爆型　　　　　　　C. 防腐　　　　　　　D. 吹气

23.AB013　压力测量原理可分为（　　）、电感式和振频式等。

    A. 液柱式　　　　　　　B. 弹性式　　　　　　　C. 电阻式　　　　　　D. 电容式

24.AB014　差压式液位计的特点是采用法兰式差压变送器，可以解决（　　）含有悬浮介质的液位测量问题。

    A. 高黏度　　　　　　　B. 易凝固　　　　　　　C. 易结晶　　　　　　D. 腐蚀性

25.AB015　流量测量仪表是用来测量管道或明沟中的（　　）等流体流量的工业自动化仪表。

    A. 液体　　　　　　　　B. 气体　　　　　　　　C. 蒸汽　　　　　　　D. 固体

26.AB016　动圈式显示仪表与（　　）等配合用来指示温度、压力等工艺参数。

    A. 热电偶　　　　　　　B. 热电阻　　　　　　　C. 霍尔变送器　　　　D. 压力变送器

27.AB017　电动控制仪表按结构类型可分为（　　）

    A. 基地式控制仪表　　　　　　　　　　B. 单元组合式控制仪表

    C. 组装式综合控制装置　　　　　　　　D. 分散型综合控制系统

28.AB018　侧装式气动薄膜执行机构适用于（　　）噪声控制等多方面操作要求的控制系统。

    A. 高温　　　　　　　　B. 重负荷　　　　　　　C. 高压差　　　　　　D. 高静压

29.AB019　气动阀门定位器接受气动信号为（　　），输出为 0.02～0.1MPa、0.04～0.2MPa。

    A.0.02～0.1MPa　　　　　　　　　　B.0.02～0.06MPa

    C.0.05～0.1MPa　　　　　　　　　　D.0.04～0.2MPa

30.AB020　变频器单片微机中当IPM在运行出现（　　）等故障时，IPM立即起动保护功能。

    A. 过热　　　　　　　　B. 过流　　　　　　　　C. 欠压　　　　　　　D. 过压

31.AB021　变频器启动方式选择由（　　）启动。

    A. 转速跟踪　　　　　　B. 从启动频率　　　　　C. 先制动后从启动频率　　　D. 工频

32.AC001　六个基本视图除三视图外还包括（　　）。

    A. 右视图　　　　　　　B. 后视图　　　　　　　C. 仰视图　　　　　　D. 局部视图

33.AC002　采用局部视图时，必须用带字母的箭头指明局部视图表达的（　　）。

    A. 部位　　　　　　　　B. 形状　　　　　　　　C. 投影方向　　　　　D. 结构

34.AC003　局部剖视图主要用于当不对称机件的（　　）形状均需在同一视图上的兼顾表达。

    A. 内、外部　　　　　　B. 整体　　　　　　　　C. 内部　　　　　　　D. 外部

35.AC004　同一机件的零件图中的剖面线，应画成（　　）的细实线。

    A. 间隔相等　　　　　　　　　　　　　B. 间隔不等

    C. 方向不同　　　　　　　　　　　　　D. 方向相同且为与水平方向成45°

36.AC005　根据剖切范围大小，剖视图可分为（　　）。

    A. 全剖视图　　　　　　B. 半剖视图　　　　　　C. 俯视图　　　　　　D. 局部剖视图

37.AC006　剖视图的标注方法分三种情况，即（　　）。

    A. 局部标　　　　　　　B. 全标　　　　　　　　C. 不标　　　　　　　D. 省略标

38.AC007　根据断面图配置位置的不同，断面图分为（　　）。

    A. 移出断面图　　　　　B. 重合断面图　　　　　C. 平行断面图　　　　D. 移入断面图

39.AC008　剖切位置与断面图的标注要求（　　）。

    A. 移出断面图一般应用剖切符号表示剖切位置

B. 用箭头表示投射方向

C. 注上字母

D. 重合断面的图形对称时，加标注

40.AD001 燃烧的充分条件包括要有一定的（　　）。

A. 火源　　　　　　　B. 可燃物　　　　　　C. 氧气　　　　　　D. 催化剂

41.AD002 硫化氢易溶于（　　）中，随着温度的升高，溶解度下降。

A. 空气　　　　　　　B. 油　　　　　　　　C. 水　　　　　　　D. 皮肤

42.AD003 呼吸护具每次使用前应认真（　　），使用后必须清洗衣清毒，妥善保管。

A. 试验　　　　　　　B. 过滤　　　　　　　C. 检查　　　　　　D. 消毒

43.AD004 在带电的低压配电装置上工作时，应采取防止（　　）的隔离措施。

A. 保护接零　　　　　B. 相间短路　　　　　C. 相同短路　　　　D. 单相接地

44.AD005 在同一灭火器配置场所，当选用同一类型灭火器时，宜选用外形及操作（　　）相同的灭火器。

A. 位置　　　　　　　B. 性能　　　　　　　C. 方法　　　　　　D. 时间

45.AD006 经维修部门修复的灭火器，应有经当地消防监督部门认可的标记，并注明维修（　　）。

A. 原因　　　　　　　B. 日期　　　　　　　C. 人员名称　　　　D. 单位名称

46.AD007 防静电接地设施的完好标准是接地（　　）。

A. 耐腐蚀　　　　　　　　　　　　　　B. 线路埋地

C. 电阻值符合规定　　　　　　　　　　D. 附件齐全完好

47.AD008 防静电服是由抗静电的（　　）等材料制成。

A. 橡胶　　　　　　　B. 塑料　　　　　　　C. 纤维织物　　　　D. 涤纶

48.BA001 百分表可以用于测量工件的（　　）。

A. 形状　　　　　　　B. 位置误差　　　　　C. 位移量　　　　　D. 直径

49.BA002 百分表的构造主要由（　　）组成。

A. 表体部分　　　　　B. 传动机构　　　　　C. 套筒部分　　　　D. 读数装置

50.BA003 百分表测量杆上不要加油，以免油污进入表内，影响表的（　　）的灵活性。

A. 表体部分　　　　　B. 传动机构　　　　　C. 测杆移动　　　　D. 读数装置

51.BA004 常见百分表的测量范围为（　　）。

A.0 ～ 1mm　　　　　B.0 ～ 3mm　　　　　C.0 ～ 5mm　　　　D.0 ～ 10mm

52.BA005 水平仪用来检测被测工件的（　　）。

A. 平直度　　　　　　B. 平行度　　　　　　C. 垂直度　　　　　D. 长度

53.BA006 塞尺又称为（　　）。

A. 测高片　　　　　　B. 间隙片　　　　　　C. 厚薄规　　　　　D. 测微片

54.BA007 铜棒一般用于设备的（　　）。

A. 拆卸　　　　　　　B. 连接　　　　　　　C. 保养　　　　　　D. 装配

55.BA008 加工中的特殊要求以及对检验方法的要求等，可以用文字说明的形式分条写在图纸的（　　）。

A. 右半部　　　　　　B. 左半部　　　　　　C. 下半部空白处　　D. 上半部空白处

56.BA009 标注尺寸的完整就是要注出零件全部的（ ）。
  A.设计尺寸　　　　　B.定形尺寸　　　　　C.定位尺寸　　　　　D.基本尺寸

57.BA010 在零件图上标注尺寸，应当从基准出发，使加工过程中尺寸的（ ）能够顺利进行。
  A.标注　　　　　B.测量　　　　　C.调整　　　　　D.检验

58.BA011 标注零件图尺寸时，应注意（ ）。
  A.重要的设计尺寸应直接注出　　　　　B.要相对集中
  C.不应当出现封闭尺寸链　　　　　D.要便于测量

59.BA012 外卡钳用来测量工件的（ ）。
  A.内径　　　　　B.外径　　　　　C.厚度　　　　　D.宽度

60.BA013 管螺纹铰板分为（ ）两种。
  A.特殊型　　　　　B.简易型　　　　　C.普通型　　　　　D.轻便型

61.BA014 在套制有焊缝钢管时，加力要（ ）。
  A.均匀　　　　　B.快速　　　　　C.时快时慢　　　　　D.平稳

62.BA015 管子铰板套完扣后，应涂上防锈剂的是（ ）。
  A.牙块　　　　　B.手柄　　　　　C.铰板架　　　　　D.换向器

63.BA016 割刀转一周加力一次，并酌情加机油一次，进刀量不可过多，以免（ ）。
  A.顶弯丝杆　　　　　B.顶弯导向块　　　　　C.顶弯刀轴　　　　　D.损坏刀片

64.BB001 气浮选除油主要是去除污水中的（ ）。
  A.溶解油　　　　　B.浮油　　　　　C.分散油　　　　　D.乳化油

65.BB002 气浮装置浮渣含水率的高低，主要取决于污水中的（ ）。
  A.排泥时间　　　　　B.排泥周期　　　　　C.气泡的均匀程度　　D.杂质含量

66.BB003 溶气浮选机的释放条件要满足气泡均匀且（ ）。
  A.浓度高　　　　　B.浓度低　　　　　C.直径小　　　　　D.直径大

67.BB004 为了保证气浮机的喷射器能准确地吸入进气量，要合理设计（ ）。
  A.水量　　　　　B.温度　　　　　C.压力　　　　　D.水流速度

68.BB005 气浮选设备投产前，需要检查（ ）等设备的完好程度。
  A.润滑机油　　　　　B.管线　　　　　C.溶气泵　　　　　D.空压机

69.BB006 如果发现溶气气浮选的处理效果不好，应立即检查（ ）。
  A.来水温度　　　　　B.释放器是否堵塞　　C.混凝剂的投加量　D.来水水量

70.BB007 在污水处理站中，空气压缩机主要用于（ ）。
  A.混合搅拌　　　　　B.过滤反冲　　　　　C.仪表风　　　　　D.压力溶气气浮

71.BB008 禁止用（ ）清洗空气压缩机的滤清器。
  A.汽油　　　　　B.温水　　　　　C.清洗油　　　　　D.煤油

72.BB009 上储罐检查或收油操作时，应手扶栏杆，（ ）天气禁止上罐。
  A.雨　　　　　B.打雷　　　　　C.5级以上大风　　　　　D.雪

73.BB010 净化水储罐在存、输过程中，要控制的关键要素是（ ）。
  A.水质必须合格　　　　　B.及时收油
  C.加强排污　　　　　D.外输水量要平稳

74.BB011　进行大罐溢流高度测算时，使用的关键工具和仪表是（　　）。
　　A. 钢卷尺　　　　　　　　B. 活动扳手　　　　　C. 流量计　　　　　D. 压力表

75.BC001　影响碳酸钙垢生成的因素有（　　）。
　　A. 二氧化碳　　　　　　　B.pH 值　　　　　　　C. 温度　　　　　　D. 水中所溶盐类

76.BC002　把样品放入15%的盐酸溶液中，如果样品不反应,也不产生气泡,则证明是(　　)水垢。
　　A. 氯化钠　　　　　　　　B. 硫酸盐　　　　　　C. 碳酸钙　　　　　D. 硅酸盐

77.BC003　水垢形成的机理作用为（　　）。
　　A. 结晶作用　　　　　　　B. 氧化作用　　　　　C. 沉积作用　　　　D. 还原作用

78.BC004　污水中水垢的生成主要取决于盐类是否（　　）。
　　A. 饱和　　　　　　　　　　　　　　B. 过饱和
　　C. 结晶的生长过程　　　　　　　　　D. 电离

79.BC005　油田常用的预防结垢的措施是（　　）。
　　A. 控制 pH 值　　　　　　　　　　　B. 去除溶解气体
　　C. 投加除垢剂　　　　　　　　　　　D. 防止不相溶的水混合

80.BC006　从管线中除去混有油的碳酸钙垢的标准方法分为（　　）。
　　A. 先用溶剂处理，接着用清管器　　　B. 先用盐酸处理，接着用清管器
　　C. 用溶液冲洗管线清除盐　　　　　　D. 完全用水冲洗管线清除盐

81.BC007　硫酸用于除垢时的特性为（　　）。
　　A. 挥发性强　　　　　　　　　　　　B. 可用于较宽的温度范围
　　C. 与垢反应有大量的热产生　　　　　D. 用于除去含钙垢范围广

82.BC008　乙酸和甲酸的除垢性能为（　　）。
　　A. 不能与其他酸混用　　　　　　　　B. 清洗液残留在容器中无害
　　C. 分解温度低　　　　　　　　　　　D. 清洗时需要加热到较高温度

83.BC009　碳酸钠作为除垢碱剂，其作用为（　　）。
　　A. 有溶解二氧化硅的能力
　　B. 把难溶于酸的硫酸钙垢变为可溶于酸的碳酸钙
　　C. 防止在清洗液中生成不溶性的金属皂
　　D. 稳定清洗液

84.BC010　悬浮固体通常是指（　　）的物质。
　　A. 在水中不溶解而又存在于水中　　　B. 不能通过过滤器
　　C. 直径小于 0.45μm 的颗粒杂质　　　D. 直径大于 0.45μm 的颗粒杂质

85.BC011　用蒸馏水校正仪器时，要将激光浊度计的（　　）两个旋钮的刻度线朝上。
　　A. 粗调　　　　　　　　　B. 细调　　　　　　　C. 上调　　　　　　D. 下调

86.BC012　当油田污水水样中（　　）时，先用蒸馏水稀释后测定。
　　A. 悬浮物含量超过 50mg/L　　　　　　B. 悬浮物含量超过 100mg/L
　　C. 水样乳化油含量不浑浊　　　　　　D. 水样乳化油含量高浑浊

87.BC013　污水中的石油类可以被（　　）等有机溶剂提取。
　　A. 柴油　　　　　　　　　B. 石油醚　　　　　　C. 汽油　　　　　　D. 四氯化碳

88.BC014 分光光度法测含油量所使用的试剂有（　　）。

A. 柴油　　　　　　　　　　　　B. 无铅 120 号汽油

C. 硫酸溶液　　　　　　　　　　D. 盐酸溶液

89.BC015 使用分光光度法测含油量时，要求（　　）。

A. 所用汽油溶剂是无色透明的　　B. 取含油样时不得用水样洗涤样瓶

C. 萃取分数次进行　　　　　　　D. 用汽油冲洗样瓶 1 次

90.BC016 分光光度计测量含油分析时，周围绝不允许（　　）。

A. 开关风扇　　　B. 开关打印机　　　C. 调试电动机　　　D. 冲洗样瓶

91.BD001 过滤罐日常运行中，要定时对（　　）取样分析，发现不正常立即处理。

A. 反冲洗来水　　B. 滤前水　　　　C. 滤后水　　　　D. 反冲洗出水

92.BD002 对处理含有（　　）含量较多的采出水时，压力过滤罐宜采用大阻力配水系统。

A. 分散油　　　　B. 聚合物或胶质　C. 溶解油　　　　D. 沥青质

93.BD003 酸洗压力过滤罐经常使用的化学药剂是（　　）。

A. 盐酸　　　　　B. 硝酸　　　　　C. 磺化琥珀酸钠　D. 聚磷酸盐

94.BD004 根据设计方案测算出所需的（　　），然后配制压力过滤罐酸洗混液的用量。

A. 酸液　　　　　B. 缓蚀剂量　　　C. 药剂温度　　　D. 清水量

95.BD005 酸液配制时，要配戴好（　　）。

A. 防护眼镜　　　B. 口罩　　　　　C. 呼吸器　　　　D. 耐酸手套

96.BD006 阀门在安装使用前，应做（　　）试验，试压后无渗漏为合格。

A. 密封性　　　　B. 耐温性　　　　C. 耐压性　　　　D. 强度性

97.BD007 截止阀正确安装应使内部结构形式符合介质的流向，符合阀门的（　　）要求。

A. 性能　　　　　B. 结构　　　　　C. 作用　　　　　D. 操作

98.BD008 安装法兰阀门时，法兰间的密封应选择（　　）垫片，防止被介质溶解。

A. 聚四氟乙烯　　　　　　　　　　B. 变通胶皮

C. 棉布垫　　　　　　　　　　　　D. 耐油橡胶石棉板

99.BD009 流程操作开关阀门时，必须（　　），防止发生水击损坏管道或设备。

A. 快开　　　　　B. 缓开　　　　　C. 快关　　　　　D. 缓关

100.BD010 单一的紫外线杀菌装置不适合应用在（　　）含油污水处理。

A. 三元复合驱　　　　　　　　　　B. 聚合物浓度较高

C. 水驱　　　　　　　　　　　　　D. 聚合物浓度较低

101.BD011 更换进口紫外线灯管的条件是（　　）。

A. 杀菌效果差　　B. 连续使用 9000h　C. 灯管结垢　　　D. 间歇运行 1 年

102.BD012 紫外线灯管和石英套管需要定期清洗，以免影响（　　）。

A. 紫外线的透过率　B. 杀菌效果　　　C. 使用寿命　　　D. 水质结垢

103.BD013 油田采出水处理站的处理工艺流程一般由（　　）组成。

A. 主流程　　　　B. 原油回收流程　C. 辅助流程　　　D. 水质稳定流程

104.BD014 污水处理站内的（　　）要定时排泥，每个罐的排泥时间为 15 ~ 20min，罐内的污泥高度低于 500mm。

A. 回收水池　　　B. 污缓冲罐　　　C. 自然除油罐　　D. 混凝沉降罐

105.BD015 污水处理站内包括除油、过滤等主要设备要采取分类管理，严格执行（　　）的管理制度。

    A. 定人、定机、定质   B. 定时、定人、定质

    C. 定点、定量   D. 定期、定点、定量

106.BD016 巡回检查是指操作人员按照编制的巡回检查路线对设备进行（　　）的周期性检查。

    A. 定时、定点   B. 定项   C. 定质、定项   D. 定人、定量

107.BD017 污水处理系统的各构筑物均要有（　　）的设备，即设有避雷针和接地装置，并且定期检测。

    A. 防静电   B. 防电击   C. 防雷击   D. 防触电

108.BD018 污水处理站内造成溢池、冒罐事故的因素可能是（　　）。

    A. 操作不规范   B. 违章作业   C. 液位显示不准   D. 报警系统失灵

109.BD019 油田采出水处理后产生的固体废弃物进行站外简单的掩埋会造成（　　）污染。

    A. 水体   B. 空气   C. 化学   D. 土壤

110.BE001 单级离心泵装配检查填料函的项目有（　　）。

    A. 上下间隙一致   B. 左右间隙一致

    C. 水封环完好   D. 填料函是否变形

111.BE002 检查泵轴表面，不允许有（　　）和锈蚀等缺陷。

    A. 裂纹   B. 磨损   C. 擦伤   D. 无残存铸造砂

112.BE003 离心泵安装后盘车时的检查内容有（　　）。

    A. 缓慢转动联轴器   B. 观察泵转动是否平稳、灵活

    C. 转子部件有无卡阻   D. 泵内有无杂物碰撞声

113.BE004 离心泵叶轮（　　）的外圆，其径向圆跳动量一般不应超过 0.05mm。

    A. 端面   B. 进口端   C. 出口端   D. 盖板

114.BE005 叶轮静平衡架的导轨采用三角铁时，导轨要求（　　）。

    A. 刀口半径为 3mm 的圆弧   B. 导轨长度为短轴直径的 2 ~ 3 倍

    C. 刀口加工十分平滑   D. 导轨长度与短轴直径一样

115.BE006 单级离心泵转子检查时，应用千分尺或百分表检查、测量泵轴与（　　）配合处的轴颈尺寸。

    A. 叶轮   B. 联轴器   C. 压盖   D. 滚动轴承

116.BE007 用百分表检查测量离心泵泵轴的内容包括（　　）等。

    A. 弯曲方向   B. 弯曲量   C. 同轴度   D. 粗糙度

117.BE008 离心泵的密封盒是由（　　）组成。

    A. 填料套   B. 密封填料压盖   C. 填料座   D. 液封环

118.BE009 常用的向心滑动轴承有（　　）等类型。

    A. 自动式   B. 剖分式   C. 整体式   D. 调心式

119.BE010 滚动轴承一般是由（　　）组成。

    A. 内圈   B. 外圈   C. 滚动体   D. 保持架

120.BE011 滚子轴承滚动体的形状为滚子，其滚子形状包括（　　）等。

    A. 圆柱形   B. 圆锥形   C. 球面   D. 针形

121.BE012　滚动轴承后置代号用于表示轴承的（　　）、密封防尘与外部形状变化和轴承零部件材料改变、公差等级、游隙等方面的内容，用字母或数字加字母符号表示。

　　A. 内部结构　　　　　　　　　　B. 保持架结构材料

　　C. 接触角　　　　　　　　　　　D. 结构类型

122.BE013　为了便于更换，采用基轴制配合的是（　　）。

　　A. 轴承内圈与轴　　　　　　　　B. 轴承外圈与座孔

　　C. 轴承外圈与轴承箱　　　　　　D. 联轴器与轴

123.BE014　滚动轴承的缺点有（　　）。

　　A. 承受冲击载荷的能力差　　　　B. 高速运转时噪声大

　　C. 安装时要求精度高　　　　　　D. 使用寿命不如滑动轴承长

124.BE015　滑动轴承安装时轴套压入后，对轴套内径和与之相配的轴的外径进行测量，以验证轴承的（　　）是否符合技术要求。

　　A. 圆度　　　　　　B. 圆柱度　　　　　　C. 配合间隙　　　　　D. 不垂直度

125.BE016　拆卸安装时，压力应直接加在待装配或拆卸滚动轴承的（　　）的端面上，不得通过滚动体传递压力。

　　A. 滚子　　　　　　B. 外圈　　　　　　　C. 里圈　　　　　　　D. 保持架

126.BE017　三相异步电动机启动前要检查熔丝（　　）的现象。

　　A. 有无熔断　　　　B. 有无松动　　　　　C. 大小规格不相符　　D. 长短粗细

127.BE018　端盖是用来（　　）电动机的，用螺栓固定在机座两端。

　　A. 支撑　　　　　　B. 遮盖　　　　　　　C. 风扇罩　　　　　　D. 锁紧螺母

128.BE019　电动机的工作方式一般分（　　）三种。

　　A. 连续　　　　　　B. 断续　　　　　　　C. 短时　　　　　　　D. 瞬时

129.BE020　小型电动机的拆卸方法可抽出转子后，再拆卸（　　）。

　　A. 前轴承　　　　　B. 后轴承　　　　　　C. 前轴承内盖　　　　D. 后轴承内盖

130.BE021　防爆电动机拆卸联轴器应使用拉力器，禁止（　　）。

　　A. 用手锤敲打　　　B. 用撬杠撬拨　　　　C. 用木器敲打　　　　D. 用铜棒敲打

131.BE022　隔爆型电动机采用隔爆外壳把可能产生的（　　）的电气部分与周围的爆炸性气体混合物隔开。

　　A. 火花　　　　　　B. 电弧　　　　　　　C. 危险温度　　　　　D. 爆炸

132.BE023　使电动机带电零部件不可能产生足以引起爆炸危险的火花的防爆电动机类型有（　　）。

　　A. 增安型　　　　　B. 隔爆型　　　　　　C. 通风型　　　　　　D. 特殊型

133.BE024　防爆电动机上均带有防爆接线盒，接线盒进线口有（　　）等方式。

　　A. 压盘式　　　　　B. 压紧螺母式　　　　C. 压入式　　　　　　D. 水平式

134.BF001　冬季水温较低时，可通过增加溶气浮选机的（　　）、提高溶气压力等方法，以弥补因水流黏度的升高而降低气粒上浮的能力。

　　A. 加药量　　　　　B. 回流水量　　　　　C. 溶气量　　　　　　D. 流速

135.BF002　溶气气浮机运行时，根据气浮机的（　　）情况，定期排泥，一般每两个月排泥至少一次，特殊情况加密排泥次数。

A. 处理负荷　　　　　　　　　　　　B. 出水

C. 来水含油量　　　　　　　　　　　D. 来水悬浮物含量

136.BF003　影响斜板溶气气浮机出水水质差的因素为（　　）。

A. 污水流速慢　　　　　　　　　　　B. 水温低影响混凝效果

C. 排泥周期长　　　　　　　　　　　D. 水温过高影响溶气效果

137.BF004　定期观察气浮选机上部气泡形态，应以细密乳白为标准，否则需要检查（　　）。

A. 混合反应器是否结垢　　　　　　　B. 加药情况

C. 溶气泵的进气情况　　　　　　　　D. 释放器是否堵塞

138.BF005　如果混凝沉降罐底部的污泥不及时排出，会造成（　　）。

A. 系统憋压　　　B. 沉降容积减小　　　C. 恶化水质　　　D. 降低处理量

139.BF006　混凝沉降罐的来水水质发生变化时，要合理调整（　　），降低后续流程的处理负荷。

A. 来水流量　　　　　　　　　　　　B. 来水压力

C. 加药方案　　　　　　　　　　　　D. 收油、排污方案

140.BF007　当混凝沉降罐液位偏低，已至液位下限时，要及时（　　）。

A. 降低污水回收量　　　　　　　　　B. 提高污油回收量

C. 加大来水量　　　　　　　　　　　D. 降低出水排量

141.BF008　滤料表面带有与悬浮颗粒表面电荷相反的电荷有利于悬浮颗粒在其表面上的（　　）。

A. 接触　　　　　B. 吸附　　　　　　C. 接触凝聚　　　D. 截留

142.BF009　如果压力过滤滤罐经（　　）后，发现水质无明显变化，就可判断滤料层失效。

A. 酸洗　　　　　B. 定期反冲洗　　　C. 补充滤料　　　D. 加助洗剂冲洗

143.BF010　影响压力过滤罐滤后水质变差的因素是（　　）。

A. 滤速降低　　　　　　　　　　　　B. 增压泵排量不稳定

C. 其他运行滤罐检修　　　　　　　　D. 来水量减少

144.BF011　可以通过（　　）来处理压力过滤罐水质效果差的故障。

A. 提高滤速　　　B. 除低滤速　　　　C. 加强反洗　　　D. 降低来水温度

145.BF012　加大供给液的流速，可阻止膜过滤器形成（　　），防止膜污染。

A. 微生物　　　　B. 阻挡层　　　　　C. 固结层　　　　D. 凝胶层

146.BF013　当膜过滤器装置出现（　　）增加15%时，需要对膜进行化学清洗。

A. 透过率　　　　B. 产水量　　　　　C. 进水压力　　　D. 各段的压力差

147.BF014　搅拌机要定期检查传动轴有无（　　），否则应重新校直或更换。

A. 变形　　　　　B. 振动　　　　　　C. 划痕　　　　　D. 弯曲

148.BG001　电动机在额定电压下定子三相绕组的连接方法有（　　）两种。

A. 星形　　　　　B. 三角形　　　　　C. 星形 – 角形　　D. 星形 – 双星

149.BG002　电动机正常运行时产生焦糊味的原因有（　　）。

A. 接线柱接线松动发热，烤坏绝缘层

B. 绕组绝缘损坏

C. 转子左右摆动

D. 电动机转数降低，电流增大

150.BG003　电动机散热不好的处理方法有（　　）。

A. 清除电机内部灰尘　　　　　　　　B. 应更换绝缘等级高的电动机

C. 用管道通风　　　　　　　　　　　D. 更换损坏的风扇叶

151.BG004　电动机出现下列情况应立即停机（　　）。

A. 电动机出现剧烈振动　　　　　　　B. 电动机电流突然急剧上升

C. 电动机着火　　　　　　　　　　　D. 发生人身伤亡事故

152.BG005　造成电动机电路故障的原因有（　　）。

A. 电动机缺相运行　　　　　　　　　B. 电源未接通

C. 电动机转数降低　　　　　　　　　D. 负载过大

153.BG006　由（　　）和被调介质组成一个具有控制功能的自动调节系统来进行离心泵的
流量调节。

A. 变频器　　　　　　B. 变送器　　　　　　C. 调节器　　　　　　D. 调节阀

154.BG007　离心泵在运行过程中发生各种能量损失，主要有（　　）。

A. 容积损失　　　　　　B. 机械损失　　　　　　C. 水力损失　　　　　　D. 级间损失

155.BG008　离心泵叶轮与泵壳寿命过短的原因有（　　）。

A. 泵的运转温度过高　　　　　　　　B. 流量偏大

C. 管路载荷对泵壳造成的应力过大　　D. 轴承润滑不良

156.BG009　离心泵轴承寿命过短的原因有（　　）。

A. 泵轴弯曲造成轴承偏磨　　　　　　B. 介质黏度大

C. 润滑不良　　　　　　　　　　　　D. 电动机与泵不同心

157.BG010　离心泵启泵后不出水，泵压较高的原因（　　）。

A. 进口管路进气　　　　　　　　　　B. 出口管路的单流阀卡死

C. 干线压力高于泵的出口压力　　　　D. 吸入管径小

158.BG011　当出现（　　）时，会造成离心泵运行电流异常。

A. 口环配合间隙小　　B. 转速过高　　C. 旋转方向错误　　D. 水封管堵塞

159.BG012　当污油回收离心泵出现流量不足时，可能是由于（　　）引起的。

A. 原油温度高　　　　B. 原油含水高　　　　C. 原油温度低　　　　D. 进口管线结蜡

160.BG013　当污水回收水泵流量不足时，可通过（　　）进行处理。

A. 清理泵底阀的堵塞物　　　　　　　B. 调整叶轮的转向

C. 降低泵的安装高度　　　　　　　　D. 更换或修复密封环

三、判断题（对的画"√"，错的画"×"）

（　　）1.AA001　固体中的热量传播是动能较大的分子将其动能的全部传给邻近的动能较
小的分子。

（　　）2.AA002　流体静压力的大小与液体的体积没有关系。

（　　）3.AA003　一般的输油管或输水管中，局部水头损失是主要的，约占总损失的90%。

（　　）4.AA004　液体在长输管道中的总水头损失以局部水头损失为主。

（　）5.AA005　沿程水头损失与液体的黏滞力、惯性力、管壁粗糙度情况无关系。

（　）6.AA006　将各种局部阻力折算成具有相等的水头损失的直管的长度，称为局部阻力相当长度。

（　）7.AA007　单位面积上的黏滞阻力与单位面积上的作用力的比值称雷诺数。

（　）9.AA008　表面力作用于流体表面上，并与受作用的流体表面积成反比。

（　）9.AA009　由水静压强的计算公式可知，任意一点的水静压强是与该点所在的水深 h 有关。

（　）10.AA010　连通器两容器中液体的重度相同，液面上的压强也相同时，但两管粗细不同，则两容器中液面在同一水平面上。

（　）11.AB001　"量"是计量科学研究的基本对象。

（　）12.AB002　测试是具有实验性质的测量。

（　）13.AB003　计量的分类方法有两种。

（　）14.AB004　计量工作的任务是培养和考核计量人员。

（　）15.AB005　电阻是国际单位制中具有专门名称的导出单位之一。

（　）16.AB006　法定计量在采用非国际单位制的单位作为法定计量单位这个问题上，各国不可能一致。

（　）17.AB007　组合单位的中文名称与其符号的顺序一致，读法从左到右、先分母后分子。

（　）18.AB008　国际单位制的先进性在于体现了当代世界科学技术的最新水平。

（　）19.AB009　在控制系统中通过其机构动作直接改变被控变量的装置叫执行器。

（　）20.AB010　仪表稳定性是生产上十分关心的一个性能指标。

（　）21.AB011　仪表位号中第一位字母 K 被测变量表示时间、程序。

（　）22.AB012　微细铠装热电偶不适用于弯曲场所的温度测量与控制。

（　）23.AB013　压力表精度一般工业上用的 0.5 级或 0.35 级已足够。

（　）24.AB014　电容式液位计体积小，容易实现远传和调节，适用于具有腐蚀性和高压的介质的液位测量。

（　）25.AB015　涡轮流量计是由传感器和传动机构组成。

（　）26.AB016　模—数转换是模拟显示仪表的核心部分。

（　）27.AB017　基地式控制仪表是以指示记录仪表为主体，附加控制机构组成的。

（　）28.AB018　执行机构调节阀开关、气关的选择主要从工艺生产需要和安全要求考虑。

（　）29.AB019　执行器中定位器是调节阀的主要附件。

（　）30.AB020　变频器不控整流器是将输入的直流电压进行滤波整流后转换为交流电压。

（　）31.AB021　变频器启动频率不宜过大，否则会造成启动冲击或过流。

（　）32.AC001　主视图和后视图表示机件的上下方位关系是一致的，但左右方位关系是相反的。

（　）33.AC002　当局部视图按基本视图的配置关系配置，中间又没有其他图形隔开时，不可省略标注。

（　）34.AC003　剖切平面后方的可见轮廓线应全部画出，不能遗漏。

（　）35.AC004　机件的材料不相同，采用的剖面符号却相同。

（　）36.AC005　在剖视图中，剖切面与机件接触部分称为剖面区域。

（　）37.AC006　标注剖视图在不致引起误解时，不允许将图形旋转。

（　）38.AC007　由两个或多个相交的剖切平面剖切得出的移出断面图，中间应断开。

（　）39.AC008　按投影关系配置的不对称断面，不可省略箭头。

（　）40.AD001　一切防火措施都包括两个方面，一是防止燃烧基本条件的产生，二是避免燃烧基本条件的相互作用。

（　）41.AD002　硫化氢在高浓度下可闻到臭鸡蛋味，当浓度较低时感觉不到硫化氢的存在。

（　）42.AD003　在处理大量泄漏，进入大型罐体、容器，或进入通风不好的狭小空间时，应穿戴整体式呼吸器具，带化学防溅护目镜的保护面罩。

（　）43.AD004　在低压配电装置的前后及两侧的操作、维护通道上，可以堆放其他物品。

（　）44.AD005　设有消防栓的场所，灭火器的配置量可相应减少70%。

（　）45.AD006　灭火器每5年和每次再充装前，应进行1.5倍设计压力的水压试验，合格后方可继续使用。

（　）46.AD007　平行安装的管道，管间距离小于10cm时，应沿管长每隔20m用25×2的软管跨接。

（　）47.AD008　在罐车、储罐上测量和泵房收发作业时，不必穿防静电服装。

（　）48.BA001　使用百分表前，应检查测量杆活动的灵活性。

（　）49.BA002　百分表用于测量工件的各种几何形状误差和相互位置的正确性，并可借助于测量杆对零件的尺寸进行比较测量。

（　）50.BA003　在百分表测头与工件表面接触时，测量杆应有0.3～1mm的压缩量，以保持一定的起始测量力。

（　）51.BA004　百分表的读数方法为：先读小指针转过的刻度线（即毫米整数），再读大指针转过的刻度线并估读一位（即小数部分），并乘以0.1，然后两者相加，即得到所测量的数值。

（　）52.BA005　框式水平仪的每个侧面都可作为工作面，各侧面都保持精确的直角关系。

（　）53.BA006　塞尺的使用不受条件限制。

（　）54.BA007　纯铜棒因其硬度较低，常作为间接的敲击工具，以保护被敲击件。

（　）55.BA008　一张完整的零件图应包括一组图形、完整的尺寸、技术要求。

（　）56.BA009　严格按照国家标准规定的尺寸注法，正确标注尺寸。

（　）57.BA010　从工艺基准出发标注尺寸，能保证设计要求。

（　）58.BA011　不同工序的尺寸、内外形尺寸分开标注，便于看图及查对尺寸。

（　）59.BA012　使用卡钳测量要准确，误差不得超过1.0mm，每次操作重复3遍。

（　）60.BA013　每种规格的管子铰板都分别附有几套相应的板牙。

（　）61.BA014　铰板套扣过程中，套扣控制扳机时，扳机方向每次要在不同位置。

（　）62.BA015　管扣套进中，禁止将三爪松开来减轻负荷，这样容易打坏牙齿。

（　）63.BA016　刀片与滚轮之间的最小距离大于该规格管子割刀的最小割管尺寸时，会导致滑块脱离主体导轨。

（　　）64.BB001　气浮法除油特别适合稠油采出水和含乳化油高的含油污水处理。

（　　）65.BB002　回流式溶气气浮选适用于原水需要预先混凝和原水含油量较高的采出水。

（　　）66.BB003　水温对溶气效率影响很大，提高水温可以提升溶气效率。

（　　）67.BB004　根据喷嘴式气浮法的特点，适于处理水量小，水质要求不高的采出水。

（　　）68.BB005　投运气浮设备时，按要求配制合适浓度的杀菌剂。

（　　）69.BB006　空压机的压力必须大于溶气罐的压力时，才向罐内注入空气，防止压力水倒罐入空压机。

（　　）70.BB007　活塞式压缩机的曲轴每旋转一周，活塞往复一次，气缸内相继实现吸气、膨胀、压缩、排气过程即完成一个工作循环。

（　　）71.BB008　空气压缩机的空气滤清器必须经常清洗，保持畅通，减少不必要的动力损失。

（　　）72.BB009　储水罐的液位可以通过罐底部安装的压力表直接测得。

（　　）73.BB010　储存滤后水或水处理后的污水，用于污水外输的容器称为净化水罐。

（　　）74.BB011　进行大罐溢流高度测算时，压力要取溢流管正在溢流时的压力表指示值。

（　　）75.BC001　碳酸盐类水垢主要是碳酸钙。

（　　）76.BC002　把样品放在水中，搅拌均匀，如溶液变红，说明有硫化铁存在。

（　　）77.BC003　油田污水中由于结晶作用生成的垢对水的流速变化和阻垢处理都比较敏感，垢层达到一定厚度就不再继续增长。

（　　）78.BC004　从碳酸平衡式可以看出，水中 CO_3^{2-} 离子浓度与 H^+ 离子浓度没有直接关系，即与水的 pH 值没有密切关系。

（　　）79.BC005　油田水中的溶解气体不仅是影响结垢的因素，也是影响金属腐蚀的因素。

（　　）80.BC006　泡沫清管器一般用于定期的清除管线内的垢。

（　　）81.BC007　硫酸与垢物反应生成盐类的溶解度比盐酸小。

（　　）82.BC008　柠檬酸对钙盐的溶解度较大，所以常用来除去碳酸钙垢。

（　　）83.BC009　在化学清洗中，在选择主剂的同时，选定助剂也是很重要的。

（　　）84.BC010　一束平行光在透明液体中传播，光束不会改变方向，遇到水中透明颗粒时也不会改变方向。

（　　）85.BC011　悬浮物标准贮备溶液浓度为4000mg/L。

（　　）86.BC012　用蒸馏水校正仪器时，要将蒸馏水缓慢倒入测量瓶中约 1/2 体积。

（　　）87.BC013　对水中含油量的测定可以反映水处理系统的能力。

（　　）88.BC014　采用分光光度计比色法测污水中的含油量时，若萃取液颜色较深，应加入无水氯化钠脱水后，再进行比色。

（　　）89.BC015　分光光度计进行含油量测定时，移入分液漏斗中的液体要充分振荡。

（　　）90.BC016　水样及空白测定所使用的溶剂可以不同。

（　　）91.BD001　过滤罐如果是短时间停产，过滤器内的水不必排放，但在使用前要进行一次人工强制反冲洗。

（　　）92.BD002　过滤罐的设计流速是按过滤罐承担全部水量的情况确定。

（　　）93.BD003　正常情况下，需要对压力滤罐每半年清洗一次。

（　　）94.BD004　过滤罐开罐检查，发现滤料污染、严重板结时，需要对过滤罐进行酸洗。

（　）95.BD005　发现压力过滤罐的滤层污染结块，应立即进行更换滤料。

（　）96.BD006　通径大于80mm的阀门应设置操作平台。

（　）97.BD007　旋启式止回阀安装位置不受限制，通常安装于水平管路上，但也可以安装于垂直管路或倾斜管路上。

（　）98.BD008　安装法兰阀门时，法兰与管道法兰垂直。

（　）99.BD009　具有高、低压衔接部位的流程，操作时必须先导通高压部位后导通低压部位。

（　）100.BD010　紫外线杀菌设备一般安装在含油污水处理站的原水管线上。

（　）101.BD011　在更换紫外线设备石英套管后，先送电试运，再倒通流程试压，投入正常生产。

（　）102.BD012　紫外线杀菌设备在运行时，对于下进、上出流程的杀菌装置，需要定期打开排气阀，放净腔体内的气体。

（　）103.BD013　油田含油污水外排处理中，重点是污水的悬浮物达标排放。

（　）104.BD014　污水事故池内的污水应均匀回收，回收排量不大于实际处理水量的5%～10%。

（　）105.BD015　合理使用污水处理站的设备可以减少设备的维护保养，提高设备利用率，发挥设备效益。

（　）106.BD016　进行污水处理系统检查时，初步判断进出水水质及处理效果情况，以便及时调整运行参数。

（　）107.BD017　污水处理站的污油罐容积较小，可不设立防火堤。

（　）108.BD018　污水处理站内高空作业时，凡是超过2.5m必须系好安全带。

（　）109.BD019　油田污水处理站的污染物主要分为油田污水、油田固体废物、环境空气污染物和噪声污染等。

（　）110.BE001　单级离心泵检查轴套表面无严重磨损，在键的销口处无裂痕，轴向密封槽应完好。

（　）111.BE002　离心泵的轴上键与槽结合应紧密，允许加垫片。

（　）112.BE003　离心泵安装时要检查泵随机资料是否完备齐全，泵外表有无明显损伤。

（　）113.BE004　补焊时，根据叶轮的质量不同，采用不同的补焊方法。

（　）114.BE005　静平衡法修复叶轮时，允许在前后两面板上切，切削部分痕迹应与盖板圆盘平滑过渡。

（　）115.BE006　用手锤轻轻敲击泵体的各个部位，如果发出的响声比较混浊，则说明泵体上没有裂缝。

（　）116.BE007　叶轮径向圆跳动量的大小标志着叶轮的旋转精度。

（　）117.BE008　转动着的泵轴和泵壳之间存在有间隙，在低压时，会有液体漏出。

（　）118.BE009　滑动轴承主要是由轴瓦和轴承座组成。

（　）119.BE010　滚动轴承的内圈上没有轨道。

（　）120.BE011　微型轴承指外套圈直径在26mm以下的轴承。

（　）121.BE012　轴承游隙代号用字母加数字表示，在不加说明时，一般指径向游隙。

（　）122.BE013　轴承的配合方式可根据系统的工作状况旋转。

（　）123.BE014　滚动轴承虽然结构简单，但互换性不好。

（　）124.BE015　滑动轴承装配时，最好在轴套表面涂一层薄薄的润滑油，以减小摩擦阻力。

（　）125.BE016　装配滚动轴承时，最好在轴承表面涂一层薄薄的润滑油，以增加摩擦阻力。

（　）126.BE017　在启动电动机时，操作人员应穿戴好劳动保护用品，防止卷入旋转机械，不应有人靠近机组旁边。

（　）127.BE018　定子铁芯是电动机磁力线经过的部分，它的作用是产磁。

（　）128.BE019　当电动机的负载在额定负载的 0.7 ～ 1.0 范围内，效率最高，运行最经济。

（　）129.BE020　按拆卸相同的顺序装配防爆电动机。

（　）130.BE021　拆卸防爆电动机端引线时，应先切断电源，挂上"禁止合闸"警告牌，然后才可以进行拆卸。

（　）131.BE022　充油、通风充气型防爆电动机，不允许内部产生弧光。

（　）132.BE023　电动机外壳的防护等级标志由字母 IP 来表示。

（　）133.BE024　防爆电动机的引线盒里应塞满防爆绝缘泥。

（　）134.BF001　根据浮选除油器出水水质变化，调整药量、进水量、溶气罐水量，保证出水水质。

（　）135.BF002　溶气气浮投运后，要及时检查溶气罐水位及安全阀、液位计、压力表各附件情况。

（　）136.BF003　采用回流式溶气气浮选除油时，气水比的高低与处理采出水的含油量有关，含油量增高，气水比就要减小。

（　）137.BF004　调整溶气泵进气量或空压机供气量，保证溶气罐稳定的工作水位。

（　）138.BF005　污水处理站内的污水回收不平稳也会造成沉降罐出水水质变差。

（　）139.BF006　定期对混凝沉降罐的出水水质分析，确定影响污水沉降分离效果的原因。

（　）140.BF007　沉降罐收油调节堰调节不适当造成溢流，可降低沉降罐调节堰以降低出水高度。

（　）141.BF008　滤料的粒径越小，过滤效率越高，但水头损失也增加得越快。

（　）142.BF009　开罐检查，滤料发生严重污染、板结，清洗不能再生说明滤料已经失效。

（　）143.BF010　压力过滤罐滤后水质不合格时，要对反冲洗操作加强，适当延长反冲洗周期。

（　）144.BF011　改性纤维污染严重，水头阻力增大，会使过滤截留能力提升。

（　）145.BF012　通常认为憎水性膜及膜材料与溶质电荷相同的膜较耐污染。

（　）146.BF013　对滤膜进行物理清洗时，必须用淡水进行冲洗膜表面。

（　）147.BF014　长时间运行的搅拌机应检查电动机、减速器温度。

（　）148.BG001　我国三相异步电动机功率在 4kW 及以上时，均采用三角形接法，以利于升压启动。

（　）149.BG002　电动机内部接线错误造成电动机接地或短路，电流不稳引起噪声。

（　）150.BG003　电动机进风温度过高时，需要检查轴承温度是否过高。

（　）151.BG004　电动机缺项运行应及时发现，停机处理，如运转时间过长，易发生烧坏电动机事故。

（　）152.BG005　开关接触器的触头接触不良是造成电动机缺项运行的原因之一。

（　）153.BG006　多级离心泵的叶轮进行切割时叶片和两侧盖板可以同时切掉。

（　）154.BG007　离心泵密封环间隙增大会引起大量高压液体从叶轮的出口回流到叶轮进口，在泵体内循环，形成内泄漏。

（　）155.BG008　根据输送介质的性质选择适合的离心泵或采取系统加药处理输送介质可减轻物理反应造成叶轮腐蚀。

（　）156.BG009　离心泵的轴承型号不对，会引起轴承寿命过短。

（　）157.BG010　进口阀门未打开或闸板脱落可导致离心泵启泵后不出水，泵压高，电流小，吸入压力正常。

（　）158.BG011　叶轮尺寸过大，也是造成泵轴功率过高的原因之一。

（　）159.BG012　离心泵叶轮反转是造成离心泵泵体发热的的原因之一。

（　）160.BG013　降低离心泵的系统阻力可以提高离心泵的流量。

四、简答题

1.AA001　热传导的实质是什么？

2.AA001　热传导在液体、固体、气体中，传播的区别是什么？

3.BB001　实现气浮分离的必要条件是什么？

4.BB002　根据气泡产生的方式气浮法可分为哪几种？

5.BB002　部分溶气气浮法特点有哪些？

6.BB003　溶气气浮选的主要设备有哪些？

7.BB007　活塞式空气压缩机有哪些零部件？

8.BB011　净化水储罐产生溢流的原因及处理方法是什么？

9.BC009　选择确定使用缓蚀剂时的注意因素有哪些？

10.BD001　压力过滤器的日常管理要求有哪些？

11.BD002　某过滤罐型号为 GLWA150/0.6-2-1，各代表什么含义？

12.BD002　如何进行变频反冲洗压力过滤罐？

13.BD004　什么条件下需要对压力过滤罐进行酸洗？

14.BD005　酸洗压力过滤罐应达到什么标准？

15.BD006　阀门的安装要求有哪些？

16.BD011　更换紫外线杀菌装置灯管、石英套管时应注意哪些事项？

17.BE010　轴承的作用有哪些？

18.BE014　滚动轴承有哪些优、缺点？

19.BE014　怎样检查滚动轴承的好坏？

20.BF005　影响混凝沉降罐除悬浮物效率的因素都有哪些？

21.BF008　滤料影响过滤效率的因素有哪些？

22.BF008　水中悬浮物影响过滤效率的因素有哪些？

23.BF010　压力过滤罐过滤压力逐渐升高的原因是什么？

24.BF011　压力过滤罐水质不合理的处理方法有哪些？

25.BF013 化学清洗膜污染的选择原则是什么？

五、计算题

1.AA002 某水泵出口用压力表测得压力（表压）为15MPa，求折合水柱高度是多少？

2.AA005 运动黏度为$4 \times 10^{-5} m^2/s$的流体沿直径为0.01m的管以4m/s的速度流动，求每米管长的沿程损失是多少？（重力加速度g取$9.8m/s^2$）

3.AA005 已知某输水管线长12km，管内径为263mm，水力摩阻系数为0.045，水在管道内流速为1m/s。求沿程水头损失是多少？（重力加速度g取$9.8m/s^2$）

4.AA006 圆管的内径为0.02m，长度20m，管内液体流速为0.12m/s，水温$t=10℃$，流体运动黏度为$1.3 \times 10^{-6} m^2/s$，求该管段的沿程水头损失和水力坡降是多少？（重力加速度g取$9.8m/s^2$）

5.AA006 有一条污水管线内径为150mm，管内液体流速为1.2m/s，流体运动黏度为$0.001 m^2/s$，求该管段的起终点压差为0.6MPa，起终点距离和水力坡降是多少？（重力加速度g取$9.8m/s^2$）

6.AA007 某一管路的直径为0.02m，若动力黏度为$1.14 \times 10^{-6} m^2/s$的水通过此管时，平均流速为1m/s，雷诺数是多少，流动状态是层流还是紊流？

7.BB011 某污油回收罐用水银差压计测大罐液柱，压差计读数为420mmHg，原油密度为$0.86g/cm^3$，计算污油罐液位？（$\rho_汞 = 13.6g/cm^3$）

8.BB011 某一清水罐运用压力表法测大罐溢流高度，已知溢流时压力表指示值为0.065MPa，取压口与罐底高度差为0.75m，求此罐溢流管高度？

9.BC014 用分光光度法测定某水样的含油量，平行测定两次，每次取样量均为100.0mL，两次比色测定后在标准曲线上查出的油的质量分别为0.85mg和0.81mg。求①两次测定的水中油的质量浓度；②平行测定的相对偏差。

10.BC014 用分光光度法测定某水样的含油量，平行测定两次，每次取样量均为200.0mL，两次比色测定后在标准曲线上查出的油的质量分别为0.80mg和0.74mg。求①两次测定的水中油的质量浓度；②平行测定的相对偏差。

11.BD001 已知一台过滤罐直径为3m，如果反冲洗时间为15min，反冲洗水量为90m^3，问该罐的反冲洗强度为多少？

12.BD001 已知一台过滤罐直径为2m，如果要求反冲洗时间为15min，反冲洗强度为13L/（$s \cdot m^2$），问该罐的每次的反冲洗水量为多少？

13.BD013 某油田采出水处理站设计计算流量为670m^3/h，设二座自然除油罐、二座混凝除油罐、四座压力过滤罐，求除油罐及单台滤罐的校核流量。

14.BD013 某一污水处理站日处理污水量为4032m^3，采用两级沉降、一级压力过滤工艺流程，其中共运行4组过滤罐，滤速为6m/h，求单组过滤罐的过滤面积及过滤罐的直径。

15.BD013 某一污水处理站日处理污水量为2600m^3，采用两级沉降、一级压力过滤工艺流程，其中共运行4个过滤罐，滤罐直径为2m，求单个过滤罐的过滤面积及过滤罐的滤速。

16.BD014 某一污水处理站沉降罐每天的处理量为14000m^3，污水沉降罐的有效容积为1000m^3，求该沉降罐的沉降时间是多少？

17.BD014　某一污水沉降罐的有效容积为 1000m³，要求污水在沉降罐内的停留时间为 3h，求该沉降罐的处理量是多少？

18.BD016　某污水处理站要求除油罐除油效率≥95%，实际来水含油在 950mg/L 左右，请问该除油罐的出口含油应控制为多少？

19.BD016　某污水处理站新投产的除油罐实际测得除油效率≥95%，要求该除油罐出口含油控制在 50mg/L 以内，请问该除油罐的进口污水含油不宜超过多少？

20.BE019　某台电动机的同步转速为 1500r/min，电源频率为 50H，求该电动机的磁极对数。

21.BE019　某台电动机的磁极对数为 2，电源频率为 50H，转子转速为 1450r/min，求该电动机的同步转速和转差率。

22.BF005　某一混凝沉降罐的罐壁总高为为 11.8m，求该混凝沉降罐内的有效分离高度至少是多少？

答　案

一、单项选择题

1.A	2.C	3.B	4.A	5.B	6.C	7.A	8.D	9.A	10.D	11.C
12.B	13.C	14.A	15.C	16.D	17.A	18.C	19.C	20.A	21.A	22.C
23.C	24.D	25.A	26.C	27.C	28.B	29.A	30.B	31.C	32.D	33.A
34.C	35.B	36.A	37.B	38.D	39.A	40.B	41.C	42.A	43.D	44.C
45.C	46.B	47.D	48.B	49.A	50.D	51.D	52.A	53.B	54.C	55.C
56.D	57.C	58.A	59.D	60.A	61.B	62.C	63.A	64.B	65.A	66.B
67.C	68.A	69.A	70.C	71.C	72.A	73.A	74.B	75.A	76.B	77.C
78.B	79.C	80.D	81.B	82.D	83.A	84.D	85.C	86.A	87.B	88.D
89.B	90.A	91.C	92.B	93.B	94.D	95.D	96.B	97.D	98.B	99.A
100.B	101.A	102.C	103.A	104.D	105.C	106.B	107.B	108.C	109.A	110.D
111.A	112.B	113.C	114.B	115.D	116.A	117.D	118.C	119.D	120.C	121.D
122.B	123.D	124.C	125.C	126.D	127.A	128.B	129.B	130.C	131.A	132.B
133.B	134.D	135.A	136.B	137.B	138.C	139.A	140.B	141.B	142.C	143.B
144.A	145.B	146.C	147.B	148.C	149.B	150.A	151.B	152.A	153.D	154.A
155.D	156.A	157.B	158.A	159.B	160.C	161.C	162.D	163.A	164.B	165.B
166.D	167.C	168.B	169.D	170.B	171.A	172.B	173.A	174.B	175.B	176.A
177.C	178.D	179.C	180.A	181.A	182.D	183.C	184.B	185.A	186.B	187.D
188.B	189.A	190.B	191.B	192.D	193.A	194.C	195.D	196.A	197.C	198.A
199.B	200.C	201.B	202.D	203.D	204.C	205.A	206.C	207.D	208.B	209.A
210.B	211.B	212.D	213.C	214.B	215.C	216.B	217.B	218.A	219.A	220.B
221.B	222.A	223.A	224.B	225.A	226.C	227.A	228.B	229.B	230.C	231.A
232.B	233.B	234.C	235.A	236.B	237.B	238.C	239.A	240.B	241.B	242.D
243.A	244.B	245.B	246.D	247.A	248.D	249.B	250.C	251.A	252.C	253.B
254.C	255.B	256.A	257.B	258.C	259.A	260.B	261.B	262.C	263.B	264.B
265.B	266.D	267.C	268.A	269.A	270.B	271.B	272.D	273.B	274.D	275.A
276.B	277.C	278.A	279.A	280.B	281.B	282.C	283.B	284.C	285.C	286.D
287.B	288.C	289.A	290.B	291.B	292.D	293.D	294.D	295.A	296.B	297.B
298.C	299.A	300.B	301.B	302.C	303.A	304.B	305.B	306.C	307.A	308.D
309.B	310.C	311.A	312.B	313.B	314.C	315.A	316.B	317.B	318.D	319.A

320.B

二、多项选择题

1.ABC	2.AB	3.BCD	4.ABC	5.ACD	6.AB	7.ABCD
8.AB	9.AB	10.AB	11.AB	12.ABC	13.ABC	14.BC
15.AB	16.AB	17.CD	18.ABC	19.ABC	20.AB	21.AD
22.ABCD	23.ABCD	24.ABCD	25.ABC	26.ABC	27.ABCD	28.BC
29.ABC	30.ABCD	31.ABC	32.ABC	33.AC	34.AB	35.AD
36.ABD	37.BCD	38.AB	39.ABC	40.ABC	41.BC	42.AC
43.CD	44.AC	45.BD	46.CD	47.ABC	48.ABC	49.ABD
50.BC	51.BCD	52.ABC	53.BCD	54.AD	55.AC	56.BC
57.BD	58.ABCD	59.BCD	60.CD	61.AD	62.AC	63.CD
64.CD	65.BD	66.AC	67.AC	68.CD	69.BC	70.BCD
71.AD	72.ABCD	73.ABD	74.BD	75.ABCD	76.BD	77.AC
78.BC	79.ABD	80.ABCD	81.BC	82.BCD	83.BCD	84.ABD
85.AB	86.BD	87.BCD	88.BD	89.ABC	90.ABC	91.BC
92.BD	93.AB	94.AD	95.AD	96.AD	97.BD	98.AD
99.BD	100.AB	101.BD	102.AB	103.ACD	104.CD	105.AC
106.AB	107.AC	108.CD	109.AD	110.ABCD	111.ABC	112.BCD
113.BC	114.ABC	115.ABD	116.AB	117.BCD	118.BCD	119.ABCD
120.ABCD	121.AB	122.BD	123.ABCD	124.ABC	125.BC	126.ABC
127.AB	128.ABC	129.ABCD	130.AB	131.ABC	132.AC	133.AB
134.AB	135.AD	136.BCD	137.ACD	138.BC	139.CD	140.CD
141.BC	142.AD	143.BC	144.BC	145.CD	146.CD	147.AD
148.AB	149.AB	150.ABCD	151.ABCD	152.AB	153.ABCD	154.ABC
155.AC	156.ACD	157.BC	158.BC	159.CD	160.AD	

三、判断题

1.× 正确答案：固体中的热量传播是动能较大的分子将其动能的一部分传给邻近的动能较小的分子。 2.√ 3.× 正确答案：一般的输油管或输水管中，沿程水头损失是主要的，约占总损失的90%。 4.× 正确答案：液体在长输管道中的总水头损失以沿程水头损失为主。 5.× 正确答案：沿程水头损失与液体的黏滞力、惯性力、管壁粗糙度情况有关系。 6.√ 7.× 正确答案：单位面积上的惯性力与单位面积上的黏滞阻力的比值称雷诺数。 9.× 正确答案：表面力作用于流体表面上，并与受作用的流体表面积成正比。 9.√ 10.√ 11.√ 12.√ 13.× 正确答案：计量的分类方法有多种。 14.√ 15.√ 16.√ 17.× 正确答案：组合单位的中文名称与其符号的顺序一致，读法从左到右、先分子后分母。 18.√ 19.√ 20.√ 21.√ 22.× 正确答案：微细铠装热电偶适用于狭小且需弯曲场所的温度测量与控制。 23.× 正确答案：压力表精度一般工业用的1.5级或2.5级已足够。 24.√ 25.× 正确答案：涡轮流量计是由传感器和显示仪表组成。 26.× 正确答案：模—数转换是数字式显示仪表的核心部分。　27.√　28.√　29.√　30.×　正确答案；变频器不控整流器是将输入的交流电压进行滤波整流后转换为直流电压。　31.√　32.√　33.×　正确答案：当局部视图按基本视图的配置关系配置，中间又没有其他图形隔开时，可省略标注。　34.√　35.×　正确答案：机件的材料不相同，采用的剖面符号也不相同。　36.√　27.×　正确答案：标注剖视图在不致引起误解时，允许将图形旋转。　38.√　39.×　正确答案：按投影关系配置的不对称断面，均可省略箭头。　40.√　41.×　正确答案：硫化氢在低浓度下可闻到臭鸡蛋味，当浓度较高时感觉不到硫化氢的存在。　42.√　43.×　正确答案：在低压配电装置的前后及两侧的操作、维护通道上，不应堆放其他物品。　44.×　正确答案：设有消防栓的场所，灭火器的配置量可相应减少30%。　45.√　46.×　正确答案：平行安装的管道，管间距离小于10cm时，应沿管长每隔20m用25×2的扁钢跨接。　47.×　正确答案：在罐车、储罐上测量和泵房收发作业时，必须穿着防静电服装。　48.√　49.×　正确答案：百分表用于测量工件的各种几何形状误差和相互位置的正确性，并可借助于量块对零件的尺寸进行比较测量。　50.√　51.×　正确答案：百分表的读数方法为：先读小指针转过的刻度线（即毫米整数），再读大指针转过的刻度线并估读一位（即小数部分），并乘以0.01，然后两者相加，即得到所测量的数值。　52.√　53.×　正确答案：塞尺的使用受条件限制。　54.√　55.×　正确答案：一张完整的零件图应包括一组图形、完整的尺寸、技术要求、标题栏。　56.√　57.×　正确答案：从设计基准出发标注尺寸，能保证设计要求。　58.√　59.×　正确答案：使用卡钳测量要准确，误差不得超过0.5mm，每次操作重复3遍。　60.√　61.×　正确答案：铰板套扣过程中，套扣控制扳机时，扳机方向每次要在同一位置。　62.√　63.×　正确答案：刀片与滚轮之间的最小距离小于该规格管子割刀的最小割管尺寸时，会导致滑块脱离主体导轨。　64.√　65.√　66.×　正确答案：水温对溶气效率影响很大，降低水温可以提升溶气效率。　67.√　68.×　正确答案：投运气浮设备时，按要求配制合适浓度的混凝剂和絮凝剂。　69.√　70.×　正确答案：活塞式压缩机的曲轴每旋转一周，活塞往复一次，气缸内相继实现膨胀、吸气、压缩、排气过程即完成一个工作循环。　71.√　72.×　正确答案：储水罐的液位可以通过罐底部安装的压力表读数加上压力表的安装高度间接测得。　73.√　74.×　正确答案：进行大罐溢流高度测算时，压力要取溢流管刚刚溢流时或刚好不溢流时的压力表指示值。　75.√　76.×　正确答案：把样品放在水中，搅拌均匀，如溶液变黑，说明有硫化铁存在。　77.√　78.×　正确答案：从碳酸平衡式可以看出，水中CO_3^{2-}离子浓度与H+离子浓度有直接关系，即与水的pH值有密切关系。　79.√　80.×　正确答案：泡沫清管器一般用于不定期的清除管线内的垢。　81.√　82.×　正确答案：柠檬酸对钙盐的溶解度小，所以使用范围受限制。　83.√　84.×　正确答案：一束平行光在透明液体中传播，光束不会改变方向，遇到水中悬浮物时，即使是透明颗粒时也会改变方向。　85.√　86.×　正确答案：用蒸馏水校正仪器时，要将蒸馏水缓慢倒入测量瓶中约4/5体积。　87.√　88.×　正确答案：采用分光光度计比色法测污水中的含油量时，若萃取液混浊，应加入无水氯化钠脱水后，再进行比色。　89.√　90.×　正确答案：水样及空白测定所使用的溶剂应为同一批号，否则会由于空白值不同而产生误差。　91.√　92.×　正确答案：过滤罐的设计流速是按一台过滤罐反冲洗操作或检修时，其余过滤罐承担全部水量的情况确定。 93.× 正确答案：正常情况下，需要对压力滤罐每年清洗一次。 94.√ 95.× 正确答案：发现压力过滤罐的滤层污染结块，应进行酸洗后，如果没有效果再更换滤料。 96.× 正确答案：通径大于 80mm 的阀门应设置支座。 97.√ 98.× 正确答案：安装法兰阀门时，法兰与管道法兰平行。 99.× 正确答案：具有高、低压衔接部位的流程，操作时必须先导通低压部位后导通高压部位。 100.× 正确答案：紫外线杀菌设备一般安装在含油污水处理站的净化水管线上。 101.× 正确答案：在更换紫外线设备石英套管后，先倒通流程试压，正常后再送电试运，投入正常生产。 102.× 正确答案：紫外线杀菌设备在运行时，对于下进、下出流程的杀菌装置，需要定期打开排气阀，放净腔体内的气体。 103.× 正确答案：油田含油污水外排处理中，重点是污水的 COD 的达标排放。 104.√ 105.× 正确答案：合理使用污水处理站的设备可以减少设备的磨损，提高设备利用率，发挥设备效益。 106.√ 107.× 正确答案：污水处理站的污油罐应设立防火堤。 108.× 正确答案：污水处理站内高空作业时，凡是超过 2m 必须系好安全带。 109.√ 110.√ 111.× 正确答案：离心泵的轴上键与槽结合应紧密，不许加垫片。 112.√ 113.× 正确答案：补焊时，根据叶轮的材质不同，采用不同的补焊方法。 114.√ 115.× 正确答案：用手锤轻轻敲击泵体的各个部位，如果发出的响声比较清脆，则说明泵体上没有裂缝。 116.√ 117.× 正确答案：转动着的泵轴和泵壳之间存在有间隙，在高压时，会有液体漏出。 118.√ 119.× 正确答案：滚动轴承的内圈上有轨道。 120.√ 121.√ 122.√ 123.× 正确答案：滚动轴承结构简单，互换性不好。 124.√ 125.× 正确答案：装配滚动轴承时，最好在轴表面涂一层薄薄的润滑油，以减小摩擦阻力。 126.√ 127.× 正确答案：定子铁芯是电动机磁力线经过的部分，它的作用是导磁。 128.√ 129.× 正确答案：按拆卸相反的顺序装配防爆电动机。 130.√ 131.× 正确答案：充油、通风充气型防爆电动机，允许内部产生弧光。 132.× 正确答案：电动机外壳的防护等级标志由字母 IP 及两位数字组成来表示。 133.√ 134.√ 135.× 正确答案：溶气气浮投运前，要检查溶气罐水位及安全阀、液位计、压力表各附件情况。 136.× 正确答案：采用回流式溶气气浮选除油时，气水比的高低与处理采出水的含油量有关，含油量增高，气水比就要相应提高。 137.× 正确答案：调整溶气泵进气量或空压机供气量，保证溶气罐稳定的工作压力。 138.√ 139.× 正确答案：定期对混凝沉降罐的来水及出水水质进行分析，确定影响污水沉降分离效果的原因。 140.√ 141.√ 142.√ 143.× 正确答案：压力过滤罐滤后水质不合格时，要对反冲洗操作加强，适当缩短反冲洗周期。 144.× 正确答案：改性纤维污染严重，水头阻力增大，会使过滤截留能力降低。 145.× 正确答案：通常认为亲水性膜及膜材料与溶质电荷相同的膜较耐污染。 146.× 正确答案：对滤膜进行物理清洗时，用淡水进行冲洗膜表面，也可以用预处理后的原水来冲洗。 147.√ 148.× 正确答案：我国三相异步电动机功率在 4kW 及以上时，均采用三角形接法，以利于降压启动。 149.√ 150.× 正确答案：电动机进风温度过高时，需要检查周围环境温度是否过高。 151.√ 152.√ 153.× 正确答案：多级离心泵的叶轮进行切割时只切叶片，不要把两侧盖板切掉。 154.√ 155.× 正确答案：根据输送介质的性质选择适合的离心泵或采取系统加药处理输送介质可减轻化学反应造成的叶轮腐蚀。 156. √ 157. × 正确答案：出口阀门未打开或闸板脱落可导致离心泵启泵后不出水，泵压高，电流小，吸入压力正常。 158. √ 159. × 正确答案：离心泵叶轮反转是造成离心泵流量不足的的原因之一。 160. √

四、简答题

1. ①热传导实质是由物质中大量的分子热运动互相撞击；②使能量从物体的高温部分传至低温部分；③由高温物体传给低温物体的过程。

评分标准：答对①占30%；②③各占35%。

热传导在液体、固体、气体中，传播的区别是什么？

2. ①在液体和固体介质中，能量转移主要依靠分子运动弹性波的作用；②固体金属则主要依靠自由电子的运动；③气体则主要依靠分子的不规则运动。

评分标准：答对①占30%；②③各占35%。

3. ①必须向水中提供足够数量的微小气泡；②气泡的理想尺寸为15～30μm；③必须使目的物呈悬浮状态或具有疏水性质，以附着于气泡上浮升。

评分标准：答对①占30%，②③各占35%。

4. ①电解气浮法；②布气气浮法；③溶气气浮法。

评分标准：答对①占30%，②③各占35%。

5. ①比全流程溶气气浮所需的加压泵小，故动力消耗低；②压力泵所造成的乳化油量较全流程溶气气浮法低；③气浮池的大小与全部溶气法相同，但比回流式溶气气浮法要小。

评分标准：答对①占30%，②③各占35%。

6. 溶气气浮选主要包括①压力溶气装置；②溶解气释放装置；③气浮选分离装置。

评分标准：答对①占30%，②③各占35%。

①曲轴；②连杆；③十字头；④气缸；⑤气阀；⑥活塞。

评分标准：答对①②③④各占15%；⑤⑥各占20%

8. 原因：①来水突然增大；②外输水泵出现故障或控制排量过小；③下游注水站用水量减少，使进水量大于出水量，造成溢流；④净化水储罐出口阀闸板脱落或外输水管压高，造成外输水量小，发生溢流。

处理方法：①通知脱水站或上游控制来水量，减小污水处理量；②维修外输水泵，立即调整外输水泵的排量，使进出水平衡；③控制污水处理量或协调注水站增加注水量；④处理阀门故障，查找外输水管压升高的原因，加大外输水泵的排量。

9. ①缓蚀剂的投加量；②酸浓度的影响；③温度的影响；④时间的影响；⑤氧化性离子的影响；⑥流速的影响；⑦随着水垢溶解而产生气体的影响。

评分标准：答对①③④⑤⑥⑦各占15%；②各占10%。

10. ①根据水质情况每天对运行过滤器进行2～3次反冲洗；②反冲洗时要逐个滤罐进行，反冲洗一般分两次完成；③反冲洗时要保证一定的反冲洗强度和反冲洗时间；④每年要对滤罐的滤料进行开罐检查一次，发现漏失要及时补充；⑤定期对滤前水和滤后水取样分析，发现不正常时应立即处理；⑥正常运行的过滤器，生产流程开，反冲洗流程关；⑦对含聚合物或水质不好的滤罐要定期加助洗剂进行滤料清洗。

评分标准：答对①④⑤各占 20%；②③⑥⑦各占 10%

11.① GL 为过滤器的简称；② W 为过滤介质为污水；③ A 为自动操作；④额定处理量为 150m³/h；⑤设计压力为 0.6MPa；⑥ "2" 为两级过滤；⑦ "1" 代表第二次设计的过滤器。

评分标准：①②③④⑤⑥各占 15%，⑦占 10%。

12.①首先将调整优化的反冲洗参数输入控制程序中；②将反冲洗变频器控制各按钮调整到指定位置；③关闭过滤罐进出口阀，打开过滤罐反冲洗出、进口阀，打开反冲洗泵进出口阀；④按启动反冲洗变频器按钮，启动反冲洗泵；⑤反冲洗曲线与要求曲线重合；⑥当采用自动反冲洗时，可直接按变频器启动按钮，上述步骤则自动执行。

评分标准：答对①②④⑤⑥各占 15%；③占 25%。

13.①过滤罐开罐检查时，发现滤料污染、严重板结；②过滤罐发生憋压，进出口压差超过 0.1MPa，确认滤料污染；③来水水质超标，造成污染，经反冲洗及投加助洗剂后水质仍不达标；④正常情况下，每年需要酸洗一次。

评分标准：答对①②③④各占 25%。

14.①清洗后对滤料取样，滤料晾干后应恢复本色；②过滤罐进出口压差小于 0.1MPa；③滤后水质得到明显的改善。

评分标准：答对①占 35%；②③各占 35%。

15.①阀门的安装应按照阀门使用说明书和有关规定进行；②阀门安装前，应试压合格后才进行安装；③仔细检查阀门的规格、型号是否与图纸相符；④检查阀门各零件是否完好；⑤启闭阀门是否转动灵活自如；⑥密封面有无损伤等；⑦确认无误后，即可进行安装。

评分标准：答对①②③④⑤⑥各占 15%；⑦占 10%

16.①更换灯管、石英套管前应切断电源，使系统处于非工作状态；②更换石英套管前还应将腔体内的液体放净；③更换完毕按系统投运程序试压。

评分标准：答对① 40%；②③各占 30%。

17.①一是支撑轴及轴上零件，并保持轴的旋转精度；②二是减少转轴与支承之间的摩擦和磨损。

评分标准：各占 50%。

18.优点：①摩擦阻力小；②结构紧凑，安装拆卸方便，而且互换性好；③润滑油消耗量少，不易烧坏轴径，整个润滑系统的结构和维护也简单。缺点：①承受冲击载荷的能力差，且高速运转时噪声大；②安装时要求精度高；③使用寿命不如滑动轴承长。

评分标准：答对优点①②占各 15%，③占 20%；缺点②③占各 15%、占① 20%。

19.①滚动体及滚道表面不能有斑、孔、凹痕、剥落、脱皮等现象；②转动灵活，用手转动后应平稳；③隔离架与内外圈有一定的间隙；④检查间隙是否合适。

评分标准：答对①②③④各占 25%。

20.①混凝反应效果降低；②罐底部污泥沉积过厚；③斜板构件受污染或者损坏；④瞬间处理量突然增大或超过设计能力。

评分标准：答对①②③④各占 25%。

21.①滤料的粒度；②滤料的形状；③滤层的孔隙率；④滤层的厚度；⑤滤料的表面

性质。

评分标准：答对①②③④⑤各占 20%。

22.①悬浮物的粒度；②悬浮物颗粒的形状；③悬浮物颗粒的密度；④原水浓度；⑤原水温度；⑥悬浮颗粒表面活性。

评分标准：答对①②③⑤各占 15%，④⑥各占 20%。

23.①过滤进出口电动阀门故障未打开；②滤罐的布水头、集水管因结垢堵塞；③滤罐因滤料结垢膨胀阻力增加。

评分标准：答对①占 30%，②③各占 35%。

24.①加强反冲洗及收油工作；②滤料流失查明原因及时补充；③发现滤层结垢或油污染及时酸洗；④调整合适的过滤水流速；⑤加强前端工序处理设施管理，加强水质分析，掌握水质变化规律。

评分标准：答对①②③④⑤各占 20%。

25.①一是不能与膜及其他组件材质发生任何化学反应；②二是不能因为使用化学清洗剂而引起二次污染。

评分标准：答对①②各占 50%。

五、计算题

1. 解：$h = \dfrac{P}{\rho g} = \dfrac{15 \times 10^4}{1000 \times 9.8} = 1530.61\text{m}$

答：折合水柱高度为 1530.61m。

评分标准：公式、过程、结果全对满分；过程、公式对，结果错给 60% 分；只有公式对给 20% 分；公式、过程不对，结果对无分。

2. 解：① $Re = \dfrac{D \cdot V}{\upsilon} = \dfrac{0.01 \times 4}{4 \times 10^{-5}} = 1000 < 2000$，为层流

②沿程阻力系数 $\lambda = \dfrac{64}{Re} = \dfrac{64}{1000} = 0.064$

③沿程阻力损失为：$h_f = \lambda \dfrac{L}{D} \dfrac{v^2}{2g} = 0.064 \times \dfrac{4^2}{2 \times 0.01 \times 9.8} = 5.22$

答：每米管长的沿程损失是 5.22。

评分标准：公式、过程、结果全对满分；①②③过程、公式对，结果错给 20% 分；①②③只有公式对给 10% 分；公式、过程不对，结果对无分。

3. 解：利用达西公式：

$$h_f = \lambda \dfrac{L}{D} \dfrac{v^2}{2g} = 0.045 \times \dfrac{12000}{0.263} \times \dfrac{1^2}{2 \times 9.8} = 104.8(\text{m})$$

答：沿程水头损失为 104.8m。

评分标准：公式、过程、结果全对满分；过程、公式对，结果错给 60% 分；只有公式对给 20% 分；公式、过程不对，结果对无分。

4. 解：① $Re = \dfrac{D \cdot V}{\upsilon} = \dfrac{0.02 \times 0.12}{1.3 \times 10^{-6}} = 1846 < 2000$，为层流

②沿程阻力系数 $\lambda = \dfrac{64}{Re} = \dfrac{64}{1846} = 0.0347$

③沿程阻力损失为：$h_f = \lambda \dfrac{L}{D}\dfrac{v^2}{2g} = 0.0347 \times \dfrac{20}{0.02} \times \dfrac{0.12^2}{2 \times 9.8} = 0.025(\text{m})$

④水力坡降为：$i = \dfrac{h_f}{L} = \dfrac{0.025}{20} = 1.25 \times 10^{-3}$

答：该管段的沿程水头损失为 0.025m，水力坡降为 1.25×10^{-3}。

评分标准：公式、过程、结果全对满分；过程、公式对，结果错给 60% 分；只有公式对给 20% 分；公式、过程不对，结果对无分；①②③④各占 25%。

5. 解：① $Re = \dfrac{D \cdot V}{\upsilon} = \dfrac{1.2 \times 0.15}{0.001} = 180 < 2000$，为层流

②沿程阻力系数 $\lambda = \dfrac{64}{Re} = \dfrac{64}{180} = 0.36$

③由沿程阻力损失 $h_f = \lambda \dfrac{L}{D} \cdot \dfrac{v^2}{2g}$，得

$$L = \dfrac{2gh_f D}{\lambda V^2} = \dfrac{2 \times 9.8 \times 61.2 \times 0.15}{0.36 \times 1.2^2} = 347(\text{m})$$

④水力坡降为：$i = \dfrac{h_f}{L} = \dfrac{61.2}{347} = 0.1764$

答：该管段的起终点距离为 347m，水力坡降为 0.1764。

评分标准：公式、过程、结果全对满分；过程、公式对，结果错给 60% 分；只有公式对给 20% 分；公式、过程不对，结果对无分；①②③④各占 25%。

6. 解：$Re = \dfrac{D \cdot V}{\upsilon} = \dfrac{0.02 \times 1}{1.14 \times 10^{-6}} = 17543.86 > 2000$

答：雷诺数为 17543.86，流态为紊流。

评分标准：公式、过程、结果全对满分；过程、公式对，结果错给 60% 分；只有公式对给 20% 分；公式、过程不对，结果对无分。

7. 解：由 $\rho_{汞} \cdot h_{汞} = \rho_{油} \cdot h_{油}$

得 $h_{油} = \rho_{汞} \cdot h_{汞} / \rho_{油} = 42 \times 13.6 \div 0.86 = 664.2(\text{cm}) = 6.642(\text{m})$

答：污油罐的液位为 6.642m。

评分标准：公式正确占 40%；过程正确占 40%；答案正确占 20%；无公式、过程，只有结果不得分。

8. 解：$H = \dfrac{P}{\rho g} + h_1 = \dfrac{0.065 \times 10^6}{1000 \times 9.8} + 0.75 = 7.38(\text{m})$

答：此罐的溢流管高度为 7.38m。

评分标准：公式正确占 40%；过程正确占 40%；答案正确占 20%；无公式、过程，只有结果不得分。

9. 解：①根据式 $\rho_0 = m_0 / V_w$ 得

$\rho_1 = (0.85/100) \times 10^3 = 8.5 \ (\text{mg/L})$

$\rho_2 = (0.81/100) \times 10^3 = 8.1$（mg/L）

②$\rho = (\rho_1+\rho_2)/2 = (8.5+8.1)/2 = 8.3$（mg/L）

相对偏差 $= [(8.5-8.3)/8.3] \times 100\% = 2.4\%$

答：两次测定的水中油的质量浓度分别为 8.5mg/L 和 8.1mg/L；平行测定的相对偏差为 2.4%。

评分标准：公式、过程、结果全对满分；过程、公式对，结果错给 60% 分；只有公式对给 20% 分；公式、过程不对，结果对无分。

10. 解：①根据式 $\rho_0 = m_0/V_w$ 得

$\rho_1 = (0.80/200) \times 10^3 = 4.0$（mg/L）

$\rho_2 = (0.74/200) \times 10^3 = 3.7$（mg/L）

②$\rho = (\rho_1+\rho_2)/2 = (4.0+3.7)/2 = 3.85$（mg/L）

相对偏差 $= [(4.0-3.85)/3.85] \times 100\% = 3.9\%$

答：两次测定的水中油的质量浓度分别为 4.0mg/L 和 3.7mg/L；平行测定的相对偏差为 3.9%。

评分标准：公式、过程、结果全对满分；过程、公式对，结果错给 60% 分；只有公式对给 20% 分；公式、过程不对，结果对无分。

11. 解：$q = \dfrac{Q}{S \times t_1} = \dfrac{Q}{\frac{1}{4}\pi D^2 t} = \dfrac{9000}{\frac{1}{4} \times 3.14 \times 3^2 \times 900} = 14.15 L(S \cdot m^2)$

答：该罐的反冲洗强度为 14.15L/(S · m²)。

评分标准：公式正确占 40%；过程正确占 40%；答案正确占 20%；无公式、过程，只有结果不得分。

12. 解：$Q = q \times S \times t = q \times \frac{1}{4}\pi D^2 \times t = 13 \times \frac{1}{4} \times 3.14 \times 2^2 \times 900 = 36738L = 36.7 m^3$

答：该罐的反冲洗水量为 36.7m³。

评分标准：公式正确占 40%；过程正确占 40%；答案正确占 20%；无公式、过程，只有结果不得分。

13. 解：① $Q_{除} = \dfrac{Q_S}{n_1-1} = \dfrac{670}{2-1} = 670 m^3/h$

② $Q_{滤} = \dfrac{Q_S}{n_2-1} = \dfrac{670}{4-1} = 233 m^3/h$

答：除油罐的校核流量为 670m³/h；单台滤罐的校核流量为 。

评分标准：公式正确占 40%；过程正确占 40%；答案正确占 20%；无公式、过程，只有结果不得分。

14. 解：由 $F = \dfrac{Q}{V} = \dfrac{4032}{6 \times 24} = 28 m^2$

得单组滤罐过滤面积为 $F_1 = 28 \div 4 = 7 m^2$

由 $F_1 = \frac{1}{4}\pi D^2$，得 $D = \sqrt{\dfrac{4F_1}{\pi}} = \sqrt{\dfrac{4 \times 7}{3.14}} \approx 3m$

答：单组过滤罐的过滤面积为 7m²，过滤罐的直径为 3m。

评分标准：公式正确占 40%；过程正确占 40%；答案正确占 20%；无公式、过程，只有结果不得分。

15. 解：$F = \frac{1}{4}\pi D^2 = \frac{1}{4} \times 3.14 \times 2^2 = 3.14\text{m}^2$

$$v = \frac{Q}{4 \times F} = \frac{2600 \div 24}{4 \times 3.14} \approx 8.6\text{m/h}$$

答：单个过滤罐的过滤面积为 3.14m²，过滤罐的滤速为 8.6m/h。

评分标准：公式正确占 40%；过程正确占 40%；答案正确占 20%；无公式、过程，只有结果不得分。

16. 解：$t = \frac{V}{Q} = \frac{1000}{14000} \times 24 = 1.71\text{h}$

答：该沉降罐的沉降时间为 1.71 小时。

评分标准：公式正确占 40%；过程正确占 40%；答案正确占 20%；无公式、过程，只有结果不得分。

17. 解：由 $t = \frac{V}{Q}$，得 $Q = \frac{V}{t} = \frac{1000}{3} \times 24 = 8000\text{m}^3$

答：该沉降罐的每天的处理量为 8000m³。

评分标准：公式正确占 40%；过程正确占 40%；答案正确占 20%；无公式、过程，只有结果不得分。

18. 解：根据公式 $\eta = \frac{e_1 - e_2}{e_1} \times 100\%$

得 $e_2 = e_1 - e_1\eta = 950 - 950 \times 95\% = 47.5\text{mg/L}$

答：该除油罐出口含油应控制在小于 47.5mg/L 以内。

评分标准：公式正确占 40%；过程正确占 40%；答案正确占 20%；无公式、过程，只有结果不得分。

19. 解：根据公式 $\eta = \frac{e_1 - e_2}{e_1} \times 100\%$

得 $e_1 = \frac{e_2}{1 - \eta} = \frac{50}{1 - 0.95} = 1000\text{mg/L}$

答：该除油罐的进口污水含油不宜超过 1000mg/L。

评分标准：公式正确占 40%；过程正确占 40%；答案正确占 20%；无公式、过程，只有结果不得分。

20. 解：因为 $n = 60f/P$，所以 $/ = 60 \times 50/1500 = 2$

答：电动机的磁极对数为 2。

评分标准：公式正确占 40%；过程正确占 40%；答案正确占 20%；无公式、过程，只有结果不得分。

21. 解：由 $n_1 = 60f/P$ 得 $n_1 = 60 \times 50/2 = 1500$（r/min）

由 $S = (n_1 - n)/n_1 \times 100\%$ 得 $S = (1500 - 1450) \div 1500 \times 100\% = 3.3\%$

答：该电动机的同步转速为 1500r/min，转差率为 3.3%。

评分标准：公式正确占 40%；过程正确占 40%；答案正确占 20%；无公式、过程，只有结果不得分。

22.解：由 $H=H_1+H_2+H_3+H_4$

得 $H_4=H-H_1-H_2-H_3=9.8-0.5-1.0-1.2=7.1$（m）

答：该混凝沉降罐内的有效分离高度至少为 7.1m。

评分标准：公式正确占 40%；过程正确占 40%；答案正确占 20%；无公式、过程，只有结果不得分。

技师理论知识练习题及答案

一、单项选择题（每题 4 个选项，只有 1 个是正确的，将正确的选项号填入括号内）

1.AA001　稳定流动的液体，由（　　）可得，流过所有过水断面的流量都是相等的。
　　A. 热力学第一定律　　　　　　　　B. 能量转换定律
　　C. 热力学第二定律　　　　　　　　D. 质量守恒定律

2.AA001　不可压缩流体流动的空间连续性方程说明流体在（　　）、单位体积空间内的流体体积保持不变。
　　A 一定时间　　　　B. 某一时间　　　　C.单位时间　　　　D. 连续时间

3.AA002　某串联管道由 3 段简单管道组成，总流量 Q（　　）分流量 Q_1。
　　A. 等于　　　　　　B. 大于　　　　　　C. 小于　　　　　　D. 不等于

4.AA002　并联的各条管路在始点 A 终点 B 两点间的水头损失都是（　　）的。
　　A. 不成比例　　　　B. 不相等　　　　　C. 成比例　　　　　D. 相等

5.AA003　根据流体运动要素是否随（　　）变化，把流体运动分为稳定流和不稳定流两类。
　　A. 压力　　　　　　B. 温度　　　　　　C. 时间　　　　　　D. 体积

6.AA003　流束或总流上垂直于流线的断面，称为（　　）。
　　A. 垂直断面　　　　B. 有效断面　　　　C. 流量　　　　　　D. 平均流速

7.AA004　实际流体流动时，由于流体间的（　　），以及某些局部管件引起的附加阻力，使得流体在流动过程中产生能量损失，所损失的机械能变成热能而损失。
　　A. 摩擦阻力　　　　B. 比动能　　　　　C. 比位能　　　　　D. 水头损失

8.AA004　实际流体流动时，沿流动方向总比能（　　）。
　　A. 升高　　　　　　B. 不变　　　　　　C. 先升高后降低　　D. 降低

9.AA005　公式 $h_j = \lambda \dfrac{L_{当}}{d} \times \dfrac{v^2}{2g}$ 中 $L_{当}$ 为（　　）。
　　A. 管线长度　　　　B. 当量管线长度　　C. 局部长度　　　　D. 当量长度

10.AA005　达西公式的表达式是（　　）。
　　A. $\lambda = \dfrac{64}{Re}$　　　　B. $\lambda = \dfrac{6}{4Re}$　　　　C. $\lambda = \dfrac{Re}{64}$　　　　D. $\lambda = \dfrac{4}{6Re}$

11.AA006　运动黏度为 $4 \times 10^{-5}\mathrm{m^2/s}$ 的流体沿直径为 0.08m 的管以 0.5m/s 的速度流动，则该流体流动状态为（　　）。
　　A. 状态流　　　　　B. 过渡流　　　　　C. 紊流　　　　　　D. 层流

12.AA006　对于（　　）一种管内液流或气流，任何流态，都可以确定出一个雷诺数 Re 值。
　　A. 相同　　　　　　B. 任何　　　　　　C. 类似　　　　　　D. 统一

13.AB001 出现欠压故障时，说明变频器电源（ ）部分有问题，需检查后才可以运行。

    A. 输入   B. 运行   C. 预热   D. 输出

14.AB001 变频器上的过载故障包括变频过载和（ ）。

    A. 容器超负荷   B. 电动机过载   C. 空开超负荷   D. 电缆超负荷

15.AB002 仪表的电气线路应在爆炸危险性较小的环境或远离（ ）的地方敷设。

    A. 设备   B. 释放源   C. 房屋   D. 水管线

16.AB002 当易燃物质比空气（ ）时，仪表的电气线路应在较低处敷设。

    A. 重   B. 多   C. 轻   D. 少

17.AB003 根据自动化仪表的分布情况,选定最佳巡回检查路线,（ ）至少巡回检查一次。

    A. 每 2h   B. 每天   C. 一个月   D. 每年

18.AB003 自动化定期（ ）也是日常维护的一项内容，但在具体工作中往往容易忽视。

    A. 拆卸   B. 检测   C. 润滑   D. 校验

19.AB004 仪表故障处理时，应先根据仪表的故障表现（ ）故障点，然后加以验证。

    A. 检测   B. 排除   C. 查找   D. 猜测

20.AB004 当自动化仪表失灵时，首先观察一下（ ）的变化趋势。

    A. 生产   B. 系统   C. 记录曲线   D. 液位

21.AB005 系统自动化控制中，比例控制变量与被控变量成（ ）关系的称为比例控制。

    A. 正比   B. 反比   C. 线性   D. 控制

22.AB005 系统自动化控制方式中，如果纠正系统的（ ）是由人直接操作，这种回路为手动控制系统。

    A. 操作   B. 控制   C. 测量   D. 偏差

23.AB006 系统通过除油罐液位显示控制仪和出口调节阀（ ）使除油罐液位稳定在给定的范围。

    A. 联锁   B. 调节   C. 控制   D. 给定值

24.AB006 通过若干自动化控制单元相互（ ），实现整个污水处理系统自动控制。

    A. 控制   B. 联锁   C. 传递   D. 制约

25.AB007 在自动调节系统中，把需要调节的（ ）设备的有关控制参数称为调节对象。

    A. 机泵   B. 阀门   C. 工艺   D. 管路

26.AB007 在自动调节系统中，被调节参数是指能够在设备运转情况下并需要进行调节的（ ）参数。

    A. 工艺   B. 计量   C. 液位   D. 机泵

27.AB008 混凝沉降罐的自动排污控制是由控制柜中（ ）按设定方式控制排污蝶阀完成的。

    A.PHT   B.PLC   C.CPO   D.PSP

28.AB008 混凝沉降罐 pH 调节剂自动化操作是根据来水 pH 值的变化调整（ ）的控制参数，稳定准确投加药量。

    A. 变频器   B. 药量   C. 水量   D. 混合量

29.AB009 除油缓冲罐液位显示控制仪与提升泵（ ）联锁控制除油缓冲罐液位稳定。

    A. 进口   B. 出口   C. 变频器   D. 电源

30.AB009　在油气田污水处理工艺中，除油罐到设定排污时间，排污指示灯亮，排污蝶阀（　　）打开排污。

　　A.手动　　　　　　　B.负压　　　　　　　C.反复　　　　　　　D.自动

31.AB010　操作运行滤罐反冲洗自动化之前，需要检查气源压力，一般控制在（　　）以上。

　　A.0.06MPa　　　　　B.0.1MPa　　　　　　C.0.25MPa　　　　　D.0.4MPa

23.AB010　过滤罐自动反冲洗时，如果需要终止该组压力滤罐的反冲洗，可按一下（　　）按钮。

　　A.启动　　　　　　　B.复位　　　　　　　C.停止　　　　　　　D.检测

33.AB011　DCS控制系统是在（　　）控制系统的基础上发展、演变而来的。

　　A.电子　　　　　　　B.集中式　　　　　　C.分散　　　　　　　D.程序

34.AB011　DCS控制系统可以按照需要与更高性能的计算机设备通过网络连接来实现更高级的（　　）管理功能。

　　A.网络　　　　　　　B.WLAN　　　　　　　C.人员　　　　　　　D.集中

35.AB012　DCS调试应用中，在服务器控制算法工程编译和基本编译成功之后可以进行（　　）。

　　A.调试　　　　　　　B.换算　　　　　　　C.试运　　　　　　　D.联编

36.AB012　DCS调试应用中，在编译信息栏中将显示是否成功生成下载文件和（　　）。

　　A.开启工程　　　　　B.控制器算法工程　　C.换算　　　　　　　D.开启程序

37.AC001　画零件图时，要对（　　）进行逐一检查对比，补充完善后，依次画出零件图。

　　A.零件草图　　　　　B.技术要求　　　　　C.三视图　　　　　　D.标题栏

38.AC001　绘制零件图时，应测量零件尺寸，在图样的相关位置处标注该零件在加工和检验时所必要的（　　）尺寸。

　　A.部分　　　　　　　B.极限　　　　　　　C.偏差　　　　　　　D.全部

39.AC002　有配合关系的尺寸，一般要测出它的（　　）。

　　A.基本尺寸　　　　　B.定形尺寸　　　　　C.定位尺寸　　　　　D.设计尺寸

40.AC002　在零件的形状结构表达得正确、完整、清晰的前提下，尽量减少视图（　　），以便于画图。

　　A.尺寸　　　　　　　B.数量　　　　　　　C.内容　　　　　　　D.结构

41.AC003　零件尺寸标注，应能正确、完整、清晰地标注出零件尺寸及其（　　）。

　　A.设计尺寸　　　　　B.数量　　　　　　　C.结构　　　　　　　D.尺寸偏差

42.AC003　零件图注写的（　　），应能说明零件加工制造、检验、装配过程中所达到的要求。

　　A.设计尺寸　　　　　B.数量　　　　　　　C.技术要求　　　　　D.基本尺寸

43.AC004　零件图的识读方法有一般了解、视图分析、（　　）、了解技术要求、总结五个步骤。

　　A.分析尺寸　　　　　B.了解视图　　　　　C.掌握工艺　　　　　D.分析工艺

44.AC004　识读零件图时，要分析视图了解表达方法，弄清各视图之间的（　　）关系。

　　A.位置　　　　　　　B.投影　　　　　　　C.方向　　　　　　　D.上下

45.AC005　通过测量获得的尺寸称为（　　）。

　　A.基本尺寸　　　　　B.作用尺寸　　　　　C.实际尺寸　　　　　D.设计尺寸

46.AC005 同一规格的零部件可以相互替换的性能称为零部件的（　　）。

    A. 标准性　　　　　　B. 互换性　　　　　　C. 通用性　　　　　　D. 系列性

47.AC006 任何一台机器或部件都是由各种零件按一定的装配关系和（　　）装配起来的。

    A. 技术要求　　　　　B. 尺寸大小　　　　　C. 相互位置　　　　　D. 明细表

48.AC006 零件图中的一组视图只能表示零件的结构和形状，而零件各部分的真实大小及准确的相对位置则要由（　　）来确定。

    A. 主视图　　　　　　B. 三视图　　　　　　C. 装配图　　　　　　D. 标注尺寸

49.AD001 HSE 管理体系突出"预防为主、安全第一、领导承诺、全面参与、（　　）"的管理思想。

    A. 目标管理　　　　　B. 方针指南　　　　　C. 持续发展　　　　　D. 持续改进

50.AD001 HSE 管理体系是由管理思想、（　　）和措施联系在一起构成的，这种联系不是简单的组合，而是一种有机的、相互关联和相互制约的联系。

    A. 制度　　　　　　　B. 规程　　　　　　　C. 机构　　　　　　　D. 文件

51.AD002 HSE 体系标准引进了新的监测、规划、评价等管理技术，加强（　　）和评审，建立全新的经营战略和一体化管理体系。

    A. 审核　　　　　　　B. 监督　　　　　　　C. 评价　　　　　　　D. 控制

52.AD002 通过建立和实施 HSE 管理体系（　　），可提高企业综合管理水平，增强企业的竞争力。

    A. 目标　　　　　　　B. 标准　　　　　　　C. 要素　　　　　　　D. 评价

53.AD003 HSE 文件管理体系中，领导和承诺，政策、战略和目标，组织、资源和记录是针对（　　）来说的。

    A. 管理者　　　　　　B. 组织方　　　　　　C. 领导　　　　　　　D. 技术人员

54.AD003 HSE 文件管理系统中要有一个明确的（　　），并写明各自的责任。

    A. 管理机构　　　　　B. 组织方　　　　　　C. 领导者　　　　　　D. 技术人员

55.AD004 HSE 管理体系要素中（　　）是核心。

    A. 实施和监测　　　　　　　　　　　　B. 领导和承诺

    C. 方针和战略目标　　　　　　　　　　D. 风险评估和管理

56.AD004 HSE 管理体系要素中（　　）是纠正完善和自我约束的保障。

    A. 审核和评审　　　　　　　　　　　　B. 方针和战略目标

    C. 领导和承诺　　　　　　　　　　　　D. 风险评估和管理

57.AD005 在深化 HSE 管理过程中，公司或企业要把工作重点放在基层现场"两书一表"的（　　）上。

    A. 建立与运行　　　　B. 组织与建立　　　　C. 运行与管理　　　　D. 建立与创新

58.AD005 "两书一表"是 HSE 管理基本模式，是 HSE 管理体系在基层的（　　）化表现。

    A. 制度　　　　　　　B. 文件　　　　　　　C. 管理　　　　　　　D. 责任

59.AD006 《HSE 作业计划书》是《HSE 作业指导书》满足项目要求的一个（　　）文件。

    A. 执行　　　　　　　B. 变更　　　　　　　C. 管理　　　　　　　D. 固定

60.AD006 《HSE 作业计划书》的建立立足于（　　）的基础上，主要是基层组织针对项目变化和满足新的要求所开发的作业文件。

    A. 管理评审　　　　　B. 策划　　　　　　　C. 风险评估　　　　　D. 实施与运行

61.BA001 絮凝过程就是在外力作用下，使具有絮凝性能的微絮粒相互接触碰撞，而形成更大的絮粒，以适应（　　）的要求。

A. 液体流动　　　　　B. 絮凝时间　　　　　C. 絮凝速度　　　　　D. 沉降分离

62.BA001 絮凝速度取决于速度梯度和絮凝时间的（　　）。

A. 和　　　　　　　　B. 差　　　　　　　　C. 乘积　　　　　　　D. 比值

63.BA002 测定（　　）的方法是分别测出空白试样与加入缓蚀剂试样的腐蚀速度。

A. 缓蚀速度　　　　　B. 缓蚀率　　　　　　C. 缓蚀时间　　　　　D. 缓蚀效果

64.BA002 吸附型缓蚀剂又称为（　　）。

A. 氧化缓蚀剂　　　　B. 沉淀缓蚀剂　　　　C. 有机缓蚀剂　　　　D. 无机缓蚀剂

65.BA003 氧化型杀菌剂是通过（　　）作用破坏细菌细胞结构的。

A. 强氧化　　　　　　B. 强还原　　　　　　C. 强分解　　　　　　D. 氧化

66.BA003 非氧化型杀菌剂能选择性地吸附到菌体上，在细胞表面形成一层高浓度的（　　），直接影响细胞膜的正常功能。

A. 分子团　　　　　　B. 原子团　　　　　　C. 离子团　　　　　　D. 液体

67.BA004 试验污水处理药剂时，要先测试各种污水处理药剂的（　　）。

A. 黏度　　　　　　　B. 浓度　　　　　　　C. 水溶性　　　　　　D. 化学性质

68.BA004 试验污水处理药剂时，对每一类污水处理药剂先选出一种效果最好的药剂，然后再选出药剂投加最佳（　　）。

A. 质量　　　　　　　B. 浓度　　　　　　　C. 体积　　　　　　　D. 数量

69.BA005 筛选阻垢剂时，每次试验都要测出阻垢率，选出其中比较好的药剂再做一下（　　）试验。

A. 阻垢　　　　　　　B. 缓蚀　　　　　　　C. 杀菌　　　　　　　D. 净化

70.BA005 阻垢剂的筛选主要是针对（　　）而言。

A. 防垢时间　　　　　B. 防垢速度　　　　　C. 防垢快慢　　　　　D. 防垢效果

71.BA006 评定阻垢剂时，要将加入阻垢剂的溶液和未加入阻垢剂的溶液放入（　　）的烘箱中，恒温 3h。

A.25℃　　　　　　　B.50℃　　　　　　　C.75℃　　　　　　　D.100℃

72.BA006 进行阻垢剂评价时，恒温 3h 后用定性滤纸过滤，然后分析滤液中（　　）的变化，以其变化来评价阻垢剂性能。

A. 含铁量　　　　　　B. 含钙量　　　　　　C. 含镁量　　　　　　D. 含氯量

73.BA007 进行药剂性能评价时，应采用（　　）实验方法评定絮凝剂的絮凝效果。

A. 烧杯沉降　　　　　B. 烧杯上浮　　　　　C. 烧杯冷却　　　　　D. 烧杯凝结

74.BA007 采用绝迹稀释法进行药剂性能评价的是（　　）。

A. 除氧剂　　　　　　B. 缓蚀剂　　　　　　C. 杀菌剂　　　　　　D. 阻垢剂

75.BA008 絮凝剂的选择主要取决于胶体和细微悬浮物的性质和（　　）。

A. 组成　　　　　　　B. 浓度　　　　　　　C. 状态　　　　　　　D. 颗粒大小

76.BA008 当处理的胶粒在（　　）以上时，常先投加有机絮凝剂吸附架桥，再加无机絮凝剂压缩扩散层而使胶体脱稳。

A.20μm　　　　　　B.30μm　　　　　　C.40μm　　　　　　D.50μm

77.BA009　测定污水滤膜系数过程中要用（　）清洗两次储水器的仪器。

　　A. 水样　　　　　　B. 蒸馏水　　　　　C. 乙醚　　　　　　D. 无水乙醇

78.BA009　测定污水滤膜系数时，一般采集水样（　）。

　　A.1000mL　　　　B.1500mL　　　　C.2000mL　　　　D.2500mL

79.BA010　测定水样中悬浮物含量时，测试之前和洗涤之后滤膜片都要称至质量恒定，两次称量差均小于（　）。

　　A.0.5mg　　　　　B.0.3mg　　　　　C.0.2mg　　　　　D.0.1mg

80.BA010　滤膜法测定水样中悬浮物含量时，取出的滤膜片放在干燥器内要冷却到（　）。

　　A.0℃　　　　　　B.−5℃　　　　　C.−10℃　　　　　D. 室温

81.BA011　单层滤膜测定悬浮固体含量时，应将待测水样放入水温为现场水流温度的水浴预热（　）。

　　A.3min　　　　　B.5min　　　　　C.8min　　　　　D.10min

82.BA011　滤膜法测定悬浮固体含量时，单次膜滤的最大过滤水样量不宜超过（　）。

　　A.500mL　　　　B.1000mL　　　　C.1500mL　　　　D.2000mL

83.BA012　测定水样中铁含量时，若水中含铁量小于0.5mg/L，要求相对偏差小于（　）。

　　A.10%　　　　　B.15%　　　　　C.20%　　　　　D.25%

84.BA012　测定水样中铁的含量时分光光度计应选定波长（　），空白使用正确。

　　A.100nm　　　　B.200nm　　　　C.300nm　　　　D.500nm

85.BB001　污水处理站内的除油罐或沉降罐一般不宜少于（　）座。

　　A.1　　　　　　　B.2　　　　　　　C.3　　　　　　　D.4

86.BB001　污水处理站内的除油罐或沉降罐应设收油设施，宜采用（　）收油设施。

　　A. 连续　　　　　B. 间歇　　　　　C. 定期　　　　　D. 控制

87.BB002　当除油罐设有反应筒时，应采取使反应筒进水（　）罐进水的技术措施。

　　A. 不同于　　　　B. 相同于　　　　C. 滞后于　　　　D. 提前于

88.BB002　除油罐的溢流可选择倒U形或堰箱，溢流管管径不应小于（　）管径。

　　A. 进水管　　　　B. 出水管　　　　C. 放空管　　　　D. 虹吸管

89.BB003　检查验收焊接油罐的总体高度，允许偏差不应大于设计高度的0.5%，且不得大于（　）。

　　A.40mm　　　　B.50mm　　　　C.55mm　　　　D.60mm

90.BB003　ϕ15m 的除油罐组装焊接后，在底圈壁板1m高处测量，底圈壁板内表面任意点半径的允许偏差为（　）。

　　A. ±5mm　　　　B. ±13mm　　　　C. ±19mm　　　　D. ±25mm

91.BB004　在对罐底板焊缝渗漏检验时，在（　）罐壁安装焊接后进行。

　　A. 第一圈　　　　B. 第二圈　　　　C. 第三圈　　　　D. 第四圈

92.BB004　在对罐顶板焊缝密封性检查时，在焊缝上涂以肥皂水，罐内装高度大于（　）的水，通入压缩空气，以未发现肥皂泡为合格。

　　A.4m　　　　　　B.3m　　　　　　C.2m　　　　　　D.1m

93.BB005　油罐盘梯的净宽度不应小于（　）。

　　A.600mm　　　　B.650mm　　　　C.700mm　　　　D.800mm

94.BB005 油罐盘梯外侧必须设置栏杆，当盘梯内侧与罐壁的距离大于（ ）时，内侧也必须设置栏杆。

    A.150mm   B.200mm   C.250mm   D.300mm

95.BB006 油罐焊接组装完毕后试验时，与（ ）试验有关的焊缝不应涂刷油漆。

    A. 稳定性   B. 严密性   C. 强度   D. 升降

96.BB006 油罐焊接组装完毕后，罐体焊缝防腐及油罐保温应在（ ）合格后进行。

    A. 稳定性试验   B. 强度试验   C. 充水试验   D. 渗透检测

97.BB007 除油罐维修施工时，放净罐内液体后要对罐内进行（ ）清罐 24 ～ 48h，保证没有明显的块油、片油。

    A. 通蒸汽   B. 通热水   C. 用压缩空气   D. 用氮气置换

98.BB007 如果需要对除油罐进行动火施工时，要由（ ）编写动火施工报告。

    A. 安全部门   B. 施工单位   C. 生产单位   D. 安全员

99.BB008 罐区施工焊接时，电焊回路线应接在（ ）上，把线及二次线绝缘必须完好，不得穿过下水井或其他设备搭接。

    A. 地线   B. 焊件   C. 金属   D. 零线

100.BB008 施工场所要（ ），除尘，防止清洗过程中溶剂挥发导致人员中毒或发生爆炸。

    A. 干燥   B. 清洁干净   C. 通风排气   D. 保持潮湿

101.BB009 电磁流量计是根据法拉第电磁感应定律制成的，电磁流量计只能用来测量（ ）的流量。

    A. 原油   B. 易燃液体   C. 导电液体   D. 气体

102.BB009 电磁流量计为（ ）测量的流量计，所以必须经过标定才能使用。

    A. 间接   B. 直接   C. 直流   D. 交流

103.BB010 为防止流体速度分布不均匀和旋涡的存在对电磁流量计产生影响，在流量计的进、出口必须安装直管长度为（ ）公称管径以上的直管段。

    A.2 ～ 5 倍   B.5 ～ 10 倍   C.10 ～ 15 倍   D.15 ～ 20 倍

104.BB010 尽量避免让电磁流量计在（ ）状态下使用，否则容易造成衬里材料的剥落。

    A. 低压   B. 超压   C. 负压   D. 超量程

105.BB011 污水处理站的电磁流量计出现无流量信号输出的故障原因之一是（ ）。

    A. 管内未满液   B. 污水含油高   C. 流量不稳定   D. 电磁干扰

106.BB011 污水处理站的电磁流量计流量信号波动的故障原因可能是（ ）。

    A. 超量程使用   B. 介质中有气泡

    C. 流体方向与设定方向反   D. 元器件损坏

107.BB012 转数为 2000r/min 的离心式污泥脱水机是（ ）。

    A. 超低速离心机   B. 低速离心机   C. 高速离心机   D. 中速离心机

108.BB012 油田含油污泥处理中应用较为广泛的离心机为（ ）。

    A. 盘式离心机   B. 转筒式离心机   C. 活塞推料离心机 D. 过滤离心机

109.BB013 离心式污泥脱水机开始进料时要缓慢增加进料量，逐步达到规定值，以免（ ）损坏。

    A. 差速器   B. 进料管   C. 轴承   D. 转筒

110.BB013 离心式污泥脱水机长期不使用时，应至少（   ）用手盘动转鼓一次。

    A. 每月   B. 每周   C. 每季   D. 每半月

111.BB014 用盐酸还原法制备二氧化氯过程中，产生的反应残留物是（   ）。

    A. 次氯酸钠   B. 氯化钠   C. 氯气   D. 水

112.BB014 二氧化氯发生装置主要是由（   ）将两种物料溶液按一定比例输入到反应器中。

    A. 水射器   B. 加药泵   C. 计量泵   D. 控制器

113.BB015 二氧化氯杀菌装置要保证（   ）报警仪在线好用。

    A. 余氯   B. 漏氯   C. 可燃气体   D. 超温

114.BB015 二氧化氯装置使用的计量泵软管要求每（   ）更换一次，老化、变脆时必须更换。

    A. 半年   B. 年   C. 季度   D. 两年

115.BC001 双吸泵的叶轮相当于两个叶轮背靠背地装在一根轴上（   ）工作。

    A. 串联   B. 并联   C. 同时   D. 先后

116.BC001 单级双吸泵的叶轮相当于两个相同（   ）的单吸叶轮同时工作，在同样的叶轮外径下流量可增大一倍。

    A. 流量   B. 扬程   C. 直径   D. 型号

117.BC002 拆卸双吸泵时，先松（   ）的螺母，再松周边的螺母。

    A. 上壳中部   B. 上壳   C. 上壳左侧   D. 上壳右侧

118.BC002 组装双吸泵时，水封环的外圆槽要对准（   ）的进液孔。

    A. 叶轮   B. 填料函   C. 泵   D. 平衡盘

119.BC003 联轴器外圆直径 105～260mm，按照联轴器对中质量的要求，其两轴的同轴度径向位移允许偏差为（   ）。

    A. 0.05mm   B. 0.1mm   C. 0.2mm   D. 0.3mm

120.BC003 离心泵和电动机是由联轴器连接的。因此，在安装时必须保证（   ）的同心度。

    A. 叶轮   B. 平衡盘   C. 两轴   D. 轴承

121.BC004 百分表调整同轴度，当径向 0° 值为 0 时，180° 值为正，说明电动机比泵（   ）。

    A. 高   B. 低   C. 一样   D. 约等于

122.BC004 百分表调整同轴度，当轴向 0° 值为 0 时，180° 值为正，说明联轴器下开口（   ）。

    A. 小   B. 一样大   C. 大   D. 不确定

123.BC005 离心泵和电动机完全装好后，就可进行（   ）灌浆。

    A. 一次   B. 二次   C. 三次   D. 四次

124.BC005 离心泵和电动机两半联轴器之间必须有轴向间隙，一般要（   ）离心泵轴和电动机轴的窜动量之和。

    A. 大于   B. 小于   C. 等于   D. 约等于

125.BC006 联轴器的结构形式很多，必须按照（   ）进行装配。

    A. 图纸要求   B. 现场   C. 工位   D. 实际

126.BC006 联轴器在出厂前都做（   ）试验，装配时必须按照厂家给定的标记组装。

    A. 静平衡   B. 动平衡   C. 同轴度   D. 质量检测

127.BC007 多级离心泵转子测量部位直径≤50mm 时，则叶轮密封环径向圆跳动为（   ）。

    A. 0.06mm   B. 0.08mm   C. 0.10mm   D. 0.12mm

128.BC007　多级离心泵转子测量部位直径＞50～120mm时，则叶轮密封环径向圆跳动
　　　　　为（　　）。

　　A.0.06mm　　　　　　　　B.0.08mm　　　　　　　　C.0.10mm　　　　　　　　D.0.12mm

129.BC008　多级泵工作转速在1500r/min以下，轴承振动振幅应小于（　　）。

　　A.0.09mm　　　　　　　　B.0.08mm　　　　　　　　C.0.06mm　　　　　　　　D.0.05mm

130.BC008　多级泵工作转速在3000r/min以下，轴承振动振幅应小于（　　）。

　　A.0.09mm　　　　　　　　B.0.08mm　　　　　　　　C.0.06mm　　　　　　　　D.0.05mm

131.BC009　若无特殊规定，安装后的多级泵试运转时间为（　　）。

　　A.1d　　　　　　　　　　B.2d　　　　　　　　　　C.3d　　　　　　　　　　D.4d

132.BC009　安装后的多级泵，机组进行（　　）试运，按规定时间达到合格为止。

　　A. 连续　　　　　　　　　B. 清水　　　　　　　　　C. 压力　　　　　　　　　D. 单体

133.BC010　多级泵机组、底座与建筑轴线距离允许偏差为（　　）。

　　A. ±15mm　　　　　　　　B. ±20mm　　　　　　　　C. ±25mm　　　　　　　　D. ±30mm

134.BC010　多级泵机组、底座与设备平面位置允许偏差为（　　）。

　　A. ±20mm　　　　　　　　B. ±15mm　　　　　　　　C. ±10mm　　　　　　　　D. ±5mm

135.BC011　使用（　　）测量多级泵地脚螺栓安装尺寸。

　　A. 米尺　　　　　　　　　B. 游标卡尺　　　　　　　C. 千分尺　　　　　　　　D. 水平尺

136.BC011　用（　　）紧贴多级泵地脚螺栓，螺栓应垂直不歪斜。

　　A. 比例尺　　　　　　　　B. 丁字尺　　　　　　　　C. 游标卡尺　　　　　　　D. 水平仪

137.BC012　为了便于检修多级泵，垫铁组应露出底座（　　）。

　　A.5～10mm　　　　　　　B.10～15mm　　　　　　　C.10～30mm　　　　　　　D.20～40mm

138.BC012　多级泵垫铁放置位置要靠近地脚螺栓，垫铁组间距一般为（　　）左右。

　　A.400mm　　　　　　　　B.500mm　　　　　　　　C.600mm　　　　　　　　D.750mm

139.BC013　离心泵三级保养时，要测量调整平衡盘与（　　）的轴向间隙。

　　A. 平衡环　　　　　　　　B.O形环　　　　　　　　C. 轴套　　　　　　　　　D. 泵轴

140.BC013　离心泵三级保养时，要测量叶轮与（　　）、密封环与导翼的配合情况。

　　A. 导叶　　　　　　　　　B. 静环　　　　　　　　　C. 密封环　　　　　　　　D. 泵壳

141.BC014　多级泵离心泵保养时，转子串量应为（　　）。

　　A.0.01～0.15mm　　　　　B.0.15～0.2mm　　　　　　C.0.2～0.25mm　　　　　　D.0.25～0.3mm

142.BC014　组装离心泵主轴轴承时，应保证转子与泵体的同心度，其允许偏差为（　　）。

　　A.0.02mm　　　　　　　　B.0.05mm　　　　　　　　C.0.06mm　　　　　　　　D.0.08mm

143.BC015　机械密封的核心部分是（　　）。

　　A. 缓冲补偿机构　　　　　B. 辅助密封圈　　　　　　C. 传动机构　　　　　　　D. 密封端面部分

144.BC015　机械密封由动环和静环组成的（　　）密封端面，又称为摩擦副，是机械密封
　　　　　的主要元件。

　　A. 一对　　　　　　　　　B. 二对　　　　　　　　　C. 三对　　　　　　　　　D. 四对

145.BC016　机械密封的缺点有（　　）。

　　A. 造价高　　　　　　　　　　　　　　　　　　B. 漏失量小

　　C. 密封性能可靠　　　　　　　　　　　　　　　D. 使泵轴免受磨损

146.BC016 机械密封一般可使用 2 ～ 5 年，最长可达到（　　）之久。

    A.7 年　　　　　　　　B.8 年　　　　　　　　C.9 年　　　　　　　　D.10 年

147.BC017 机械密封按密封端面是否直接接触分接触式机械密封和（　　）。

    A 内流势机械密封　　　　　　　　　　B. 旋转式机械密封

    C. 内装式机械密封　　　　　　　　　　D. 非接触式机械密封

148.BC017 机械密封按密封端面平均线速度分一般速度、（　　）、超高速机械密封。

    A. 轻型　　　　　　　　B. 高速　　　　　　　　C. 中型　　　　　　　　D. 小轴径

149.BC018 离心泵安装机械密封时，叶轮口环径向跳动量不超过（　　）。

    A.0.08 ～ 0.10mm　　　　　　　　　　B.0.06 ～ 0.10mm

    C.0.06 ～ 0.08mm　　　　　　　　　　D.0.04 ～ 0.08mm

150.BC018 安装机械密封动环的轴要求端部应有（　　）的倒角，使之光滑过渡。

    A.3 × 45°　　　　　　　B.3 × 30°　　　　　　　C.3 × 10°　　　　　　　D.3 × 60°

151.BD001 滤料粒径大小不同的颗粒所占比例称为滤料的（　　）。

    A. 孔隙度　　　　　　　B. 级配　　　　　　　　C. 配比　　　　　　　　D. 相对密度

152.BD001 能通过 18 目 /in 网孔的最大滤料粒径为（　　）。

    A.1mm　　　　　　　　B.1.5mm　　　　　　　C.2mm　　　　　　　　D.2.5mm

153.BD002 某一体积滤层中孔隙的体积与其总体积的比值称为滤层的（　　）。

    A. 孔隙率　　　　　　　B. 膨胀率　　　　　　　C. 孔隙度　　　　　　　D. 规格

154.BD002 压力过滤罐要求滤料接近于（　　）形，以求增加颗粒间的孔隙度。

    A. 尖　　　　　　　　　B. 菱　　　　　　　　　C. 椭圆　　　　　　　　D. 球

155.BD003 双层滤料中选配适当的粒径级配，可形成良好的（　　）的分层状态。

    A. 上粗下细　　　　　　B. 上细下粗　　　　　　C. 均匀分布　　　　　　D. 环形分布

156.BD003 过滤罐单滤层的厚度可以理解为矾花所穿透的深度和一个（　　）的和。

    A. 滤料厚度　　　　　　B. 保护厚度　　　　　　C. 滤床厚度　　　　　　D. 剩余高度

157.BD004 压力过滤罐承托层中，将粒径最大的放在（　　）。

    A. 最顶层　　　　　　　B. 最底层　　　　　　　C. 第二层　　　　　　　D. 中间层

158.BD004 选用压力过滤罐的承托层时，如果与（　　）不协调，会造成卵石移动。

    A. 反冲洗时间　　　　　B. 反冲洗水量　　　　　C. 反冲洗强度　　　　　D. 反冲洗压力

159.BD005 压力过滤装置在反冲洗过程时，发现滤料流失的主要原因是（　　）。

    A. 配水装置损坏　　　　B. 集水装置损坏　　　　C. 垫层太溥　　　　　　D. 反洗水量大

160.BD005 油污堵塞筛管，滤料板结严重，造成（　　），冲坏过滤罐内设施，造成滤料漏失。

    A. 压差过大　　　　　　B. 反冲洗憋压　　　　　C. 过滤时憋压　　　　　D. 进口压力增大

161.BD006 在压力过滤罐滤料填加操作时，单层滤料厚度一般不小于（　　）。

    A.400mm　　　　　　　B.500mm　　　　　　　C.550mm　　　　　　　D.700mm

161.BD006 压力过滤罐在重新更换填加滤料时，要严格按照（　　）填装。

    A. 级配　　　　　　　　B. 要求　　　　　　　　C. 计划　　　　　　　　D. 测算

162.BD007 多组过滤罐在运行中，出现出水温度不一样时，说明（　　）。

    A. 温度低的罐滤料流失　　　　　　　　B. 温度低的罐滤料污染板结

    C. 温度高的罐滤料污染　　　　　　　　D. 温度高的罐压差大

163.BD007　过滤装置在反冲洗过程时，经过很长时间浑浊度才降低的原因是（　　）。

A. 反冲洗水分布不均匀　　　　　　　　B. 反冲洗水量大

C. 滤层薄　　　　　　　　　　　　　　D. 滤料污染

164.BD008　当（　　）指标超标时，首先检查联合站来水指标的运行情况并进行及时调整。

A. 混凝沉降罐　　　B. 自然除油罐　　　C. 气浮设备　　　D. 过滤系统

165.BD008　当污水过滤罐处理后指标超标时，应首先检查（　　）水质控制指标的运行情况。

A. 原水　　　　　　B. 反冲洗水　　　　C. 滤前水　　　　D. 回收污水

166.BD009　油田采出水中，由于（　　）的存在而引起严重腐蚀的情况下，宜采用密闭处理流程。

A. 腐生菌　　　　　B. 铁细菌　　　　　C. 硫化氢　　　　D. 溶解氧

167.BD009　为了尽可能彻底置换污水处理站密闭罐内的空气，各罐的空气排出口与天然气进口应（　　）布置，并采用最大距离。

A. 差异　　　　　　B. 对称　　　　　　C. 并排　　　　　D. 垂直

168.BD010　当反冲洗排水水质较差时，可先进（　　）进行处理，处理后接近原水时再回收处理，这样可避免水质的恶性循环。

A. 污水回收水池　　B. 污泥浓缩罐　　　C. 脱水站　　　　D. 沉降罐

169.BD010　如果污水处理站的紫外线杀菌装置未正常使用，造成（　　）出口水质超标。

A. 过滤罐　　　　　B. 沉降罐　　　　　C. 外输水罐　　　D. 缓冲罐

170.BD011　二氧化氯发生装置的控制器温度显示0℃，故障灯亮，同时发出报警的原因是（　　）。

A. 温度传感器损坏　　B. 加热盘管损坏　　C. 控制器故障　　D. 设备缺水

171.BD011　原料罐的过滤器堵塞会造成二氧化氯发生装置（　　）。

A. 温度超高　　　　B. 不产气　　　　　C. 压力低　　　　D. 进气口漏液

172.BD012　二氧化氯发生装置的计量泵虽然工作但不下液时，可更换（　　）或冲洗进口管线。

A. 降低动力水压力　　B. 提高原料浓度　　C. 隔膜　　　　　D. 输液管

173.BD012　二氧化氯发生装置的控制器显示超温但温度继续上升时，需要检查热电阻，必要时可更换（　　）。

A. 加热器　　　　　B. 固态继电器　　　C. 温度传感器　　D. 控制器

174.BE001　离心泵转子转不动的原因，可能是由于（　　）造成的。

A. 填料压得太紧　　　　　　　　　　　B. 润滑不良

C. 泵内未进液　　　　　　　　　　　　D. 联轴器同心度偏差

175.BE001　异物堵塞叶轮流道使叶轮（　　）是造成离心泵转子不动的原因。

A. 磨损　　　　　　B. 卡死　　　　　　C. 破裂　　　　　D. 腐蚀

176.BE002　机泵的窜量一般应在2～4mm范围内，拆下平衡盘时，总窜量应为（　　）。

A. 3～6mm　　　　B. 4～8mm　　　　C. 5～8mm　　　　D. 6～8mm

177.BE002　泵的流量控制的不合理是造成离心泵泵轴窜量（　　）的故障发生。

A. 不变　　　　　　B. 过小　　　　　　C. 过大　　　　　D. 忽大忽小

178.BE003　当离心泵轴的弯曲为轴长的（　　）以下时，可以在冷态下用螺旋千斤顶校直。

A. 1%　　　　　　　B. 2%　　　　　　　C. 3%　　　　　　D. 4%

179.BE003 离心泵泵轴磨损的处理方法有（　　）、镀铬、热喷涂、镶套等。

  A. 冷校   B. 堆焊   C. 热校   D. 混合校直

180.BE004 叶轮与其他零部件相摩擦所产生的偏磨损，可用（　　）来修理。

  A. 堆焊法   B. 补焊法   C. 镀铬   D. 热喷涂

181.BE004 大型化工用泵，叶轮流道较宽叶轮被腐蚀时，除了可用补焊修复外，还可用（　　）来进行修补。

  A. 堆焊法   B. 环氧黏结剂   C. 镀铬   D. 热喷涂

182.BE005 离心泵平衡机构失灵后，泵的轴向力无法平衡，使叶轮与密封环产生（　　），造成卡泵。

  A. 缝隙   B. 间隙   C. 摩擦   D. 分离

183.BE005 导致多级离心泵转子轴向指示位置变动过大的原因是（　　）。

  A. 平衡鼓堵塞   B. 轴承磨损   C. 平衡盘磨损   D. 平衡孔堵塞

184.BE006 离心泵转子上下部分温差可造成（　　）。

  A. 泵轴磨损   B. 泵轴弯曲变形   C. 泵轴腐蚀   D. 泵轴偏磨

185.BE006 泵轴弯曲变形后使（　　）、叶轮晃动，促使泵的许多部位偏磨且形成恶性循环，以至造成事故。

  A. 电极腐蚀   B. 泵压升高   C. 泵轴抖动   D. 表面点蚀

186.BE007 机械密封弹性元件由于腐蚀介质的侵蚀作用，发生（　　）造成机械密封失效。

  A. 点腐蚀   B. 表面腐蚀   C. 晶间腐蚀   D. 应力腐蚀

187.BE007 机械密封弹性元件的失弹，是机械密封发生（　　）的原因。

  A. 点腐蚀   B. 腐蚀失效   C. 磨损失效   D. 热损伤失效

188.BE008 导致机械密封突发性泄漏的原因有（　　）。

  A. 弹簧比压过小   B. V 形密封圈装反   C. 防转销脱落   D. 转轴振动

189.BE008 机泵运行时，由于温度变化，摩擦副周围介质发生冷凝、结晶影响密封可造成机械密封的（　　）的故障发生。

  A. 经常性泄漏   B. 突发性泄漏   C. 腐蚀失效   D. 磨损失效

190.BE09 导致机械密封经常性泄漏的原因有（　　）。

  A. 弹簧断裂

  B. 密封圈压紧后，传动销、防转销顶住零件

  C. 传动销断裂

  D. 防转销脱落

191.BE009 下列能造成机械密封经常性泄漏的原因有（　　）。

  A. 弹簧断裂   B. 防转销脱落   C. 静环浮动性差   D. 传动销断裂

192.BE010 机泵工作时，密封发出尖叫声可判断（　　）。

  A. 泵体振动   B. 密封失效   C. 压力异常   D. 温度异常

193.BE010 离心泵工作时密封发出爆鸣声，可能是由于密封端面间介质产生（　　）造成的。

  A. 泄漏   B. 缝隙   C. 汽化   D. 摩擦

194.BF001 编制施工计划过程中（　　）是管理的一项重要内容。

  A. 组织   B. 计划   C. 培训   D. 文件

195.BF001　编制计划的过程对（　　）、提高管理效率起着重要的作用。

　　A. 培训　　　　　　　B. 验收　　　　　　C. 任务的完成　　　D. 计划实施

196.BF002　在工程施工阶段，要有专人负责，协同（　　）质检员进行现场施工的质量监督。

　　A. 生产部门　　　　　B. 施工部门　　　　C. 检验部门　　　　D. 基建部门

197.BF002　在工程施工阶段，监督人员监督过程中要对重要部位和（　　）部分要认真检查把关。

　　A. 压力　　　　　　　B. 运行　　　　　　C. 隐蔽　　　　　　D. 设备

198.BF003　管线防腐质量检验中埋地管线采取沥青防腐时，要根据设计要求检查防腐（　　）。

　　A. 质量　　　　　　　B. 长度　　　　　　C. 密度　　　　　　D. 硬度

199.BF003　管线防腐质量检验中检查沥青防腐涂层是否按（　　）要求进行。

　　A. 生产部门　　　　　B. 设计图纸　　　　C. 环境　　　　　　D. 国家

200.BF004　全面检验是容器检验员在容器停运时对容器（　　）进行的整体检验。

　　A. 底部　　　　　　　B. 内部　　　　　　C. 内外部　　　　　D. 外部

201.BF004　容器介质对材料腐蚀速率低于 0.1mm/a 的或有可靠防腐层的，每隔（　　）检验一次。

　　A.1 年　　　　　　　B.3 年　　　　　　C.6 年　　　　　　D.10 年

202.BF005　专用容器的安装由（　　）的工程质量监督机构负责监督，业务上接受主管和安全部门的监督指导。

　　A. 地方　　　　　　　B. 企业　　　　　　C. 国家　　　　　　D. 使用单位

203.BF005　移装的专用容器，必须由（　　）检验单位进行内外部检验合格后，方可进行安装。

　　A. 专业　　　　　　　B. 地方　　　　　　C. 企业　　　　　　D. 国家

204.BF006　选定培训目的的原则是巩固发展（　　）的培训，应该什么学习什么，不断学习保持能力的不断丰富和更新。

　　A. 短板　　　　　　　B. 基础　　　　　　C. 优势　　　　　　D. 方向

205.BF006　选定培训目的的原则是建立发展（　　）的培训（拔高），期望什么增加什么，促进增长脱颖而出。

　　A. 短板　　　　　　　B. 基础　　　　　　C. 优势　　　　　　D. 方向

206.BF007　培训方案是培训工作的重要组成部分，具体反映培训的（　　）。

　　A. 内容　　　　　　　B. 过程　　　　　　C. 形式　　　　　　D. 目的

207.BF007　培训方案决定着培训（　　）的方向和总体结构。

　　A. 目的　　　　　　　B. 内容　　　　　　C. 形式　　　　　　D. 过程

208.BF008　在教学计划中，要体现（　　）职业标准的要求，使标准具体化。

　　A. 企业　　　　　　　B. 国家　　　　　　C. 地方　　　　　　D. 单位

209.BF008　教学计划要求"培训内容"要写得具体，提出学习任务应突出（　　），主次分明。

　　A. 生产　　　　　　　B. 技能　　　　　　C. 实践　　　　　　D. 知识点

210.BF009　教学计划的制定过程中在准备阶段，尊重客观实际，不能带偏见，（　　）要周密细致、系统全面。

　　A. 培训　　　　　　　B. 调查　　　　　　C. 授课　　　　　　D. 方案

211.BF009 对上期或以往培训工作的结果进行（　　），总结经验，找出问题，制定相应的师资力量搭配措施。

  A. 归类   B. 录制   C. 分折   D. 存档

212.BF010 培训理论知识方法中（　　）是通过现代视听技术，对学员进行培训。优点是：直观鲜明。

  A. 讲授法   B. 视听技术   C. 讨论法   D. 案例研讨法

213.BF010 培训理论知识方法中（　　）：这一方式使用费用低，反馈效果好，可以有效训练学员分析解决问题的能力。

  A. 讲授法   B. 视听技术   C. 讨论法   D. 案例研讨法

214.BF011 技能操作的训练，是（　　）知识指导下的实践过程。

  A. 专业   B. 理论   C. 实践   D. 生产

215.BF011 技能操作过程中，还要考虑到的一个方面是（　　）。

  A. 实践性   B. 科学性   C. 不留死角   D. 技术性

216.BG001 Excel 办公软件，只要给出（　　），Excel 就能计算出结果。

  A. 表格和图表   B. 表格和数据   C. 数据和公式   D. 图形和公式

217.BG001 Excel 办公软件突出的优点是（　　）。

  A. 文字的编辑   B. 数据的计算、汇总 C. 报表的制作   D. 图表的排版

218.BG002 Excel 保存工作簿时，不仅保存输入的数据，还保存了工作簿的（　　）。

  A. 公式   B. 风格   C. 设置   D. 窗口配制

219.BG002 在一个 Excel 工作簿文件中，无论有多少个工作表，在存盘时都将会保存在（　　）工作簿文件中，而不是按照工作表的个数分文件来保存。

  A. 一个   B. 二个   C. 三个   D. 文件个数

220.BG003 Excel 对一个单元格或单元格区域进行复制操作时，该单元格四周呈现闪烁滚动的边框，此时可以通过按下（　　）键取消选定区域的活动边框。

  A.Esc   B.Shift   C.Ctrl   D.Tab

221.BG003 Excel 可以使用热键完成移动操作，选中文档内容后按下（　　）组合键，将选中内容剪切到剪贴板中。

  A.Ctrl+L   B.Ctrl+C   C.Ctrl+X   D.Ctrl+V

222.BG004 在 Excel 工作表中，按（　　）组合键，可以选中全部内容。

  A.Ctrl+   B.Ctrl+C   C.Ctrl+Enter   D.Ctrl+A

223.BG004 在 Excel 工作表中，执行"另存为"命令时，在"保存类型"的下拉列表中选择相应的（　　），可以将 Excel 文件转化为数据库文件。

  A. 数据交换格式   B. 数据库文件夹

  C. 数据库文件类型   D. 数据库文件名

224.BG005 在 Excel 中文本不能用于数值（　　），但可以比较大小。

  A. 计算   B. 字体   C. 对齐   D. 填充

225.BG005 在 Excel 操作中要在同一单元格中输入日期和时间，可用（　　）来分隔它们。

  A. 光标   B. 回车   C. 返回   D. 空格

226.BG006 Excel 中若要选择行或列中的第一个或最后一个单元格，可以选择行或列中的一个单元格，然后按（　　）。

A.Shift+ 箭头键　　　　B.Ctrl+ 箭头键　　　　C.Ctrl+ 空格键　　　　D.Shift+ 空格键

227.BG006 Excel 中若要选择不相邻的单元格或单元格区域，选择第一个单元格或单元格区域，然后在按住（　　）键的同时选择其他单元格或区域。

A.Ctrl　　　　　　　　B.Shift　　　　　　　　C.Ctrl+ 箭头键　　　　D.Shift+ 空格键

228.BG007 Excel 中创建图表时，可以使用其系统内置的（　　）种标准图表类型。

A.8　　　　　　　　　　B.14　　　　　　　　　　C.20　　　　　　　　　　D.24

229.BG007 在 Excel 中，要更改图表类型，首先进行的操作是（　　）。

A. 选择新的"图表类型"

B. 在需更改的图表上右键单击选择"图表类型"

C. 更改源数据格式

D. 删除旧图，但不删除源数据

230.BG008 使用 Word 中的邮件合并功能，可以创建大量的（　　）。

A. 公文　　　　　　　　B. 报告　　　　　　　　C. 手册　　　　　　　　D. 套用信函

231.BG008 使用 Word 办公软件可以对文档进行管理，检索多重（　　），为文档建立摘要信息，并能够根据摘要信息检索文档。

A. 目录　　　　　　　　B. 菜单　　　　　　　　C. 文件　　　　　　　　D. 格式

232.BG009 创建 Word 时，首先需要启动 Word，从 Windows "开始"菜单中的（　　）菜单选择"Microsoft Word"来启动它。

A. "程序"　　　　　　　B. "运行"　　　　　　　C. "搜索"　　　　　　　D. "控制面板"

233.BG009 桌面上有 Word 的快捷方式，启动 Word 时可通过（　　）双击快捷方式来启动。

A. 程序　　　　　　　　B. 鼠标　　　　　　　　C. 开始　　　　　　　　D. 图标

234.BG010 Word 文档中（　　）就是将文档中所选中的对象移到剪贴板上，文档中该对象被清除。

A. 编辑　　　　　　　　B. 粘贴　　　　　　　　C. 复制　　　　　　　　D. 剪切

235.BG010 Word 文档中如果查找的内容是文字与格式的组合，则在键入了查找内容后，还需选择（　　）按钮。

A. "高级"　　　　　　　B. "常规"　　　　　　　C. "格式"　　　　　　　D. "特殊字符"

236.BG011 Word 文档中设置字符间距是指增加或减少字符之间的间距，而不改变字符本身的（　　）。

A. 格式　　　　　　　　B. 规格　　　　　　　　C. 尺寸　　　　　　　　D. 位置

237.BG011 Word 文档中设置段落行距默认的是（　　）行距。

A. 多倍　　　　　　　　B. 单倍　　　　　　　　C. 固定　　　　　　　　D. 最小

238.BG012 在 Word 中如果想画一个图形，单击"绘图"工具栏上的（　　）按钮，选择绘图类型。然后按鼠标左键拖动，即可开始绘图。

A. 工具　　　　　　　　B. 绘图　　　　　　　　C. 图形　　　　　　　　D. 自选图形

239.BG012 在使用鼠标调整图形大小时，用鼠标拖动上、下边的尺寸控制点，仅改变图形的（　　）。

A. 高度　　　　　　　　B. 宽度　　　　　　　　C. 大小　　　　　　　　D. 尺寸

二、多项选择题（每题有4个选项，有2个或2个以上是正确的，将正确的选项号填入括号内）

1.AA001 连续性方程的公式包括（   ）。

A.$V_1^2 \cdot A_1 = V_2^2 \cdot A_2$ B.$Q_1 = Q_2$ C.$A_1 = A_2$ D.$V_1 = V_2$

2.AA002 并联管路的水力特点（   ）。

A. 节点处流量出入平衡   B. 各并联段的水头损失相等

C. 总水头损失等于各段损失之和   D. 总流量等于各段流量之和

3.AA003 流量有两种表示方法，分别为（   ）。

A. 质量流量   B. 体积流量   C. 速度流量   D. 平均流量

4.AA004 实际流体总流的伯努利方程式的适用条件包括（   ）。

A. 稳定流   B. 不可压缩流体

C. 作用于流体上的质量力只有重力   D. 所取断面为缓变流动

5.AA005 达西公式计算沿程水头损失对（   ）适用。

A. 层流   B. 紊流   C. 过渡流   D. 静止液体

6.AA006 液体在管中流动，存在着三种流动状态，分别是（   ）。

A. 层流状态   B. 紊流状态   C. 临界状态   D. 静止状态

7.AB001 变频器过流故障可分为（   ）过电流。

A. 加速   B. 减速   C. 恒速   D. 极速

8.AB002 仪表安装在易燃易爆场所时，保护管与（   ）之间的连接，采用螺纹连接。

A. 接线盒   B. 分线箱   C. 拉线盒   D. 高压设备

9.AB003 仪表维护中定期排污主要是针对（   ）等仪表。

A. 差压变送器   B. 压力变送器   C. 浮筒液位计   D. 液位传感器

10.AB004 仪表故障分析法包括调查法、直观检查法、断路法、（   ）电流法、电阻法。

A. 短路法   B. 替换法   C. 分部法   D. 电压法

11.AB005 系统自动化控制可以分为（   ）控制。

A. 比例   B.PID   C. 定时   D. 顺序

12.AB006 在污水处理工艺中，通过对气动蝶阀的控制，实现对（   ）的自动控制。

A. 沉降   B. 自动排污   C. 滤罐过滤   D. 反冲洗

13.AB007 自动化常用术语包括（   ）偏差、干扰等。

A. 调节对象   B. 被调参数   C. 调节参数   D. 给定值

14.AB008 加药沉降自动化是由控制柜、工控机、pH值检测仪、（   ）和排污蝶阀等组成。

A. 液位控制仪   B. 出口调节阀   C. 变频器   D. 来水流量计

15.AB009 收油排污自动化单元一般包括对（   ）控制。

A. 除油罐液位   B. 除油缓冲罐液位   C. 自动排污   D. 自动加热

16.AB010 过滤反冲洗自动化主要由（   ）组成。

A. 液位显示控制仪   B. 控制柜   C. 工控机   D. 气动蝶阀

17.AB011 DCS的构成方式十分灵活，可由专用的管理计算机站（   ）数据采集站等组成。

A. 操作员站   B. 工程师站   C. 记录站   D. 现场控制

18.AB012　DCS 调试应用中主要包括（　　　）。

  A. 生成下载文件   B. 登录控制器   C. 下载服务器   D. 在线调试

19.AC001　零件图绘制时，首先要了解零件的（　　）及在机器中的作用。

  A. 名称   B. 类型   C. 材料   D. 工作位置

20.AC002　绘制零件图时，对（　　）等标准结构的尺寸，应把测量的结果与标准值核对。

  A. 螺纹   B. 砂眼   C. 键槽   D. 齿轮

21.AC003　加工零件的技术要求内容有（　　）。

  A. 表面粗糙度   B. 所加工零件的数量 C. 形位公差   D. 热处理

22.AC004　看零件图的关键内容是（　　）。

  A. 看视图想形状   B. 明确其作用

  C. 看懂标题栏   D. 看视图的各项技术要求

23.AC005　机械和仪器制造业中的互换性，通常包括（　　）两种参数的互换。

  A. 几何   B. 工艺性能   C. 物理性能   D. 机械性能

24.AC006　表达单个零件的（　　）的图样称为零件图。

  A. 结构形状   B. 位置   C. 尺寸   D. 技术要求

25.AD001　HSE 管理体系即为（　　）管理体系的简称。

  A. 健康   B. 环境   C. 安全   D. 劳动

26.AD002　HSE 管理体系标准是一种规范的、（　　）的科学管理方法，对提高企业及生产现场的 HSE 管理水平起到了促进作用。

  A. 系统   B. 文件化   C. 专业   D. 标准

27.AD003　HSE 文件管理体系文件内容包括（　　）等。

  A. 计划   B. 执行力   C. 审查与回顾   D. 管理者

28.AD004　HSE 管理体系要素标准是健康、安全与环境管理体系的（　　）。

  A. 指南   B. 审核标准   C. 方针   D. 目标

29.AD005　HSE 管理体系采用"两书一表一案一本"运行模式，内容包括（　　）、《事故应急预案》、《HSE 管理记录本》。

  A.《HSE 作业指导书》   B.《HSE 作业计划书》

  C.《HSE 现场检查表》   D.《HSE 生产运行表》

30.AD006　《HSE 作业指导书》是基层组织施工作业实施 HSE 风险管理的指南，可按（　　）单元划分。

  A. 管理   B. 设备操作   C. 工艺   D. 实施

  E. 目标管理

31.BA001　对絮凝过程的分析，主要是研究颗粒的（　　）两个方面。

  A. 组成   B. 性质   C. 聚集   D. 破碎

32.BA002　氧化型缓蚀剂包括（　　）等。

  A. 磷酸盐   B. 铬酸盐   C. 辛炔醇   D. 亚硝酸盐

33.BA003　杀菌剂可通过（　　）方式实现杀菌。

  A. 渗透杀伤   B. 分解菌体内电解质

  C. 抑制新陈代谢   D. 氧化络合细菌细胞内的生化过程

34.BA004 在污水处理药剂试验过程中，需确定各种污水处理药剂的投加方法为（　　）。

    A. 直接投加　　　　　　B. 连续投加　　　　　　C. 间接投加　　　　　　D. 间隔投加

35.BA005 阻垢剂的筛选方法主要是对（　　）等因素，按不同排列组合进行多次试验。

    A. 不同的温度　　　　　B. 加药量　　　　　　　C. 水的硬度　　　　　　D. 作用时间

36.BA006 评定污水处理药剂时，将金属试件浸入转轮试验箱的水样中，在规定（　　）两个条件下模拟现场情况，试验一定时间。

    A. 转速　　　　　　　　B. 压力　　　　　　　　C. 温度　　　　　　　　D. 流量

37.BA007 缓蚀剂的性能评价方法为（　　）。

    A. 垂直挂片法　　　　　B. 旋转挂片法　　　　　C. 电位极化评价法　　　D. 现场挂片法

38.BA008 水力条件对絮凝剂的絮凝效果有重要影响，两个主要的控制指标是（　　）。

    A. 搅拌流量　　　　　　B. 搅拌强度　　　　　　C. 搅拌方向　　　　　　D. 搅拌时间

39.BA009 测定污水滤膜系数时，必须保证（　　）无气泡。

    A. 滤头以外　　　　　　　　　　　　　　　B. 滤头内

    C. 滤头与储水器之间　　　　　　　　　　　D. 滤头与储水器两端

40.BA010 滤膜法测定悬浮物固体含量所使用的设备及材料有（　　）等。

    A. 微孔滤膜滤洗装置　　B. 烘箱　　　　　　　　C. 滤膜　　　　　　　　D. 温度计

41.BA011 滤膜法测定悬浮固体含量过程中如不能在规定时间内完成（　　）的情况，应将对应的滤膜废弃。

    A. 蒸馏水过滤　　　　　B. 水样过滤　　　　　　C. 水样滤洗　　　　　　D. 蒸馏水滤洗

42.BA012 绘制铁标准曲线时，要求在浓度为 0.01mg/mL 的铁标准溶液中，用蒸馏水稀释到 25mL 后，加入（　　）。

    A. 高锰酸钾　　　　　　　　　　　　　　　B.10% 磺基水扬酸溶液 1.00mL

    C. 蒸馏水　　　　　　　　　　　　　　　　D.pH=2.2 的缓冲溶液 10mL

43.BB001 立式常压除油罐罐底宜采用（　　）保护等防腐措施，并符合相关规定。

    A. 牺牲阳极　　　　　　B. 覆盖层　　　　　　　C. 牺牲阴极　　　　　　D. 外加电流法

44.BB002 立式除油罐的出水可采用（　　）控制液面。

    A. 溢流管　　　　　　　B. 固定堰　　　　　　　C. 水平管　　　　　　　D. 可调堰

45.BB003 油罐罐底焊接后，罐底局部凹凸变形的深度不应大于（　　）。

    A.50mm　　　　　　　　　　　　　　　　　B.55mm

    C. 变形长度的 2%　　　　　　　　　　　　D. 变形长度的 5%

46.BB004 在罐壁开孔接管焊接时，有消除应力热处理要求的罐壁开孔补强板焊缝，最后一层焊缝检测应在（　　）进行。

    A. 充水试验后　　　　　B. 热处理前　　　　　　C. 热处理后　　　　　　D. 充水试验前

47.BB005 当需要到油罐顶操作时，必须在固定顶设置栏杆，通道上应设置（　　）。

    A. 防滑条　　　　　　　B. 格栅板　　　　　　　C. 挡脚板　　　　　　　D. 踏步板

48.BB006 密闭常压油罐固定顶的焊缝应采用（　　）试验进行检测。

    A. 真空箱法密封性　　　B. 充水　　　　　　　　C. 气密性　　　　　　　D. 肥皂水

49.BB007 在人员进入除油罐内检查前，要对除油罐进行通风，打开罐（　　），并经分析合格后方可动火作业。

    A. 排污孔　　　　　　　B. 清扫孔　　　　　　　C. 顶部透光孔　　　　　D. 底部人孔

50.BB008 将油罐、容器的油品等可燃物质彻底清理干净后，要有足够时间进行（　　），达到动火条件。

    A. 通风　　　　　　　　B. 清扫　　　　　　　　C. 蒸汽吹扫　　　　　D. 水洗

51.BB009 在结构上，电磁流量计通常由（　　）两部分组成。

    A. 感应器　　　　　　　B. 电磁阀　　　　　　　C. 传感器　　　　　　D. 转换器

52.BB010 对于非接地的金属管道，用粗铜线做接地时，要保证电磁流量计的（　　）是连通的。

    A. 测量管至外壳　　　　B. 外壳至传感器　　　　C. 法兰至法兰　　　　D. 法兰至传感器

53.BB011 电磁流量计测量值与实际值不符的常用处理方法为（　　）。

    A. 检查转换器电路板　　　B. 检验转换器零点

    C. 重校转换器满度值　　　D. 检查电源电缆

54.BB012 含油污泥脱水后含水率应根据（　　）通过经济技术比较确定，但不宜高于80%。

    A. 污泥的运输　　　　　B. 污泥的浓缩方式　　C. 药剂调质效果　　　D. 最终处置方式

55.BB013 离心式污泥脱水机运行中，需要检查（　　）有无增加，若增加，必须查明原因。

    A. 渗漏　　　　　　　　B. 温度　　　　　　　　C. 电流　　　　　　　D. 振动

56.BB014 二氧化氯发生装置应用的两种物料是（　　）。

    A. 氯酸盐　　　　　　　B. 氯化钠　　　　　　　C. 氯酸钠　　　　　　D. 盐酸

57.BB015 二氧化氯气体在空气中（　　），因此工业上普遍采用现场制备、现场使用的方法。

    A. 极不稳定　　　　　　B. 极易积聚　　　　　　C. 极易结晶　　　　　D. 遇光易分解

58.BC001 双吸式离心泵检修方便，不用拆卸（　　），只把上盖吊走，整个转子即可取出。

    A. 吸入管线　　　　　　B. 排出管线　　　　　　C. 泵盖螺栓　　　　　D. 地脚螺栓

59.BC002 双吸泵组装前用游标卡尺测量（　　）尺寸，将测量结果写在记录纸上，并计算出其配合间隙是否在 0.2 ~ 0.5mm。

    A. 叶轮止口外径　　　　B. 密封环内径　　　　　C. 轴承内径　　　　　D. 轴承外径

60.BC003 联轴器找正时，根据（　　）及输送介质温度的因素，应考虑温度变化轴发生涨缩时对轴同心度的影响因素。

    A. 电动机类型　　　　　B. 泵轴承类型　　　　　C. 轴径的不同　　　　D. 轴径材质

61.BC004 调整离心泵同轴度时，径向（　　）的调整，可用紫铜棒敲击电动机侧面进行调整。

    A. 上偏差　　　　　　　B. 下偏差　　　　　　　C. 左偏差　　　　　　D. 右偏差

62.BC005 离心泵安装工作包括（　　）。

    A. 机座的安装　　　　　　　　　　　　B. 离心泵的安装

    C. 电动机的安装　　　　　　　　　　　D. 二次灌浆和试车

63.BC006 联轴器在装配完成后，应进行的检测项目包括（　　）。

    A. 动平衡检测　　　　　　　　　　　　B. 静平衡检测

    C. 盘车检查转动情况　　　　　　　　　D. 同轴度检测

64.BC007 离心泵的（　　）等零件两端面应与孔轴线垂直，其偏差应小于0.02mm。

    A. 叶轮　　　　　　　　B. 轴套　　　　　　　　C. 平衡盘　　　　　　D. 轴承

65.BC008 多级离心泵的（　　）端面不平行度最大不超过0.02mm。

    A. 叶轮　　　　　　　　B. 挡套　　　　　　　　C. 前轴套　　　　　　D. 后轴套

66.BC009　多级离心泵空负荷试车达到以下要求（　　）。

　　A. 运行平稳　　　　　　　　　　　　B. 振动正常

　　C. 振幅不超过技术要求　　　　　　　D. 轴承温度正常

67.BC010　多级泵电动机水平度的检验标准为（　　）。

　　A. 纵向≤0.05/1000　　　　　　　　　B. 横向≤0.10/1000

　　C. 纵向<0.05/1000　　　　　　　　　D. 横向<0.10/1000

68.BC011　泵机组地脚螺栓安装尺寸，其螺栓间的（　　）不应超过技术文件规定的值。

　　A. 尺寸　　　　　B. 角度位移　　　　C. 长度间距　　　　D. 距离

69.BC012　垫铁与（　　）接触应均匀，垫铁间的接触面应紧密。

　　A. 基础　　　　　B. 底座　　　　　　C. 电动机　　　　　D. 泵

70.BC013　多级离心泵三保时，转子部件的组装或试装，主要检查转子的（　　）和叶轮出口之间的距离。

　　A. 同心度　　　　B. 偏斜度　　　　　C. 磨损　　　　　　D. 不垂直度

71.BC014　多级离心泵的装配应在各零部件的（　　）等项经检查合格后进行。

　　A. 齐全　　　　　B. 尺寸　　　　　　C. 间隙　　　　　　D. 振摆

72.BC015　机械密封的结构包括（　　）。

　　A. 密封端面部分　　B. 缓冲补偿机构　　C. 辅助密封圈　　D. 传动机构

73.BC016　机械密封的特点（　　）。

　　A. 节约材料　　　　B. 降低动力消耗　　C. 延长检修周期　　D. 节约检修费用

74.BC017　机械密封按密封端面的对数分类，包括（　　）机械密封。

　　A. 单端面　　　　　B. 双端面　　　　　C. 多端面　　　　　D. 普通

75.BC018　机械密封安装时，要检查各零件的（　　）是否符合技术要求。

　　A. 配合尺寸　　　　B. 粗糙度　　　　　C. 平行度　　　　　D. 规格

76.BD001　我国现行规范采用滤料的（　　）来表示滤料的级配方法。

　　A. 最大、最小粒径　　B. 不均匀系数　　C. 中位粒径　　　D. 有效粒径

77.BD002　影响滤料层孔隙率的主要因素是（　　）。

　　A. 滤料的体积　　　　B. 滤层厚度　　　　C. 滤层的均匀程度　　D. 压实程度

78.BD003　三层滤料接触滤池的滤料（　　）及设计滤速应根据原水水质确定，通常需要进行模型试验。

　　A. 孔隙度　　　　　B. 级配　　　　　　C. 保护厚度　　　　D. 厚度

79.BD004　压力过滤罐承托层的粒径是由（　　）决定的。

　　A. 滤料最小粒径　　　　　　　　　　B. 滤料最大粒径

　　C. 孔眼射流所产生最大冲击力　　　　D. 冲洗强度

80.BD005　不易造成压力过滤罐滤料流失的反冲洗方式为（　　）。

　　A. 气水反冲洗　　　　　　　　　　　B. 单一强度的反冲洗

　　C. 搅拌式反冲洗　　　　　　　　　　D. 单独用水反冲洗

81.BD006　当压力过滤罐的滤料为（　　）的，并且运行四年时，需对过滤罐滤料全部更换。

　　A. 核桃壳　　　　　B. 纤维球滤料　　　C. 石英砂　　　　D. 锰砂、磁铁矿

82.BD007　在运行过程中，过滤罐周期性水量减少的原因是（　　）。

　　A. 反冲洗周期短　　B. 反冲洗强度大　　C. 反冲洗周期长　　D. 反冲洗不彻底

83.BD008　定期现场检查污水处理站的两项处理指标是（　　）。

    A. 含油　　　　　　　　B. 悬浮物含量　　　　　C. 悬浮粒径　　　　　D. 腐蚀率

84.BD009　采用密闭流程时，密闭气体进入污水处理站应设气体（　　），密闭气体运行
        压力不应超过常压罐的设计压力。

    A. 脱水装置　　　　　　B. 流量计　　　　　　　C. 干燥装置　　　　　D. 调压装置

85.BD010　反冲洗排水回收时，如果回收水（　　）都会影响污水处理效果，使水质指标超标。

    A. 排量过大　　　　　　B. 未进行加药　　　　　C. 沉降时间短　　　　D. 间歇回收

86.BD011　二氧化氯反应器不产气或产气量少的主要原因是（　　）浓度低。

    A. 二氧化氯　　　　　　B. 氯气　　　　　　　　C. 氯酸钠　　　　　　D. 盐酸

87.BD012　二氧化氯反应器产气不足的处理方法为（　　）。

    A. 检查计量泵　　　　　　　　　　　B. 更换符合要求的原料

    C. 清洗过滤器　　　　　　　　　　　D. 检查电源

88.BE001　离心泵运行中（　　），可造成离心泵转子转不动。

    A. 熔断器熔断　　　　　B. 泵出口未开大　　　　C. 平衡盘严重磨损　D. 叶轮口环磨损

89.BE002　离心泵轴窜量大的故障可通过（　　）的方法处理。

    A. 检修泵轴　　　　　　　　　　　　B. 更换轴承

    C. 控制出口阀门　　　　　　　　　　D. 拆检平衡盘，垫铜皮

90.BE003　泵轴弯曲度大于标准值要进行校直，校直时采用（　　）进行直轴。

    A. 压力机　　　　　　　　　　　　　B. 手动螺纹矫正器

    C. 喷金属　　　　　　　　　　　　　D. 补焊

91.BE004　离心泵叶轮损坏的处理方法有（　　）。

    A. 堆焊法　　　　　　　B. 补焊法　　　　　　　C. 环氧黏合剂修补　D. 冷压法

92.BE005　离心泵运行中出现（　　）现象，可造成离心泵平衡装置发生故障。

    A. 平衡盘严重磨损　　　B. 平衡环磨损严重　　　C. 轴套磨损　　　　　D. 轴承磨损

93.BE006　泵轴的常见的损坏形式包括（　　）。

    A. 弯曲　　　　　　　　B. 磨损　　　　　　　　C. 腐蚀　　　　　　　D. 断裂

94.BE007　机械密封发生热损伤失效的原因，是由于橡胶件的（　　）造成的。

    A. 老化　　　　　　　　B. 永久变形　　　　　　C. 龟裂　　　　　　　D. 热胀冷缩

95.BE008　机泵运行时出现下列原因（　　）可造成机械密封突然性泄漏的故障现象发生。

    A. V 形密封圈装反　　　B. 弹簧比压过小　　　　C. 泵强烈振动　　　　D. 弹簧断裂

96.BE009　机械密封经常性泄漏的原因有（　　）。

    A. V 形密封圈装反　　　　　　　　　B. 动环、静环接触端面变形

    C. 弹簧比压过小　　　　　　　　　　D. 弹簧断裂

97.BE010　离心泵工作时，密封发出尖叫声可导致（　　）。

    A. 密封端面严重磨损　　　　　　　　B. 密封环裂损

    C. 密封零泄漏　　　　　　　　　　　D. 密封环结冰

98.BF001　编制施工计划过程要根据厂污水处理量计划、局污水处理系统改造计划，收集、
        分析、综合其他方面的信息、情报来确定（　　）。

    A. 施工期限　　　　　　B. 施工顺序　　　　　　C. 开工日期　　　　　D. 竣工日期

99.BF002　管理人员和岗位工人要在施工过程中学习了解（　　），做到图纸实物能对口，流程阀门位置清。

A. 设备　　　　　　　B. 仪表　　　　　　　C. 工艺流程　　　　　D. 施工质量

100.BF003　检查焊缝焊接质量，从外观检查，应无（　　）熔合性飞溅、咬边、坡口、销位。

A. 裂纹　　　　　　　B. 气孔　　　　　　　C. 夹渣　　　　　　　D. 凹陷

101.BF004　专用容器负责缺陷评定的单位，必须对缺陷的（　　）和专用容器的安全性能负责。

A. 试压结构　　　　　B. 检验结果　　　　　C. 评定结论　　　　　D. 腐蚀评定

102.BF005　容器专业检验单位的检验报告包含的主要项目：竣工图、（　　）、容器外观质量、焊接外观质量、防腐保温质量、内件安装质量、安全附件鉴定情况等。

A. 质量证明书　　　　B. 支座质量　　　　　C. 基础质量　　　　　D. 接地质量

103.BF006　选定培训原则中建立发展优势的培训主要是（　　）类培训，采用组织提供和个人自学相结合的培训方式。

A. 技能　　　　　　　B. 管理方法　　　　　C. 理论　　　　　　　D. 经验

104.BF007　编写培训方案要制定教学计划的（　　）教学手段。

A. 指导思路　　　　　B. 明确的要求　　　　C. 制定过程　　　　　D. 教学大纲

105.BF008　制定教学计划的指导思想最终要达到操作者管理好油（气）田水处理（　　），完成上级下达的各项生产指标为目的。

A. 工艺　　　　　　　B. 设备　　　　　　　C. 材料　　　　　　　D. 人员

106.BF009　教学计划的制定过程准备阶段需要审定培训所用（　　）等。

A. 材料　　　　　　　B. 教材　　　　　　　C. 设施　　　　　　　D. 工具用具

107.BF010　培训理论知识方法中角色扮演法由于信息传递多向化，（　　）因而多用于人际关系能力的训练。

A. 反馈效果好　　　　B. 实践性强　　　　　C. 费用低　　　　　　D. 费用高

108.BF011　技能操作的培训是全面掌握（　　）级油（气）田水处理工的技能操作知识，是从事油田生产的前提。

A. 初　　　　　　　　B. 中　　　　　　　　C. 高　　　　　　　　D. 技师

109.BG001　Excel 是功能强大的电子表格处理软件，具有（　　）等多种功能。

A. 表格的制作和美化　B. 计算、汇总　　　　C. 数据管理　　　　　D. 数据图表

110.BG002　保存 Excel 新工作簿可以使用（　　）两种方法。

A."文件"菜单中"保存"　　　　　　　　　B.Ctrl+O

C."常用"工具栏上"保存"　　　　　　　　D.Ctrl

111.BG003　Excel 中移动单元格区域可以通过（　　）实现。

A.Ctrl+O　　　　　　B. 鼠标拖放　　　　　C.Ctrl+N　　　　　　D. 剪贴技术

112.BG004　在 Excel 中设置字体时，可以利用格式工具栏快速地改变（　　）。

A. 所需字体　　　　　B. 字形　　　　　　　C. 字号　　　　　　　D. 字体颜色

113.BG005　在 Excel 中填充功能使用（　　）序列进行填充。

A. 常用　　　　　　　B. 等差　　　　　　　C. 等比　　　　　　　D. 日期

114.BG006　Excel 中当插入行与列时，后面的行和列会自动（　　）移动。

A. 向上　　　　　　　B. 向下　　　　　　　C. 向右　　　　　　　D. 向左

115.BG007　在 Excel 中，使用图表的方式有（　）两种。

 A. 嵌入图表   B. 数据图表   C. 源数据图表   D. 图表工作表

116.BG008　Word 办公软件的功能主要有（　）等。

 A. 文档编辑   B. 文档排版   C. 文档管理   D. 网页制作

117.BG009　创建新文档的方法有（　）。

 A. 单击"常用"工具栏中的"新建空白文档"

 B.Ctrl+O

 C. "文件"菜单中的"新建"

 D.Ctrl+N

118.BG010　Word 中涉及剪切板的操作有（　）

 A. 复制   B. 粘贴   C. 剪切   D. 清除

119.BG011　选择"字符间距"选项卡中的"缩放"下拉列表框中的比例，可按文字当前尺寸的百分比（　）。

 A. 纵向扩展   B. 纵向压缩   C. 横向扩展   D. 横向压缩

120.BG012　在使用鼠标调整图形大小时，用鼠标拖动尺寸控制点，可改变图形的（　）。

 A. 粗细   B. 高度   C. 尺寸   D. 宽度

三、判断题（对的画"√"，错的画"×"）

（　）1.AA001　流体被视为连续介质，在流动时是连续的充满所占据的空间。

（　）2.AA002　两结点间由两条或两条以上的管道连接而成的组合管道称为并联管道。

（　）3.AA003　由于流体的黏性，任一有效断面上各点的速度大小不等。

（　）4.AA004　实际液体的伯努利方程式中，hw 表示单位重量液体的能量消耗。

（　）5.AA005　在水力学计算中把阀门，弯头等管件中的水头损失称为局部水头损失。

（　）6.AA006　层流状态下，黏性力占主要地位，雷诺数较大。

（　）7.AB001　变频器因为升温过高跳闸，首先检查电路，发现异常及时修复。

（　）8.AB002　在爆炸和火灾危险场合安装仪表箱以及仪表、电气设备，必须挂牌操作。

（　）9.AB003　自动化日常维护中吹洗气体或液体必须是被测工艺对象所允许的固体介质。

（　）10.AB004　仪器仪表出现故障后，可以先初步判断故障的一种可能性。

（　）11.AB005　系统自动化顺序控制是按照一定的顺序进行控制的过程。

（　）12.AB006　系统自动化控制中加压泵将含油污水直接输送到压力滤罐进行过滤。

（　）13.AB007　在自动化中当自动调节系统处于动态阶段时，被调参数是没有变化的。

（　）14.AB008　自动化加药控制系统中絮凝剂、凝聚剂是根据药量自动或手动调整变频器的控制参数。

（　）15.AB009　自动化排污前气动蝶阀上的电控阀处于"手动"位置。

（　）16.AB010　过滤罐投运时将压力滤罐的"停运 / 运行"旋钮，旋到"运行"位置。

（　）17.AB011　DCS 和集中式控制系统的区别不大，在系统功能的实现方法上是完全相同。

（　）18.AB012　可以把信号传输时所受到的干扰屏蔽掉，以提高信号质量叫屏蔽地。

（　）19.AC001　绘制零件图进行形体分析时，先看清楚机械零件的形状和结构特点以及表面之间的相互关系。

（　）20.AC002　绘制零件图时，配合性质和公差数值应在材料分析的基础上，查阅有关手册确定。

（　）21.AC003　根据国标规定，几何公差在图样中应采用代号标注。

（　）22.AC004　看零件图时要分部分，明形状，抓联系，想整体，投影及结构分别分析。

（　）23.AC005　零部件的互换性，按其互换程度，可分为完全互换和不完全互换。

（　）24.AC006　任何机器都是由各种零件组成。表达一个零件的图样，称为装配图。

（　）25.AD001　HSE 管理体系以效益最大化，损失最小化为指导思想。

（　）26.AD002　HSE 管理体系的建立提高了企业的管理水平。

（　）27.AD003　HSE 管理体系文件中的审查是说承包商不能自己审查，而是请领导来担任审查。

（　）28.AD004　自下而上的承诺和企业文化是体系成功实施的基础。

（　）29.AD005　"两书一表"是 HSE 管理体系的一般组成部分。

（　）30.AD006　《HSE 作业指导书》是在《HSE 作业计划书》控制和削减常规风险的文件要求基础上，制定的更切合实际的作业文件。

（　）31.BA001　在实际絮凝装置中，起主导作用的还是液体的流动。

（　）32.BA002　烷基胺是氧化型缓蚀剂。

（　）33.BA003　氧化型杀菌剂可通过氧化细胞结构中的一些活性基团而发挥杀菌作用。

（　）34.BA004　试验污水处理药剂所使用注射器与测试瓶要经过高压蒸汽消毒，每稀释一次，不需要重新更换注射器。

（　）35.BA005　筛选阻垢剂时要对药剂价格、使用是否方便、保存期等诸多因素进行综合比较才能确定所选用的阻垢剂。

（　）36.BA006　评定污水处理药剂过程中，通过测试数据与去除率可以评价净化剂的数量。

（　）37.BA007　进行阻垢剂性能评价分析时，主要是评价阻垢剂对 $CaCO_3$、$CaSO_4$、$BaSO_4$、$SiSO_4$ 垢的防垢性能。

（　）38.BA008　水温低，水的黏度增大，布朗运动减弱，絮凝效果增强。

（　）39.BA009　测定污水滤膜系数时，过滤器的出水阀门与秒表同时启停。

（　）40.BA010　测定水样中悬浮物含量用手拿测试后的滤膜片时要轻拿轻放，手要保持干燥。

（　）41.BA011　滤膜法测定悬浮固体含量过程中，蒸馏水的滤洗时间不应超过 5min。

（　）42.BA012　测定水样中铁含量前，采集移取水样一定要缓慢平稳。

（　）43.BB001　当被分离出油品的凝点低于罐内部环境温度时，除油罐或沉降罐的集油槽及油层内应设加热设施。

（　）44.BB002　当除油罐采用静水压力或水力排泥时，总排泥管的直径就不小于 200mm。

（　）45.BB003　油罐组装焊接后，罐壁外表面到接管法兰面的距离允许偏差应为 ±5mm。

（　）46.BB004　在对油罐罐壁焊缝检测时，每种板厚应在焊接的 3m 焊缝的任意部位取 300mm 进行射线检测。

（　）47.BB005　油罐盘梯栏杆上部扶手应与平台标杆扶手搭接。

（　）48.BB006　非密闭常压油罐的固定顶应对焊缝进行目视检查，可不做气密性试验。

（　）49.BB007　除油罐内液体放净后，人员进入除油罐内检查时，可以边通风边检查。

（　）50.BB008　罐区动火前人在设备内进行明火试验，工作时人孔外应有专人监护。

（　）51.BB009　基于电磁流量计的测量原理，要求流动的液体具有最高限度的电导率。

（　）52.BB010　电磁流量计的测量管、外壳、引线的屏蔽线的接地可以与其他电气设备的接地线共用。

（　）53.BB011　电磁流量计测量管内出现杂质沉积或内壁结垢，均可能出现零点变动。

（　）54.BB012　离心式污泥脱水机对污泥的预处理要求较高，通常需要对污泥进行再除油处理后方可上机脱水。

（　）55.BB013　离心式污泥脱水机冲洗完毕，断开电源后，仍要继续通水清洗，直到机器完全停止。

（　）56.BB014　二氧化氯发生装置的制备过程是通过 PID 控制柜系统控制的。

（　）57.BB015　二氧化氯杀菌装置使用的盐酸应符合国家标准的要求，严禁使用废酸，尤其是内含有机物、油脂及氢氟酸的工业副平酸。

（　）58.BC001　双吸叶轮的好处就是同样转速与流量的情况下，由于减小了进水口的流速，双吸泵很难出现汽蚀现象。

（　）59.BC002　组装双吸泵时，叶轮流道内应无杂物堵塞，入口处允许磨损。

（　）60.BC003　联轴器外形最大直径为 410 ~ 500mm，联轴器端面间的间隙为 8 ~ 10mm。

（　）61.BC004　轴向偏差，0° 值为 0，180° 值为负，说明下开口比上开口大。

（　）62.BC005　离心泵泵体找正时，泵体的纵向中心线是以泵轴中心线为准。

（　）63.BC006　测量联轴器端面间隙时，应使两轴窜动到端面间隙为最大尺寸位置。

（　）64.BC007　泵找正后对垫铁、地脚螺栓进行一次复查，合格后进行抹面，抹面应符合设备技术文件或设计图样等有关规定。

（　）65.BC008　装配多级离心泵时，保证平衡盘与平衡环间的轴向间隙为 0.10 ~ 0.3mm。

（　）66.BC009　多级泵启动前先盘动转子，检查转子是否灵活。

（　）67.BC010　测试多级泵体的水平度，水平仪应放在泵座处。

（　）68.BC011　多级泵地脚螺栓的露出螺纹部分应涂少量油脂防腐。

（　）69.BC012　设备垫铁高度的调整要靠两块平垫铁间位移进行。

（　）70.BC013　离心泵运转 10000h ± 48h 进行三级保养。

（　）71.BC014　离心泵各泵段零部件装配后拧紧螺栓，测量转子的串量，其数值应符合设备技术文件的规定要求。

（　）72.BC015　机械密封的动环和静环一般选用不同材料制成。

（　）73.BC016　机械密封用在输送介质和杂质量较大的机泵上效果更好。

（　）74.BC017　机械密封按轴径大小分三类，即大轴径机械密封、一般轴径机械密封、小轴径机械密封。

（　）75.BC018　安装机械密封，静环尾部的防转槽顶安装后保持有径向间隙，以防缓冲环失效。

（　）76.BD001　粒径是指能把滤料颗粒包围在内的一个假设的球面直径。

（　）77.BD002　滤料颗粒越是棱角化，则单位体积滤层的表面积越大。

（　）78.BD003　双层滤料中，两种滤料的相对密度差越大，越容易产生混杂现象。

（　）79.BD004　三层滤料过滤时，由于下层滤料粒径小而相对密度大，垫层必须与之相适应。

（　）80.BD005　过滤罐反冲洗强度过大，易造成滤层翻床，在正常过滤时，滤料流失。

（　）81.BD006　在进行滤料更换操作时，操作人员应站在木板上操作，以防承托料和滤料移动。

（　）82.BD007　过滤装置的集水或配水装置损坏，会导致反冲洗水在过滤器截面上分布不均。

（　）83.BD008　当污水处理站运行指标出现偏差时，查找问题并有针对性地解决，及时处理影响水质的各种问题，保证滤后水质达标。

（　）84.BD009　采用天然气密闭污水处理流程中，要注意防止天然气与空气混合，否则易引起爆炸。

（　）85.BD010　如果水处理沉降罐没有及时收油或清淤，会使沉降时间变短，使出水水质超标。

（　）86.BD011　二氧化氯发生装置的控制器显示加热但水温不上升的原因是加热盘管损坏。

（　）87.BD012　二氧化氯装置的水射器进气口有液体溢出时，要提高水射器后的压力。

（　）88.BE001　电源电压低是造成离心泵启泵时转子转不动的原因。

（　）89.BE002　泵轴窜量大的原因可能是由于叶轮、挡套尺寸精度过高造成的。

（　）90.BE003　对泵轴应进行磁力探伤，不允许存在任何缺陷，新更换的泵轴应符合图纸要求。

（　）91.BE004　检修多级泵时，外观合格的叶轮可以使用。

（　）92.BE005　多级离心泵转子轴向位置变动大的排除方法是调整平衡盘轴向间隙。

（　）93.BE006　泵轴损坏的处理方法可以用螺杆拉直校直法。

（　）94.BE007　机械密封由于密封面处于干摩擦，端面出现径向裂纹，从而使密封面泄漏量迅速增加。

（　）95.BE008　摩擦副夹入颗粒杂质是导致机械密封突发性泄漏的原因。

（　）96.BE009　摩擦副损伤或变形而不能接合引起泄漏是机械密封经常性泄漏的原因。

（　）97.BE010　离心泵工作时，泵和轴的振动不会引起密封失效。

（　）98.BF001　通过编制施工计划，掌握工作的全貌，并在工作前就能够清楚今后可能出现的问题。

（　）99.BF002　工程建设开工前要组织本系统有关人员，会同设计部门参加对施工和使用单位的技术交底。做到设计内容、关键环节、质量标准和检测方法四个清楚。

（　）100.BF003　管线质量检验合格后，应进行签字验收交接。

（　）101.BF004　使用期超过10年，经技术鉴定，确定不能按正常检验周期进行的应适当缩短。

（　　）102.BF005　容器验收包括经主管压力容器的技术人员签字的验收文件。

（　　）103.BF006　把握发展方向的培训主要是思想教育和企业文化建设，采用自学培训方式。

（　　）104.BF007　教学计划制定合理，能使授课人和被培训者，目标明确，便于统一行动，使培训工作进行得有条不紊，领导可以随时掌握培训进程，检查培训任务的完成情况。

（　　）105.BF008　操作技能的培训要求联系现场生产实际。

（　　）106.BF009　标题，也就是教学计划的名称，写在第二行正中，凡属本单位使用的，标题要写明制定的单位名称、计划的内容和期限。

（　　）107.BF010　培训理论知识方法中视听技术法缺点是学员的反馈与实践较差，且制作和购买的成本高，内容易过时。

（　　）108.BF011　技能培训要突出实际操作动手的特点。

（　　）109.BG001　Excel 软件，具有计算、汇总等多种功能，适合于一般报表系统的管理。

（　　）110.BG002　如要将 Excel 文件按新名字、新格式或新的位置保存，则应选择"文件"菜单下的"保存"命令。

（　　）111.BG003　Excel 中移动单元格区域，就是将指定单元格区域从一个位置搬移到另一个新位置。

（　　）112.BG004　Excel 中，经过格式化的数据显示的数据值和数据没有格式化以前的值稍有不同。

（　　）113.BG005　在 Excel 中对于时间，使用冒号"："分隔时间的各部分。

（　　）114.BG006　恢复操作是撤消操作的逆操作，该命令只有在执行过恢复操作后才起作用。

（　　）115.BG007　图表由许多部分组成，每一部分就是一个图表项。

（　　）116.BG008　Word 办公软件不可以进行邮件合并。

（　　）117.BG009　用户可以使用自己的模板来创建新文档。

（　　）118.BG010　使用光标键定义文本时先将插入点移至文本的一端，在按住 Ctrl 键的同时移动方向键，就可在不同方向选择文本。

（　　）119.BG011　Word 文档中段落设置时固定值为每行设置固定的行距值，Word 不能对其进行调整。

（　　）120.BG012　绘制图形时，若要绘制对称图形，可在拖动时按住 Shift 键。

四、简答题

1. AA005　达西公式的公式是什么，公式中各字母分别代表什么意思？
评分标准：答对①②点各 50%。

2. AA005　达西公式的定义是什么？

3. AA006　如何判断流体的流态？

4. AA006　用来判别流体流态的雷诺数的表达式是什么，式中各字母代表什么意思？

5. BA001　混凝剂混凝过程中所起的作用可分为哪几类？

6. BA003　在油田水处理中常用杀菌剂的杀菌机理有哪些？

7. BB001　设计除油罐或沉降罐的基本尺寸由哪些参数确定？

8. BB002　对除油罐的溢流设施有哪些技术要求？

9. BB002　对除油罐的放空设施有哪些技术要求？

10. BB007　污水处理站施工时，用火人执行的"三不动火"的内容是什么？

11. BB008　油罐焊接作业有哪些危险性？

12. BB008　进入除油罐内作业的安全措施有哪些？

13. BB014　如何配制二氧化氯杀菌剂的原料？

14. BC006　联轴器的分类有哪些？

15. BC015　机械密封装置的密封点有哪些？

16. BC016　机械密封的特点有哪些？

17. BD001　压力过滤罐滤料的选择有哪些要求？

18. BD001　压力过滤罐滤床设计的目的有哪些？

19. BD003　对核桃壳滤料有哪些要求？

20. BD004　压力过滤罐承托层设计不合理会出现哪些问题？

21. BD006　过滤罐补充滤料有哪些技术要求？

22. BD006　什么情况下需要更换过滤罐滤料？

23. BD007　压力过滤罐处理排量不够的原因是什么？

24. BD007　压力过滤罐反冲洗时压力高的原因是什么？

25. BD009　什么是天然气密闭技术？

26. BD009　油田采出水存在溶解氧的原因有哪些？

27. BD010　进行水质监测主要监测哪些项目？

28. BE003　泵轴弯曲变形校直方法有哪 3 种？

29. BE006　泵轴常见是损坏形式有哪几种？

30. BE007　机械密封常见的腐蚀类型有哪些？

31. BE010　机械密封周期性泄漏的原因有哪些？

五、计算题

1. AA001　某一变径输水管道，过水截面 A_1 为 $0.314m^2$，过水截面 A_2 为 $0.0785m^2$，若 $v_1=2.5m/s$，试计算 v_2。

2. AA002　某供水管线两站间有三条管线并联，已知管路的总流量为 $50m^3/h$，并联各管路的长度分别为 $L_1=800m$，$L_2=1000m$，$L_3=780m$，$Q_1=25m^3/h$，$Q_2=12m^3/h$，求 Q_3。

3. AA005　某站管线的内径为 100mm，管线长为 50m，水力摩阻系数为 0.042，流速约为 2m/s，试计算管线的沿程水头损失。

4. AA006　沿直径为 200mm 的管道输送润滑油，管内液体流速为 1.0m/s，夏季流体运动黏度为 $3.55 \times 10^{-5}m^2/s$，冬季流体运动黏度为 $1.1 \times 10^{-4}m^2/s$ 试判断冬夏两季润滑油在管路中的流动流态？

5. BA004　某一污水处理站，处理污水水量为 $10000m^3$，日加药 300kg，求加药质量浓度。

6. BA004　某污水站处理水量为 $1 \times 10^4 m^3/d$，杀菌剂 3 天投 1 次，每次投量为 100mg/L，连续投加时间为 6h，试计算 3 天的平均投量。

7. BA010　用滤膜过滤法测定水中悬浮固体含量时，取 250mL 水样，用 0.45μm 的滤膜过滤，滤前滤膜质量为 0.0325g，滤后滤膜质量为 0.0415g，求该水样中悬浮固体的质量浓度。

8. BA010　用滤膜过滤法测定水中悬浮固体含量时，取 500mL 水样，用 0.45μm 的滤膜过滤，滤前滤膜质量为 0.0275g，滤后滤膜质量为 0.0365g，求该水样中悬浮固体的质量浓度。

9. BA012　某注水井注入水中总铁含量用硫氰化钾比色法进行测定。取水样体积为 10mL，消耗掉浓度为 0.02mg/mL 的标准铁液 0.6mL，试求注入水中总铁含量。

10. BB001　某污水处理站采用两级除油加两级过滤流程，污水在立式混凝除油罐内的下降流速为 1.0×10^{-3}m/s，除油罐的规格为 $\phi 8 \times 12$m，中心反应筒的直径为 0.8m，试求该除油罐的设计处理水量为多少？

11. BB001　某污水处理站采用两级除油加两级过滤流程，污水在立式自然除油罐内的下降流速为 0.5×10^{-3}m/s，除油罐的型号为 $\phi 10 \times 12$m，试求该除油罐的设计处理水量为多少？

12. BC004　在调整离心泵机组同心度时，测得联轴器偏差数据为：上部联轴器轴向间隙为 3.2mm，径向间隙为 1.3mm；下部联轴器轴向间隙 3.4mm，径向间隙为 1.5mm；联轴器直径为 200mm，电动机侧联轴器端面到电动机前、后底脚螺栓孔中心水平距离为 300mm、480mm。计算电动机底脚需要加减多少垫片才能机组两轴同心？（电动机联轴器比泵联轴器径向低）

13. BC009　某污水处理站增压泵型号为 IS80-65-160，组装后进行性能测试，录取数据如下：进口压力为 0.05MPa，出口压力为 0.5 MPa，泵的排量为 25m3/h，进出口压力表高度差为 0.5m，求该泵的全扬程为多少？（ρ 取 1）

14. BC009　在离心泵组装后检测泵效时，测得电动机工作电流为 80A，电压为 385V，查表得知电动机效率为 0.95，功率因数为 0.85，求泵的轴功率？

15. BD002　某一滤罐在填装滤料前，测得滤料的质量为 150kg（105℃下烘干），并用比重瓶测得的密度为 1.3g/cm³，填入滤罐运行 8h 后，测得滤料层的体积为 0.2m³，请计算该滤料的孔隙率为多少？

16. BD002　在测量某一滤料的孔隙率时，在 105℃下烘干称重为 50kg，用比重瓶测得的密度为 1.1g/cm³，放入过滤筒中进行清水过滤，运行 24h 后，测得滤料的体积为 0.1m³，请计算该滤料的孔隙率为多少？

17. BD003　某一污水处理站采用一级混凝沉降、两级过滤方式，共有两组、4 个过滤罐，直径均为 1m，如果该污水站的排量为 20m³/h，请问单组滤罐的过滤速度是多少？

18. BD003　某一新建污水处理站采用两级沉降、一级过滤方式，共有 4 个过滤罐，直径均为 1m，该污水站的设计处理量为 20m³/h，请问滤罐的设计过滤速度是多少？

19. BD008　某油田含油污水处理站设计流量为 600m³/h，进水处理站污水含油 500mg/L，处理后出站净化污水含油量为 10mg/L，污油的密度为 0.95t/m³，计算该站每天回收的含水原油量，及污油池的容积。（注：污油的含水率取 0.5）

20. BD008　某油田含油污水处理站每天来液量为3000m³，进水处理站污水含油800mg/L，处理后出站净化污水含油量为10mg/L，污油的密度为0.95t/m³，计算该站每天回收的含水原油量及污油罐的容积。（注：污油的含水率取0.5）

21. BD010　某油田年产原油 100×10^4 t，综合含水率为75%，油田采出水原水密度为 $1.05t/m^3$，其它来水量为500m³/d。求该油田采出水处理站的设计规模为多少？

答　案

一、单项选择题

1.D	2.C	3.A	4.D	5.C	6.B	7.A	8.D	9.B	10.A	11.D
12.B	13.A	14.B	15.B	16.C	17.B	18.C	19.D	20.C	21.C	22.D
23.A	24.B	25.C	26.A	27.B	28.A	29.C	30.D	31.D	23.B	33.B
34.D	35.D	36.B	37.A	38.D	39.A	40.B	41.D	42.C	43.A	44.B
45.C	46.B	47.A	48.D	49.C	50.A	51.A	52.B	53.C	54.A	55.B
56.A	57.A	58.B	59.B	60.C	61.D	62.C	63.B	64.C	65.A	66.C
67.C	68.B	69.B	70.D	71.C	72.B	73.A	74.C	75.B	76.D	77.A
78.D	79.C	80.D	81.D	82.B	83.C	84.D	85.B	86.A	87.D	88.A
89.B	90.C	91.A	92.D	93.B	94.A	95.B	96.C	97.A	98.B	99.B
100.C	101.C	102.A	103.B	104.C	105.A	106.B	107.D	108.B	109.A	110.B
111.B	112.C	113.B	114.A	115.B	116.C	117.A	118.B	119.A	120.C	121.B
122.C	123.B	124.A	125.A	126.B	127.A	128.B	129.A	130.C	131.C	132.D
133.B	134.D	135.A	136.D	137.C	138.B	139.A	140.C	141.A	142.B	143.D
144.A	145.A	146.C	147.D	148.B	149.B	150.C	151.B	152.A	153.A	154.D
155.A	156.B	157.B	158.C	159.A	160.B	161.D	161.A	162.B	163.A	164.B
165.C	166.D	167.B	168.B	169.C	170.A	171.B	172.C	173.B	174.A	175.B
176.B	177.C	178.A	179.B	180.A	181.B	182.C	183.C	184.B	185.C	186.B
187.D	188.C	189.B	190.B	191.C	192.B	193.C	194.B	195.C	196.D	197.C
198.A	199.B	200.C	201.D	202.B	203.A	204.B	205.C	206.A	207.B	208.B
209.D	210.B	211.C	212.B	213.D	214.B	215.C	216.C	217.B	218.C	219.A
220.A	221.C	222.D	223.C	224.A	225.D	226.B	227.A	228.B	229.B	230.D
231.A	232.A	233.B	234.D	235.C	236.C	237.B	238.D	239.A		

二、多项选择题

1.AB	2.BD	3.AB	4.ABCD	5.ABC	6.ABC	7.ABC
8.ABC	9.ABC	10.ABCD	11.ABCD	12.BCD	13.ABCD	14.ABCD
15.ABC	16.ABCD	17.ABCD	18.ABCD	19.ABC	20.ACD	21.ACD
22.AB	23.AD	24.ACD	25.ABC	26.AB	27.AC	28.AB
29.ABC	30.BC	31.CD	32.BD	33.ABCD	34.BD	35.ABCD

36.AC	37.BCD	38.BD	39.BC	40.ABCD	41.BD	42.BD
43.AD	44.BCD	45.AC	46.CD	47.AD	48.AC	49.CD
50.CD	51.CD	52.CD	53.ABC	54.AD	55.ABCD	56.CD
57.AD	58.AB	59.AB	60.ABC	61.CD	62.ABCD	63.BC
64.ABC	65.ABCD	66.ABCD	67.AB	68.BC	69.AB	70.AB
71.BCD	72.ABCD	73.ABCD	74.ABC	75.ABC	76.AB	77.CD
78.BD	79.BC	80.AC	81.CD	82.CD	83.AB	84.BD
85.ACD	86.CD	87.ABC	88.AC	89.CD	90.AB	91.ABC
92.AB	93.ABCD	94.ABC	95.CD	96.AB	97.AB	98.ABCD
99.ABC	100.ABCD	101.BC	102.ABCD	103.AB	104.ABCD	105.AB
106.ABCD	107.ABC	108.ABC	109.ABCD	110.AC	111.BD	112.ABCD
113.ABCD	114.BC	115.AD	116.ABCD	117.ACD	118.ABC	119.CD
120.BD						

三、判断题

1.√ 2.√ 3.√ 4.√ 5.√ 6.× 正确答案：层流状态下，黏性力占主要地位，雷诺数较小。 7.× 正确答案：变频器因为升温过高跳闸，首先检查风扇，发现异常及时修复。 8.√ 9.× 正确答案：自动化日常维护中吹洗气体或液体必须是被测工艺对象所允许的流动介质。 10.× 正确答案：仪器仪表出现故障后，可以先初步判断故障的几种可能性。 11.√ 12.× 正确答案：在自动化中当自动调节系统处于动态阶段时，被调参数是不断变化的。 14.× 正确答案；自动化加药控制系统中絮凝剂、凝聚剂是根据来水量自动或手动调整变频器的控制参数。 15.× 正确答案；自动化排污前气动蝶阀上的电控阀处于"自动"位置。 16.√ 17.× 正确答案：DCS和集中式控制系统的区别不大，但在系统功能的实现方法上却完全不同。 18.√ 19.√ 20.× 正确答案：绘制零件图时，配合性质和公差数值应在结构分析的基础上，查阅有关手册确定。 21.√ 22.× 正确答案：看零件图时要分部分，明形状，抓联系，想整体，投影及结构同时分析。 23.√ 24.× 正确答案：任何机器都是由各种零件组成。表达一个零件的图样，称为零件图。 25.√ 26.√ 27.× 正确答案：HSE管理体系文件中的审查是说承包商不能自己审查，而是雇请外界具有HSE专业技能人员来担任审查。 28.× 正确答案：自上而下的承诺和企业文化是体系成功实施的基础。 29.× 正确答案："两书一表"是HSE管理体系的重要组成部分。 30.× 正确答案：《HSE作业计划书》是在《HSE作业指导书》控制和削减常规风险的文件要求基础上，制定的更切合实际的作业文件。 31.√ 32.× 正确答案：烷基胺是吸附型缓蚀剂。 33.√ 34.× 正确答案：试验污水处理药剂所使用注射器与测试瓶要经过高压蒸汽消毒，每稀释一次，需要重新更换一支注射器。 35.√ 36.× 正确答案：评定污水处理药剂过程中，通过测试数据与去除率可以评价净化剂的优劣。 37.√ 38.× 正确答案：水温低，水的黏度增大，布朗运动减弱，絮凝效果下降。 39.√ 40.× 正确答案：滤膜片不能用手拿取，要用干净干燥的镊子拿取。 41.√ 42.× 正确答案：测定水样中铁含量前，采集移取水样速度要快。　43.×　正确答案：当被分离出油品的凝点高于罐内部环境温度时，除油罐或沉降罐的集油槽及油层内应设加热设施。　44.√　45.√　46.×　正确答案：在对油罐罐壁焊缝检测时，每种板厚应在最初焊接的3m焊缝的任意部位取300mm进行射线检测。　47.×　正确答案：油罐盘梯栏杆上部扶手应与平台标杆扶手对中连接。　48√　49.×　正确答案：除油罐内液体放净后，要先通风，可燃气体浓度达标后才能进入罐内检查。　50.×　正确答案：罐区动火前人在罐外进行设备内明火试验，工作时人孔外应有专人监护。　51.×　正确答案：基于电磁流量计的测量原理，要求流动的液体具有最低限度的电导率。　52.×　正确答案：电磁流量计的测量管、外壳、引线的屏蔽线的接地决不可以与其他电气设备的接地线共用。　53.√　54.×　正确答案：离心式污泥脱水机对污泥的预处理要求较高，通常需要对污泥进行高分子聚合电解质进行调质后方可上机脱水。　55.√　56.×　正确答案：二氧化氯发生装置的制备过程是通过PLC控制柜系统控制的。　57.√　58.√　59.×　正确答案：组装双吸泵，叶轮流道内应无杂物堵塞，入口处不准磨损。　60.√　61.×　正确答案：轴向偏差，0°值为0，180°值为负，说明上开口比下开口大。　62.√　63.×　正确答案：测量联轴器端面间隙时，应使两轴窜动到端面间隙为最小尺寸位置。　64.√　65.×　正确答案：装配多级离心泵时，保证平衡盘与平衡环间的轴向间隙为0.10～0.25 mm。　66.√　67.×　正确答案：测试多级泵体的水平度，水平仪应放在泵入口法兰处。　68.√　69.×　正确答案：设备垫铁高度的调整要靠两块斜垫铁间位移进行。　70.√　71.×　正确答案：离心泵各泵段零部件装配后拧紧螺栓，测量转子的总串量，其数值应符合设备技术文件的规定要求。　72.√　73.×　正确答案：机械密封不宜安装在输送介质和杂质量较大的机泵上。　74.√　75.×　正确答案：安装机械密封，静环尾部的防转槽顶安装后保持有轴向间隙，以防缓冲环失效。　76.√　77.√　78.×　正确答案：双层滤料中，两种滤料的相对密度差越小，越容易产生混杂现象。　79.√　80.×　正确答案：过滤罐反冲洗强度过大，易造成局部垫层翻床，在正常过滤时，滤料流失。　81.√　82.√　83.×　正确答案：当污水处理站运行指标出现偏差时，查找问题并有针对性地解决，及时处理影响水质的各种问题，保证外输水水质达标。　84.√　85.×　正确答案：如果水处理沉降罐没有及时收油或清淤，会降低沉降空间，使出水水质超标。　86.√　87.×　正确答案：二氧化氯装置的水射器进气口有液体溢出时，要降低水射器后的压力。　88.√　89.×　正确答案：泵轴窜量大的原因可能是由于叶轮、挡套尺寸精度不高造成的。　90.√　91.×　正确答案：检修多级泵时，静平衡合格的叶轮可以使用。　92.√　93.×　正确答案：泵轴弯曲变形的校直方法可以用螺杆拉直校直法。　94.√　95.×　正确答案：摩擦副夹入颗粒杂质是导致机械密封经常性泄漏的原因。　96.√　97.×　正确答案：离心泵工作时，泵和轴的振动虽然可能不会立刻使密封失效，但会降低密封的使用寿命。　98.√　99.√　100.√　101.×　正确答案：使用期超过15年，经技术鉴定，确定不能按正常检验周期进行的应适当缩短。　102.√　103.×　正确答案：把握发展方向的培训主要是思想教育和企业文化建设，采用组织提供的培训方式。　104.√　105.√　106.×　正确答案：标题，也就是教学计划的名称，写在第一行正中，凡属本单位使用的，标题要写明制定的单位名称、计划的内容和期限。　107.√　108.√　109.√　110.×　正确答案：如要将 Excel 文件按新名字、新格式或新的位置保存，则应选择"文件"菜单下的"另存为"命令。 111. √ 112. × 正确答案：Excel 中，经过格式化的数据显示的数据值和数据没有格式化以前的值是完全一样的，无论显示格式怎样，实际输入的值都被保留。 113. √ 114. × 正确答案：恢复操作是撤消操作的逆操作，该命令只有在执行过撤消操作后才起作用。 115. √ 116. × 正确答案：Word 办公软件可以进行邮件合并。 117. √ 118. × 正确答案：使用光标键定义文本时先将插入点移至文本的一端，在按住 Shift 键的同时移动方向键，就可在不同方向选择文本。 119. √ 120. × 正确答案：绘制图形时，若要绘制对称图形，可在拖动时按住 Ctrl 键。

四、简答题

1. ① $h_f = \lambda \dfrac{L}{D} \dfrac{v^2}{2g}$ ；② L 为管长；D 为管径；v 为管内平均速度；$v^2/2g$ 为速度水头；λ 为沿程摩阻系数。

评分标准：答对①②点各 50%。

2. ①达西公式为不可压缩黏性流体在粗糙管内正常流动时；②沿管的压强降表达式。

评分标准：答对①②点各 50%。

3. ①液体在圆管中流动时，下临界雷诺数的值为 $Re \approx 2000$，上临界雷诺数是一个不固定的数值；②一般采用下临界雷诺数作为判别流动状态的标准；③ $Re \leqslant 2000$ 时流体为层流；④ $Re > 2000$ 时的流体为紊流。

评分标准：答对①②点各 30%；③④点各 20%。

4. 答：①用惯性力与黏性力的比可用雷诺数 Re 来表示，其表达式为：

$$Re = \frac{vd}{\upsilon}$$

②式中，v 表示平均流速；d 表示管子内径；表示流体运动黏度。

评分标准：答对①②点各 50%。

5. 可分为 3 类：①调整 pH 值；②加大矾花的粒度、相对密度及结实性；③加大矾花和减少矾花的相对密度。

评分标准：答对①③各占 30%；②占 40%。

6. ①阻碍菌剂的呼吸作用；②抑制蛋白质合成；③破坏细胞壁；④阻碍核酸的合成。

评分标准：答对①②③④各占 25%。

7. ①理论停留时间。②表面负荷。③水流速度。

评分标准：答对①③各占 35%；②占 30%。

8. ①可选择倒 U 形溢流管或堰箱；②溢流管管径不应小于进水管管径；③倒 U 形溢流管顶部应设虹吸破坏管；④虹吸破坏管管径不宜小于 DN80mm；⑤采用堰箱时，堰箱内应设置水封，水封高度不得小于 250mm。

评分标准：答对①②③各占 25%；⑤各占 15%；④占 10%。

9. ①除油罐应设放空管；②放空管径应不小于 DN100mm；③当除油罐设有絮凝筒时，应采取使絮凝筒放空滞后于罐放空的技术措施；④当罐投产时，应采取絮凝筒充水超前于罐进水的技术措施。

评分标准：答对①②③④各占 25%。

10.①没有经过批准的动火作业证不动火；②防火监护人不在现场不动火；③防止措施不切实际不落实不动火。

评分标准：答对①②各占 30% ③占 35%。

11.①火灾；②爆炸；③放电；④弧光辐射危害；⑤金属烟尘危害；⑥有害气体危害。

评分标准：答对①②③⑤各占 15%；④⑥占 20%。

12.①安全隔离；②清洗和置换；③通风；④加强监测；⑤防护用具和照明；⑥制定应急措施；⑦罐外监护。

评分标准：答对①②③④⑤⑥各占 15%；⑦占 10%。

13.①将氯酸钠（GB/T 1618—2018《工业氯酸钠》，纯度 ≥ 99%）固体颗粒放入化料器中；②经溶解稀释后用泵打到原料罐内配制成 33% 浓度的氯酸钠水溶液；③工业合成盐酸（GB 320—2006《工业合成盐酸》，浓度 ≥ 31%）用酸泵打到盐酸原料罐内。

评分标准：答对①③各占 30%，②占 35%。

14.①联轴器根据内部是否包含弹性元件；②可以划分为刚性联轴器与弹性联轴器两大类。

评分标准：答对①②各占 50%。

15.①轴套与轴间的密封；②动环与轴套间的密封；③动、静环之间的密封；④静环与静环座间的密封；⑤静环压盖与泵体间的密封。

评分标准：答对①②③④⑤各占 20%。

16.①机械密封的性能好、泄漏量少、使用寿命长、轴和轴套不易受到损坏、功率消耗小、泵的效率比较高；②但构造复杂、价格高、制造安装时技术要求比较高。

评分标准：答对①②各占 50%。

17.①有足够的机械强度；②具有足够的化学稳定性；③具有一定的颗粒级配和适当的孔隙度；④外形接近于球状，表面比较粗糙且有棱角；⑤能就地取材，货源充足，价格合理。

评分标准：答对①②③④⑤各占 20%。

18.①选用滤料；②选择支承滤料卵石的粒径；③滤料及垫层的有关参数；④计算出滤料和垫层的厚度。

评分标准：答对①②③④各占 25%。

19.①材质为野生核桃果壳，充分成熟，无明显虫蛀；②密度为 1.3 ~ 1.4 g/cm³；③破碎率小于 1.5%；④磨损率小于 1.5%；⑤堆密度为 0.8 ~ 0.85g/cm³。

评分标准：答对①占 30% ③④各占 20% ②⑤各占 15%。

20.①承托层过粗会造成滤料漏失；②选用的承托层与反冲洗强度不协调，造成卵石移动。

评分标准：答对①②各占 50%。

21.①补充滤料前，需对表面污染的滤料进行清除；②所补充的滤料规格要和原滤料一致；③填装高度应与原高度标记水平线吻合；④填装过程中，应避免损坏配水系统和部件；⑤严禁在雨雪风沙等恶劣天气进行，防止泥土带入罐内。

评分标准：答对①②③④⑤各占 20%。

22. ①核桃壳和纤维球滤料使用三年需要对滤料全部更换；②石英砂、锰砂、磁铁矿等滤料运行四年时需要对滤料全部更换；③当滤料破碎或性质发生变化，不能再生利用时应更换；④开罐检查，滤料发生严重污染，严重板结，清洗后不能再生时就及时更换滤料。

评分标准：答对①②③④各占 25%。

23. ①进水管道或集水系统水头阻力过大；②滤层上部被污泥堵塞或有结油帽的情况；③滤料与悬浮物板结；④滤层高度太厚。

评分标准：答对①②③④各占 25%。

24. ①滤罐的反冲洗进出口电动阀门故障未打开。②滤罐的集水管内有堵塞物。③滤罐的布水头因结垢堵塞。

评分标准：答对①占 30%，②③各占 35%。

25. ①是污水处理站各重力式常压罐罐顶密封；②在罐顶部通入一定压力的天然气或氮气，并设有排气口；③随着液位的上、下波动，天然气或氮气进入或排出；④从而防止空气进入处理系统。

评分标准：答对①②③④各占 25%。

26. ①开式的原油集输流程中有微量的氧进入采出液中；②在采出水处理过程中，采取的曝氧处理工艺；③采出水应用的提升增加泵的密封填料不严吸进空气；④采出水处理工艺的不密闭，如排污水及反冲洗水的回收工艺流程等。

评分标准：答对①②③④各占 25%。

27. 水质监测主要监测以下项目：①含油量；②悬浮物含量；③铁含量；④溶解氧含量；⑤ pH 值；⑥ H_2S 含量；⑦腐生菌含量。

评分标准：答对①②③④⑤⑥各占 15%；⑦占 10%。

28. ①冷压法，也叫螺杆拉压校直法；②热压法；③微机控制的校轴法。

评分标准：答对①占 40%；答对②③各占 30%。

29. ①泵轴的弯曲变形；②静配合表面磨损；③动配合轴径磨损；④轴的表面腐蚀磨损；⑤断裂。

评分标准：答对①②③④⑤各占 20%。

30. ①表面腐蚀；②点腐蚀；③晶间腐蚀；④应力腐蚀；⑤缝隙腐蚀；⑥电化学腐蚀。

评分标准：答对①②③④⑤各占 16%；⑥占 20%。

31. ①由于泵转子轴向窜动，动环来不及补偿位移；②操作不平稳，密封腔内压力变化大；③转子周期性振动，引起漏液。

评分标准：答对①占 40%；答对②③各占 30%。

五、计算题

1. 已知：$A_1=0.314m^2$，$A_2=0.0785m^2$，$v_1=2.5m/s$，求：$v_2=$?

解：由公式 $A_1 \cdot V_1 = A_2 \cdot V_2$

$$v_2 = \frac{A_1 \cdot v_1}{A_2} = \frac{0.314 \times 2.5}{0.0785} = 10(m/s)$$

答：流速 v_2 为 10m/s。

评分标准：公式、过程、结果全对满分；过程、公式对，结果错给 60% 分；只有公式对给 20% 分；公式、过程不对，结果对无分。

2. 解：并联管路中，各管路的流量之和，等于流进并联管路或流出并联管路的总流量。

$Q_{总}=Q_1+Q_2+Q_3$

$Q_3=Q_{总}-Q_1-Q_2=50-25-12=13$（m³/h）

答：Q_3 为 13m³/h。

评分标准：公式、过程、结果全对满分；过程、公式对，结果错给 60% 分；只有公式对给 20% 分；公式、过程不对，结果对无分。

3. 解：利用达西公式：$h_f = \lambda \dfrac{L}{d} \cdot \dfrac{v^2}{2g} = 0.042 \times \dfrac{50}{0.1} \times \dfrac{2^2}{2 \times 9.8} = 4.29(\text{m})$

答：沿程水头损失为 4.29m。

评分标准：公式、过程、结果全对满分；过程、公式对，结果错给 60% 分；只有公式对给 20% 分；公式、过程不对，结果对无分。

4. 解：夏季时：$Re = \dfrac{D \cdot V}{\upsilon} = \dfrac{0.2 \times 1.0}{3.55 \times 10^{-5}} = 5634 > 2000$（为紊流）

冬季时：$Re = \dfrac{D \cdot V}{\upsilon} = \dfrac{0.2 \times 1.0}{1.1 \times 10^{-4}} = 1818 > 2000$ （为层流）

答：夏季时润滑油在管路中的流动状态为紊流，冬季时润滑油在管路中的流动状态为层流。

评分标准：公式、过程、结果全对满分；过程、公式对，结果错给 60% 分；只有公式对给 20% 分；公式、过程不对，结果对无分。

5. 解：$\rho = \dfrac{m}{Q} \times 1000 = \dfrac{300}{10000} \times 1000 = 30(\text{mg} / \text{L})$

答：加药质量浓度为 30mg/L。

评分标准：公式正确占 40%；过程正确占 40%；答案正确占 20%；无公式、过程，只有结果不得分。

6. 解：（1）先计算出每次投药量 m：

$m = Q \cdot \rho \cdot t = 10000 \div 24 \times 6 \times 100 \div 1000 = 250$（kg）

（2）计算出 3 天处理水的体积 V：

$V = 10000 \times 3 = 30000$（m³）

（3）计算平均投量 $\rho_{平均}$：

$\rho_{平均} = \dfrac{m}{V} \times 1000 = \dfrac{250}{30000} \times 1000 = 8.3(\text{mg} / \text{L})$

答：平均投量为 8.3mg/L。

评分标准：公式正确占 40%；过程正确占 40%；答案正确占 20%；无公式、过程，只有结果不得分。

7. 解：$P_x = (m_h - m_q) / V_w = (0.0415 - 0.0325) / 0.25 = 0.036$（g/L）=36mg/L

答：该水样中悬浮固体的质量浓度为 36mg/L。

评分标准：公式、过程、结果全对满分；过程、公式对，结果错给 60% 分；只有公式对给 20% 分；公式、过程不对，结果对无分。

8. 解：$P_x = (m_h - m_q) / V_w = (0.0365 - 0.0275) / 0.5 = 0.018 (g/L) = 18mg/L$

答：该水样中悬浮固体的质量浓度为 18mg/L。

评分标准：公式、过程、结果全对满分；过程、公式对，结果错给 60% 分；只有公式对给 20% 分；公式、过程不对，结果对无分。

9. 解：根据总铁含量（mg/L）= [标准铁液浓度（mg/mL）× 标准铁液消耗体积（mL）/ 水样体积（mL）] × 1000（mL/L）

所以：总铁含量 =（0.02 × 0.6/10）× 1000 = 1.2（mg/L）

答：注入水中总铁含量为 1.2mg/L。

评分标准：公式正确占 40%；过程正确占 40%；答案正确占 20%；无公式、过程，只有结果不得分。

10. 解：$Q = F \times \mu = \dfrac{D^2 - D_1^2}{4} \pi \mu = \dfrac{8^2 - 0.8^2}{4} \times 3.14 \times 1 \times 10^{-3} \times 3600 \times 24 = 4297m^3$

答：该除油罐的设计处理水量为 4500m³/d。

评分标准：公式正确占 40%；过程正确占 40%；答案正确占 20%；无公式、过程，只有结果不得分。

11. 解：$Q = \dfrac{D^2}{4} \pi \mu = \dfrac{10^2}{4} \times 3.14 \times 0.5 \times 10^{-3} \times 3600 \times 24 = 3391l m^3$

答：该除油罐的设计处理水量为 3500m³/d。

评分标准：公式正确占 40%；过程正确占 40%；答案正确占 20%；无公式、过程，只有结果不得分。

12. 解：$\triangle h = \dfrac{h_1 + h_2}{2} = \dfrac{1.3 + 1.5}{2} = 1.4(mm)$

$X_1 = \dfrac{a - b}{D} \times L_1 = \dfrac{3.2 + 3.4}{200} \times 300 = -0.3(mm)$

$X_2 = \dfrac{a - b}{D} \times L_2 = \dfrac{3.2 + 3.4}{200} \times 480 = -0.48(mm)$

$S_1 = \triangle h + X_1 = 1.4 - 0.3 = 1.1mm$
$S_2 = \triangle h + X_2 = 1.4 - 0.48 = 0.92mm$

答：电动机前底脚加 1.1mm、后底脚加 0.92mm 厚度的垫片机组才能同心。

评分标准：公式正确占 40%；过程正确占 40%；答案正确占 20%；无公式、过程，只有结果不得分。

13. 解：由 $V = \dfrac{q}{\frac{1}{4} \pi D^2}$ ，得

$V_1 = \dfrac{25}{3600 \times \frac{1}{4} \times 3.14 \times 0.08^2} = 1.38(m/s)$

$$V_2 = \frac{25}{3600 \times \frac{1}{4} \times 3.14 \times 0.08^2} = 2.71(\text{m}/\text{s})$$

由 $H = \dfrac{P}{\rho g}$，得

$$H_1 = \frac{P_1}{\rho g} = \frac{0.05 \times 10^6}{1000 \times 9.8} = 5(\text{m})$$

$$H_2 = \frac{P_2}{\rho g} = \frac{0.5 \times 10^6}{1000 \times 9.8} = 50(\text{m})$$

$$H = \frac{P_2 - P_1}{\rho g} + \frac{V_2^2 - V_1^2}{2g} + Z = 50 - 5 + \frac{2.71^2 - 1.38^2}{2 \times 9.8} + 0.5 = 50.9(\text{m})$$

答：该泵的全扬程为 50.9m。

评分标准：公式正确占 40%；过程正确占 40%；答案正确占 20%；无公式、过程，只有结果不得分。

14. 解：$N_{\text{轴}} = \dfrac{\sqrt{3}UI\cos\varphi \times \eta_{\text{电}}}{1000} = \dfrac{1.732 \times 0.385 \times 80 \times 0.85 \times 0.95}{1000} = 43.08(\text{kW})$

答：泵的轴功率为 43.08kW。

评分标准：公式正确占 40%；过程正确占 40%；答案正确占 20%；无公式、过程，只有结果不得分。

15. 解：由 $\varepsilon = 1 - \dfrac{G}{\rho V}$，得

$$\varepsilon = 1 - \frac{150000}{1.3 \times 200000} = 0.42$$

答：该滤料的孔隙率为 0.42。

评分标准：公式正确占 40%；过程正确占 40%；答案正确占 20%；无公式、过程，只有结果不得分。

16. 解：由 $\varepsilon = 1 - \dfrac{G}{\rho V}$，得

得 $\varepsilon = 1 - \dfrac{50000}{1.1 \times 100000} = 0.55$

答：该滤料的孔隙率为 0.55。

评分标准：公式正确占 40%；过程正确占 40%；答案正确占 20%；无公式、过程，只有结果不得分。

17. 解：由 $\upsilon = \dfrac{Q}{F}$，得

$$\upsilon = \frac{20}{2 \times \frac{1}{4} \times 3.14 \times 1^2} = 12.7(\text{m/h})$$

答：单组滤罐的过滤速度为 12.7m/h。

评分标准：公式正确占 40%；过程正确占 40%；答案正确占 20%；无公式、过程，

只有结果不得分。

18. 解：由 $V=\dfrac{Q_s}{(n-1)F}$，得

$$V=\dfrac{20}{(4-1)\times\dfrac{1}{4}\times3.14\times1^2}=8.49(\mathrm{m/h})$$

答：单组滤罐的过滤速度为8.49m/h。

评分标准：公式正确占40%；过程正确占40%；答案正确占20%；无公式、过程，只有结果不得分。

19. 解：① $Q_{油}=\dfrac{Q(C1-C2)\rho\times10^{-6}\times24}{1-\eta}=\dfrac{600\times(500-10)\times0.95\times10^{-6}\times24}{1-0.5}=13.4\mathrm{t}$

②污油池的容积宜按储存2～5天计算，取 $t=3$ 天

$$W_{油}=\dfrac{3Q_{油}}{\rho}=\dfrac{3\times13.4}{0.95}=42.3\mathrm{m}^3\approx45\mathrm{m}^3$$

答：该站每天回收的含水原油量为13.4t，污油池的储存容积为45m³。

评分标准：公式正确占40%；过程正确占40%；答案正确占20%；无公式、过程，只有结果不得分。

20. ① $Q_{油}=\dfrac{Q(C_1-C_2)\rho\times10^{-6}}{1-\eta}=\dfrac{3000\times(800-10)\times0.95\times10^{-6}}{1-0.5}=4.5(\mathrm{t})$

②污油罐的容积宜按储存2～5d计算，取 $t=3\mathrm{d}$

$$W_{油}=\dfrac{3Q_{油}}{\rho}=\dfrac{3\times4.5}{0.95}=14.2(\mathrm{m}^3)\approx15(\mathrm{m}^3)$$

答：该站每天回收的含水原油量为4.5t，污油池的储存容积为15m³。

评分标准：公式正确占40%；过程正确占40%；答案正确占20%；无公式、过程，只有结果不得分。

21. 解：①油田产水量 $Q_1=\dfrac{\eta}{(1-\eta)\rho}Q_{油}=\dfrac{0.75}{(1-0.75)\times1.05}\times\dfrac{100\times10^4}{365}=7828(\mathrm{m}^3/\mathrm{d})$

②处理水量 $Q=Q_1+Q_y=7828+500=8328(\mathrm{m}^3/\mathrm{d})$

答：该油田采出水处理站设计规模为8500m³/d。

评分标准：公式正确占40%；过程正确占40%；答案正确占20%；无公式、过程，只有结果不得分。

附　录

附录1　职业技能等级标准

1.　工种概况

1.1　工种名称

油气田水处理工。

1.2　工种定义

操作沉降、过滤、加药等油（气）田水处理装置，对油（气）田水进行除油、过滤并输送至注水站的人员。

1.3　工种等级

本工种共设四个等级，分别为：初级（国家职业资格五级）、中级（国家职业资格四级）、高级（国家职业资格三级）、技师（国家职业资格二级）。

1.4　工种环境

室内作业。部分岗位为室外作业，有噪声及有毒有害。

1.5　工种能力特征

身体健康，具有一定的理解、表达、分析、判断能力和形体知觉、色觉能力，动作协调灵活。

1.6　基本文化程度

高中毕业（或同等学历）。

1.7　培训要求

1.7.1　培训期限

全日制职业学校教育，根据其培养目标和教学计划确定期限。晋级培训：初级不少于280标准学时；中级不少于210标准学时；高级不少于200标准学时；技师不少于280标准学时。

1.7.2　培训教师

培训初、中、高级的教师应具有本职业资格证书或中级以上专业技术职业任职资格；培训技师的教师应具有相应专业高级专业技术职务。

1.7.3　培训场地设备

理论培训应具有可容纳 30 名以上学员的教室，技能操作培训应有相应的设备、工具、安全设施等较为完善的场地。

1.8　鉴定要求

1.8.1　适用对象

从事油田联合站、油库污水处理，气田污水处理的人员。

1.8.2　申报条件

——初级（具备以下条件之一者）

（1）从事本工种工作 1 年以上。

（2）各类中等职业学校及以上本专业毕业生。

（3）经职业培训，达到规定标准学时，并取得培训合格证书。

——中级（具备以下条件之一者）

（1）从事本工种工作 5 年以上，并取得本职业（工种）初级职业资格证书。

（2）各类中等职业学校本专业毕业生，从事本工种工作 3 年以上，并取得本职业（工种）初级职业资格证书。

（3）大专（含高职）及以上本专业（职业）或相关专业毕业生，从事本工种工作 2 年以上。

——高级（具备以下条件之一者）

（1）从事本工种工作 14 年以上，并取得本职业（工种）中级职业资格证书。

（2）各类中等职业学校本专业毕业生，从事本工种工作 12 年以上，并取得本职业（工种）中级职业资格证书。

（3）大专（含高职）及以上本专业（职业）毕业生，从事本工种工作 5 年以上，并取得本职业（工种）中级职业资格证书。

——技师（具备以下条件之一者）

（1）取得本职业（工种）高级职业资格证书 3 年以上。

（2）大专（含高职）及以上本专业毕业生，取得本职业（工种）高级资格证书 2 年以上。

1.8.3　鉴定方式

分理论知识考试和操作技能考核。理论知识考试采取闭卷笔试方式，操作技能考核采用现场实际操作方式。理论知识考试和操作技能考核均实行百分制，成绩均达到 60 分以上（含 60 分）者为合格。技师还须进行综合评审。

1.8.4　考评员与考生配比

理论知识考试考评人员与考生配比为 1∶20，每标准教室不少于 2 名考评员；操作技能考核考评人员与考生配比为 1∶5，且不少于 3 名考评人员；技师综合评审人员不少于 5 人。

1.8.5　鉴定时间

理论知识考试 90 分钟，操作技能考核不少于 60 分钟。

1.8.6　鉴定场所设备

理论知识考试在标准教室进行，操作技能考核在具有相关的设备、工具和安全设备等较为完善的场地进行。

2. 基本要求

2.1　职业道德

（1）爱岗敬业，自觉履行职责。

（2）忠于职守，严于律己。

（3）吃苦耐劳，工作认真负责。

（4）勤奋好学，刻苦钻研业务技术。

（5）谦虚谨慎，团结协作。

（6）安全生产，严格执行生产操作规程。

（7）文明作业，质量环保意识强。

（8）文明守纪，遵纪守法。

2.2　基础知识

2.2.1　石油天然气常识

（1）石油天然气的生成和运移。

（2）石油地质知识。

（3）石油及天然气的理化性质。

（4）油（气）田污水的来源及性质。

（5）油（气）田污水常用的处理方法。

2.2.2　传热学及流体力学基础知识

（1）传热学基本知识。

（2）热量传递的基本方式。

（3）流体的物理性质及分类。

（4）流体静力学及其基本方程。

（5）流体动力学及其基本方程。

（6）流体的流动状态及水头损失。

2.2.3　电工基础知识

（1）电路基础知识。

（2）电的基本原理。

（3）安全用电基础知识。

2.2.4　自动化控制相关知识

（1）计量相关知识。

（2）水处理自动化测量仪表相关知识。

（3）水处理自动化控制仪表相关知识。

（4）水处理的自动控制系统。

2.2.5　绘图知识

（1）机械制图的基本常识。

（2）投影的基本原理。

（3）三视图的基础知识。

（4）零件图的表达与识读。

2.2.6 安全基础知识

（1）安全生产基础知识。

（2）劳动防护基础知识。

（3）消防基础知识。

（4）HSE 管理知识。

3. 工作要求

本标准对初级、中级、高级、技师的技能要求依次递进，高级别包含低级别的要求。

3.1 初级

职业功能	工作内容	技能要求	相关知识
一、基础管理	（一）填写基础资料	1. 能填写、管理水处理站资料报表 2. 能采集水处理站水样	1. 资料录取、填写的管理要求 2. 资料保存管理的要求 3. 采集污水处理站水样的操作规程
	（二）绘制工艺流程图	能绘制油田水处理工艺流程图	1. 工艺流程图的识读及绘制方法 2. 流程图例的表达方法 3. 施工图及平面图的画法 4. 含油污水处理工艺流程的种类
	（三）操作灭火器	能检查、使用灭火器	1. 火灾的种类 2. 灭火器的分类、性能要求 3. 灭火器的配置基准及维修保养方法
二、操作水处理系统设备	（一）使用仪器、仪表及工用具	1. 能制作管路法兰垫片 2. 能更换压力表 3. 能使用游标卡尺测量工件	1. 制作垫片工具的使用规范 2. 密封垫片的制作方法 3. 压力表的结构及工作原理 4. 压力表使用的技术规范 5. 游标卡尺的种类、结构及使用方法 6. 常用工具的使用方法
	（二）操作机泵及水处理装置	1. 能启、停离心泵 2. 能启、停柱塞泵 3. 能启、停螺杆泵 4. 能启、停加药泵 5. 能操作除油装置收油 6. 能测定除油装置的除油率	1. 离心泵的分类及工作性能 2. 启停离心泵的操作规程 3. 往复泵的结构特点及工作原理 4. 启停柱塞泵的操作规程 5. 螺杆泵的结构特点及工作原理 6. 启停螺杆泵的操作规程 7. 加药泵的结构特点及工作原理 8. 除油装置的结构原理 9. 除油装置收油的操作规程 10. 测定除油装置除油效果的方法

续表

职业功能	工作内容	技能要求	相关知识
三、 维护水处理系统设备	（一） 使用药剂及化验水质	1. 能使用化验器皿移动量取液体体积 2. 能投加污水处理药剂	1. 化验器皿的分类、规格 2. 化验器皿的使用方法及注意事项 3. 常用污水处理药剂的种类、性能 4. 化学药剂的作用及投加方法
	（二） 维护水处理工艺及装置	1. 能识别阀门型号 2. 能反冲洗压力过滤罐 3. 能确定过滤罐反冲洗周期	1. 阀门型号的表达方法 2. 常见阀门的种类及选择方式 3. 过滤装置的结构及工作原理 4. 过滤装置反冲洗的原理及影响因素 5. 污水回收设备及工艺流程 6. 过滤装置反冲洗周期确定的方法
	（三） 维护保养机泵	1. 能更换离心泵润滑机油 2. 能测定离心泵的性能参数 3. 能检查维护运行中的离心泵	1. 机油的型号、规格、性能 2. 更换润滑机油操作规程 3. 离心泵的性能参数及测定方法 4. 离心泵的特性曲线及参数调节 5. 离心泵的结构组成及其作用 6. 离心泵一级保养的技术规范 7. 离心泵的日常管理要求

3.2　中级

职业功能	工作内容	技能要求	相关知识
一、 操作水处理系统设备	（一） 使用仪器、仪表及工具用具	1. 能使用电工仪表测量电流、电压、电阻 2. 能使用外径千分尺测量工件 3. 能安装校对压力表 4. 能使用手钢锯切割钢材	1. 万用表的种类及结构 2. 万用表使用的操作规程 3. 钳形电流表使用的操作规范 4. 兆欧表使用的操作规范 5. 外径千分尺的种类结构及工作原理 6. 外径千分尺使用的操作规程 7. 压力表的种类、规格型号 8. 校对压力表的技术规范 9. 台虎钳的使用规范 10. 手钢锯的使用规范 11. 锉刀的使用规范
	（二） 操作水处理装置	1. 能投产、停运过滤装置 2. 能投产、停运除油罐 3. 能投产、停运沉降罐	1. 滤料的性能及作用原理 2. 过滤器的种类及工作原理 3. 过滤装置投产及停运的操作规程 4. 除油装置的日常运行管理规范 5. 除油罐的附件 6. 除油装置投产及停产的操作规程 7. 沉降罐类型、结构原理 8. 沉降罐投产及停运的操作规程

续表

职业功能	工作内容	技能要求	相关知识
二、 维护水处理系统设备	（一） 使用药剂及化验水质	1. 能配制污水标准溶液 2. 能测量大罐的腐蚀率	1. 标准液的配制与标定方法 2. 标准液的存储要求 3. 天平的种类及使用方法 4. 分液漏斗的使用方法 5. 化学药剂配比的操作规程 6. 金属腐蚀的类型、方式及危害 7. 耐腐蚀金属材料 8. 测定金属腐蚀的技术规范
	（二） 维护水处理工艺及装置	1. 能制作更换法兰垫片 2. 能进行阀门的日常维护 3. 能操作沉降罐排泥	1. 石棉板的规格型号及选择方法 2. 垫片更换的操作规程 3. 常见阀门的结构特点 4. 常见阀门的操作维护保养规范 5. 更换阀门填料的操作规程 6. 污泥的来源及处理工艺技术 7. 污泥浓缩装置的结构原理及日常管理 8. 沉降罐排泥的方式、原理及操作要求
	（三） 维护保养机泵	1. 能测定离心泵效率 2. 能进行离心泵的二级保养 3. 能维护保养电动机 4. 能维护保养柱塞泵	1. 离心泵效率的测定方法 2. 离心泵二级保养的技术规范 3. 机泵同轴度的检测标准 4. 润滑油的使用规范 5. 电动机的种类及结构原理 6. 维护保养电动机的技术规范 7. 润滑油的使用规范 8. 柱塞泵机组的传动 9. 柱塞泵的维护保养内容
三、 判断处理设备故障	（一） 判断处理工艺及装置故障	1. 能判断处理常见阀门的故障 2. 能判断处理除油罐的常见故障	1. 常见阀门的故障及排除方法 2. 影响除油罐除油率的因素 3. 除油装置的常见故障及排除方法
	（二） 判断处理机泵故障	1. 能判断处理离心泵汽蚀的故障 2. 能判断处理离心泵压力异常的故障	1. 离心泵产生汽蚀的过程及危害 2. 离心泵汽蚀的原因、处理方法及预防措施 3. 离心泵压力异常的原因及处理方法 4. 离心泵声音异常的原因及处理方法 5. 离心泵温度异常的原因及处理方法

3.3 高级

职业功能	工作内容	技能要求	相关知识
一、 操作水处理系统设备	（一） 使用仪器、仪表及工用具	1. 能使用百分表测量离心泵的同心度 2. 能测量绘制零件图 3. 能使用管子铰板套扣	1. 百分表结构原理 2. 百分表使用的技术规范 3. 离心泵同心度的测量方法（百分表法） 4. 零件图尺寸的标注规范 5. 零件图的绘制方法及技术要求 6. 常用零件测量工具的使用规范 7. 管子铰板的结构及使用规范 8. 管子铰板套扣的操作规范 9. 管子割刀的结构及使用规范

续表

职业功能	工作内容	技能要求	相关知识
一、 操作水处理系统设备	（二） 操作水处理装置	1. 能投产气浮选除油装置 2. 能启动、停运空气压缩机组 3. 能操作保养净化水罐	1. 气浮选设备的种类、结构及工作原理 2. 气浮选设备投产的操作规程 3. 压缩机的种类、结构原理及工作特点 4. 活塞式空气压缩机的操作规程 5. 净化水罐的运行管理及操作保养规范
二、 维护水处理系统设备	（一） 使用药剂及化验水质	1. 能使用化学药剂防结垢和除垢 2. 能使用浊度计测定污水悬浮物 3. 能使用分光光度计测定污水含油量	1. 水垢形成的机理、鉴别方法及预防措施 2. 防结垢化学药剂的特点 3. 测定水中悬浮物操作规程 4. 测定水中含油的操作规程
	（二） 维护水处理工艺及装置	1. 能酸洗压力过滤罐 2. 能更换法兰阀门 3. 能运行维护紫外线杀菌装置 4. 能运行、维护污水处理站	1. 压力过滤罐的运行与管理 2. 过滤罐的酸洗操作规程 3. 阀门的使用及注意事项 4. 工艺流程切换的注意事项 5. 更换阀门的操作规程 6. 紫外线杀菌装置的结构原理及技术参数 7. 紫外线杀菌装置的运行管理及维护 8. 污水处理站的水质要求、工艺流程及主要构筑物 9. 污水处理站的运行管理规范 10. 污水处理站的安全管理与风险削减
	（三） 维护保养机泵	1. 能检测单级单吸离心泵的装配质量 2. 能更换安装离心泵轴承 3. 能检查验收电动机	1. 离心泵转子检修及质量要求 2. 单级离心泵拆、装的操作规范 3. 滚动轴承的结构种类、代号意义 4. 滑动轴承的结构特点及装配技术规范 5. 三相异步电动机的结构及性能参数 6. 防爆电动机的类型及结构特点 7. 验收电动机绝缘性能的操作规程
三、 判断处理设备故障	（一） 判断处理工艺及装置故障	1. 能判断处理气浮选机效果差的故障 2. 能判断处理沉降罐常见的故障 3. 能判断处理过滤器过滤效果差的故障	1. 气浮选机的运行管理要求 2. 气浮选装置常见故障的原因及排除方法 3. 沉降罐的设计技术参数 4. 沉降罐常见故障的原因及排除方法 5. 过滤效率的影响因素及滤料失效的判断方法 6. 过滤装置效果差的故障原因及处理方法 7. 膜过滤器的污染原因、防治及清洗方法
	（二） 判断处理机泵故障	1. 能检查处理电动机常见的故障 2. 能处理离心泵流量异常的故障	1. 电动机的接线方式 2. 电动机的常见故障及处理方法 3. 离心泵流量的调节方法 4. 离心泵流量异常故障的原因及处理方法

3.4 技师

职业功能	工作内容	技能要求	相关知识
一、维护水处理系统设备	（一）使用药剂及化验水质	1.能试验、筛选、评定污水处理药剂 2.能使用称重法测量污水中的悬浮物 3.能测定污水水样中的铁含量	1.污水处理药剂的作用机理及使用要求 2.污水处理药剂的筛选评定的原则、方法及技术要求 3.影响污水处理药剂效果的因素 4.测定污水滤膜系数的方法及技术要求 5.称重法测悬浮物的操作规程 6.污水中铁含量的控制与调节 7.污水水样中铁含量的测定方法 8.标准铁溶液配制的操作规程
	（二）维护水处理工艺及装置	1.能验收除油罐施工质量 2.能安装维护电磁流量计 3.能操作离心式污泥脱水机进行脱水 4.能运行维护二氧化氯杀菌装置	1.除油罐的设计规范 2.验收油罐焊接质量的技术要求 3.现场施工的安全管理要求及施工措施 4.污水处理站动火措施 5.电磁流量计的结构原理及安装应用技术要求 6.电磁流量计的常见故障及处理方法 7.含油污泥脱水的方法及原理 8.污泥脱水设备的结构原理及运行维护保养要求 9.二氧化氯杀菌装置的结构组成及工作原理 10.二氧化氯杀菌装置的操作要点及维护保养要求
	（三）维护保养机泵	1.能拆、装单级双吸离心泵 2.能使用百分表法调整离心泵同轴度 3.能验收离心泵机组安装质量 4.能更换安装离心泵的机械密封装置	1.双吸离心泵的结构特点及工作原理 2.双吸离心泵拆装的操作规程 3.调整离心泵机组同轴度的操作规程 4.离心泵机组安装与调试 5.离心泵三级保养内容 6.离心泵机组的试运转 7.机械密封装置的结构特点及种类 8.安装机械密封装置的技术规范
二、判断处理设备故障	（一）判断处理工艺及装置故障	1.能判断处理压力过滤罐滤料漏失的故障 2.能分析控制污水处理站的水质指标 3.能处理二氧化氯杀菌装置常见的故障	1.过滤装置滤层及垫层的技术规范 2.过滤装置滤料选配的技术要求 3.过滤罐滤料漏失的原因及处理方法 4.过滤罐滤料补充及更换的条件及技术要求 5.压力过滤罐常见故障的原因及处理方法 6.污水处理站水质运行的管理与指标控制 7.污水系统的水质稳定措施 8.二氧化氯发生装置常见的故障原因及排除方法
	（二）判断处理机泵故障	1.能处理离心泵转子的常见故障 2.能分析判断离心泵机械密封装置常见的故障	1.离心泵转子常见故障 2.离心泵窜量大的原因及处理方法 3.离心泵机械密封装置失效的原因及处理方法
三、综合能力	（一）编制方案	1.能编制污水处理站试运及投产方案 2.能编制培训方案	1.编制施工计划及施工过程的质量验收 2.油田专用容器的安装与验收 3.污水处理站试运和投产的操作规程 4.教学计划与教学大纲编制要求 5.培训方案编写要求 6.编写技术论文的方法
	（二）操作计算机	1.能制作常见电子表格 2.能用计算机录入文字、排版 3.能用计算机绘制工艺流程图	1.Office办公软件的应用 2.计算机绘制流程图的方法

4. 比重表

4.1　理论知识

项目		初级（%）	中级（%）	高级（%）	技师（%）
基本要求	基础知识	35	33	29	25
相关知识	基础管理 —— 填写基础资料	5			
	基础管理 —— 绘制工艺流程图	5			
	操作水处理系统设备 —— 使用仪器、仪表及工用具	12	12	10	
	操作水处理系统设备 —— 操作机泵及水处理装置	16	11	7	
	维护水处理系统设备 —— 使用药剂及化验水质	10	10	10	10
	维护水处理系统设备 —— 维护水处理工艺及装置	8	11	12	13
	维护水处理系统设备 —— 维护保养机泵	9	11	15	15
	判断处理设备故障 —— 判断处理工艺及装置故障		6	9	10
	判断处理设备故障 —— 判断处理机泵故障		6	8	8
	综合能力 —— 编制方案				9
	综合能力 —— 操作计算机				10
合计		100	100	100	100

4.2　技能操作比重表

项目		初级（%）	中级（%）	高级（%）	技师（%）
相关知识	基础管理 —— 填写基础资料	15			
	基础管理 —— 绘制工艺流程图	15			
	操作水处理系统设备 —— 使用仪器、仪表及工用具	18	17	15	
	操作水处理系统设备 —— 操作机泵及水处理装置	22	18	15	
	维护水处理系统设备 —— 使用药剂及化验水质	9	10	10	10
	维护水处理系统设备 —— 维护水处理工艺及装置	12	13	13	13
	维护水处理系统设备 —— 维护保养机泵	9	10	10	10
	判断处理设备故障 —— 判断处理装置故障		15	18	18
	判断处理设备故障 —— 判断处理机泵故障		15	17	17
	综合能力 —— 编制方案				15
	综合能力 —— 操作计算机				15
合计		100	100	100	100

附录2　初级工理论知识鉴定要素细目表

行业：石油天然气　　　工种：油气田水处理工　　　等级：初级工　　　　　鉴定方式：理论知识

行为领域	代码	鉴定范围（重要程度比例）	鉴定比重	代码	鉴定点	重要程度	备注
基础知 A 35% 56：10：04	A	石油天然气常识 14：03：01	9%	001	石油的概念	Y	上岗要求
				002	石油的组成	X	上岗要求
				003	石油的密度	X	上岗要求
				004	石油的理化性质	X	上岗要求
				005	石油生成的环境条件	X	上岗要求
				006	石油天然气的成因	Y	
				007	石油天然气的运移因素	Y	
				008	天然气的概念	X	上岗要求
				009	天然气的理化性质	X	上岗要求
				010	石油的毒性	X	上岗要求
				011	天然气的爆炸性	Z	
				012	油气生成运移的过程	X	上岗要求
				013	孔隙度的概念	X	上岗要求
				014	石油的凝点	X	上岗要求
				015	油品的自燃点	X	上岗要求
				016	石油产品产生静电的原因	X	上岗要求
				017	油田水的概念	X	上岗要求
				018	地层水的性质	X	上岗要求
	B	传热学及流体力学基础知识 10：02：00	6%	001	传热学的基本概念	X	上岗要求
				002	热传导传热的定义	X	上岗要求
				003	对流传热的概念	X	上岗要求
				004	辐射传热的概念	Y	上岗要求
				005	热传递的规律	X	上岗要求
				006	热传导的导热系数	Y	
				007	不同流动状态下的对流换热	X	上岗要求
				008	传热学在工艺管线中的应用	X	上岗要求
				009	流体的黏性	X	上岗要求
				010	流体的物理参数	X	上岗要求
				011	流体静力学的概念	X	上岗要求
				012	流态的概念	X	上岗要求

续表

行为领域	代码	鉴定范围（重要程度比例）	鉴定比重	代码	鉴定点	重要程度	备注
基础知 A 35% 56：10：04	C	电工基础知识 16：03：01	10%	001	电流的概念	Y	上岗要求
				002	交流电的概念	X	上岗要求
				003	单相交流电的概念	X	上岗要求
				004	电源的概念	X	上岗要求
				005	电压的概念	X	上岗要求
				006	安全电压的概念	X	上岗要求
				007	电路的概念	X	上岗要求
				008	电路的作用	Z	上岗要求
				009	电阻的概念	X	上岗要求
				010	电容器的概念	X	上岗要求
				011	电路欧姆定律的含义	X	上岗要求
				012	接触器的概念	Y	上岗要求
				013	低压电器的分类	X	上岗要求
				014	电功率的概念	Y	上岗要求
				015	电功率的计算	X	上岗要求
				016	电阻率的计算	X	上岗要求
				017	电路的串联	X	上岗要求
				018	电路的并联	X	上岗要求
				019	交流电的三要素	X	上岗要求
				020	电源的接线方式	X	上岗要求
	D	绘图知识 08：01：01	5%	001	图纸的幅面	Z	上岗要求
				002	图框的格式	X	上岗要求
				003	图纸的比例	X	上岗要求
				004	图纸中字体的要求	X	上岗要求
				005	图线的规定要求	X	上岗要求
				006	尺寸的组成	X	上岗要求
				007	尺寸标注的基本要求	X	上岗要求
				008	斜度、锥度的注法	Y	上岗要求
				009	尺寸数字的要求	X	上岗要求
				010	表面粗糙度的标注方法	X	上岗要求
	E	安全基础知识 08：01：01	5%	001	安全生产的概念	Z	上岗要求
				002	安全生产责任的内容	X	上岗要求
				003	防护用品的种类	X	上岗要求
				004	防护用品的作用	X	上岗要求
				005	机械伤害的概念	X	上岗要求
				006	中毒的途径	X	上岗要求

行为领域	代码	鉴定范围（重要程度比例）	鉴定比重	代码	鉴定点	重要程度	备注
基础知 A 35% 56：10：04	E	安全基础知识 08：01：01	5%	007	雷电的危害	X	
				008	燃烧的概念	X	
				009	常用的灭火方法	X	
				010	常用灭火剂的类型	Y	
专业知识 B 65% 104：20：06	A	填写基础资料 08：01：01	5%	001	资料录取的方法	Z	
				002	生产日报表填写的要求	X	
				003	化学药剂使用管理记录	X	
				004	加药记录填写要求	Y	
				005	技术管理档案编制填写要求	X	
				006	设备档案维修保养记录	X	
				007	岗位工作练兵记录	X	
				008	资料录取记录要求	X	
				009	资料的归档保管要求	X	
				010	采集水样的操作方法	X	
	B	绘制工艺流程图 08：02：00	5%	001	工艺流程图设备的画法	Y	
				002	工艺流程图管线的画法	X	
				003	工艺流程图仪表的表示方法	X	
				004	绘制流程图的常用图例	X	
				005	管道常用的术语	X	
				006	常用管件的种类	X	
				007	工艺流程图的图示要点内容	X	
				008	工艺流程平面图	Y	
				009	工艺流程图的识读	X	
				010	污水常用工艺流程	X	
	C	使用仪器仪表及工具、用具 19：04：01	12%	001	钢直尺的规格	Y	
				002	钢直尺的使用维护注意事项	X	
				003	钢卷尺的使用方法	X	
				004	钢卷尺的使用维护注意事项	X	
				005	划规的规格	Y	
				006	划规的使用维护注意事项	X	
				007	液体式压力计的分类	X	
				008	弹性式压力计的分类	X	
				009	弹性式压力表的结构原理	X	
				010	弹簧管式压力表的结构	X	
				011	弹簧管式压力表的原理	X	
				012	压力表录取数值的技术要求	Z	
				013	压力表选用的技术要求	X	

续表

行为领域	代码	鉴定范围（重要程度比例）	鉴定比重	代码	鉴定点	重要程度	备注
专业知识B 65% 104：20：06	C	使用仪器仪表及工具、用具 19：04：01	12%	014	压力表的更换安装要求	X	
				015	压力表更换的注意事项	X	
				016	游标卡尺的分类	Y	
				017	游标卡尺的读法	X	
				018	游标卡尺的使用方法	Y	
				019	使用游标卡尺的注意事项	X	
				020	活动扳手的规格	X	
				021	活动扳手的使用注意事项	X	
				022	呆扳手的规格型号	X	
				023	呆扳手的使用注意事项	X	
				024	F形扳手的使用方法	X	
	D	操作机泵及水处理装置 27：04：01	16%	001	离心泵的分类	X	
				002	离心泵的特点	X	
				003	离心泵的工作原理	X	
				004	离心泵型号的意义	X	
				005	离心泵型号的表示方法	X	
				006	离心泵启动前的准备工作	X	
				007	离心泵启动运行的注意事项	X	
				008	离心泵停运的操作方法	X	
				009	离心泵切换的操作方法	X	
				010	备用离心泵的注意事项	X	
				011	往复泵的结构	Y	
				012	往复泵的性能	X	
				013	柱塞泵的结构	X	
				014	柱塞泵的工作原理	X	
				015	柱塞泵启停注意事项	X	
				016	螺杆泵的特点	X	
				017	螺杆泵的工作原理	Y	
				018	螺杆泵启动注意事项	X	
				019	螺杆泵停运注意事项	X	
				020	隔膜加药泵的工作原理	X	
				021	柱塞加药泵的结构特点	X	

行为领域	代码	鉴定范围（重要程度比例）	鉴定比重	代码	鉴定点	重要程度	备注
				022	加药泵的操作方法	X	
				023	重力除油的原理	Z	
				024	立式除油罐的结构原理	X	
				025	粗粒化罐的结构原理	X	
	D	操作机泵及水处理装置 27：04：01	16%	026	粗粒化罐的日常运行管理内容	X	
				027	横向流除油器结构原理	Y	
				028	污水中原油的存在方式	Y	
				029	收油罐的结构原理	X	
				030	污油回收设备的技术要求	X	
				031	除油罐收油操作的方法	X	
				032	测定除油罐除油率的技术要求	X	
专业知识B 65% 104：20：06	E	使用药剂及化验水质 16：03：01	10%	001	玻璃器皿的分类	X	
				002	常见量器的种类	Y	
				003	常见玻璃容器的种类	X	
				004	移液管的使用方法	X	
				005	量筒的使用方法	X	
				006	冷凝器的分类	X	
				007	玻璃器皿的干燥方法	X	
				008	玻璃器皿的洗涤方法	X	
				009	玻璃器皿的保管要求	X	
				010	含油污水的水质特点	X	
				011	常用污水处理药品的种类	X	
				012	油（气）田水处理常用缓蚀剂的性能	Y	
				013	油（气）田水处理常用杀菌剂的性能	X	
				014	油（气）田水处理常用阻垢剂的性能	X	
				015	油（气）田水处理常用净化剂的性能	X	
				016	油（气）田水处理常用絮凝剂的性能	X	
				017	油（气）田水处理常用的pH值调节剂的性能	Z	
				018	化学药品的储存要求	Y	
				019	杀菌剂的投加方法	X	
				020	阻垢剂的投加方法	X	

行为领域	代码	鉴定范围（重要程度比例）	鉴定比重	代码	鉴定点	重要程度	备注
专业知识 B 65% 104：20：06	F	维护水处理工艺及装置 12：03：01	8%	001	阀门的分类	X	
				002	阀门型号的意义	Y	
				003	阀门类型的选择方法	Y	
				004	滤料过滤的作用原理	X	
				005	压力过滤罐的结构特点	X	
				006	压力过滤罐的工作原理	Y	
				007	过滤罐的配排水系统	Z	
				008	常用过滤器滤速的选择方法	X	
				009	过滤罐的反冲洗原理	X	
				010	影响过滤罐反冲洗效果的因素	X	
				011	过滤罐反冲洗的分类	X	
				012	污水回收的设计技术要求	X	
				013	污水反冲（缓冲）罐的操作要求	X	
				014	压力过滤罐的反冲洗方法	X	
				015	过滤罐反冲洗的技术要求	X	
				016	滤罐反冲洗周期的确定方法	X	
	G	维护保养机泵 14：03：01	9%	001	机油的规格型号	X	
				002	单级离心泵更换机油的操作方法	X	
				003	离心泵扬程的概念	X	
				004	离心泵功率的概念	X	
				005	离心泵的性能参数	X	
				006	离心泵的性能曲线	X	
				007	离心泵在管路上的工作特性	Y	
				008	离心泵参数的调节	X	
				009	离心泵的结构	X	
				010	离心泵的转动部分	X	
				011	离心泵的平衡部分	X	
				012	离心泵的密封部分	Y	
				013	离心泵的轴承部分	Z	
				014	离心泵的泵壳部分	X	
				015	离心泵的一级保养	Y	
				016	离心泵主要零部件的作用	X	
				017	离心泵的日常管理内容	X	
				018	运行离心泵检查的内容	X	

附录3 初级工操作技能鉴定要素细目表

行业：石油天然气   工种：油气田水处理工   等级：初级工   鉴定方式：操作技能

行为领域	代码	鉴定范围	鉴定比重	代码	鉴定点	重要程度	备注
操作技能 A 100% （16：03：01）	A	基础管理	30%	001	填写水处理生产日报表	X	上岗要求
				002	采集过滤罐水样	X	上岗要求
				003	绘制油田水处理三段工艺流程图	Y	上岗要求
				004	检查、使用灭火器	Y	上岗要求
	B	操作水处理系统设备	40%	001	制作管路法兰垫片	X	上岗要求
				002	更换安装压力表	Y	上岗要求
				003	使用游标卡尺测量工件	X	
				004	启、停离心泵	X	上岗要求
				005	启、停柱塞泵	X	上岗要求
				006	启、停螺杆泵	X	上岗要求
				007	启、停加药计量泵	X	上岗要求
				008	操作运行中的除油罐收油	X	上岗要求
				009	测定自然除油罐的除油率	X	上岗要求
	C	维护水处理系统设备	30%	001	使用移液管移液	Z	上岗要求
				002	投加污水处理药剂（阻垢剂）	X	上岗要求
				003	识别阀门型号	X	上岗要求
				004	反冲洗压力过滤罐	Y	上岗要求
				005	确定滤罐的反冲洗周期	X	上岗要求
				006	检查更换单级离心泵润滑机油	X	上岗要求
				007	绘制离心泵流量与扬程特性曲线	X	上岗要求
				008	检查维护运行中的离心泵	X	上岗要求

X—核心要素，掌握；Y——般要素，熟悉；Z—辅助要素，了解。

附录4　中级工理论知识鉴定要素细目表

行业：石油天然气　　　工种：油气田水处理工　　　等级：中级工　　　鉴定方式：理论知识

行为领域	代码	鉴定范围（重要程度比例）	鉴定比重	代码	鉴定点	重要程度	备注
基础知识A 33% 53：10：03	A	石油天然气常识 16：03：01	10%	001	圈闭的概念	X	
				002	储集层的概念	X	
				003	相对渗透率的概念	X	
				004	有效渗透率的概念	X	
				005	油、气、水的饱和度	Y	
				006	孔隙度与渗透率的关系	X	
				007	油层的概念	X	
				008	油气藏的类型	Z	
				009	圈闭与油藏的关系	X	
				010	油层有效厚度的概念	X	
				011	含油饱和度的概念	X	
				012	油（气）藏中油、气、水分布规律	Y	
				013	注水的方式	X	
				014	注入水的水源	Y	
				015	开发层系的概念	X	
				016	含油污水中的杂质组成	X	
				017	油（气）田污水的来源	X	
				018	油（气）田污水的常用处理方法	X	
				019	影响油田水质的因素	X	
				020	油（气）田水的类型	X	
	B	传热学及流体力学基础知识 08：01：01	5%	001	水静力学基本方程式的意义	X	
				002	物质的形态区别	X	
				003	流体的特点	Y	
				004	流体的流动状态	X	
				005	流体的摩阻损失	X	
				006	水力坡降的计算方法	X	
				007	水静力学压强的概念	X	
				008	流体静力学的基本方程	X	
				009	流体动力学的基本方程	X	
				010	流体体积变化的特性	Z	

续表

行为领域	代码	鉴定范围 （重要程度比例）	鉴定 比重	代码	鉴定点	重要 程度	备注
基础知识 A 33% 53：10：03	C	电工基础知识 13：02：01	8%	001	三相负载的连接方式	X	
				002	电流表的使用方法	X	
				003	电流的测量方法	X	
				004	电压表的使用方法	Y	
				005	电能的测量方法	X	
				006	电器测量仪表的应用	X	
				007	继电器的类型	X	
				008	保护电器的选择方法	Z	
				009	低压电器产品铭牌的认识	Y	
				010	常用的电工测量方法	X	
				011	常用电工仪表的型号	X	
				012	电工指示仪表的基本概念	X	
				013	指示仪表的分类方法	X	
				014	指示仪表的工作原理	X	
				015	电工螺钉旋具的规格	X	
				016	电工螺钉旋具的特点	X	
	D	绘图知识 08：02：00	5%	001	投影法的概念	Y	
				002	投影的基本原理	X	
				003	投影法的分类	Y	
				004	点的投影	X	
				005	线的投影	X	
				006	面的投影	X	
				007	平面的三面投影规律	X	
				008	正投影法的基本性质	X	
				009	三视图的形成与特性	X	
				010	三视图的对应关系	X	
	E	安全知识 08：02：00	5%	001	防火防爆基本知识	X	
				002	灭火器的性能要求	Y	
				003	灭火器的应用范围	X	
				004	电气着火特点	X	
				005	天然气着火特点	X	
				006	水扑救火灾的原理	X	
				007	静电的预防	X	
				008	防雷措施	X	
				009	预防中毒的措施	Y	
				010	触电急救措施	X	

续表

行为领域	代码	鉴定范围 （重要程度比例）	鉴定比重	代码	鉴定点	重要程度	备注
专业知识B 67% 107：20：07	A	使用仪器仪表及工用具 19：04：01	12%	001	万用表的分类	Z	
				002	万用表的组成部分	X	
				003	万用表测量电压的方法	X	
				004	万用表的使用注意事项	X	
				005	万用表测量电阻的方法	X	
				006	钳形电流表的使用方法	Y	
				007	钳形电流表的使用注意事项	X	
				008	兆欧表的使用方法	X	
				009	兆欧表使用的注意事项	X	
				010	兆欧表的维护方法	X	
				011	兆欧表的选用原则	Y	
				012	千分尺的结构原理	X	
				013	千分尺的读数方法	X	
				014	千分尺的使用注意事项	X	
				015	压力测量仪表的种类及规格	X	
				016	压力表的校对方法	X	
				017	压力表的校验规范	X	
				018	压力表的停用条件	X	
				019	台虎钳的分类	Y	
				020	台虎钳的操作注意事项	Y	
				021	手钢锯的适用范围	X	
				022	手钢锯的使用方法	X	
				023	锉刀的分类	X	
				024	锉刀的使用方法	X	
	B	操作水处理装置 18：03：01	11%	001	过滤器滤料的性能	X	
				002	核桃壳滤料的原理特点	X	
				003	核桃壳过滤器的种类	X	
				004	双层滤料过滤器的特点	X	
				005	膜过滤器的原理	X	
				006	膜过滤器的材料选择	X	
				007	纤维球过滤器的特点	X	
				008	纤维球过滤器的工作原理	Z	
				009	压力过滤罐停运的方法	Y	
				010	压力过滤罐投产的方法	X	
				011	操作压力过滤罐的注意事项	Y	
				012	立式除油罐的日常运行管理要求	X	

行为领域	代码	鉴定范围（重要程度比例）	鉴定比重	代码	鉴定点	重要程度	备注
专业知识 B 67% 107：20：07	B	操作水处理装置 18：03：01	11%	013	除油罐的附件	X	
				014	除油罐投运的操作方法	X	
				015	除油罐操作的技术要求	Y	
				016	除油罐的停运放空方法	X	
				017	污水沉降罐的结构原理	X	
				018	斜板沉降罐的结构原理	X	
				019	斜板（管）沉降罐的日常运行管理要求	X	
				020	斜板沉降罐运行管理的注意事项	X	
				021	沉降罐投产的操作方法	X	
				022	沉降罐的停运放空	X	
	C	使用药剂化验水质 16：03：01	10%	001	配制标准溶液的方法	X	
				002	标准液的有效期限	X	
				003	配制存储标准液的注意事项	X	
				004	天平的种类	X	
				005	天平的使用方法	X	
				006	天平的主要技术指标	X	
				007	保养天平的方法	X	
				008	分液漏斗的种类	Y	
				009	分液漏斗的使用方法	Y	
				010	凡士林的选择使用要求	X	
				011	污水处理药剂溶液的配制管理	X	
				012	金属腐蚀的概念	Y	
				013	防止金属腐蚀的方法	X	
				014	金属腐蚀的危害性	X	
				015	金属腐蚀的类型	X	
				016	金属腐蚀的方式	X	
				017	耐腐蚀金属材料的要求	X	
				018	非金属耐腐蚀材料的要求	Z	
				019	腐蚀率的测定方法	X	
				020	测定平均腐蚀率的技术要求	X	
	D	维护水处理工艺及装置 18：03：01	11%	001	石棉板的规格型号	Z	
				002	石棉板的选择方法	X	
				003	更换阀门垫片的操作要求	X	
				004	蝶阀的结构特点	X	
				005	球阀的结构特点	X	

行为领域	代码	鉴定范围 （重要程度比例）	鉴定 比重	代码	鉴定点	重要 程度	备注
专业知识B 67% 107：20：07	D	维护水处理工艺及 装置 18：03：01	11%	006	闸阀的结构特点	Y	
				007	止回阀的结构特点	X	
				008	蝶阀的维护保养方法	X	
				009	球阀的维护保养方法	X	
				010	闸阀的维护保养方法	X	
				011	密封填料的规格种类	X	
				012	阀门密封的结构	Y	
				013	闸板阀更换密封填料的方法	X	
				014	更换阀门密封填料的注意事项	X	
				015	污泥的来源	X	
				016	污泥对环境的影响	X	
				017	污泥处理的工艺流程	X	
				018	含油污泥排除的方式	X	
				019	污泥浓缩罐的结构原理	Y	
				020	污泥浓缩罐（池）的日常管理 内容	X	
				021	混凝沉降罐的排泥原理	X	
				022	沉降罐排污的技术要求	X	
	E	维护保养机泵 18：03：01	11%	001	温差法测定离心泵的泵效	X	
				002	流量扬程法测定离心泵的 效率	X	
				003	离心泵的二级保养内容	X	
				004	离心泵的二级保养技术要求	X	
				005	直尺测量离心泵同心度的方法	X	
				006	机泵同轴度的检测标准	X	
				007	润滑油的分类	X	
				008	润滑油的作用	X	
				009	润滑油的使用性能	X	
				010	润滑油的保管方法	X	
				011	润滑脂的主要质量指标	Y	
				012	润滑脂的使用要求	X	
				013	电动机型号的意义	Y	
				014	电动机的分类	Z	
				015	润滑脂质量指标的使用意义	Y	
				016	电动机维护的方法	X	

行为领域	代码	鉴定范围 （重要程度比例）	鉴定 比重	代码	鉴定点	重要 程度	备注
专业知识 B 67% 107：20：07	E	维护保养机泵 18：03：01	11%	017	电动机加注润滑油的注意事项	Y	
				018	保养电动机的技术要求	X	
				019	皮带轮的规格型号	X	
				020	柱塞泵例行保养的内容	X	
				021	柱塞泵一级保养的内容	X	
				022	更换柱塞泵皮带的方法	X	
	F	判断处理工艺及装 置故障 09：02：01	6%	001	球阀的常见故障排除方法	Z	
				002	机械呼吸阀的常见故障	X	
				003	闸阀的常见故障排除方法	X	
				004	蝶阀的常见故障排除方法	X	
				005	安全阀的常见故障排除方法	Y	
				006	止回阀的常见故障排除方法	X	
				007	除油罐收油时的常见故障	X	
				008	旋流式除油器的常见故障	X	
				009	影响除油罐除油率的因素	X	
				010	除油罐出口悬浮物含量高的处 理方法	X	
				011	影响粗粒化罐除油效果的因素	Y	
				012	除油罐液位异常的原因	X	
	G	判断处理机泵故障 09：02：01	6%	001	离心泵汽蚀产生的过程	X	
				002	提高离心泵抗汽蚀的措施	X	
				003	离心泵汽蚀故障的原因	X	
				004	离心泵汽蚀的故障处理	X	
				005	离心泵启泵后泵体发热故障的 原因	X	
				006	离心泵轴承温度过高故障的原因	X	
				007	离心泵抽空故障的处理	Y	
				008	离心泵泵体振动故障的原因	X	
				009	离心泵压力不足的原因	X	
				010	离心泵压力不足故障处理	Y	
				011	离心泵密封填料发热冒烟的原因	Z	
				012	离心泵运行中有异常声响的原因	X	

X—核心要素，掌握；Y——般要素，熟悉；Z—辅助要素，了解。

附录5　中级工操作技能鉴定要素细目表

行业：石油天然气　　　工种：油气田水处理工　　　等级：中级工　　　　　鉴定方式：操作技能

行为领域	代码	鉴定范围	鉴定比重	代码	鉴定点	重要程度	备注
操作技能 A 100% （16：03：01）	A	操作水处理系统设备	35%	001	使用万用表测量直流电流、电压	Y	
				002	使用外径千分尺测量工件	Y	
				003	安装校对压力表（对比法）	X	
				004	使用手钢锯割钢管	Z	
				005	投产、停运压力过滤罐	X	
				006	投产、停运自然除油罐	X	
				007	投产、停运混凝沉降罐	X	
	B	维护水处理系统设备	35%	001	配制标准浊度液	X	
				002	测量大罐的平均腐蚀率	X	
				003	制作更换管路法兰垫片	X	
				004	填加闸板阀密封填料	X	
				005	操作混凝沉降罐排泥	X	
				006	用温差法测定离心泵效率	X	
				007	用直尺法测量离心泵同轴度	X	
				008	给电动机轴承加润滑油	X	
				009	更换柱塞泵皮带	Y	
	C	判断处理设备故障	30%	001	检查、判断、处理闸板阀常见的故障	X	
				002	判断处理自然除油罐收油时的常见故障	X	
				003	判断处理离心泵汽蚀的故障	X	
				004	判断处理离心泵压力不足的故障	X	

X—核心要素，掌握；Y——般要素，熟悉；Z—辅助要素，了解。

附录6　高级工理论知识鉴定要素细目表

行业：石油天然气　　　工种：油气田水处理工　　　等级：高级工　　　　鉴定方式：理论知识

行为领域	代码	鉴定范围（重要程度比例）	鉴定比重	代码	鉴定点	重要程度	备注
基础知识A 29% 38：07：02	A	传热学及流体力学基础知识 08：02：00	6%	001	热传导的传热过程	X	JD
				002	压力的概念	X	JS
				003	流体阻力的概念	X	
				004	流体水头损失的概念	X	
				005	沿程水头损失产生的原因	Y	JS
				006	管道的水力计算	Y	JS
				007	雷诺数的概念	X	JS
				008	作用在流体上的力	X	
				009	流体静压力的计量标准及表示方法	X	
				010	连通器内的液体平衡	X	
	B	自动化控制相关知识 17：03：01	13%	001	量与量值的概念	Y	
				002	计量的含义	X	
				003	计量的分类	X	
				004	计量工作的任务	X	
				005	法制计量单位的构成	X	
				006	法制计量单位的特点	X	
				007	法制计量单位的使用要求	X	
				008	计量的国际单位制	Y	
				009	自动化仪表的常用术语	X	
				010	自动化仪表的主要性能指标	X	
				011	自动化仪表位号的表示方法	X	
				012	常用温度测量仪表的使用	X	
				013	常用压力测量仪表的使用	X	
				014	物位测量仪表的种类	Z	
				015	常用流量测量仪表的使用	X	
				016	显示仪表的种类	Y	
				017	控制仪表的分类	X	
				018	自动化执行器执行机构的结构原理	X	
				019	自动化执行器阀门定位器结构原理	X	
				020	变频器结构原理	X	
				021	变频器启停方式	X	

续表

行为领域	代码	鉴定范围（重要程度比例）	鉴定比重	代码	鉴定点	重要程度	备注
基础知识 A 29% 38：07：02	C	绘图知识 06：01：01	5%	001	视图的分类特点	Y	
				002	局部视图的概念	Z	
				003	剖视图的基本概念	X	
				004	剖视图的画法	X	
				005	剖视图的分类	X	
				006	剖视图的标注	X	
				007	断面图的分类	X	
				008	断面图剖切位置的标注	X	
	D	安全基础知识 07：01：00	5%	001	防火防爆措施	X	
				002	硫化氢的毒性	X	
				003	有毒有害场所的防护	X	
				004	低压作业安全制度	Y	
				005	灭火器的配置基准	X	
				006	灭火器的维修保养方法	X	
				007	防静电接地装置的完好标准	X	
				008	防止人体静电危害的措施	X	
专业知识 B 71% 90：17：06	A	使用仪器仪表及工用具 13：02：01	10%	001	百分表的使用方法	Y	
				002	百分表的结构原理	X	
				003	百分表使用的注意事项	X	
				004	百分表的读数方法	X	
				005	水平仪的测量原理	X	
				006	塞尺的使用方法	X	
				007	铜棒的使用方法	X	
				008	零件图的内容	Z	
				009	零件图尺寸标注的基本要求	X	
				010	零件图尺寸标注的基准	X	
				011	零件图尺寸标注的注意事项	Y	
				012	测量零件的常用工具	X	
				013	管子铰板的结构	X	
				014	管子铰板套扣的操作方法	X	
				015	管子铰板的维护方法	X	
				016	管子割刀的使用方法及注意事项	X	
	B	操作水处理装置 09：02：00	7%	001	气浮选除油的基本原理	Y	JD
				002	溶气气浮的种类		JD
				003	溶气气浮选机的结构特点	X	JD
				004	射流气浮选机的结构特点	X	
				005	溶气气浮选机投产操作的方法	X	

行为领域	代码	鉴定范围（重要程度比例）	鉴定比重	代码	鉴定点	重要程度	备注
专业知识 B 71% 90：17：06	B	操作水处理装置 09：02：00	7%	006	溶气气浮选机投产的技术要求	X	
				007	空气压缩机的原理	X	JD
				008	活塞式空气压缩机的操作要求	Y	
				009	储水罐的维护保养要求	X	
				010	净化水储罐的设计要求	X	
				011	测定大罐溢流高度的方法	X	JDJS
	C	使用药剂及化验水质 13：02：01	10%	001	影响碳酸钙垢生成的因素	X	
				002	水垢成分的鉴别	X	
				003	水垢形成的机理	Y	
				004	结垢的预测	X	
				005	结垢预防的措施	Y	
				006	结垢的处理	X	
				007	无机酸除垢的特点	Z	
				008	有机酸除垢的特点	X	
				009	除垢碱剂清洗助剂的特点	X	JD
				010	激光浊度计测定悬浮物的基本原理	X	
				011	激光浊度计测定水中悬浮物含量的技术要求	X	
				012	激光浊度计测定水中悬浮物含量的操作方法	X	
				013	分光光度计测含油量的基本原理	X	
				014	分光光度法测定水中含油量的方法	X	JS
				015	测定污水中含油量的技术要求	X	
				016	使用分光光度计的注意事项	X	
	D	维护水处理工艺及装置 15：03：01	12%	001	过滤罐的日常管理内容	X	JDJS
				002	压力过滤罐操作的技术要求	X	JD
				003	酸液的配制方法	X	JS
				004	酸洗压力过滤罐的方法	X	JD
				005	酸洗压力过滤罐的技术要求	X	JD
				006	阀门的使用要求	X	JD
				007	阀门使用的注意事项	X	
				008	更换截止阀门技术要求	X	
				009	流程切换的操作要求	Y	
				010	紫外线杀菌设备的作用机理	Y	
				011	紫外线杀菌设备的运行管理要求	Y	JD
				012	更换紫外线灯管的方法	X	
				013	油田采出水的处理工艺	X	JS
				014	污水处理站生产工艺的运行管理	X	JS

续表

行为领域	代码	鉴定范围（重要程度比例）	鉴定比重	代码	鉴定点	重要程度	备注
专业知识B 71% 90：17：06	D	维护水处理工艺及装置 15：03：01	12%	015	污水处理站设备的检查管理内容	X	
				016	污水处理系统的巡回检查要求	X	JS
				017	构筑物的安全管理要求	X	
				018	污水处理站内的主要风险控制措施	Z	
				019	污染物的影响与控制方法	X	
	E	维护保养机泵 19：04：01	15%	001	单级单吸离心泵拆装的技术要求	X	
				002	离心泵泵轴的检修质量标准	X	
				003	单级离心泵安装的技术要求	X	
				004	叶轮检修的技术要求	X	
				005	离心泵叶轮静平衡的技术要求	X	
				006	单级离心泵转子的检查要求	Y	
				007	单级离心泵转子的测量内容	X	
				008	泵轴与泵壳间的密封要求	X	
				009	滑动轴承的种类特点	Z	
				010	滚动轴承的结构	X	JD
				011	滚动轴承的分类	X	
				012	滚动轴承的代号	X	
				013	滚动轴承的配合	X	
				014	滚动轴承的特点	Y	JD
				015	滑动轴承安装的注意事项	Y	
				016	滚动轴承拆卸安装的注意事项	X	
				017	三相异步电动机启动的的注意事项	X	
				018	三相异步电动机各部件的作用	X	
				019	三相异步电动机的性能参数	X	JS
				020	防爆电动机的拆卸方法	X	
				021	拆卸防爆电动机部件的技术要求	X	
				022	防爆电动机的结构特点	X	
				023	防爆电动机的类型	Y	
				024	防爆电动机的接线保护	X	
	F	判断处理工艺及装置故障 11：02：01	9%	001	浮选除油器的运行管理要求	X	
				002	溶气浮选机的操作要点	X	
				003	气浮选效果差的原因	X	
				004	气浮选效果差的处理方法	X	
				005	沉降罐沉降效果差的原因	X	JDJS
				006	沉降罐沉降效果差的处理方法	X	
				007	沉降罐液位异常的处理方法	Y	
				008	过滤效率的影响因素	X	JD

行为领域	代码	鉴定范围（重要程度比例）	鉴定比重	代码	鉴定点	重要程度	备注
专业知识B 71% 90：17：06	F	判断处理工艺及装置故障 11：02：01	9%	009	压力过滤罐滤料失效的判断方法	X	
				010	压力过滤罐水质不合格的原因	X	JD
				011	压力过滤罐过滤效果差的处理方法	X	JD
				012	膜过滤器滤膜污染的防治	Z	
				013	膜过滤器滤膜的清洗方法	Y	JD
				14	滤罐搅拌机的操作维护保养方法	X	
	G	判断处理机泵故障 10：02：01	8%	001	电动机的接线方式	Z	
				002	电动机常见故障的原因	Y	
				003	电动机的常见故障处理方法	X	
				004	电动机缺相运行的判断方法	Y	
				005	电动机电路故障的原因	X	
				006	离心泵流量调节方法	X	
				007	离心泵的容积损失	X	
				008	离心泵叶轮与泵壳寿命过短的原因	X	
				009	离心泵轴承寿命过短的原因	X	
				010	离心泵启泵后不出水的原因	X	
				011	离心泵轴功率异常故障的原因	X	
				012	离心泵流量不足的故障原因	X	
				013	离心泵流量不足的故障处理	X	

X—核心要素，掌握；Y——般要素，熟悉；Z—辅助要素，了解。

附录7　高级工操作技能鉴定要素细目表

行业：石油天然气　　　工种：油气田水处理工　　　等级：高级工　　　　鉴定方式：操作技能

行为领域	代码	鉴定范围	鉴定比重	代码	鉴定点	重要程度	备注
操作技能 A 100%（17：03：01）	A	操作水处理系统设备	30%	001	安装使用百分表测量离心泵机组的同心度	X	
				002	测量并标注零件图	Y	
				003	使用管子铰板套扣	Y	
				004	投产溶气式气浮选机	X	
				005	启、停活塞式空气压缩机组	X	
				006	测算清水罐溢流高度	Z	
	B	维护水处理系统设备	35%	001	分析硫化物（指二价硫）的含量（换）	X	
				002	使用浊度计测污水悬浮物	X	
				003	使用分光光度计测定污水含油量	X	
				004	酸洗压力过滤罐	X	
				005	更换安装法兰截止阀门	X	
				006	更换紫外线杀菌装置的灯管	X	
				007	巡回检查污水处理站	X	
				008	拆、装单级离心泵	X	
				009	安装多级离心泵滚动轴承	X	
				010	用兆欧表测量电动机绝缘电阻	X	
	C	判断处理设备故障	35%	001	判断处理斜板溶气浮选机效果差的故障	X	
				002	判断处理混凝沉降罐效果差的故障	X	
				003	分析处理压力过滤罐过滤效果差的故障	X	
				004	检查并处理电动机不能启动的故障	Y	
				005	处理离心泵流量不足的故障	X	

X—核心要素，掌握；Y——般要素，熟悉；Z—辅助要素，了解。

附录8 技师理论知识鉴定要素细目表

行业：石油天然气   工种：油气田水处理工   等级：技师   鉴定方式：理论知识

行为领域	代码	鉴定范围（重要程度比例）	鉴定比重	代码	鉴定点	重要程度	备注
基础知识A 25% 24：05：01	A	传热学及流体力学基础知识 05：01：00	5%	001	液体的连续性方程表达式	X	JS
				002	管路连接的特点	Y	JS
				003	流体动力学的概念	X	
				004	实际液体总流的伯努力方程式	X	
				005	达西公式的表达式	X	JDJS
				006	流态的判断方法	X	JDJS
	B	自动化控制相关知识 09：02：01	10%	001	变频器常见故障处理方法	X	
				002	自动化仪表的安装方法	X	
				003	自动化仪表的日常维护方法	X	
				004	自动化仪表故障的判断处理方法	X	
				005	系统自动化控制的分类	Z	
				006	系统自动化控制的对象原理	X	
				007	自动控制系统的常用术语	X	
				008	混凝沉降罐自动化的控制系统	X	
				009	收油及排污的自动化系统	Y	
				010	过滤装置反冲洗的自动化系统	Y	
				011	DCS控制系统应用	X	
				012	控制系统调试注意事项	X	
	C	绘图知识 05：01：00	5%	001	绘制零件图的方法	X	
				002	绘制零件图的注意事项	Y	
				003	绘制机械零件图的技术要求	X	
				004	零件图的识读	X	
				005	零件基本尺寸的互换性	X	
				006	零件图的作用	X	
	D	安全基础知识 05：01：00	5%	001	HSE管理体系的概念	X	
				002	HSE管理体系的意义	X	
				003	HSE文件管理体系内容	X	
				004	HSE管理体系基本要素的内容	X	
				005	HSE操作文件的"两书一表"	Y	
				006	HSE"两书"的内容	X	

续表

行为领域	代码	鉴定范围 （重要程度比例）	鉴定比重	代码	鉴定点	重要程度	备注
专业知识 B 75% 72：13：05	A	使用药剂及化验 水质 10：01：01	10%	001	絮凝剂的絮凝机理	X	JD
				002	缓蚀剂的缓蚀机理	Y	
				003	杀菌剂的杀菌机理	Z	JD
				004	试验污水处理药剂的方法	X	JS
				005	阻垢剂的筛选效果分析	X	
				006	评定污水处理药剂的方法	X	
				007	污水处理药剂的性能评价方法	X	
				008	影响药剂处理效果的因素	X	
				009	测定污水滤膜系数的方法	X	
				010	滤膜法测定水样中悬浮物含量的 方法	X	JS
				011	滤膜法测定水样中悬浮物含量的 技术要求	X	
				012	测定水样中铁含量的方法	X	JS
	B	维护水处理工艺 及装置 12：02：01	13%	001	除油罐设计的规定要求	X	JDJS
				002	除油罐管路附件的设计要求	X	JD
				003	油罐焊接质量的形状技术要求	X	
				004	检查油罐焊缝的质量要求	Y	
				005	检查油罐防护设施的技术要求	X	
				006	油罐试验检查的要求	X	
				007	罐区安全施工的要求	X	JD
				008	罐区安全施工的措施	Z	JD
				009	电磁流量计的结构原理		
				010	电磁流量计安装使用的注意事项	X	
				011	电磁流量计的常见故障	X	
				012	离心式污泥脱水机的结构原理	Y	
				013	离心式污泥脱水机的操作维护保 养方法	X	
				014	二氧化氯杀菌装置的工艺原理	X	JD
				015	二氧化氯杀菌装置的维护保养 方法	X	

行为领域	代码	鉴定范围 （重要程度比例）	鉴定比重	代码	鉴定点	重要程度	备注
专业知识 B 75% 72：13：05	C	维护保养机泵 14：03：01	15%	001	双吸离心泵的结构原理	X	
				002	拆装双吸泵的注意事项	X	
				003	离心泵机组对中的技术要求	Y	
				004	百分表调整同轴度的方法	X	JS
				005	离心泵机组安装要求	Y	
				006	联轴器安装质量检验标准	Z	JD
				007	多级泵各部件的检验标准	X	
				008	多级离心泵的组装要求	X	JD
				009	多级泵安装后的试运转	X	JS
				010	泵体、底座安装质量检验	X	JS
				011	地脚螺栓安装质量的检验标准	X	
				012	地脚垫铁安装质量检验标准	X	
				013	离心泵三级保养内容	X	
				014	离心泵三级保养的技术要求	X	JS
				015	机械密封的结构	X	
				016	机械密封的特点	X	JD
				017	机械密封的分类	Y	
				018	机械密封安装时的技术要求	X	
	D	判断处理工艺及 装置故障 10：01：01	10%	001	压力过滤罐滤料的级配方法	Y	JD
				002	压力过滤罐滤料的孔隙度	Z	JS
				003	压力过滤罐滤层的规格要求	X	JDJS
				004	压力过滤罐垫层的规格要求	X	JD
				005	滤料漏失的原因	X	
				006	更换补充压力过滤罐滤料的技术要求	X	JD
				007	压力过滤罐常见故障的排除方法	X	JD
				008	污水处理站水质运行过程的控制措施	X	JS
				009	污水处理站密闭系统的管理规定	X	JD
				010	影响污水水质处理指标的因素	X	JDJS
				011	二氧化氯发生装置常见故障的原因	X	
				012	二氧化氯发生装置常见故障的排除方法	X	

续表

行为领域	代码	鉴定范围 （重要程度比例）	鉴定比重	代码	鉴定点	重要程度	备注
专业知识 B 75% 72 ： 13 ： 05	E	判断处理机泵 故障 08 ： 02 ： 00	8%	001	离心泵转子不动的原因	X	
				002	离心泵轴窜量大的故障处理	X	
				003	离心泵泵轴损坏的故障处理	X	JD
				004	离心泵叶轮损坏的处理方法	X	
				005	离心泵平衡装置故障的原因	X	
				006	离心泵泵轴损坏的形式	X	JD
				007	机械密封失效的原因	X	
				008	机械密封突然性泄漏的原因	Y	
				009	机械密封经常性泄漏的原因	X	JD
				010	离心泵密封失效的外部症状	Y	
	F	编制方案 09 ： 02 ： 00	9%	001	编制施工计划的过程	X	
				002	施工过程的质量验收	X	
				003	工艺管线质量检验	X	
				004	油田专用容器检验	X	
				005	油田专用容器安装验收	X	
				006	选定培训目的原则	X	
				007	编写培训方案	X	
				008	制定教学计划的指导思想	Y	
				009	教学计划的制定过程	X	
				010	理论知识的培训方法	X	
				011	技能操作知识的培训方法	Y	
	G	计算机操作 09 ： 02 ： 01	10%	001	Excel 办公软件的基本功能	X	
				002	Excel 中建立保存表格的方法	Y	
				003	Excel 中复制移动删除的方法	Y	
				004	Excel 中设置工作表格式的方法	X	
				005	Excel 中设置工作表内容的方法	X	
				006	Excel 中撤销插入替换的方法	Z	
				007	Excel 中创建修改图表的方法	X	
				008	Word 办公软件的基本功能	X	
				009	Word 文档创建的方法	X	
				010	Word 文档编辑的方法	X	
				011	Word 文档格式的设置	X	
				012	Office 办公软件绘图工具的使用方法	X	

X—核心要素，掌握；Y——一般要素，熟悉；Z—辅助要素，了解。

附录9　技师操作技能鉴定要素细目表

行业：石油天然气　　　工种：油气田水处理工　　　等级：技师　　　　　　鉴定方式：操作技能

行为领域	代码	鉴定范围	鉴定比重	代码	鉴定点	重要程度	备注
技能操作 100% （17：03：01）	A	维护水处理系统设备	35%	001	试验、筛选、评定污水处理净水剂	X	
				002	能使用称重法测量污水悬浮物	X	
				003	配制标准铁溶液	X	
				004	验收除油罐的施工质量	X	
				005	更换安装电磁流量计	Y	
				006	操作叠螺式污泥脱水装置进行脱水	X	
				007	检查二氧化氯杀菌装置的运行状态	X	
				008	拆、装单级双吸离心泵	X	
				009	用百分表法调整离心泵同轴度	X	
				010	验收离心泵的安装质量	X	
				011	安装离心泵的机械密封装置	X	
	B	判断处理故障	35%	001	判断处理压力过滤罐滤料漏失的故障	X	
				002	分析处理污水站水质指标的异常	X	
				003	判断处理二氧化氯杀菌装置产气异常故障	X	
				004	测量调整多级离心泵轴串量	Y	
				005	分析判断机械密封装置泄漏的故障原因	X	
	C	综合能力	30%	001	编制污水处理站试运及投产方案	X	
				002	编制培训方案	X	
				003	制作常见电子表格	X	
				004	用计算机录入文字并排版	Y	
				005	用计算机绘制工艺流程图	Z	

X—核心要素，掌握；Y——般要素，熟悉；Z—辅助要素，了解。

附录10　操作技能考核内容层次结构表

项目		初级（%）	中级（%）	高级（%）	技师（%）
技能要求	基础管理	30			
	操作水处理系统设备	40	35	30	
	维护水处理系统设备	30	35	35	35
	判断处理设备故障		30	35	35
	综合能力				30
合　计		100	100	100	100